SCIENCES

Traduit de l'anglais par Antonia Leibovici

ISBN :978-2-8132-0517-9

www.editions-tredaniel.com
info@guytredaniel.fr

C.Q.F.D. a été publié initialement par Walker & Company en 2004
Formules mathématiques & physiques utiles a été publié initialement par Walker & Company en 2001
Éléments essentiels a été publié initialement par Walker & Company en 2003
Évolution a été publié initialement par Walker & Company en 2008
Le corps humain a été publié initialement par Walker & Company en 2004
Le Cosmos compact a été publié initialement par Walker & Company en 2005

Maquette par Wooden Books Ltd, Glastonbury, GB
Imprimé par Imago

SCIENCES

Mathématiques, physique, chimie, biologie, cosmologie...

Guy **Trédaniel** éditeur
19, rue Saint-Séverin
75005 Paris

«… ce qui est en bas est comme ce qui est en haut,
et ce qui est en haut est comme ce qui est en bas,
pour faire les miracles d'une seule chose. »

La Table d'émeraude d'Hermès Trismégiste

SOMMAIRE

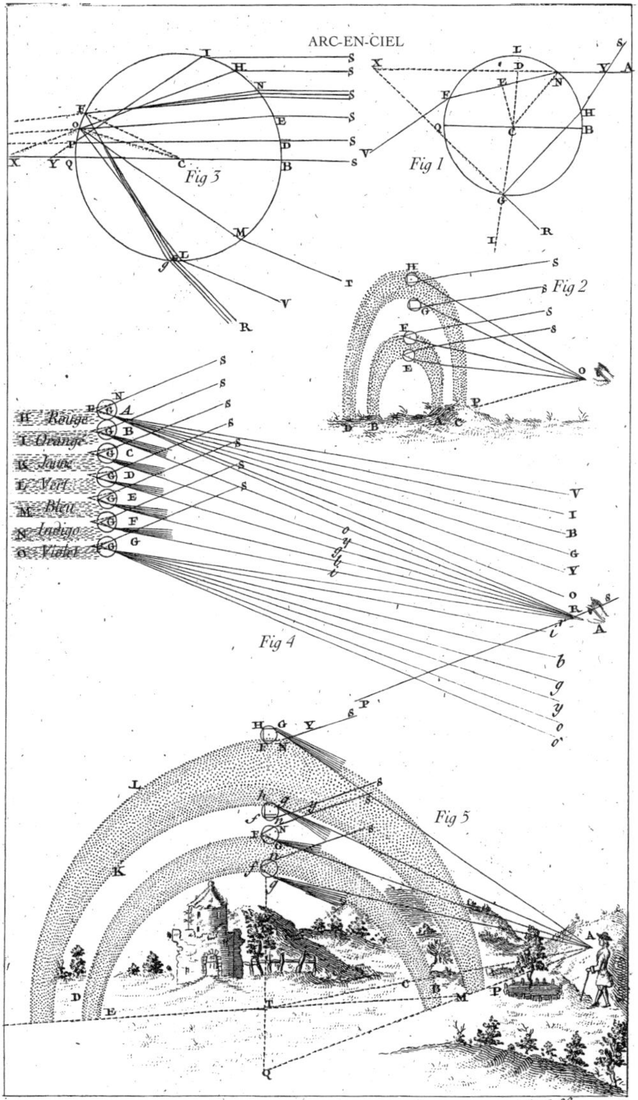

T. Jefferys sculp

Préface de l'éditeur anglais

Ce volume présente six titres scientifiques populaires de la série Wooden Books. Il résume la plupart des notions de mathématiques, physique, chimie, biologie et astronomie que tout scientifique en herbe ou simple non-initié doit connaître.

Le premier est le merveilleux livre de démonstrations mathématiques *C.Q.F.D.* du Pr Burkard Polster, rappelant que certaines choses sont tout simplement évidentes. Viennent ensuite les *Formules mathématiques et physiques utiles* du Dr Matthew Watkins, excellent test pour tout un chacun. Matt Tweed présente en troisième lieu un guide pétillant de la chimie, parcourant la table périodique des *éléments*. Suit le traité vivace du Dr Gerard Cheshire sur l'*Évolution*, le voyage de la vie sur Terre. Pour approfondir notre compréhension de la biologie, l'organisme est examiné en détail dans le cinquième livre du Dr Moff Betts, le beau guide du *Corps humain*. Pour finir, le sixième livre dû à Matt Tweed, *Le Cosmos compact,* nous fait lever les yeux vers le ciel et réfléchir à l'histoire de l'incroyable univers que nous habitons et dont nous sommes un élément.

Les illustrations de *Sciencia* sont dues à Cecily Kate Borthwick, Allan Brown, Vivien Martineau, David Goodsell, Caroline Ede, Joe Mclaren, Dan Goodfellow, Will Spring, Simon Huson, NASA, Fermilab et à de nombreux graveurs des siècles passés. Parmi les autres responsables d'édition et maquettistes on compte le Dr Peter Spring, Daud Sutton, Polly Napper, George Gibson, Mike O'Connor et le Dr Justin Avery.

Merci à tous et bonne lecture.

John Martineau

LIVRE I

aire triangle = aire rectangle = 1/2 base x hauteur

C.Q.F.D.

Beauté de la démonstration mathématique

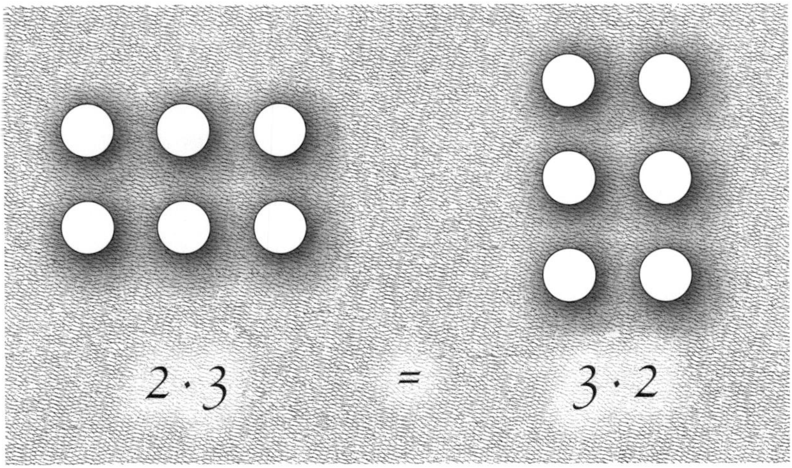

Burkard Polster

triangle *carré* *pentagone* *hexagone* *heptagone* *octogone*

Un polygone régulier est une figure convexe avec des côtés et des angles égaux.
Il y a une infinité de polygones réguliers.

tétraèdre *octaèdre* *icosaèdre* *cube* *dodécaèdre*

Un polyèdre régulier est un corps convexe dont les faces sont des polygones réguliers identiques et dont le même nombre de faces se rencontre à chaque sommet. En haut, différentes manières de joindre trois ou plusieurs polygones réguliers identiques dans un sommet avec de l'espace laissé pour se plier en trois dimensions. Ces possibilités de bâtir des sommets spatiaux s'élargissent de manière unique aux cinq célèbres polyèdres réguliers.

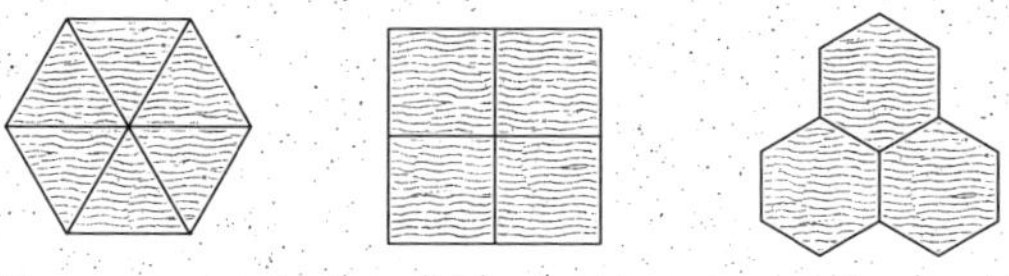

Le même raisonnement simple montre que trois pavages du plan avec des polygones réguliers identiques sont possibles.

INTRODUCTION

Tout le monde est capable d'apprécier la beauté de certains objets mathématiques. Les polygones et les polyèdres réguliers sont de bons exemples– seuls le cercle et la sphère les dépassent en perfection. Vient ensuite le théorème de Pythagore, pierre angulaire des mondes à angles droits que nous construisons, et peut-être les sections coniques décrivant les orbites de corps célestes.

Très peu de gens apprécient plus que quelques aspects élémentaires de la beauté des mathématiques, dont la plupart ne se révèlent qu'aux mathématiciens lors de l'étude et de la création de démonstrations complexes, à peine à portée du mental humain le mieux préparé.

En tant que mathématicien, j'affirme avoir établi la vérité d'un théorème en notant à la fin de sa démonstration les quatre lettres C.Q.F.D., « *ce qu'il fallait démontrer* », du latin *quod erat demonstrandum,* Q.E.D. D'une part, « C.Q.F.D. » est un synonyme de la vérité et de la beauté des mathématiques, d'autre part, il représente le côté en apparence inaccessible de cette science ancienne.

« C.Q.F.D. » peut toutefois être trouvé à la fin de certaines démonstrations simples, saisissantes et visuellement séduisantes. Ce petit livre permet de voguer sur une collection de ces merveilleux gemmes, explorant les idées étayant des démonstrations mathématiques écrites à l'intention de ceux qui sont intéressés par la subtile richesse des mathématiques.

VÉRITÉ TRAÎTRESSE

de quoi parlent les démonstrations

En mathématiques, comme dans les sciences physiques, on peut procéder à une expérience ou cocher quelques cases pour arriver à une conjecture pour un théorème. Toutefois, les expériences ne peuvent pas remplacer la démonstration mathématique, si naturelle et si évidente que soit la conjecture qu'elles étayent. Par exemple, le nombre maximum de régions définies par 1, 2, 3, 4, 5 et 6 points sur un cercle (*ci-dessous*) sont 1, 2, 4, 8, 16 et… 31, pas 32 !

Ou prenons la célèbre conjecture de Goldbach qui affirme que chaque nombre pair plus grand que 2 est la somme de deux nombres premiers comme, par exemple, 12 = 5 + 7 ou 30 = 23 + 7. Bien que cette conjecture ait été vérifiée pour des millions de cas, en absence d'une démonstration on ne sait pas avec absolue certitude si le prochain cas analysé ne montrera pas sa fausseté.

Les démonstrations doivent être aussi courtes, transparentes, élégantes et perspicaces que possible. Notre démonstration (*ci-contre, en haut*) selon laquelle le nombre 0,999…, avec infiniment plus de 9, est égal à 1 est de ce type et son principal argument peut être facilement adapté pour convertir tout nombre décimal avec l'une de ces suites légèrement inquiétantes se répétant à l'infini en un nombre qu'on aime davantage. La démonstration prouvant que l'échiquier découpé ne peut pas être pavé de dominos (*ci-contre, en bas*) est un autre exemple. Bien sûr, l'argument s'applique à quantité d'autres échiquiers découpés.

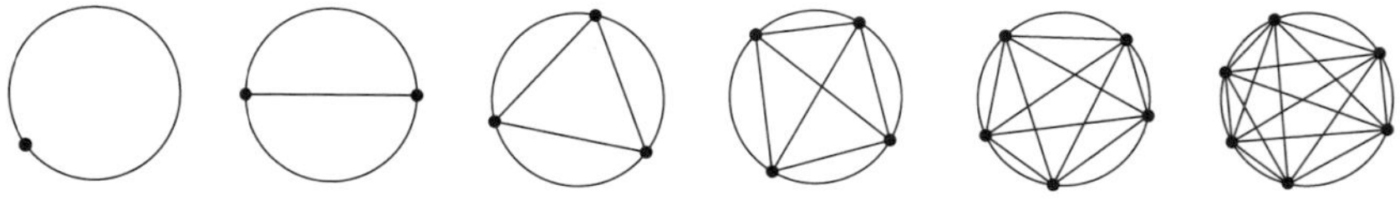

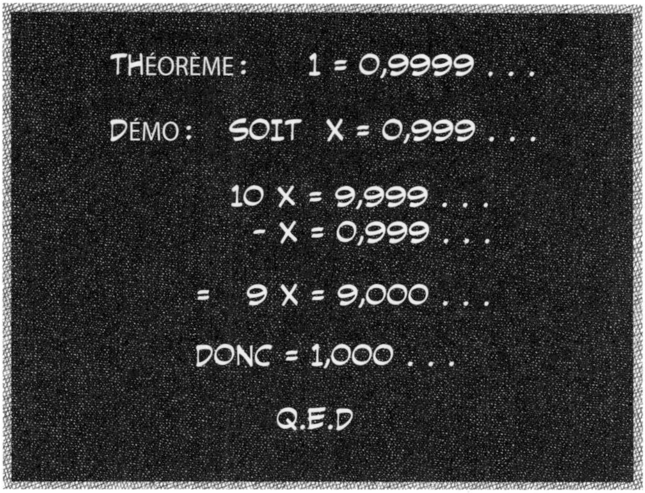

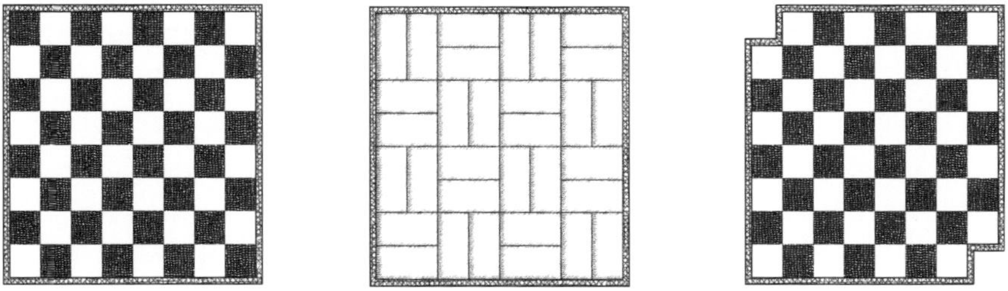

Un échiquier peut être pavé de dominos couvrant chacun deux carrés, à l'exception de l'échiquier ébréché.

Démo : dans tout pavage, un domino recouvre un carré blanc et un carré noir. Donc, un pavage couvre le même nombre de carrés noirs et blancs. Puisque l'échiquier ébréché a deux carrés blancs de plus que de carrés noirs, il ne peut pas être pavé. C.Q.F.D.

THÉORÈME DE PYTHAGORE

une démonstration par découpage

Le théorème de Pythagore (*v.* 569-475 AV. E.C.) affirme que dans un triangle rectangle le carré de l'hypoténuse est égal à la somme des carrés des deux autres côtés (*ci-contre, en haut*). Algébriquement, on écrit cela : $a^2 + b^2 = c^2$.

DÉMONSTRATION : Disposez quatre triangles rectangles identiques avec côtés a, b et c dans un grand carré de côté $a + b$, laissant deux espaces carrés de côté respectivement a et b (*ci-contre, centre gauche*). Les quatre triangles peuvent aussi être disposés dans ce grand carré en laissant un espace central carré de côté c (*ci-contre, centre droite*). Dans les deux cas, les carrés inclus sont égaux au grand carré moins quatre fois le triangle. Donc, la somme des deux carrés plus petits, $a^2 + b^2$, est égale au grand carré, c^2. C.Q.F.D.

Inversement, et cela exige une démonstration supplémentaire, SI les côtés d'un triangle se trouvent dans le rapport mentionné au-dessus, ALORS c'est un triangle rectangle. Les nombres entiers satisfaisant l'égalité $a^2 + b^2 = c^2$ sont des triplets pythagoriciens. Une ancienne méthode de construction d'un angle droit à partir d'une boucle de ficelle avec 3 + 4 + 5 = 12 nœuds également espacés est basée sur le triplet 3:4:5 (*ci-dessous à gauche*). Une tablette d'argile babylonienne, Plimpton 322, liste les paires de nombres entiers correspondant aux triplets pythagoriciens (*ci-dessous à droite*), ce qui suggère que ce théorème a bien pu être connu longtemps avant Pythagore.

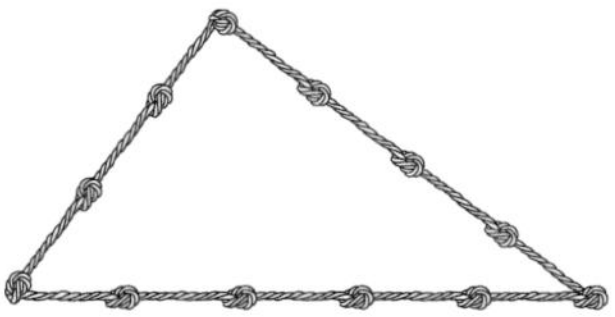

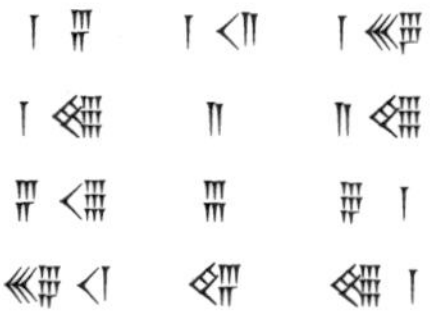

$65^2 + 72^2 = 97^2$

$119^2 + 120^2 = 169^2$

$319^2 + 360^2 = 481^2$

$2291^2 + 2700^2 = 3541^2$

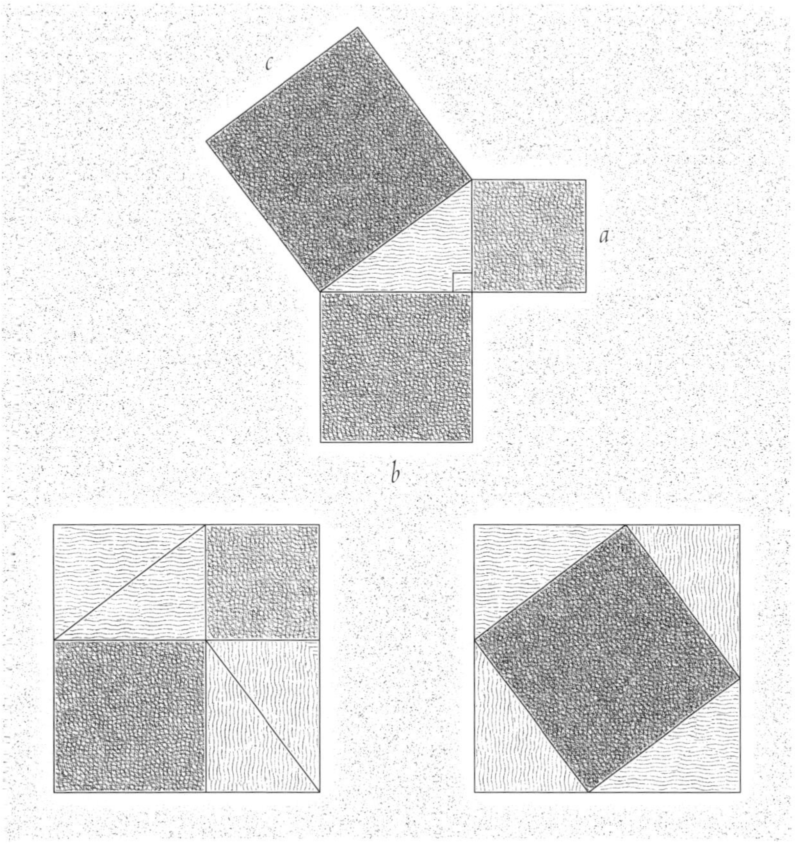

Si, au lieu de carrés, on agence n'importe quelles des trois figures similaires sur les côtés d'un triangle rectangle, on peut aussi prouver que les aires des deux plus petites s'additionnent en aboutissant à l'aire de la plus grande.

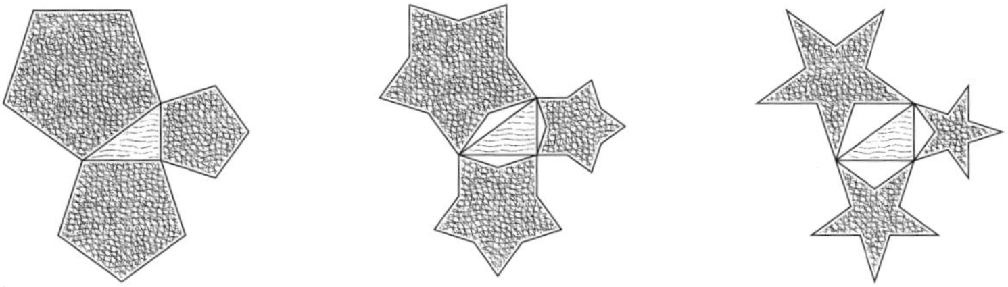

PLAN ET SIMPLE

boîte à outils du théorème basique

Les *Éléments* d'Euclide (*v.* 325-265 AV. E.C.) ont établi il y a longtemps le standard de rigueur mathématique ; manuel populaire depuis lors, la plupart de son contenu a fini par être intégrée dans l'héritage culturel commun.

Au fil de treize livres, Euclide a bâti un réseau complexe de théorèmes de plus en plus profonds, connectés par des arguments logiques et reposant sur quelques intuitions appelées *axiomes* ou *postulats*. Afin de vous préparer pour le reste de ce livre, partez des quatre résultats simples de droite et, en suivant les flèches, déduisez les théorèmes de gauche.

Vous devez aussi être capable de reconnaître instantanément les deux principaux niveaux de similarité des triangles. Deux triangles sont *semblables* s'ils ont des angles égaux. Puisque deux angles d'un triangle déterminent le troisième, on sait que deux triangles sont semblables si on peut montrer qu'ils partagent deux angles. Deux triangles sont *isométriques* s'ils ont des côtés égaux. C'est le cas à chaque fois que l'une des cinq configurations de trois côtés et angles hachurés ci-dessous est présente dans les deux triangles. Par exemple, dans le diagramme de droite (*ci-dessous*), les deux triangles gris partageant une telle configuration – deux côtés *r* et *m* et un angle droit – sont donc isométriques. Par conséquent, les deux segments tangents *s* et *t* au cercle à partir d'un point extérieur ont la même longueur.

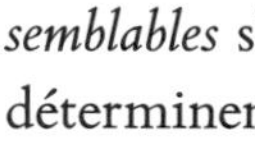

3 côtés

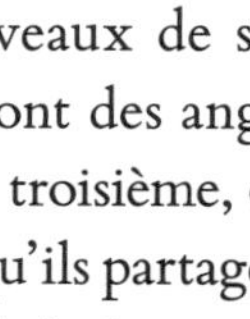

2 côtés et 1 angle

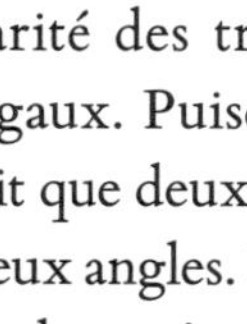

1 côté 2 angles

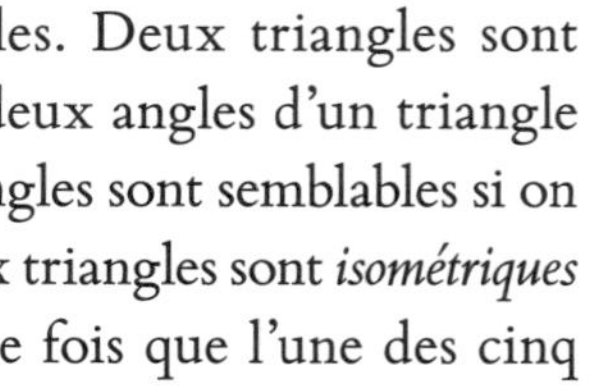

La somme des angles d'un triangle

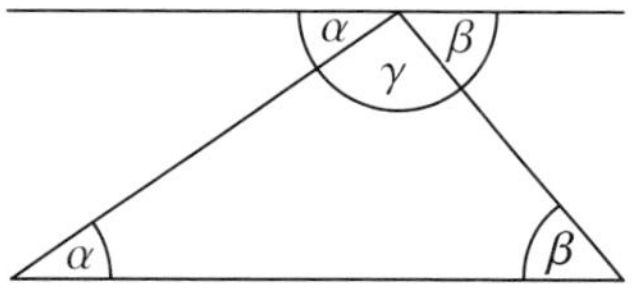

La somme des angles est $\alpha+\beta+\gamma = 180^{o}$.

Théorème de Thalès

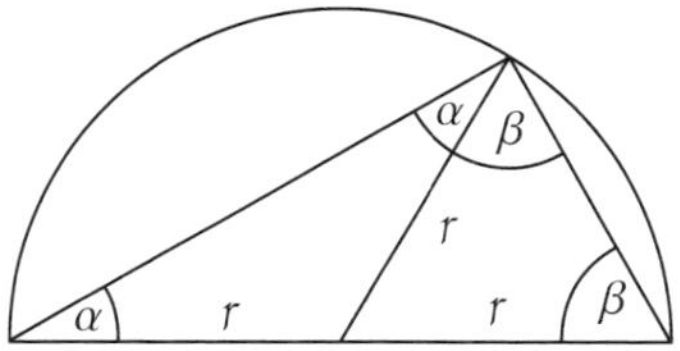

L'angle supérieur
$\alpha + \beta$ *est* $90°$

Quadrature d'un rectangle

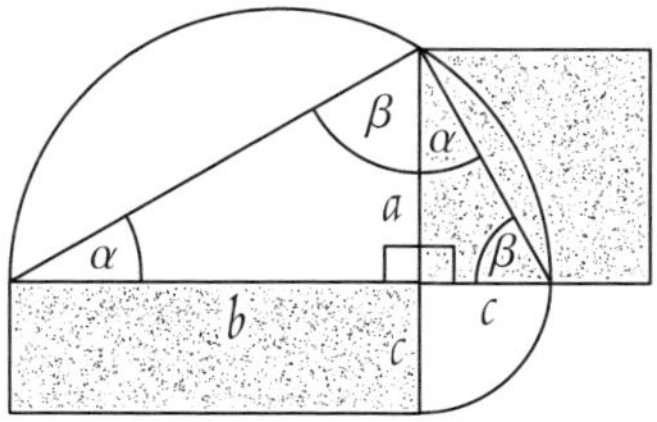

aire du carré = $a^2 = b \cdot c$ *= aire du rectangle*
(par similarité des triangles $a/c = b/a$*).*

Si les lignes k et l sont parallèles

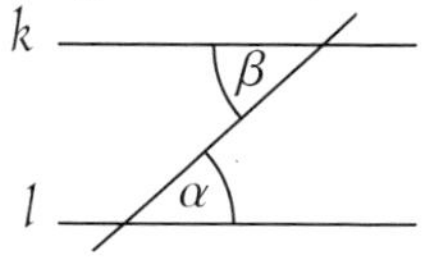

alors $\alpha=\beta$

Si

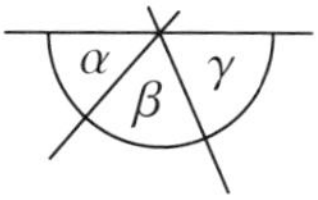

alors $\alpha+\beta+\gamma=180^{o}$

$a = b$

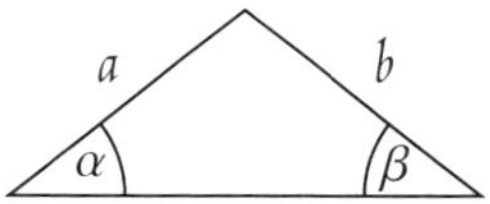

alors $\alpha=\beta$*, et vice-versa*

Dans des triangles semblables

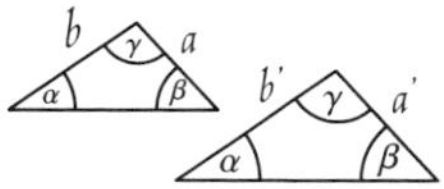

$a/a' = b/b'$

DU CAMEMBERT À π

mystères du cercle

Ératosthène (284-192 AV. E.C.) est célèbre pour sa méthode de calcul de la circonférence de la Terre reposant sur la distance d'Alexandrie à Cyrène et l'angle de l'ombre à Alexandrie au moment où le Soleil éclairait le fond d'un puits de Cyrène sans y jeter d'ombre. En utilisant la formule *diamètre du cercle* × π = *circonférence du cercle*, il a aussi calculé le diamètre de la Terre. Heureusement, son ami de plume Archimède (287-212 AV. E.C.) a réussi à trouver une bonne estimation pour la valeur fuyante de π.

Comme π est la circonférence d'un cercle de diamètre 1, il est plus grand que la circonférence de tout polygone régulier inscrit et moindre que celle de tout polygone régulier circonscrit (*ci-contre, en haut*). Plus un polygone a des côtés, plus sa circonférence est proche de celle du cercle. Heureusement, à partir de la circonférence d'un tel polygone il est facile de calculer la circonférence d'un polygone du même genre ayant un nombre double de côtés (*ci-contre centre*). En partant d'hexagones réguliers, Archimède a calculé successivement les circonférences des polygones réguliers à 12, 24, 48 et 96 côtés, plaçant ainsi π entre $3\frac{10}{71}$ et $3\frac{10}{70}$. La dernière de ces valeurs, égale à $\frac{22}{7}$, apparaît même dans des manuels scolaires à la place de la vraie valeur de π. En utilisant des carrés au lieu d'hexagones, une formule d'approximation de π émerge (*ci-contre, en bas*).

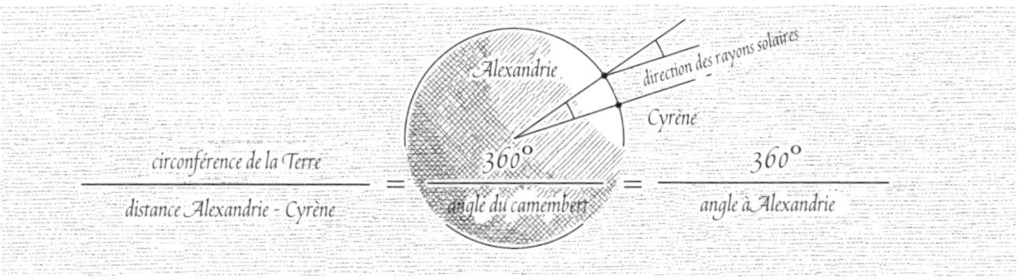

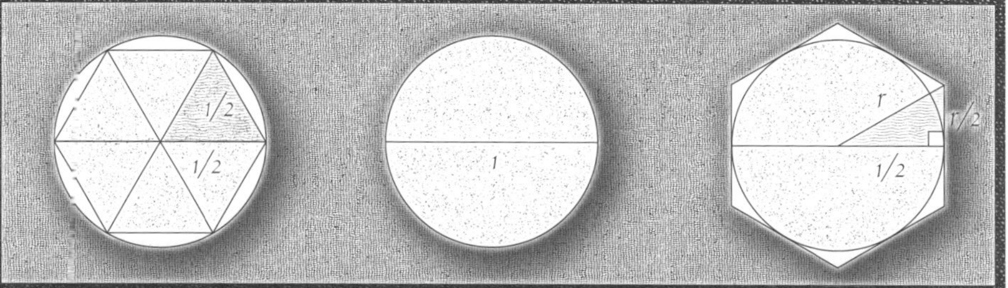

circonférence de l'hexagone inscrit = $6(1/2) = 3$ < circonférence du cercle = π < circonférence de l'hexagone circonscrit = $6 \cdot r = 2\sqrt{3} = 3.4641...$

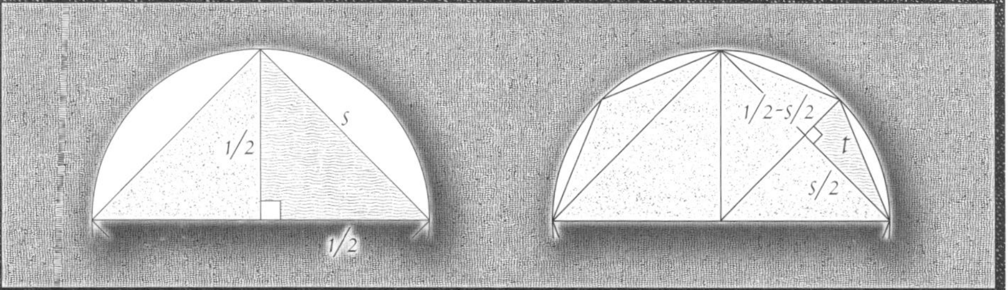

Pour calculer les longueurs des côtés et de t, appliquez le théorème de Pythagore pour chaque angle droit. Alors

circonférence du carré = $4 \cdot s = 2\sqrt{2}$ circonférence de l'octogone = $8 \cdot t = 4\sqrt{2-\sqrt{2}}$

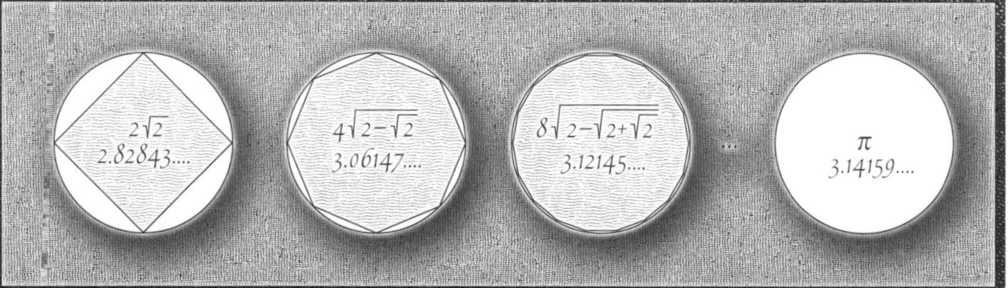

$2^n\sqrt{2-\sqrt{2+\sqrt{2+\dots+\sqrt{2}}}}$, avec n−1 racines, est la circonférence d'un polygone régulier inscrit avec 2^n côtés

Principe de Cavalieri

une démonstration par approximation en tranches

Il existe deux variantes du célèbre principe nommé d'après Bonaventura Cavalieri (1598-1647). Selon lui, si une ligne horizontale intersecte deux figures planes en les partageant en segments de longueur égale, alors les deux figures ont une superficie égale. Similairement, si chaque plan horizontal intersecte deux solides en segments de superficie égale, alors les deux solides ont un volume égal.

Une ébauche de la démonstration par approximation en tranches, la même pour les deux variantes, est présentée sur la page ci-contre. Le principe de Cavalieri est un bon exemple du « diviser (en tranches maniables) et conquérir » en mathématiques. Par exemple, dans la variante plane, on réduit le problème difficile du calcul des superficies au problème plus facile de mesure des longueurs des segments de ligne.

Ci-dessous, quelques formules d'aires et de volumes importants facilement obtenues grâce au principe de Cavalieri.

aire du parallélogramme = aire du rectangle avec les mêmes base et hauteur = base x hauteur
aire triangle = ½ aire parallélogramme = ½ base x hauteur

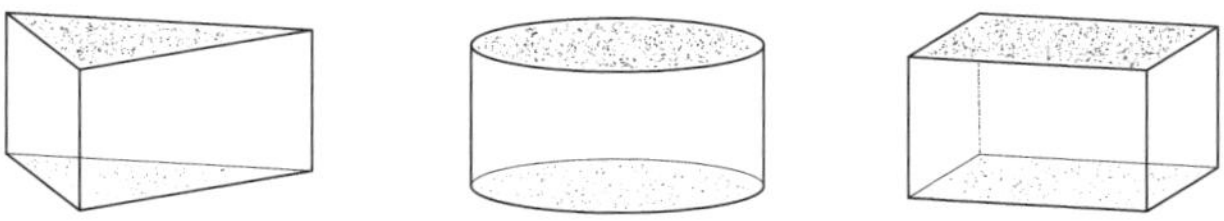

volume du prisme ou du cylindre = volume du parallélépipède rectangle avec la même aire de base et hauteur = aire de la base x hauteur

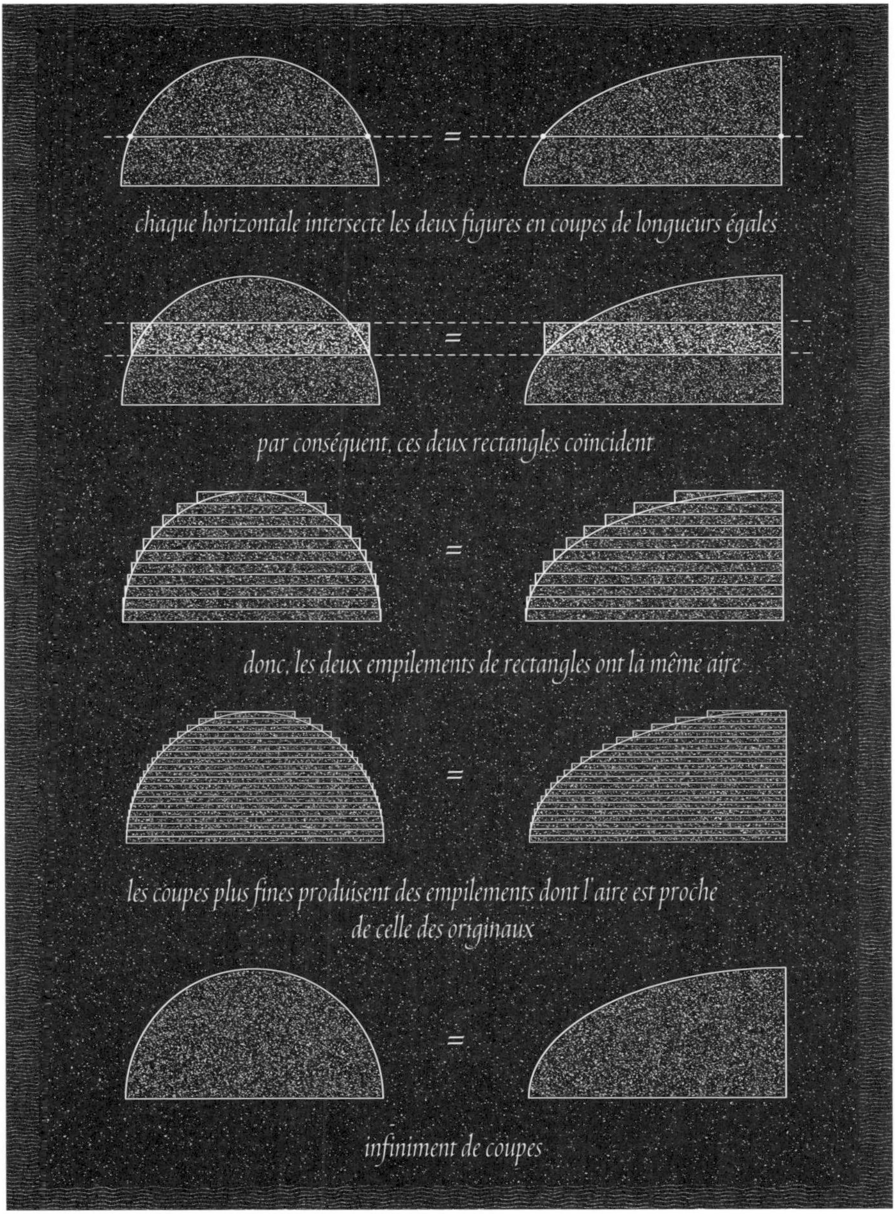
=
chaque horizontale intersecte les deux figures en coupes de longueurs égales
=
par conséquent, ces deux rectangles coïncident
=
donc, les deux empilements de rectangles ont la même aire
=
les coupes plus fines produisent des empilements dont l'aire est proche
de celle des originaux
=
infiniment de coupes

DÉCOUPER DES CÔNES AVEC CAVALIERI

le découpage en action

Les cônes ont toutes sortes de formes et de tailles : tas de sable, coquilles de berniques, pyramides, flèches d'églises, pointes de cristaux, cornes de licorne. Chaque cône a un sommet et une base susceptibles d'être toute figure plane.

Si on imagine que le sommet est une balise, un point se trouve dans le cône si son ombre est dans sa base. Prouvons que la formule pour le volume d'un cône est $\frac{1}{3}$ × *aire de la base* × *hauteur*.

Une petite ombre (*ci-contre, en haut*) montre que tous les cônes de même hauteur et aire de la base sont coupés par tout plan horizontal en tranches de superficie égale. Le principe de Cavalieri (*voir page précédente*) dit que TOUS ces cônes ont le même volume. Il suffit donc de calculer le volume d'UN de ces cônes comme celui de la pyramide quadrangulaire (*ci-contre centre*). Celle-ci et les deux autres pyramides se combinent en un prisme triangulaire. Puisque les trois pyramides ont un volume égal, ce volume est un tiers du volume du prisme. C.Q.F.D.

Pour découper un cube en six pyramides triangulaires de volume égal, coupez-le d'abord par un plan diagonal en deux prismes triangulaires, puis ceux-ci (comme ci-dessus) en trois pyramides chacun. Alternativement, découpez-le en trois pyramides quadrangulaires identiques (*ci-contre, en bas*), puis chacune de celles-ci en une pyramide triangulaire P_3 et son image inversée. Ces six morceaux de papier font un beau puzzle.

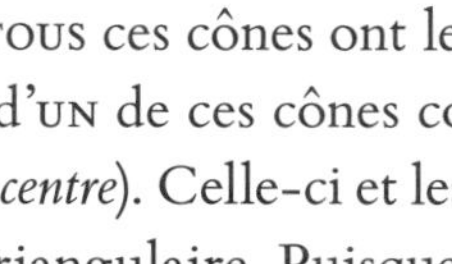

volume du tas de sable = $\frac{1}{3}\pi r^2 h$

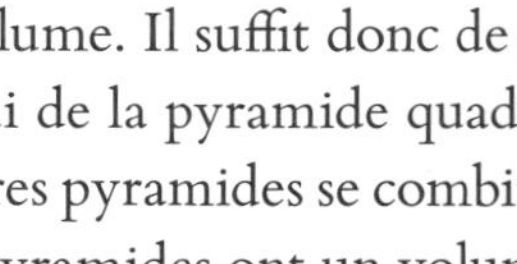

volume de la pyramide = $\frac{1}{3} a^2 h$

un phare ponctuel projète des
figures d'aire égale sur un plan afin
d'aboutir à des figures d'aire égale sur tout
plan parallèle, les 2 cônes ont donc le même volume

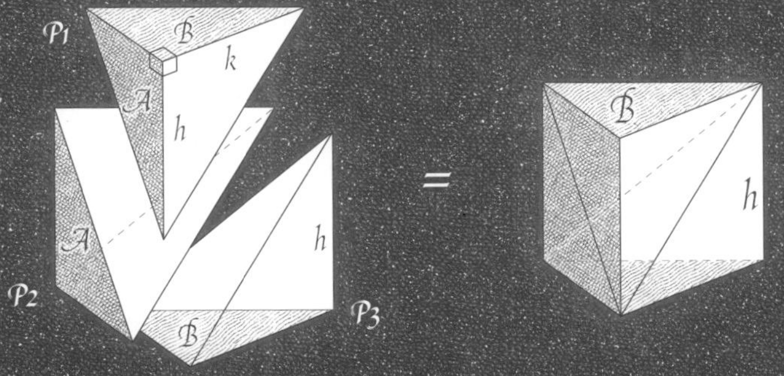

les pyramides P2 et P1 partagent la même base A et hauteur k
P1 et P3 partagent aussi la base B et la hauteur h
volume de P1 = volume de P2 = volume P3 = 1/3 volume du prisme = 1/3 aire de la base · hauteur = 1/3 B · h

coupe d'un cube en : (1) trois pyramides quadrangulaires identiques, (2) six pyramides triangulaires

Un tronc de pyramide frustrant

chevaux et parois de douve

Beaucoup de manuscrits anciens renferment des algorithmes de calcul des aires ou des volumes des figures géométriques, dont certains sont erronés. Selon une source babylonienne, le volume d'un tronc de pyramide carrée était $(\frac{1}{2}(a+b))^2h$, alors que selon le papyrus égyptien Rhind (*v.* 1800 AV. E.C.) les descendants des constructeurs des pyramides utilisaient la variante correcte $\frac{1}{3}(a^2+ab+b^2)h$.

L'un des plus anciens traités mathématiques chinois connus, *Jiuzhang Suanshu* 九章算術 (*Arithmétique en neuf chapitres*, *v.* 50 AV. E.C.) mentionne aussi cette variante de la formule. Dans son commentaire, Liu Hui 劉徽 (*v.* 263), en fait une belle démonstration. Il découpe le tronc de pyramide (*fangting* 方亭 pavillon carré) en neuf tranches : quatre pyramides (*yangma* 陽馬 étalon) identiques, quatre prismes (*qiandu* 壍堵 parois de douve) et un parallélépipède rectangle, tous se combinant pour former un parallélépipède rectangle et une pyramide. En additionnant leurs volumes, on obtient le volume de tronc de pyramide (*ci-contre, en haut*).

Cette démonstration assume qu'on connaît déjà la formule du volume d'une pyramide quadrangulaire (*voir page précédente*), mais on peut néanmoins utiliser la découpe du tronc pour la redécouvrir d'une manière élégante (*ci-contre, en bas*).

Les volumes d'autres solides du commentaire de Liu Hui sont montrés ci-dessous.

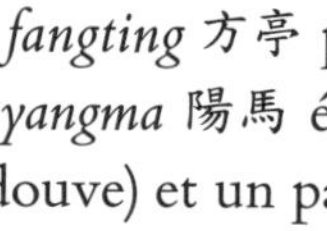

芻甍 *chumeng*
grenier à fourrage

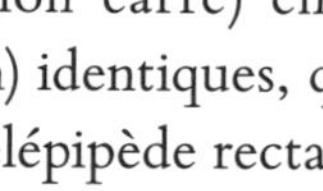

芻童 *chutong*
faucheur

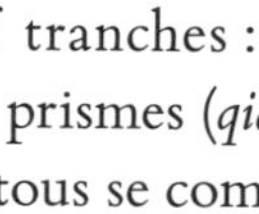

鱉臑 *bienao*
épaule de tortue

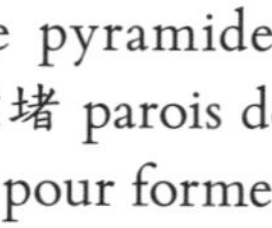

羨除 *xianchu*
égout

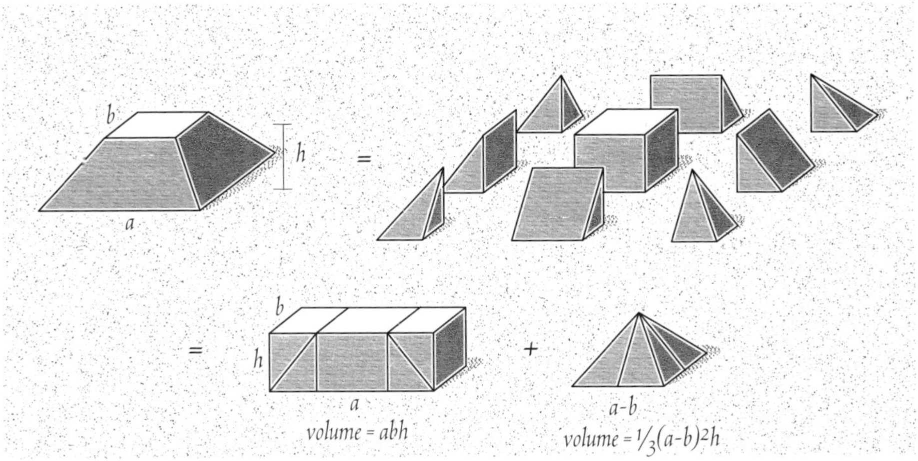

Liu Hui découpe le tronc de pyramide en neuf morceaux : un parallélépipède rectangle, quatre pyramides identiques et quatre prismes, tous se combinant dans un parallélépipède rectangle et une pyramide, avec les volumes respectifs abh et 1/3 $(a-b)^2h$. Leur addition produit le volume du tronc de pyramide, $\frac{1}{3}(a^2+ab+b^2)h$.

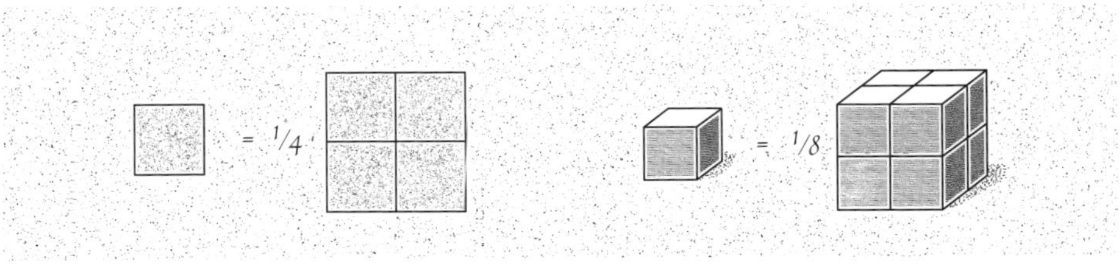

Doubler la taille linéaire de toute forme plane ou solide résulte en une augmentation quadruple de l'aire, ou une augmentation octuple du volume.

En utilisant cela, on peut découper une pyramide en deux comme montré ci-dessous.

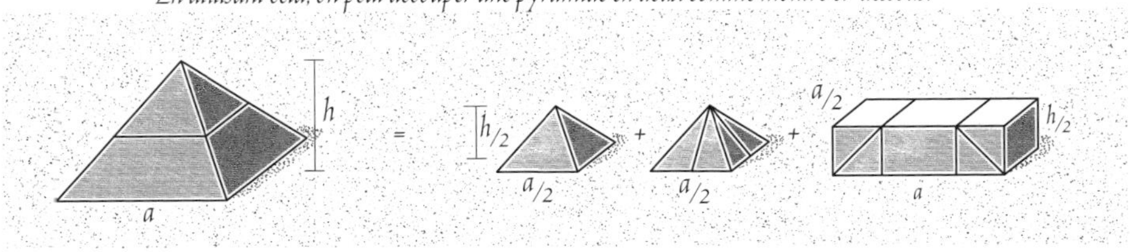

Volume de la pyramide (v) = 1/8 volume des deux pyramides + a/2 . h/2 . a

Donc, $\frac{3}{4}v = \frac{1}{4}a^2h$, ce qui implique le volume de la pyramide, $v = \frac{1}{3}a^2h$.

Théorème d'Archimède

mystères de la sphère

Archimède a prouvé que le volume d'une sphère est deux tiers du volume du plus petit cylindre la contenant, et que son aire est la même que celle du cylindre creux. Le philosophe était si concerné par ces relations qu'il avait fait graver sur sa pierre tombale une sphère comprise dans son cylindre.

Ci-contre, on utilise le principe de Cavalieri (*voir page 16*) pour obtenir la formule $\frac{4}{3}\pi r^3$ pour le volume d'une sphère de rayon *r*, confirmant ainsi la première découverte d'Archimède.

Pour un peu de magie, on projette chaque point de la sphère, à l'exception des pôles, sur un autre point du cylindre, comme montré ci-dessous. On peut démontrer alors que toute parcelle de la sphère est projetée sur une parcelle d'aire égale du cylindre. Si on élargit ensuite la parcelle à l'ensemble de la sphère, il s'ensuit que son image est le cylindre, seconde découverte d'Archimède.

En remplaçant la sphère par un globe terrestre projeté sur le cylindre, qui est ensuite mis à plat, on se retrouve avec une carte équivalente de projection de la Terre.

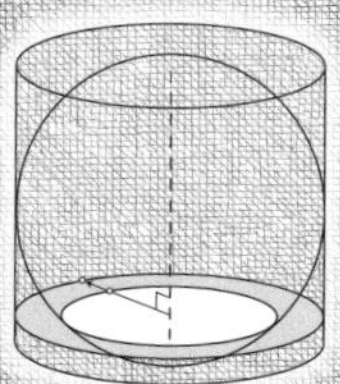

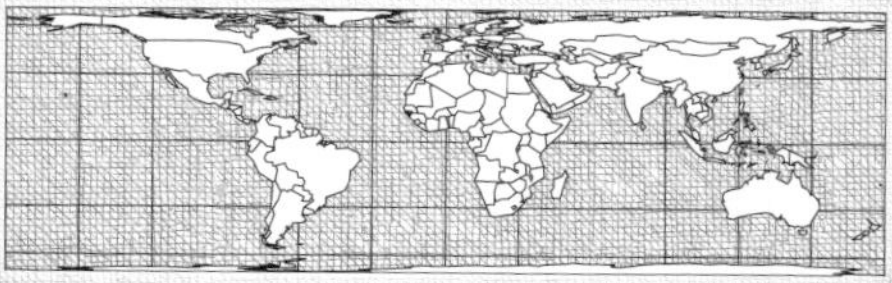

Système équivalent de projection
Johann H. Lambert (1728-1777)

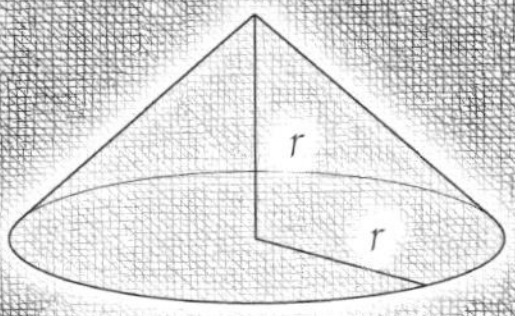

volume du cône = $1/3\ \pi r^3$

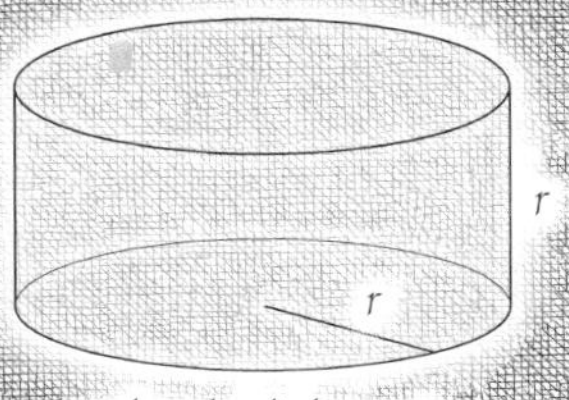

volume du cylindre = πr^3

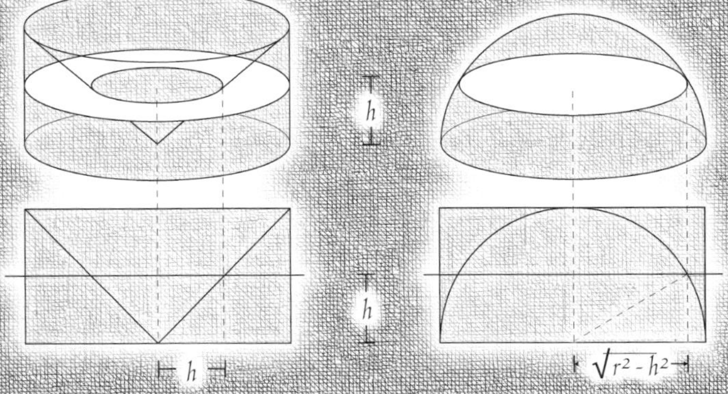

aire de l'anneau = $\pi r^2 - \pi h^2 = \pi (r^2 - h^2)$ = aire du cercle

Comme l'aire de l'anneau est la même que celle du cercle, le principe de Cavalieri dit que l'hémisphère et le cylindre moins le cône ont le même volume.

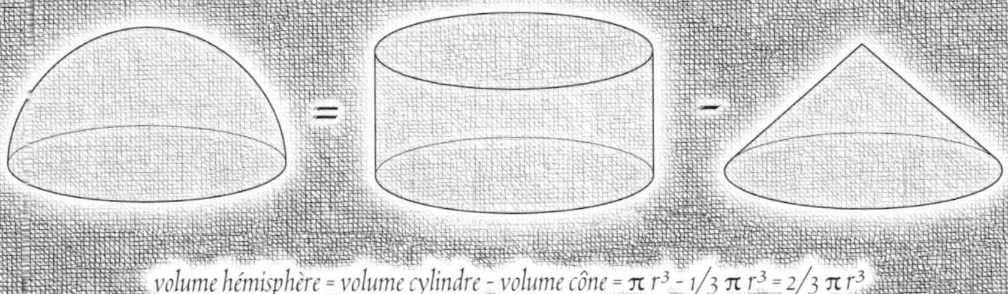

volume hémisphère = volume cylindre − volume cône = $\pi r^3 - 1/3\ \pi r^3 = 2/3\ \pi r^3$

volume sphère = 2 volume hémisphère = $4/3\ \pi r^3$.

Dessus dessous

deux démonstrations par tranches

Archimède a démontré mathématiquement comment faire d'une pierre deux coups en utilisant une idée ingénieuse pour lier l'intérieur et l'extérieur des cercles et des sphères. Voici une ébauche de sa démonstration.

D'abord, il a découpé le cercle de rayon r en plusieurs tranches égales (*ci-contre, en haut*) et les a disposés dans un bloc à peu près rectangulaire. Il a ensuite observé que cela pouvait être réalisé avec un nombre toujours accru de tranches ; à mesure que le nombre de tranches augmente, le bloc devient indifférenciable d'un rectangle dont le côté court à la longueur r et le côté long une longueur égale a la moitié de la circonférence du cercle. L'aire du rectangle coïncide par conséquent avec celle du cercle :

$$\textit{aire du cercle} = \frac{1}{2} \times \textit{circonférence du cercle} \times r$$

On arrive au même résultat en calculant l'aire de la figure en dents de scie – notez juste que l'un des « triangles » a une aire $\frac{1}{2} \times$ *longueur de la base* $\times r$, et que la somme des bases des triangles est la circonférence.

Afin d'aboutir à une formule similaire pour une sphère de rayon r, Archimède l'avait découpée en cônes triangulaires dont le sommet commun est le centre de la sphère et dont les bases sont contenues dans la surface de la sphère (*ci-contre, en bas*). Ces cônes assument le rôle des triangles dans la figure en dents de scie, et puisque le volume de l'un d'entre eux est $\frac{1}{3} \times$ *aire de la base* $\times r$ (*voir page 18*), on obtient la formule :

$$\textit{volume de la sphère} = \frac{1}{3} \times \textit{aire de la sphère} \times r$$

Le grand final, on raccorde les formules pour la circonférence d'un cercle de rayon r et pour le volume d'une sphère de rayon r (*voir page précédente*) aux nouvelles relations, arrivant ainsi à la conclusion que l'aire du cercle est πr^2 et que l'aire de la sphère est $4\pi r^2$.

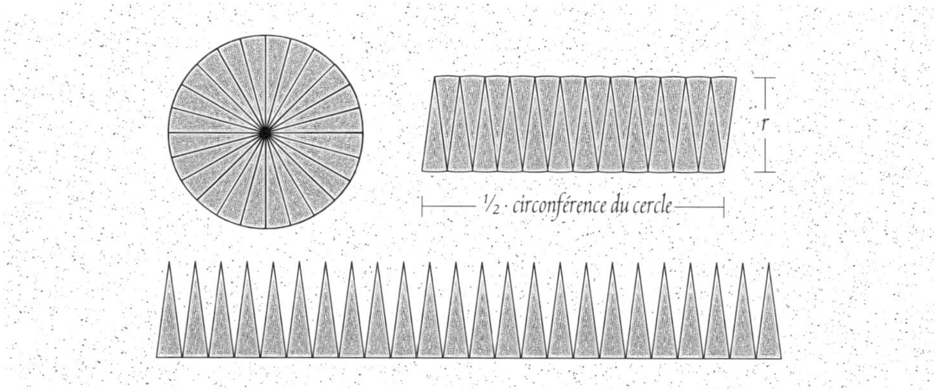

aire du cercle = aire des coins = ½ · circonférence du cercle · r

volume de la sphère = volume des cônes = ⅓ · superficie de la sphère · r

DOMINOS MATHÉMATIQUES

démonstrations par induction

En disposant plusieurs dominos sur une rangée, un pour chaque nombre naturel, on doit s'assurer que SI le domino n tombe, ALORS le domino $n + 1$ fait pareil. Si on fait tomber maintenant le premier domino, on peut être sûr que chaque domino finira par tomber à son tour.

La démonstration par induction en est la contrepartie mathématique. Au lieu des dominos, on a un nombre infini d'affirmations, une pour chaque nombre naturel. Ici, on aura la certitude que toutes les affirmations sont vraies SI on arrive à prouver que la première est vraie ET que la vérité de l'affirmation n implique la vérité de l'affirmation $n + 1$.

Les trois rangées d'en haut (*ci-contre*) montrent la manière dont les trois premières affirmations correspondant au théorème suivant découlent l'une de l'autre.

THÉORÈME : Chaque surface 2^n x 2^n dont l'une des unités carrées a été retirée peut être pavée de formes en L constituées de trois unités carrées.

DÉMONSTRATION PAR INDUCTION : Puisqu'une surface ébréchée 2^n x 2^n est une forme en L (*ci-contre, en haut*), le théorème est vrai pour $n = 1$. En supposant que cette affirmation n est vraie et en considérant une surface 2^{n+1} x 2^{n+1} arbitrairement ébréchée, on la divise en quarts et on enlève trois carrés du milieu afin de créer quatre surfaces ébréchées 2^n x 2^n (*ci-contre centre*). Par postulat, ces quatre surfaces peuvent être pavées, et les quatre pavages s'appliquer à l'une des surfaces 2^{n+1} x 2^{n+1}. C.Q.F.D.

Certains des autres modèles utilisés dans l'art de faire tomber les dominos se traduisent aussi en méthodes de démonstration. Par exemple, dans le modèle triangulaire (*ci-contre, en bas*), le domino de devant fait tomber tous les autres. La méthode correspondante de démonstration peut être utilisée pour prouver que le triangle de Pascal – nommé d'après Blaise Pascal (1623-1662) – est formé de coefficients binomiaux (*voir page 48*).

Chaque surface 2x2 écornée peut être pavée de formes en "L".

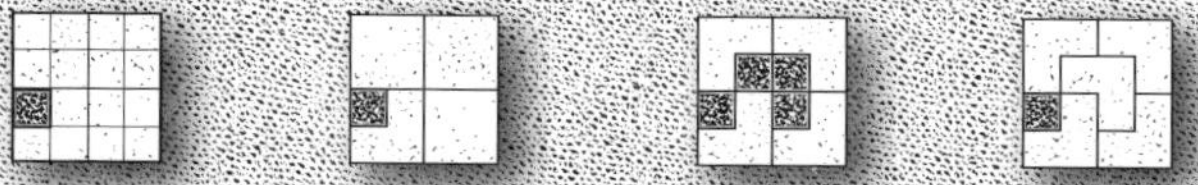

Pour montrer qu'une surface 4x4 ébréchée arbitraire peut être pavée, divisez-la en quarts, retirez les trois carrés du milieu afin de créer quatre surfaces ébréchées 2x2 et un pavage émergera.
Cela suggère comment traiter le cas suivant.

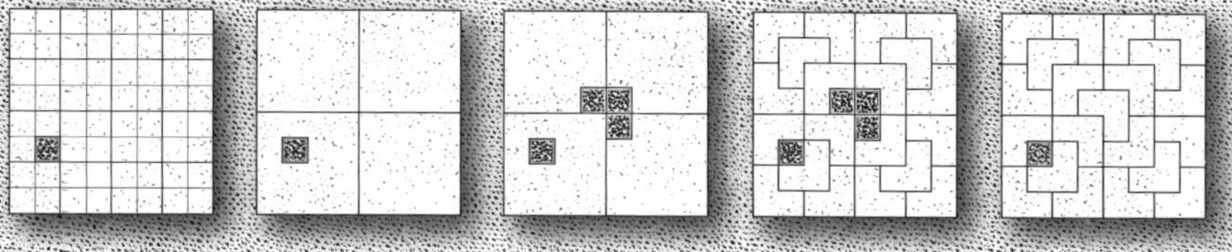

Pour montrer qu'une surface ébrechée arbitraire 8x8 peut être pavée, divisez-la en quarts, retirez les trois carrés du milieu afin de créer quatre surfaces ébréchées 4x4. Appliquez les pavages de ces quatre surfaces à une surface 8x8.

1
1 1
1 2 1
1 3 3 1
1 4 6 4 1

$\binom{0}{0}$
$\binom{1}{0}$ $\binom{1}{1}$
$\binom{2}{0}$ $\binom{2}{1}$ $\binom{2}{2}$
$\binom{3}{0}$ $\binom{3}{1}$ $\binom{3}{2}$ $\binom{3}{3}$
$\binom{4}{0}$ $\binom{4}{1}$ $\binom{4}{2}$ $\binom{4}{3}$ $\binom{4}{4}$

Les triangles de nombres égaux correspondent au modèle de chute de gauche.
Dans les deux triangles de nombres, une entrée est la somme des entrées au-dessus de $1=\binom{0}{0}$.

L'ESCALIER INFINI

une démonstration par regroupement

Un paradoxe classique implique un nombre de briques identiques empilées (*voir le diagramme ci-contre*). Il est facile de démontrer qu'en ajoutant de plus en plus de briques, comme indiqué, on peut faire avancer en surplomb l'escalier résultant autant qu'on veut sans le faire s'écrouler.

Un escalier de n briques, chacune de longueur 2, s'avance d'une distance de

$$1 + \frac{1}{2} + \frac{1}{3} + \frac{1}{4} + \cdots + \frac{1}{n}$$

On veut donc démontrer est que la somme ci-dessus s'approche de l'infini comme le fait n.

DÉMONSTRATION : On groupe d'abord la somme infinie comme suit :

$$1 + \frac{1}{2} + \left(\frac{1}{3} + \frac{1}{4}\right) + \left(\frac{1}{5} + \frac{1}{6} + \frac{1}{7} + \frac{1}{8}\right) + \left(\frac{1}{9} + \frac{1}{10} + \frac{1}{11} + \frac{1}{12} + \frac{1}{13} + \cdots\right)$$

On remplace chaque terme par un nombre moindre que lui ou égal à lui afin d'obtenir une nouvelle somme qui est moindre ou égale à celle de départ et on note que la somme des substituts va à l'infini :

$$1 + \frac{1}{2} + \underbrace{\left(\frac{1}{4} + \frac{1}{4}\right)}_{\frac{1}{2}} + \underbrace{\left(\frac{1}{8} + \frac{1}{8} + \frac{1}{8} + \frac{1}{8}\right)}_{\frac{1}{2}} + \underbrace{\left(\frac{1}{16} + \frac{1}{16} + \frac{1}{16} + \frac{1}{16} + \frac{1}{16} + \cdots\right)}_{\frac{1}{2}}$$

$$1 + \frac{1}{2} + \frac{1}{2} + \frac{1}{2} + \frac{1}{2} + \cdots$$

Cela signifie que la somme qu'on cherche est aussi infinie. C.Q.F.D.

Notez que l'escalier devient aussi infiniment haut à mesure qu'il devient infiniment large et que le construire devient en fait rapidement très compliqué, impliquant des espacements de plus en plus rapprochés des briques.

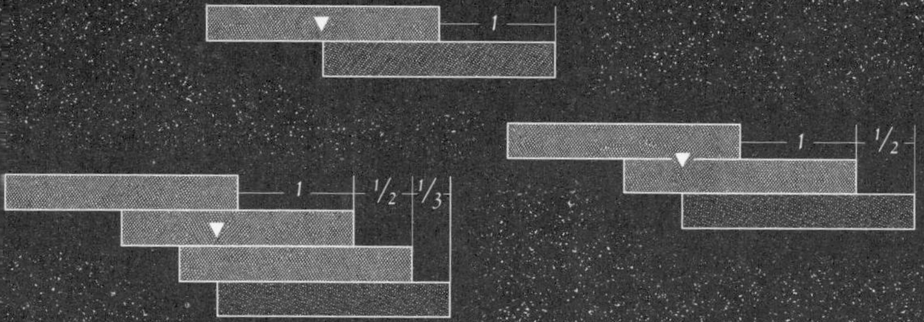

Pour construire un escalier avec un surplomb maximum qui ne s'écroule pas, on bâtit de sorte qu'à chaque marche le centre de gravité de ce qui a été bâti jusque-là repose sur le haut du bord avant de la brique suivante.

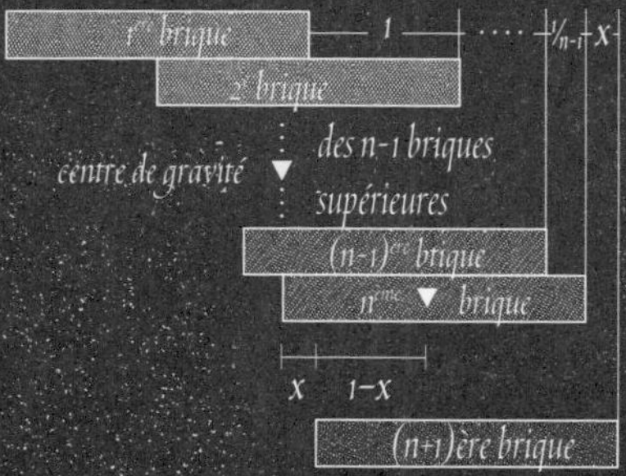

Dans ce cas, la physique nous dit que l'index x marquant la position du centre de gravité des n premières briques comme au-dessus satisfait l'équation, x (poids n-1 briques) = (1-x) · (poids d'une brique), ou x(n-1) = 1-x. La solution donne x = 1/n.

Entourer la cycloïde

une démonstration par découpage

En partant d'un polygone régulier placé sous une ligne, on marque l'un de ses coins supérieurs et on le fait rouler le long de cette ligne. À chaque fois que le polygone touche la ligne, on note par un point la position du coin marqué. Lorsque le coin coloré touche de nouveau la ligne, on arrête et on connecte les points par des lignes droites (*ci-dessous à gauche*). En dépliant le polygone, il devient clair que l'aire entourée par la courbe résultante est exactement trois fois l'aire du polygone (*ci-contre, en haut*).

En utilisant un cercle à la place du polygone, la courbe résultante est une cycloïde (*ci-dessous à droite*), dont les Grecs antiques se servaient pour décrire les orbites des planètes. Puisqu'un cercle peut être figuré à peu près par des polygones réguliers, l'aire entourée par la cycloïde est aussi trois fois l'aire du cercle.

La cycloïde a bien d'autres propriétés intéressantes. Par exemple, en démontrant le formidable pouvoir du nouveau calcul infinitésimal de Newton et de Leibniz, Jean Bernoulli a prouvé en 1696 que la cycloïde est la solution au difficile problème classique de la « courbe la plus rapide ». Si une particule portée par la seule gravité glisse le long de la cycloïde depuis l'une de ses extrémités vers un second point, elle y parvient en moins de temps que si elle glissait le long de toute autre courbe les connectant.

Essayez de comprendre les deux démonstrations express (*ci-contre, en bas*) !

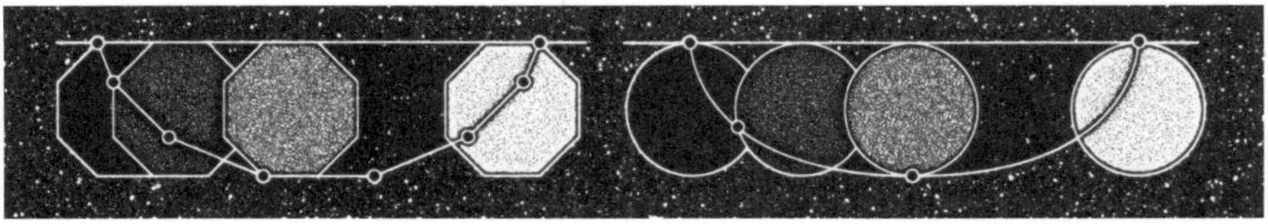

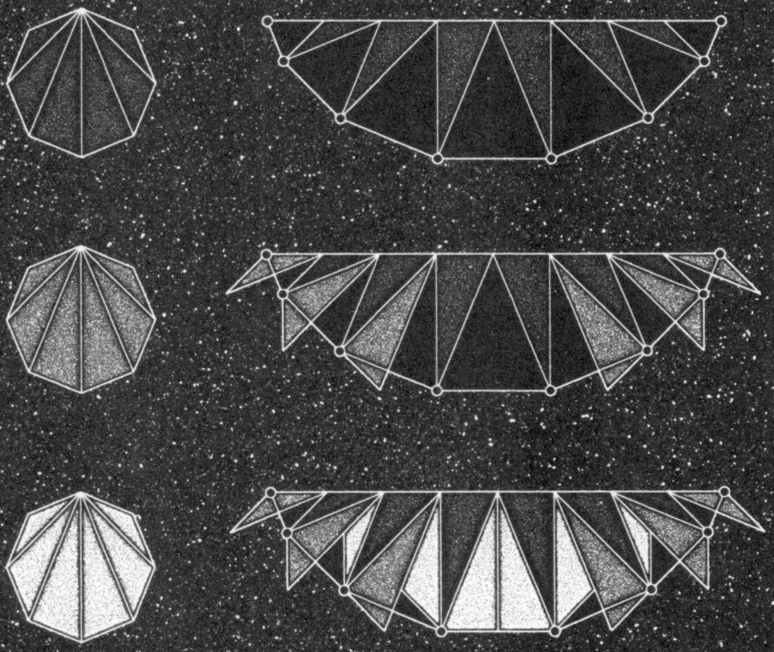

Les trois octogones placés sous la courbe produite en faisant rouler l'un d'entre eux le long d'une ligne horizontale

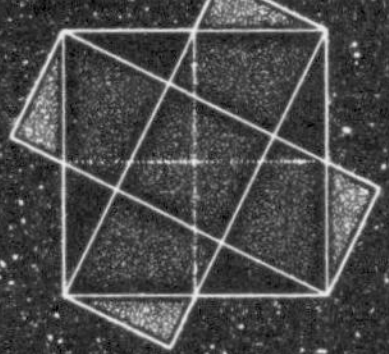

petit carré = 1/5 grand carré

aire du dodécagone régulier inscrit dans un cercle de rayon 1 est 3

Couper des cônes

l'astuce de la sphère de Dandelin

Quel genre de courbe obtient-on si un plan coupe un cône circulaire en parties supérieure et inférieure ? Bien qu'on procède par déduction, cette forme sera toujours une ellipse, le genre de courbe qu'on obtient en collant les deux extrémités d'un morceau de fil à un bureau, en tendant celui-ci avec un crayon et en traçant une courbe fermée (*ci-dessous*). Autrement dit, une ellipse est la série de tous les points du plan dont la somme des distances par rapport à deux points fixes (les foyers) est constante.

Pour prouver ce théorème, Germinal Dandelin (1794-1847) a inscrit deux sphères dans le cône, chacune touchant le plan de coupe en un point (*ci-contre, en haut*). Il a observé que la section est une ellipse ayant ces deux points pour foyers et pour constante associée la distance constante entre les cercles selon lesquels les deux sphères touchent le cône.

Des astuces similaires montrent qu'un plan coupe le cône dans une ellipse, une parabole, une hyperbole (*ci-contre, en bas*) ou, s'il comporte un sommet, un point, une ligne ou deux lignes. Newton a prouvé que deux corps célestes s'orbitent toujours l'un l'autre selon l'une de ces sections coniques : chaque planète orbite le Soleil en suivant une ellipse, l'astre se trouvant à l'un des foyers.

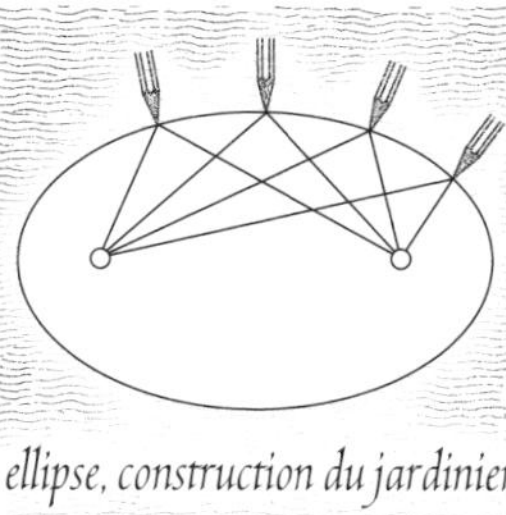

ellipse, construction du jardinier

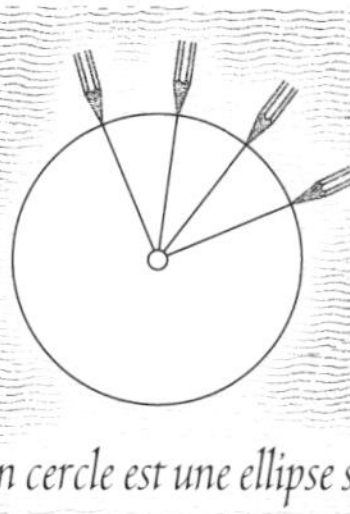

un cercle est une ellipse spéciale

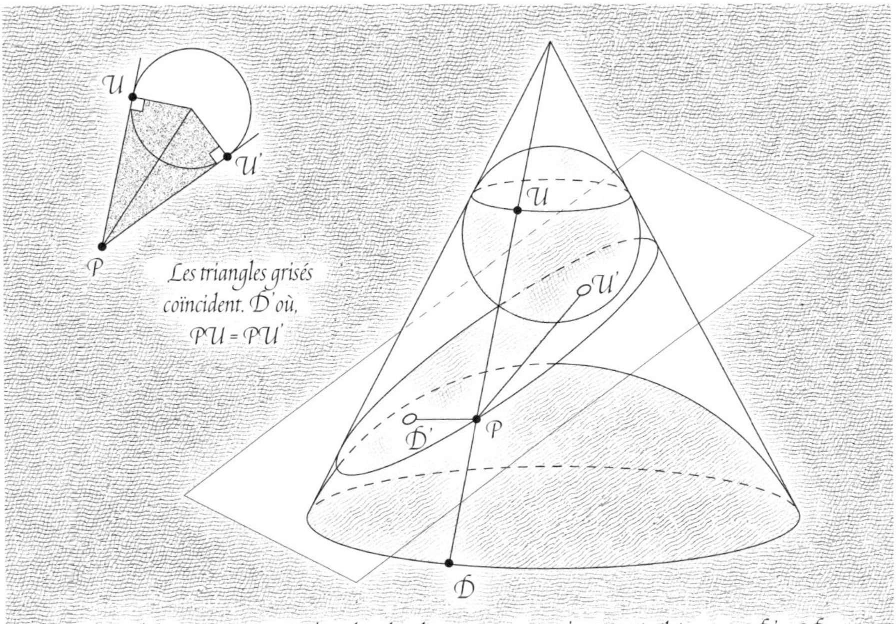

Puisque les segments PU et PU' touchent la sphère supérieure, PU' = PU. Similairement, PD' = PD. Donc, PU' + PD' = PU + PD = UD, la distance entre les cercles se touchant des sphères.

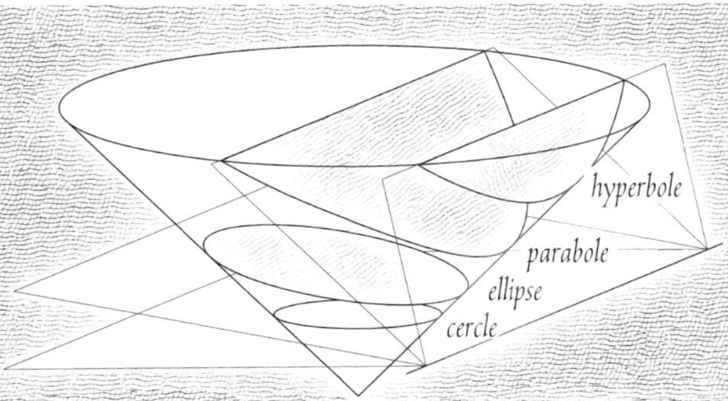

Un plan incliné autour de la ligne tranche d'abord le cône selon un cercle dans la position horizontale, puis selon une ellipse, une parabole en exactement une position, et ensuite selon des hyperboles.

CÔNES PLIÉS

miroirs ardents et murs à échos

Marquez un point sur un morceau circulaire de papier. Pliez dessus un point situé sur le périmètre du papier afin d'obtenir un pli, et répétez pour divers points du périmètre. Une ellipse apparaîtra (*ci-contre, en haut*).

La preuve que cela fonctionne procède de la propriété définissant les ellipses en termes de deux foyers (*voir page précédente*) et de la propriété sous-tendant l'utilisation du mot « foyer » : si on transforme l'intérieur d'une ellipse en miroir, chaque rayon de lumière partant de l'un des deux foyers traversera l'autre, ayant été réfléchi par l'ellipse (*ci-dessous à gauche*). C'est là le principe sous-tendant les miroirs ardents et les murs à échos. Placez une bougie dans l'un des foyers et sa chaleur se concentrera sur l'autre, murmurez dans l'un des foyers d'un grand mur elliptique et l'ami placé au niveau de l'autre foyer distant vous entendra clairement. En général, les rayons de lumière qui ratent les foyers enveloppent les ellipses ou les hyperboles partageant les foyers avec l'ellipse initiale (*ci-dessous, centre et droite*).

Si on remplace le papier circulaire par un rectangulaire, le pliant à partir d'un de ses côtés (*ci-contre, en bas*), on obtient une parabole partielle. De là, on peut reconstituer la définition d'une parabole en termes d'un foyer et d'une ligne, et voir comment Archimède a eu l'idée d'un réseau de miroirs paraboliques concentrant le soleil pour incendier les navires de guerre.

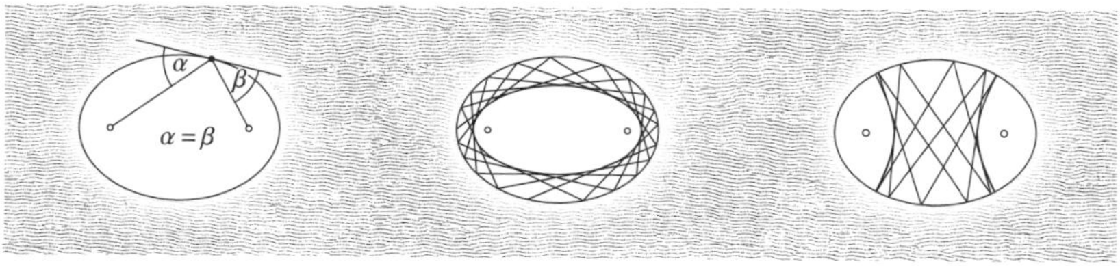

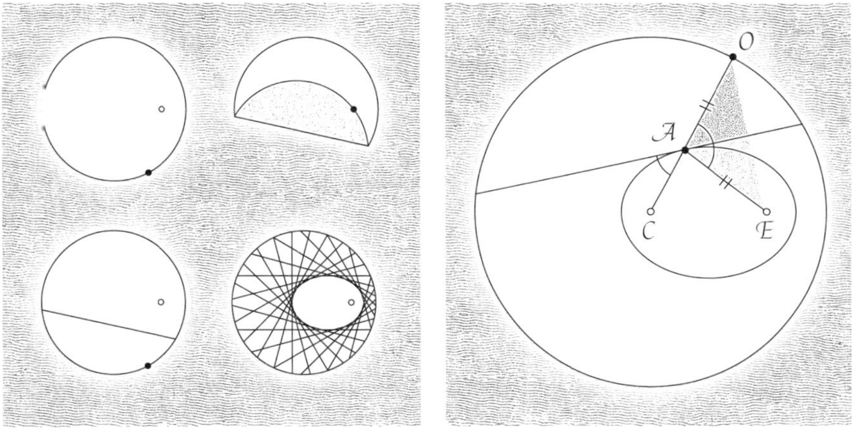

Puisque AO se plie selon la ligne AE, AE + AC = AO + AC = CO = rayon du cercle, à mesure qu'on déplace O autour du cercle, le point A décrit une ellipse avec les foyers C et E et ce rayon constant. Les trois angles notés au point A sont égaux. Les plis sont donc des tangentes de l'ellipse et, en tant que tels, l'entourent.

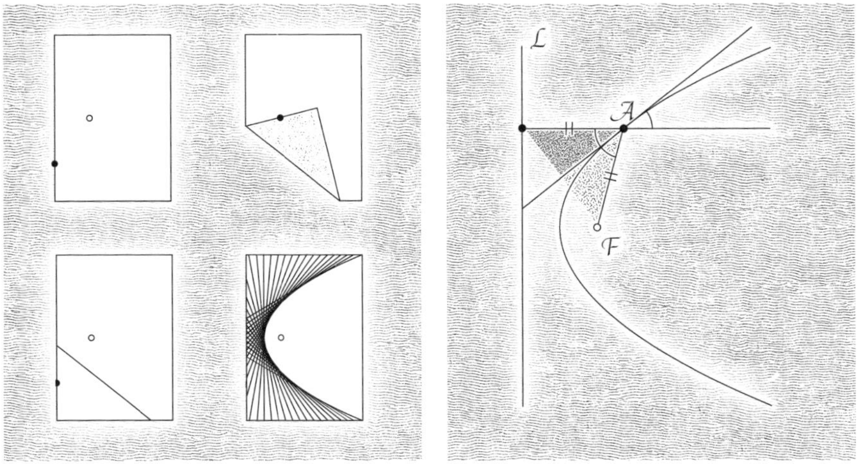

Le pliage d'une parabole utilisant son foyer F et sa ligne de base L : (1) un point A de la parabole se trouve à égale distance de F et de L ; (2) chaque rayon horizontal de lumière traverse F après avoir été réfléchi par la parabole.

NOUER DES POLYGONES

une démonstration en pliant du papier

Il est très facile de construire des triangles équilatéraux, des carrés et des hexagones réguliers de bon nombre de manières. Les pentagones réguliers sont plus compliqués, mais il existe une manière simple d'en construire un.

Faites un nœud sur un morceau de bande et tirez-en les extrémités jusqu'à ce que le nœud soit complètement aplati. Coupez l'excès de bande des deux côtés et vous avez un pentagone régulier ! Pourquoi cela réussit-il ?

Considérez deux pentagones réguliers avec un côté commun, traversés par un morceau de bande (*ci-dessous à gauche*). Si on plie le pentagone de gauche sur celui de droite le long du côté commun, la bande de papier s'alignera pratiquement toute seule le long d'un des côtés du pentagone de droite. Si on continue le pliage de la bande autour de ce pentagone, on définit successivement tous ses côtés et diagonales. En défaisant la bande maintenant foncée et en redressant les pentagones, on peut finalement faire un nœud sur la bande et l'aplatir de sorte qu'aucun nouveau pli n'apparaisse.

Les polygones réguliers avec plus de cinq côtés peuvent aussi être noués en utilisant une ou deux bandes de papier, cependant la réalisation pratique de ces constructions risque d'être très très délicate.

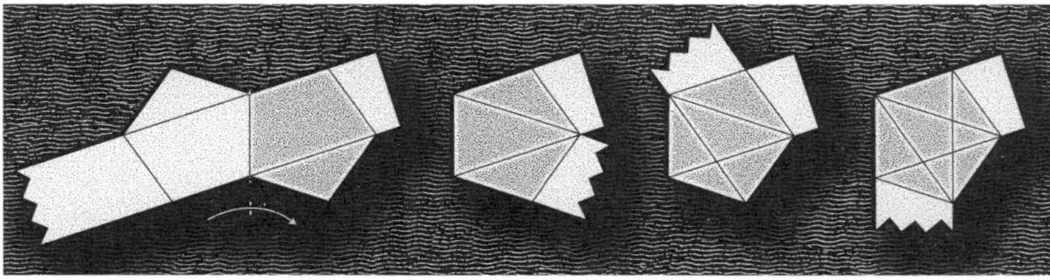

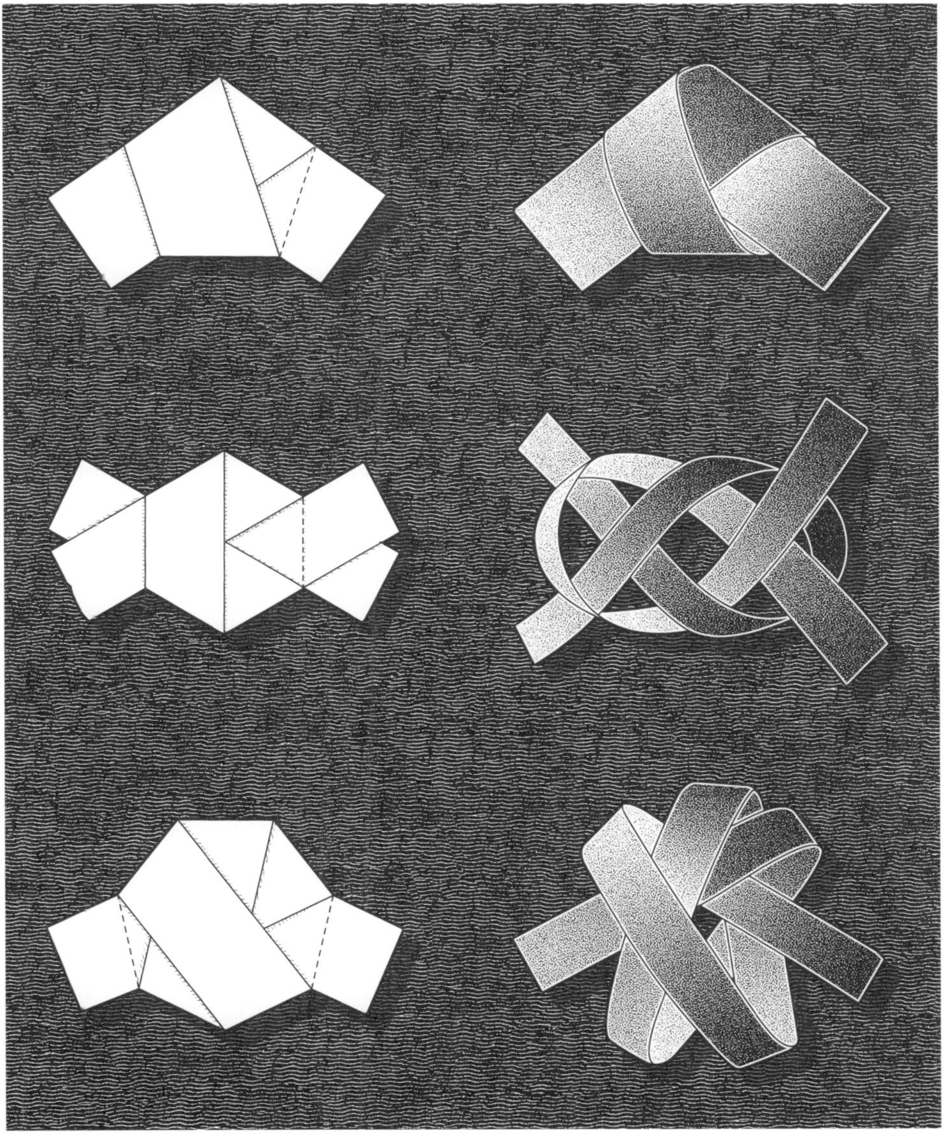

COUPER LES CARRÉS

cosmologie et nombre manifeste

On est souvent arrivé à de beaux théorèmes en trouvant de nouvelles façons d'interpréter des modèles anciens. Pour un tour rapide de certains exemples classiques remontant aux pythagoriciens, considérons les diverses manières de découper une matrice carrée de $n \times n$ ou n^2 cailloux.

La première donne l'égalité élémentaire $n + n + \ldots + n$ (n fois) $= n^2$. La seconde se traduit dans le fait étonnant que la somme des n premiers nombres impairs est égale à n^2. Autre démonstration de ce théorème, notez que les nombres de triangles des pavages n ci-dessous sont les n premiers nombres impairs et qu'après avoir séparé les triangles noirs et grisés (*ci-contre, en bas*), on obtient un carré de n^2 triangles.

La troisième manière de découpage, correspondant à l'égalité $(n - 1)^2 + (2n - 1) = n^2$ est étroitement apparentée. En choisissant le nombre impair $2n - 1$ comme carré, on arrive à un triplet pythagoricien (*voir page 10*). Par exemple, choisir $2n - 1 = 3^2$ donne $n = 5$, et donc $4^2 + 3^2 = 5^2$.

Une dernière manière de découper la matrice carrée montre que n^2 est égal à la somme des n premiers nombres naturels plus la somme des $n - 1$ premiers nombres naturels. Voyez-vous comment obtenir à partir de là une formule pour la somme des n premiers nombres naturels ?

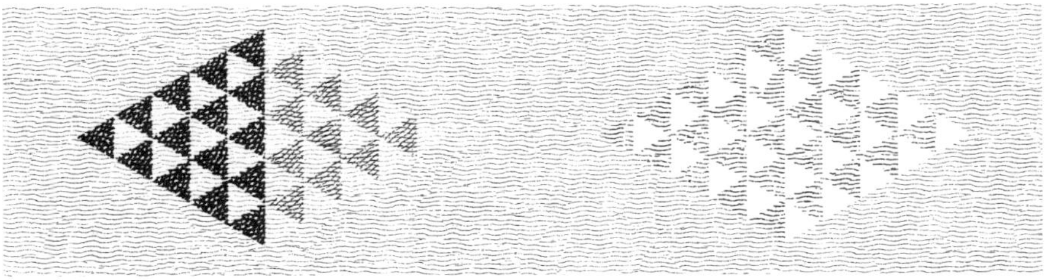

Puissance des pouvoirs

démonstrations par double comptage

La superbe démonstration rapide du découpage pythagorique ci-dessous montre que la somme des n premiers nombres naturels est la moitié du nombre de cailloux du rectangle, autrement dit $n(n + 1)/2$. Carl Friedrich Gauss (1777-1855), l'un des géants des mathématiques, a redécouvert cette formule à l'âge de 10 ans. Lorsque son professeur lui avait demandé d'additionner les 100 premiers nombres naturels, il avait achevé rapidement cette tâche fastidieuse en observant que

$$1 + 100 = 2 + 99 = \ldots = 50 + 51 = 101$$

et donc que la somme requise était $50 \times 101 = 5\,050$. Ce raisonnement correspond à une observation attentive du rectangle ci-dessous, rangée par rangée ($1 + 4 = 2 + 3 = 5$ et la somme est $2 \times 5 = 10$).

Le premier diagramme de droite montre avec élégance que la somme triplée des n premiers carrés est égale au nombre de cailloux du rectangle, qui est $(2n + 1)(1 + 2 + \ldots + n)$.

Le second diagramme de droite démontre que la somme des n premiers cubes est égale à la somme des n premiers nombres naturels au carré.

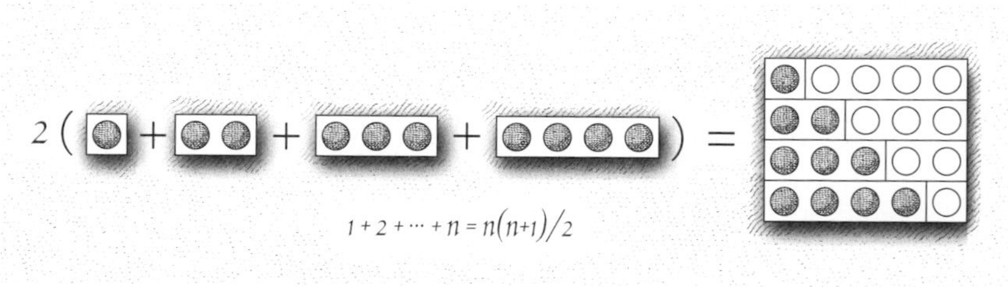

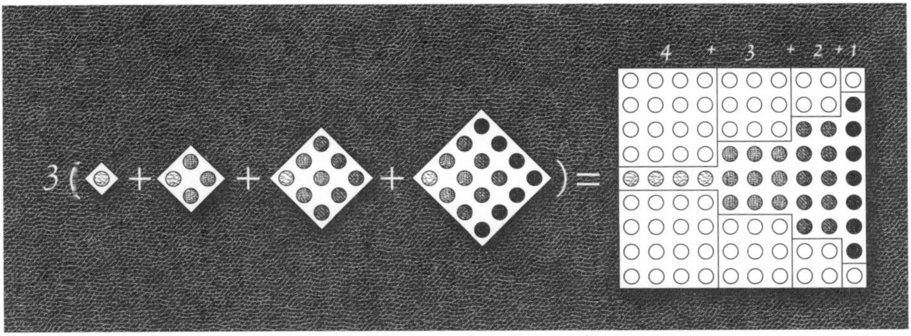

En général, $3(1^2 + 2^2 + \cdots + n^2) = (1 + 2 + \cdots + n)(2n + 1)$. *Intercaler* $1 + 2 + \cdots + n = n(n+1)/2$ *donne*

$$1^2 + 2^2 + \cdots + n^2 = n(n+1)(2n+1)/6$$

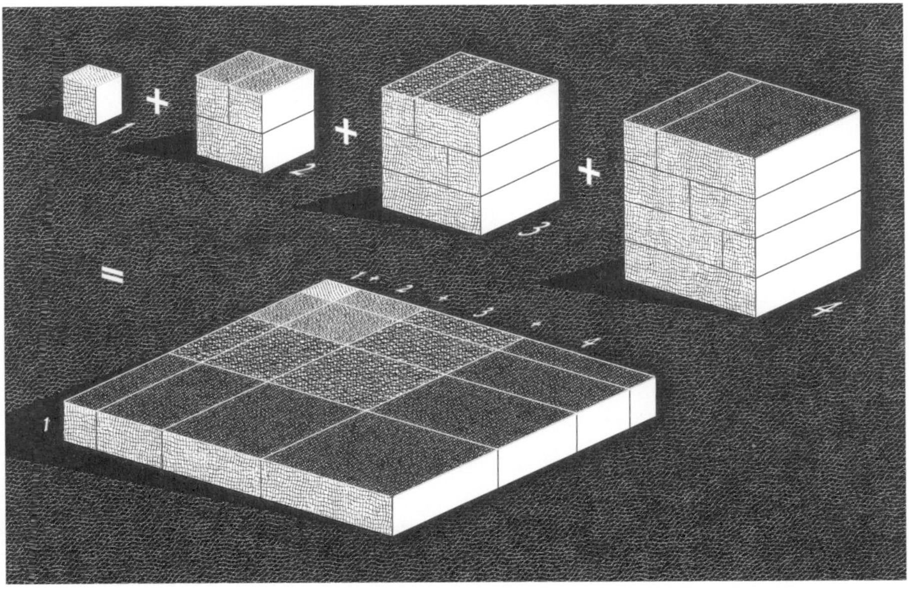

La somme des volumes des cubes, $1^3 + 2^3 + \cdots + n^3$, *est égale à* $(1 + 2 + \cdots + n)^2$, *le volume de la dalle carrée.*

$$1^3 + 2^3 + \cdots + n^3 = (1 + 2 + \cdots + n)^2$$

NOMBRES PREMIERS SANS FIN

une démonstration par contradiction

Juste comme chaque objet du monde réel peut être séparé de manière unique en atomes indivisibles, tout nombre naturel peut lui aussi être écrit de façon unique découlant des nombres indivisibles, les nombres premiers (le nombre 1 étant une exception). Les huit nombres premiers les plus petits sont 2, 3, 5, 7, 11, 13, 17 et 19. Le crible d'Ératosthène (*ci-contre*) est une élégante méthode pour former une table des nombres premiers.

Les *Éléments* d'Euclide présentent la démonstration classique suivante par contradiction que, à la différence du monde réel, le monde des mathématiques renferme un ensemble infini de nombres premiers.

DÉMONSTRATION : L'ensemble des nombres premiers est soit fini, soit infini. Supposons qu'il est fini et multiplions tous ces nombres ensemble pour obtenir un très grand nombre entier $n = 2 \times 3 \times 5 \times 7\ldots$ Maintenant, puisque $n + 1$ est plus grand que tous les diviseurs de n, il ne peut pas être un nombre premier, si bien que l'un des diviseurs de n doit aussi être diviseur de $n + 1$. Mais dans ce cas $(n + 1) - n = 1$ auraient aussi le même diviseur. C'est une contradiction, si bien qu'on conclut que la supposition de l'existence d'un ensemble fini de nombres premiers est fausse. Il y a donc un ensemble infini de nombres premiers. C.Q.F.D.

Deux nombres premiers différant de 2, comme 5 et 7 et 11 et 13, sont des nombres premiers *jumeaux*. La renommée éternelle attend celui qui prouvera qu'il y a infiniment de jumeaux (ou l'inverse).

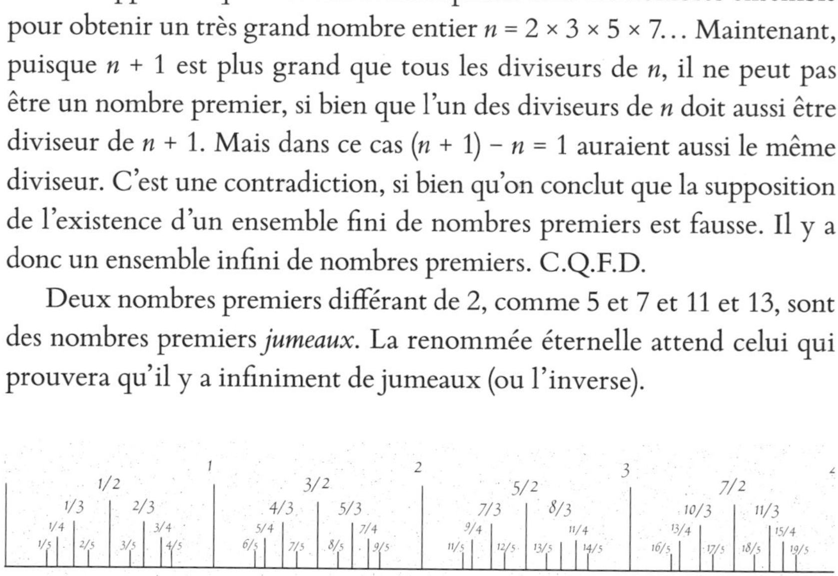

Le crible d'Ératosthène

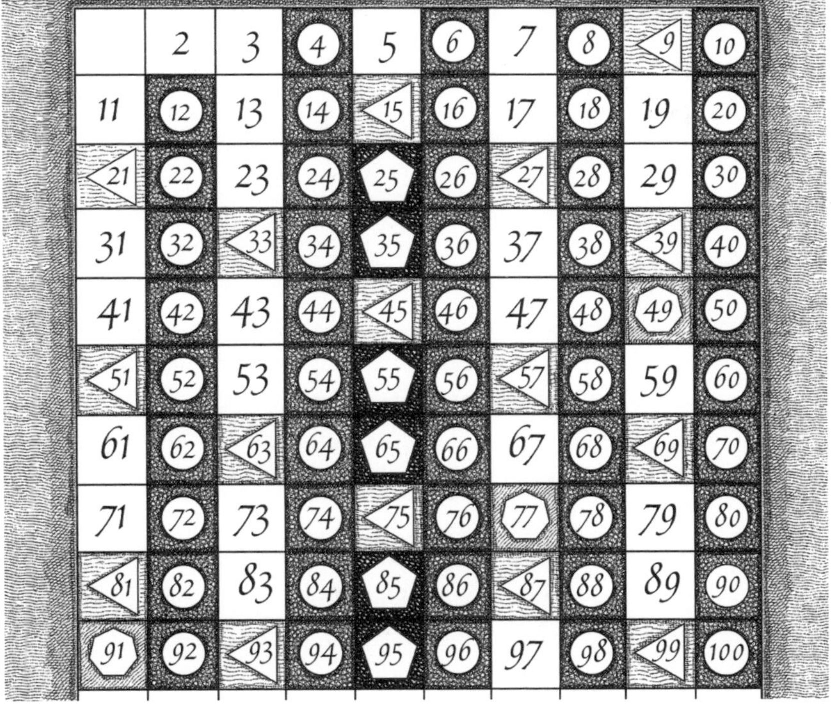

Entourez tous les multiples de 2 de la liste ci-dessus. Le plus petit nombre entier supérieur à 2 qui n'est pas entouré est 3. Entourez tous ses multiples. Maintenant, le plus petit nombre entier supérieur à 3 qui n'est pas entouré est 5. Entourez ses multiples, et ainsi de suite. Les nombres premiers sont ceux qui ne seront jamais entourés.

La nature des nombres

une autre démonstration par contradiction

Sur une ligne numérique (*ci-dessous*), chaque point représente un des nombres réels utilisés pour mesurer les distances, les aires et les volumes. En divisant les intervalles entre les nombres entiers en deux, trois, quatre parties, etc., on met en évidence les fractions ou les nombres rationnels.

Même la plus infime parcelle d'une ligne numérique renferme infiniment de nombres rationnels. Il peut donc sembler raisonnable de s'attendre à ce que chaque nombre réel soit rationnel. La légende raconte que les pythagoriciens avaient sacrifié une centaine de bœufs pour célébrer la découverte d'une démonstration montrant que $\sqrt{2}$, la longueur de la diagonale d'un carré, est irrationnelle, donc n'est pas un nombre rationnel.

Ci-contre, un exemple de démonstration par contradiction. On part de la supposition que $\sqrt{2}$ est rationnel. Cela implique en premier lieu l'existence d'un carré nombre entier (un carré avec un nombre entier de diagonales et de côtés) et finalement une contradiction. Par conséquence, $\sqrt{2}$ est irrationnel.

En général, on peut aussi montrer que si un nombre naturel n'est pas un carré, alors sa racine carrée est un nombre irrationnel. Cela signifie qu'infiniment de rayons de la spirale carrée (*ci-contre, en bas*) sont irrationnels. Aussi, il s'avère que, dans un sens, il y a bien plus de nombres irrationnels qu'il y en a de rationnels.

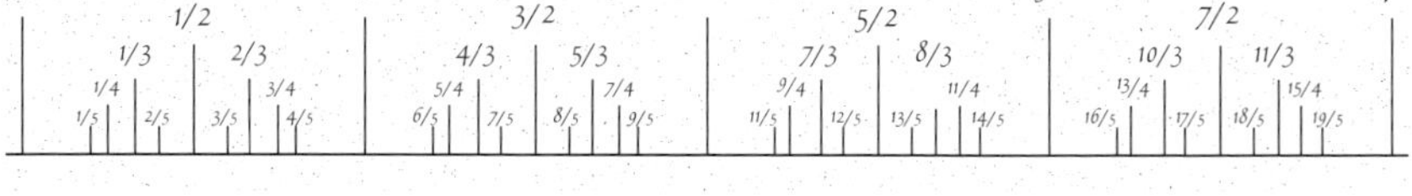

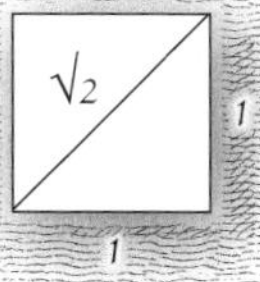

Si $\sqrt{2}$ est une fraction b/a de nombres entiers positifs, le carré ci-dessus accru par le facteur a est le carré entier ci-dessous (à gauche). Selon le théorème de Pythagore, $a^2+a^2=2a^2=b^2$. Par conséquent, $a^2=(b/2)b$ est un nombre entier.

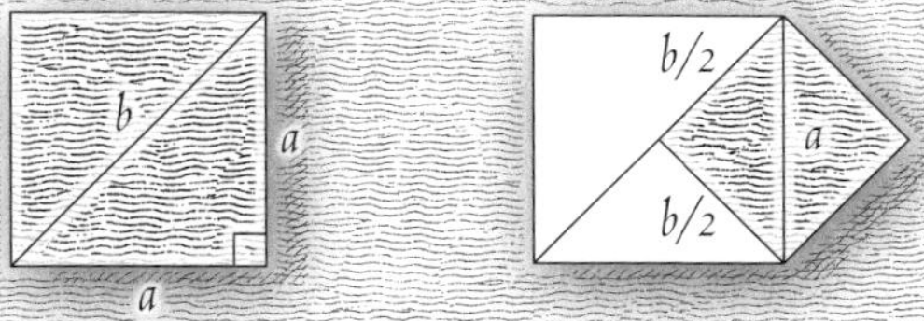

Cela est possible seulement si $b/2$ est un nombre entier. Le petit carré gris de droite est aussi un carré entier. Appliquer ce raisonnement à ce second carré entier aboutit à un troisème, un quatrième, etc.

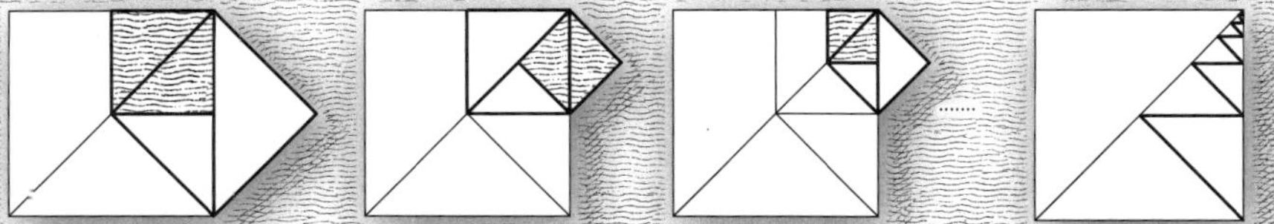

Chaque segment du zigzag infini de droite est un côté de l'un de nos carrés entiers et a donc une longueur entière. C'est impossible, car les segments deviennent infiniment petits, alors que le nombre entier positif le plus petit est 1.

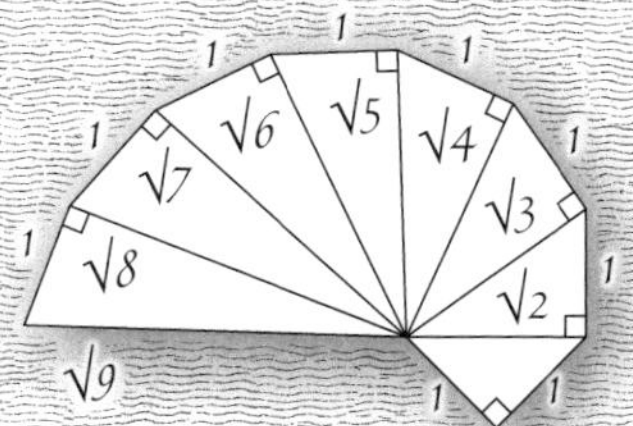

Le nombre d'or

le nombre préféré de la nature

Pourquoi un rectangle a-t-il l'air de n'être ni trop mince ni trop large, mais jute comme il faut ? Pour beaucoup de peintres et de scientifiques, ce concours de beauté vieux comme le monde a un gagnant indiscutable, le rectangle d'or (*ci-dessous à gauche*), dont le ratio des côtés long et court est égal au nombre d'or ϕ (*phi*) correspondant à la diagonale d'un pentagone régulier (*ci-contre, en haut*).

Le nombre d'or est présent partout dans la nature, depuis la disposition des feuilles aux spirales des galaxies. Par exemple, si on retire un carré d'un rectangle d'or (*ci-dessous*), on constate que ce qui reste forme un autre rectangle d'or, car $\phi = 1/(\phi - 1)$ (*ci-contre, en haut*). La répétition de ce processus génère une spirale de carrés similaires à d'innombrables spirales naturelles.

Si on combine à angles droits trois rectangles d'or (*ci-contre centre*), leurs douze coins deviennent les sommets d'un icosaèdre. Pour le démontrer, il suffit de vérifier que tous les triangles de l'image du milieu sont équilatéraux ou, de façon équivalente, que les deux bords intrinsèquement différents de ces triangles ont la même longueur.

Cela prépare la voie à une belle construction d'un icosaèdre à partir d'un octaèdre (*ci-contre, en bas*), où les douze coins du premier divisent les douze bords du second selon le nombre d'or.

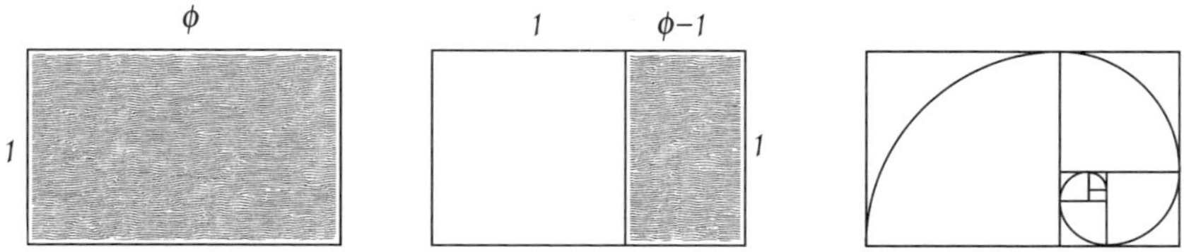

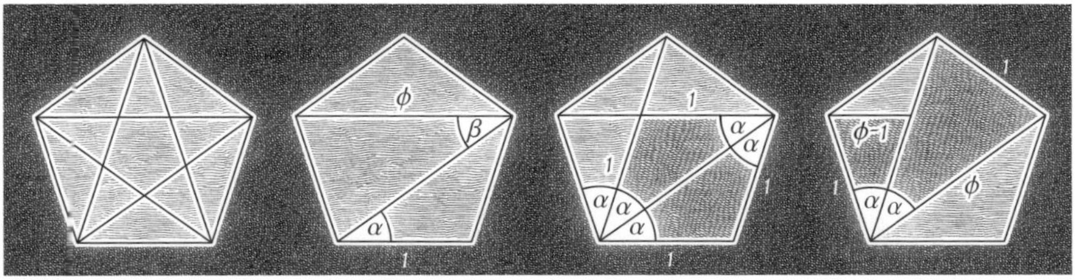

Les angles α et β sont égaux. Donc, les deux premiers triangles gris sont congruents et les deux derniers semblables. Par conséquent, $\phi/1 = 1/(\phi - 1)$ ou $\phi^2 = \phi + 1$. La solution de cette équation est $\phi = (1 + \sqrt{5})/2 = 1{,}61803...$

Le bord surligné AB est long de $\sqrt{\phi^2 + (\phi - 1)^2 + 1^2} = \sqrt{2(\phi^2 - \phi + 1)}$ (appliquez deux fois le théorème de Pythagore) et vu que $\phi^2 = \phi + 1$, cela est égal à 2, la longueur du côté de l'un des trois rectangles d'or.

Placez les trois rectangles dans des carrés, comme à gauche. Les bords des carrés forment un octaèdre.

Les nombres de la nature

la géométrie de la croissance

Une spirale de carrés s'accroissant autour d'une unité carrée comme en haut à gauche est formée de carrés dont les longueurs de côté sont les nombres de la suite de Fibonacci 1, 1, 2, 3, 5, 8, 13, 21…, nommés d'après Leonardo Fibonacci (1170-1250). Chaque nombre de la séquence est la somme des deux le précédant : 2 = 1 + 1, 3 = 1 + 2, 5 = 2 + 3, etc.

Les nombres de Fibonacci sont connectés de plusieurs façons extraordinaires. Par exemple, le pavage du rectangle en haut à gauche démontre que $1^2 + 1^2 + 2^2 + 3^2 + 5^2 + 8^2 + 13^2 = 13 \times (13 + 8) = 13 \times 21$. En général, la somme des carrés des *n* premiers nombres de Fibonacci est égale au produit des $n^{\text{ème}}$ et $n + 1^{\text{ème}}$ tels nombres. Similairement, le pavage du carré de droite montre que $(1 \times 1) + (2 \times 1) + (3 \times 2) + (5 \times 3) + (8 \times 5) + (13 \times 8) + (21 \times 13) = 212$. Cette égalité se généralise aussi facilement.

Les nombres de la suite de Fibonacci apparaissent souvent dans les mêmes cas que le nombre d'or ϕ (*voir page précédente*). On peut prouver que le $n^{\text{ème}}$ nombre de cette suite est le nombre naturel le plus proche de $\phi^n/\sqrt{5}$. Cela suggère que les rectangles qu'on découvre en bâtissant la spirale de carrés deviennent indifférenciables du rectangle d'or.

Les nombres de la suite de Fibonacci sont cachés dans beaucoup de processus de croissance. Par exemple, les spirales dans le sens direct et indirect visibles sur les fleurs de tournesol (*ci-contre centre*) ont des tours correspondant aux nombres consécutifs de la suite de Fibonacci. Le triangle de Pascal (*ci-contre, en bas*) grandit aussi, ici rangée par rangée, les entrées voisines d'une rangée s'additionnant au nombre au-dessous d'elles. Comme les sommes des deux premières diagonales de ce triangle aboutissent à 1, et les sommes de toutes les deux diagonales consécutives aboutissent à la somme de la diagonale suivante, la séquence d'or apparaît de nouveau.

Les différentes étapes de la spirale infinie de carrés forment des rectangles (à gauche) dont les longueurs des côtés sont deux nombres consecutifs de la suite de Fibonacci . Les n premiers tels rectangles pavent un carré (à droite) si n est un nombre impair.

Le nombre de spirales dans les sens direct et indirect visibles sur un tournesol sont (d'habitude) des nombres consécutifs de la suite de Fibonacci, comme 34/21 à gauche et 89/55 à droite.

1
1 1
1 2 1
1 3 3 1
1 4 6 4 1
1 5 10 10 5 1
1 6 15 20 15 6 1
1 7 21 35 35 21 7 1

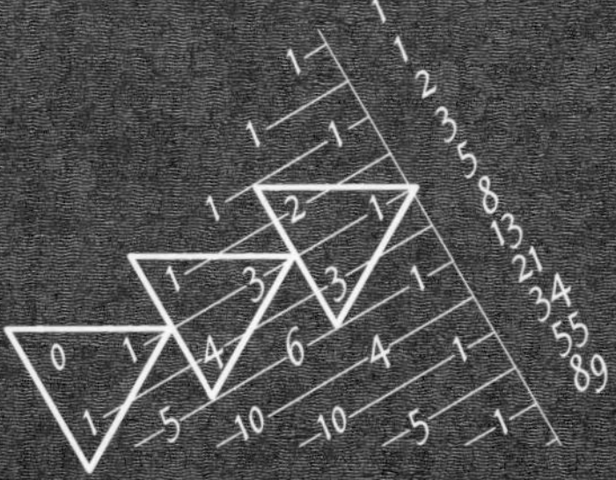

Chaque entrée d'une diagonale est la somme d'une entrée de chacune des deux diagonales précédentes (à droite). Cela montre que la somme de deux diagonales consécutives aboutit à la somme de la diagonale suivante.

Formule d'Euler

une démonstration par retranchements

Un diamant taillé est un solide dont toutes les faces sont des polygones plats. Leonhard Euler (1707-1783) a découvert la formule reliant les nombres de sommets, d'arêtes et de faces d'un tel solide :

$$S(ommets) + F(aces) - A(rêtes) = 2$$

Par exemple, dans le cas d'un cube comptant 8 sommets, 6 faces et 12 arêtes, effectivement $S + F - A = 8 + 6 - 12 = 2$.

Démonstration : Pour commencer, on ouvre l'assemblage de sommets et d'arêtes afin d'obtenir une image plane du solide (*ci-contre, en haut*) sous la forme d'une surface avec le même nombre de sommets, arêtes et faces (l'extérieur étant considéré une face). On note qu'insérer une diagonale sur une face produit une surface avec le même $S + F - A$ (*ci-contre, seconde rangée*), si bien qu'on continue l'insertion de diagonales jusqu'à obtenir une surface consistant uniquement de triangles. Pour finir, en allant le long de l'arête externe de la surface et en éliminant un triangle à la fois (*ci-contre, les deux rangées inférieures*), on aboutit à une surface consistant en un seul triangle (3 sommets, 2 faces, 3 arêtes). Puisqu'à chaque étape la valeur de $S + F - A$ reste identique, alors $S + F - A = 3 + 2 - 3 = 2$. C.Q.F.D.

Il est facile de démontrer que la formule d'Euler est valable pour tout réseau plan connecté de sommets et de segments courbes (*ci-dessous*).

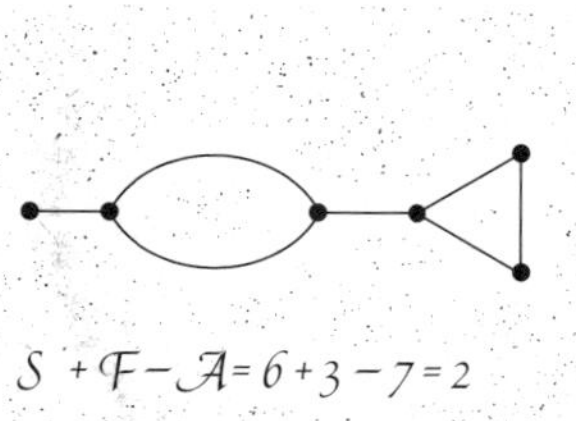

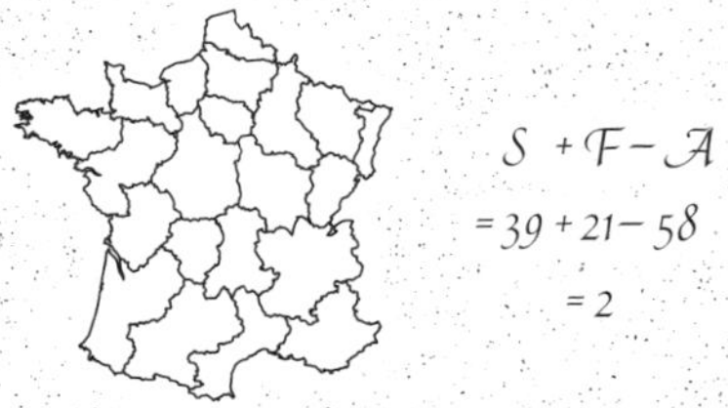

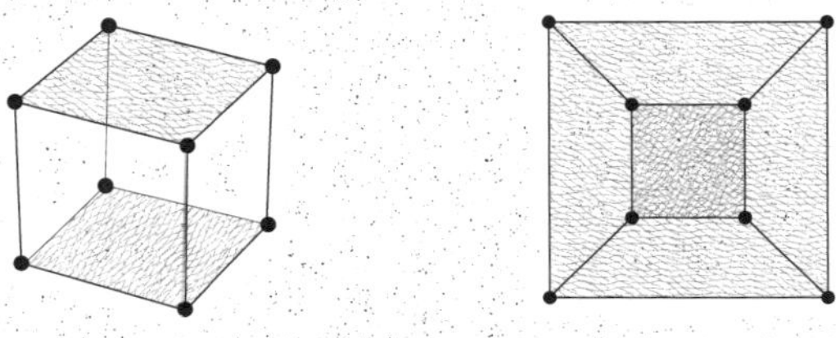

L'ouverture d'un cube aboutit à une surface avec le même S + F - A.

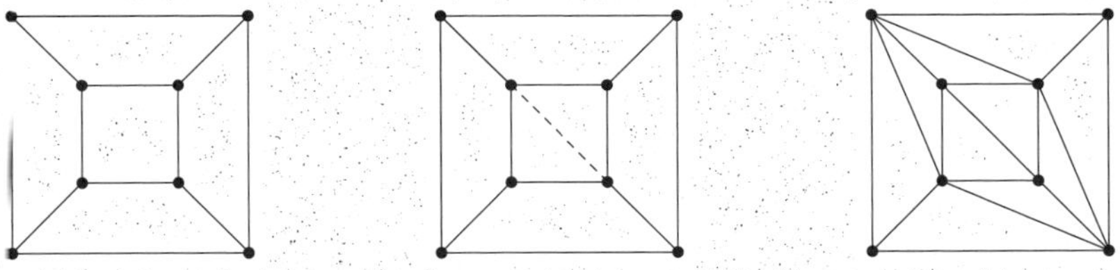

Insérer une diagonale augmente le nombre de faces et d'arêtes sans changer S + F - A.
D'où le S + F - A de la surface triangulée est le même que celui de l'original.

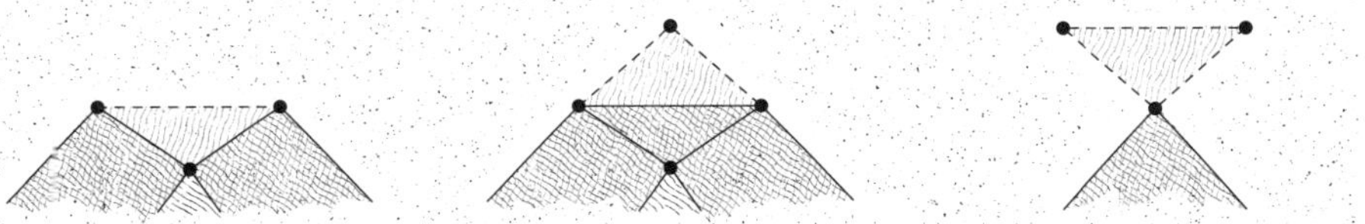

Retrancher un triangle à partir de l'extérieur d'une surface triangulée ne change pas S + F - A.
Par exemple, dans le diagramme de gauche on perd une arête et une face : S + F – A = S + (F-1) -(A-

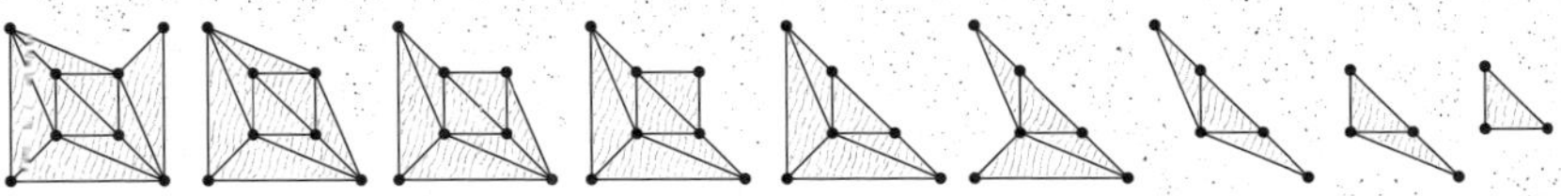

Divers retranchements montrent que S + F - A du solide original est identique à celui d'un seul triangle.

Impossibilités possibles

duplication, quadrature et trisection

Socrate (469-399 AV. E.C.) avait utilisé les deux premiers diagrammes ci-dessous pour dupliquer un carré. L'oracle de Delphes avait prédit qu'une épidémie serait stoppée en dupliquant l'autel cubique d'Apollon.

Au XIXe siècle, il a été prouvé que « dupliquer un cube », ainsi que les deux autres célèbres constructions géométriques, la « quadrature du cercle » et la « trisection d'un angle » sont impossibles à réaliser en n'utilisant qu'un compas et une règle non graduée, comme le faisaient les Grecs antiques. Avec d'autres outils, ces trois constructions deviennent réalisables.

Pour construire un carré à partir d'un cercle, on fait tourner celui-ci de la moitié d'une révolution à l'horizontale (*ci-contre, en haut*) afin d'obtenir le long rectangle ayant la même aire que le cercle (*voir page 25*). Puis, en utilisant le compas et la règle, on construit un carré qui aura exactement la même aire que ce rectangle (*voir page 13*).

Archimède avait découvert une méthode ingénieuse de triséquer un angle α entre deux lignes s'intersectant (*ci-contre centre*) en utilisant un compas et une règle portant deux repères : il suffit de tracer un cercle et d'aligner la règle comme sur le diagramme. L'angle ε est alors exactement un tiers de l'angle α.

La duplication d'un carré aboutit à la construction $\sqrt{2}$ à partir de 1 (*ci-dessous à droite*) et la duplication d'un cube implique de construire $\sqrt[3]{2}$ à partir de 1 (*ci-contre, en bas*). Partagez en trois parties égales le carré de papier et pliez-le comme indiqué pour construire $\sqrt[3]{2}$. Facile à décrire, difficile à prouver. Pouvez-vous le faire ?

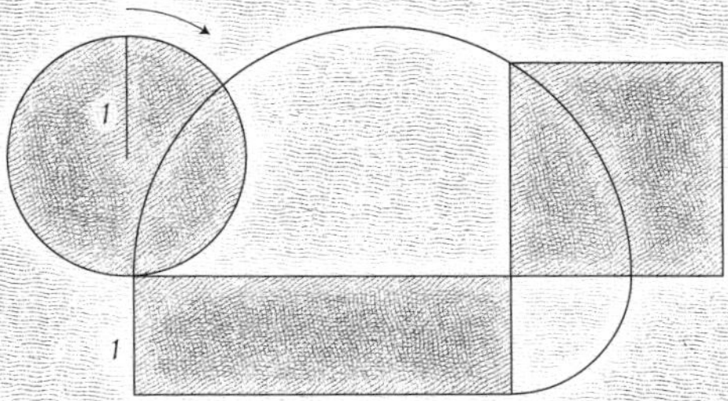

1/2 · circonférence du cercle

aire du cercle = aire du rectangle = aire du carré

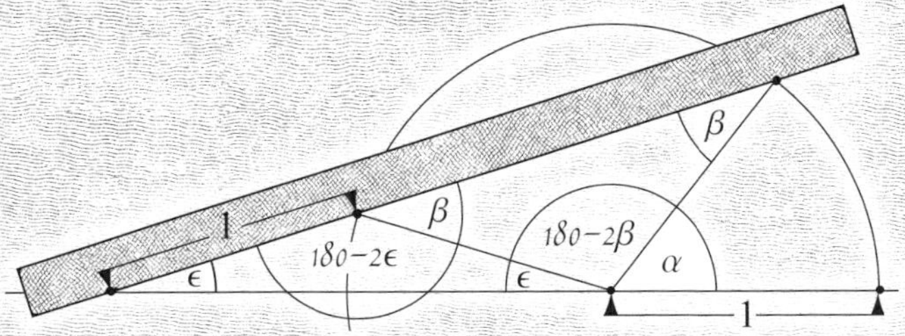

Le premier demi-cercle donné $\beta = 180° - (180° - 2\epsilon) = 2\epsilon$ et le second $\alpha = 180° - (\epsilon + (180° - 2\beta)) = 3\epsilon$.

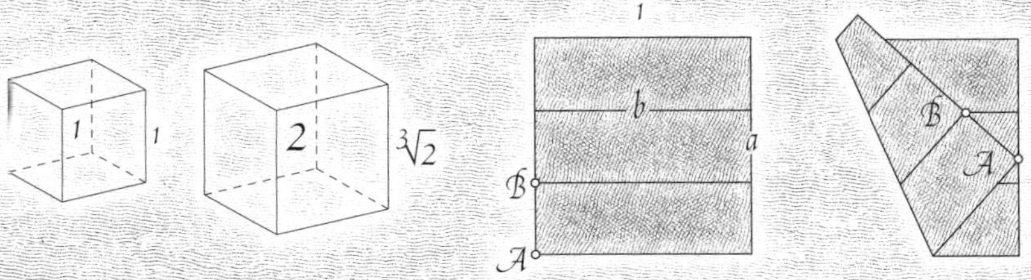

Plier A et B sur les segments a et b résulte en A divisant le segment a selon le ratio $1 : \sqrt[3]{2}$.

LIVRE II

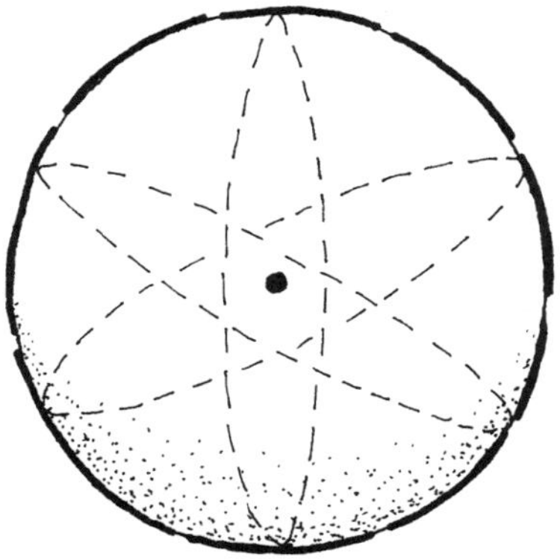

FORMULES
MATHÉMATIQUES ET PHYSIQUES
UTILES

Matthew Watkins

illustré par Matt Tweed

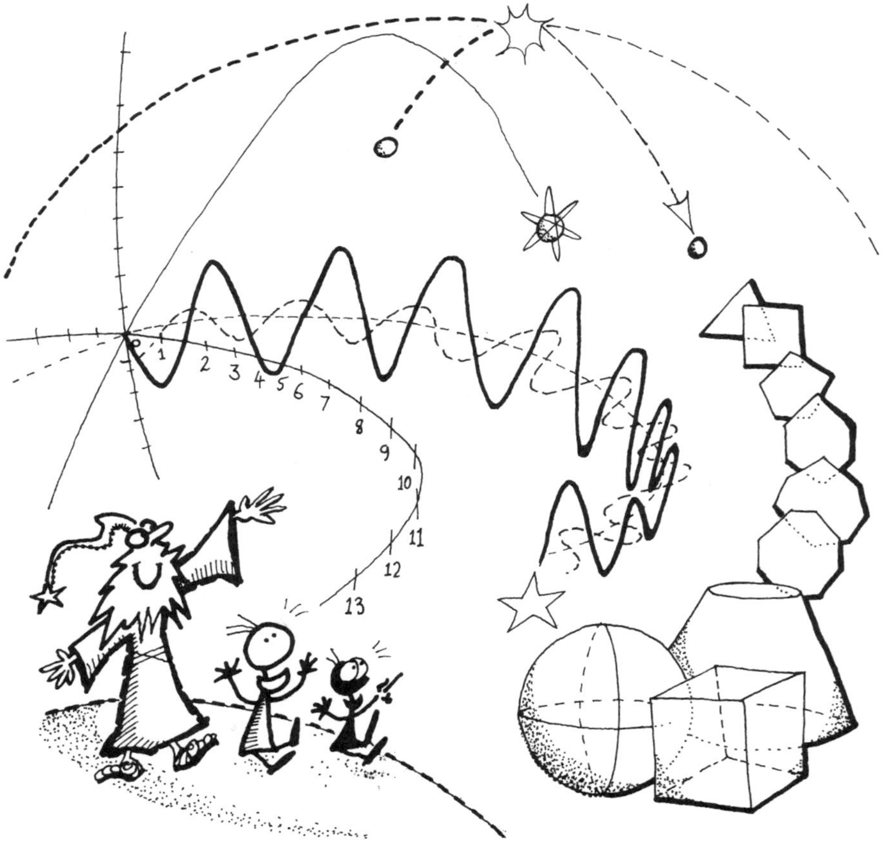
0
1
2
3
4
5
6
7
8
9
10
11
12
13

INTRODUCTION

Ce petit livre est une tentative de présenter les formules mathématiques et physiques de base sous une forme plaisante et utile. Les termes et les symboles moins connus sont définis dans l'index.

L'utilisation des nombres et des symboles pour modeler, prédire et explorer la réalité est une puissante forme de sorcellerie. Malheureusement, la possession de ces capacités n'apporte pas forcément avec elle sagesse ou prévoyance. Résultat, on voit la prolifération de technologies dangereuses et d'une obsession accrue pour la *quantité,* représentée par l'asservissement de pratiquement tout à l'économie globale. Il est conseillé au lecteur de se servir du contenu de ce livre avec soin et attention.

D'autre part, les outils mathématiques ont permis de percevoir l'unité dans des domaines apparemment indépendants. La lumière et l'électricité, par exemple, jadis disciplines sans rapport aucun, sont maintenant toutes deux comprises en termes de théorie des *champs électromagnétiques.*

Illustrant brillamment cette « épée à double tranchant », la formule bien connue d'Einstein, $E = mc^2$, probablement la plus célèbre de toutes, sera à tout jamais liée tant à la création des armes atomiques qu'à la (re)découverte scientifique de l'unité de la matière et de l'énergie.

Puisse votre sentiment d'admiration et de ravissement ne jamais s'estomper !

TRIANGLES

et leurs divers centres

Un *triangle rectangle* obéit au *théorème de Pythagore* : le carré de l'*hypoténuse* (le côté opposé à l'angle droit) est égal à la somme des carrés des deux autres côtés (*ci-contre, en haut à gauche*).

$a^2 + b^2 = c^2$ ou équivalent $c = \sqrt{a^2 + b^2}$

La somme des angles internes de tout triangle = 180° ou π *radians*.

Le *périmètre* $P = a + b + c$

L'aire $S = \frac{1}{2} bh = \frac{1}{2} ab \sin C$ (*voir ci-contre, en haut à droite*).

Règle du sinus : $\frac{a}{\sin A} = \frac{b}{\sin B} = \frac{c}{\sin C} = 2r$

(où r est le rayon du *cercle circonscrit*).

Les *médianes* connectent les sommets au milieu des côtés opposés. Les trois médianes se rencontrent en un point appelé *barycentre* :

$$m^a = \frac{1}{2}\sqrt{2(b^2 + c^2) - a^2} \qquad m^b = \frac{1}{2}\sqrt{2(a^2 + c^2) - b^2}$$

$$m^c = \frac{1}{2}\sqrt{2(a^2 + b^2) - c^2}$$

Les *hauteurs* sont des segments de droite tracés depuis chaque sommet vers le côté opposé (ou son extension), en formant un angle droit :

$$h_a = \frac{2S}{a} \qquad h_b = \frac{2S}{b} \qquad h_c = \frac{2S}{c}$$

Les trois hauteurs se rencontrent à l'*orthocentre*.

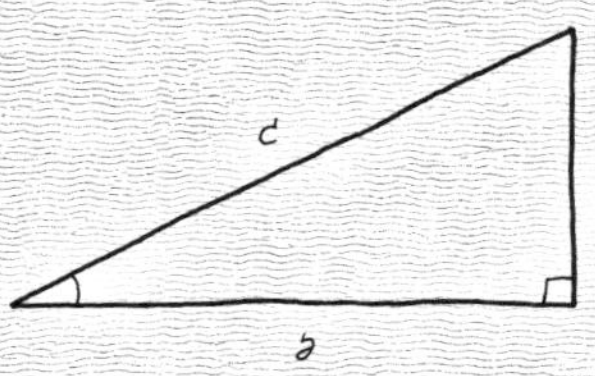

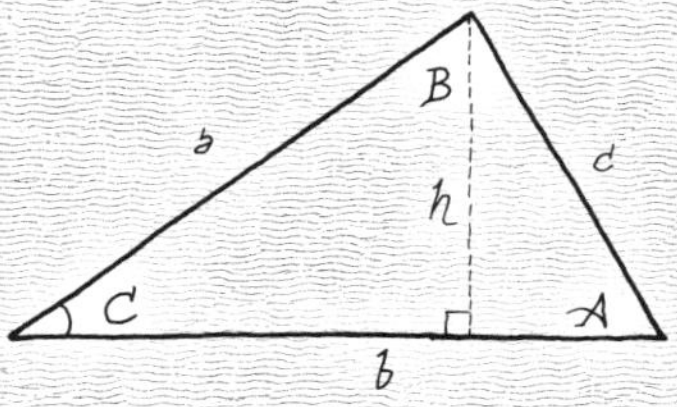

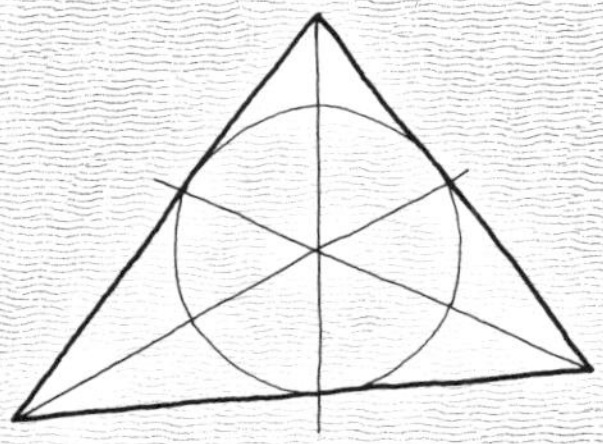

Les bissectrices d'un angle d'un triangle
se rencontrent au centre de son cercle inscrit

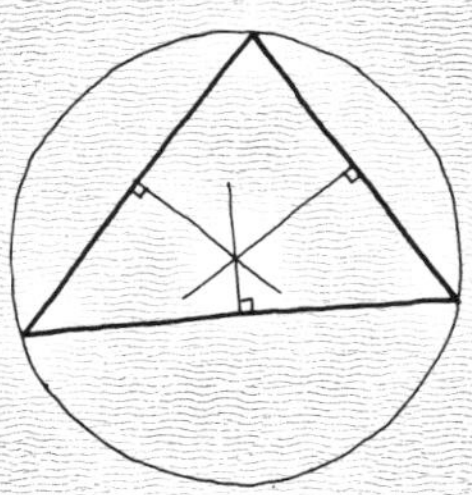

Les médiatrices d'un triangle
se rencontrent au centre de son cercle circonscrit

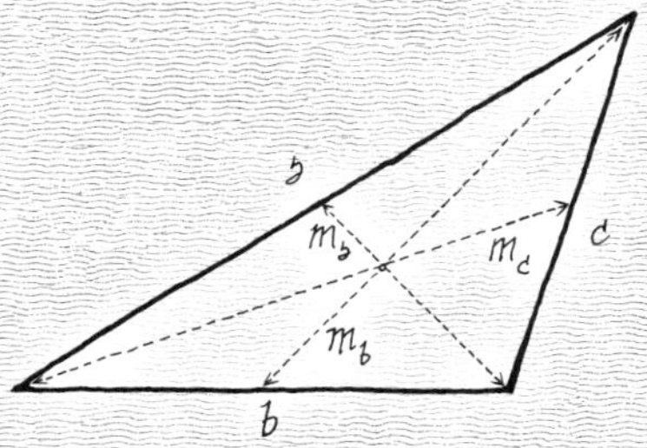

Les médianes sont tracées jusqu'au milieu de chaque côté et
donnent le barycentre
d'un plan uniforme

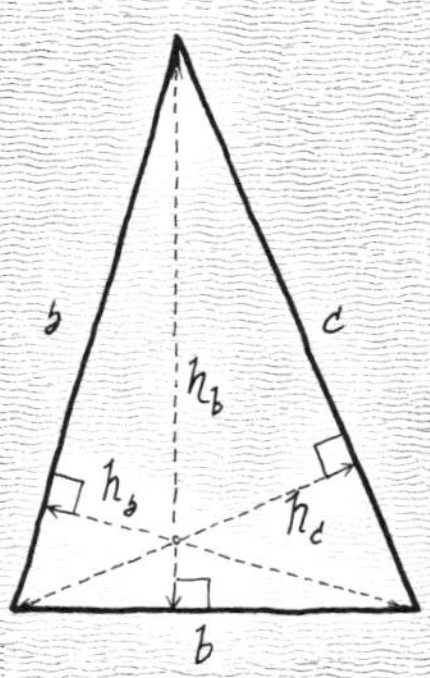

Les hauteurs s'intersectent à l'orthocentre
(pas forcément à l'intérieur du triangle)

FIGURES BIDIMENSIONNELLES

aires et périmètres

Voici les formules des périmètres et des aires de diverses figures bidimensionnelles.

Cercle :	Rayon = r, diamètre $d = 2r$ Périmètre ou *circonférence* = $2\pi r = \pi d$ Aire = πr^2 où $\pi = 3{,}1415926\ldots$
Ellipse :	Aire = πab a et b sont respectivement le *demi-petit axe* et le *demi-grand axe*. Les deux points illustrés sont ses *foyers,* si bien que $l + m$ est constant.
Rectangle :	Aire = ab Périmètre = $2a + 2b = 2\,(a + b)$
Parallélogramme :	Aire = $bh = ab\sin\alpha$ Périmètre = $2a + 2b = 2\,(a + b)$
Trapèze :	Aire = $\frac{1}{2}h(a + b)$ Périmètre = $a + b + h\,(\mathrm{cosec}\,\alpha + \mathrm{cosec}\,\beta)$
Polygone régulier : à n côtés	Aire = $\frac{1}{4}nb^2\cot(180°/n)$ Périmètre = nb Les côtés et les angles internes sont tous égaux.
Quadrilatère(i) :	Aire = $\frac{1}{2}ab\sin\alpha$
Quadrilatère (ii) :	Aire = $\frac{1}{2}(h_1 + h_2)b + \frac{1}{2}ah_1 + \frac{1}{2}ch_2$

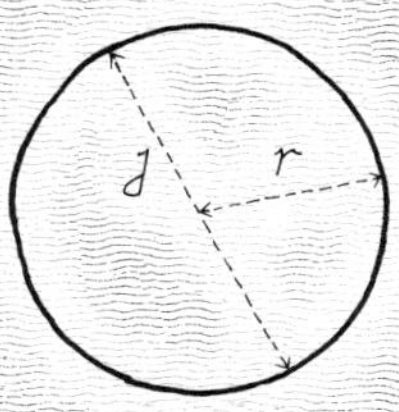

Cercle

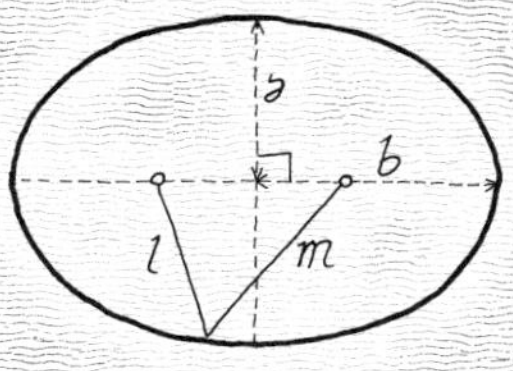

Ellipse

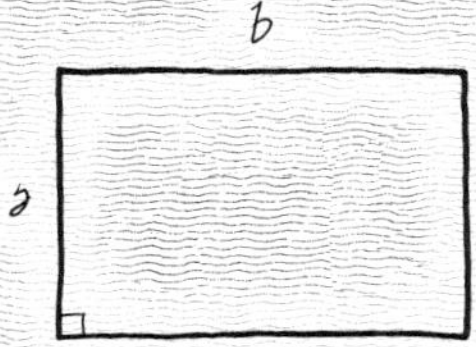

Rectangle

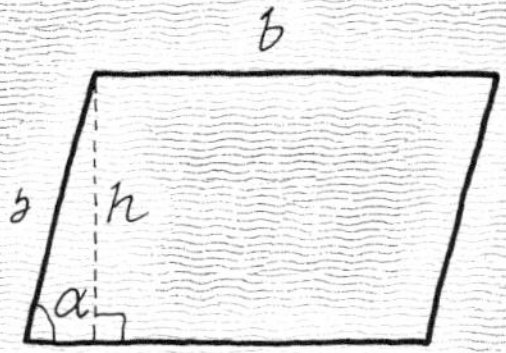

Parallélogramme

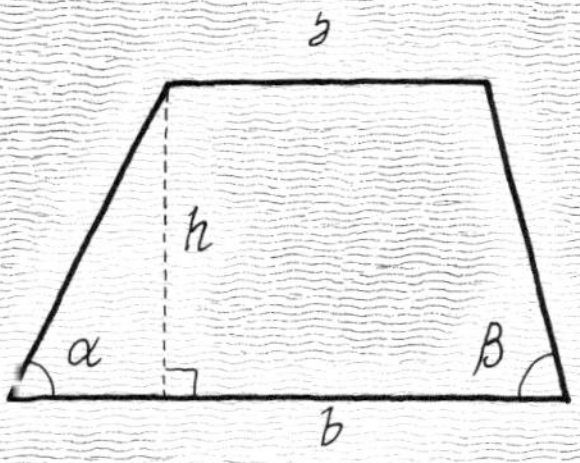

Trapèze

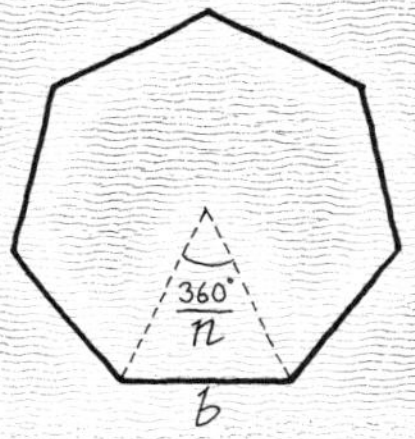

Polygone régulier à n côtés

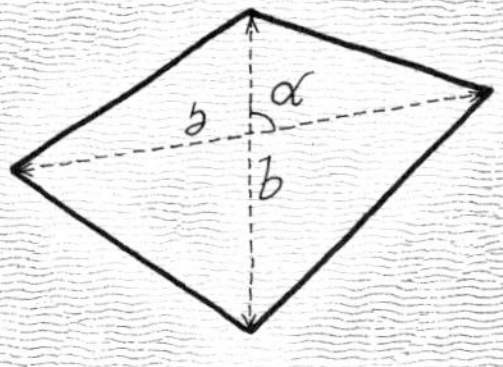

Quadrilatère (i)

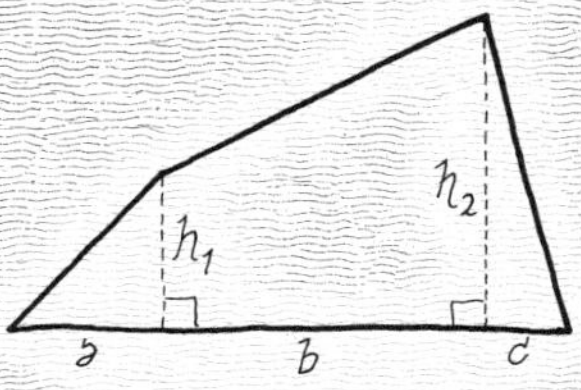

Quadrilatère (ii)

Figures tridimensionnelles

volumes et aires

Voici les formules des volumes et des aires (y compris les bases) de huit solides tridimensionnels.

Sphère :
Volume $= \frac{4}{3} \pi r^3$
Aire $= 4\pi r^2$

Parallélépipède : rectangle
Volume $= abc$
Aire $= 2(ab + ac + bc)$

Cylindre :
Volume $= \pi r^2 h$
Aire $= 2\pi r h + 2\pi r^2$

Cône :
Volume $= \frac{1}{3} \pi r^2 h$
Aire $= \pi r \;\; r^2 + \sqrt{h^2 + \pi r^2}$

Pyramide :
Aire de la base A
Volume $= \frac{1}{3} A h$

Tronc de pyramide :
Volume $= \frac{1}{3} \pi h(a^2 + ab + b^2)$
Aire $= \pi(a + b)c + \pi a^2 + \pi b^2$

Ellipsoïde :
Volume $= \frac{4}{3} \pi abc$

Tore :
Volume $= \frac{1}{4} \pi^2 (a + b)(b - a)^2$
Aire $= \pi^2 (b^2 - a^2)$

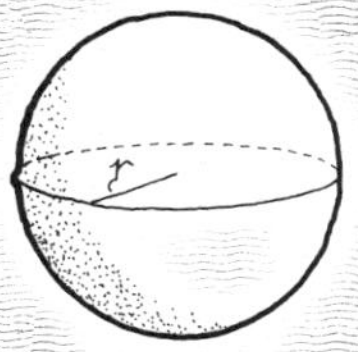

Sphère

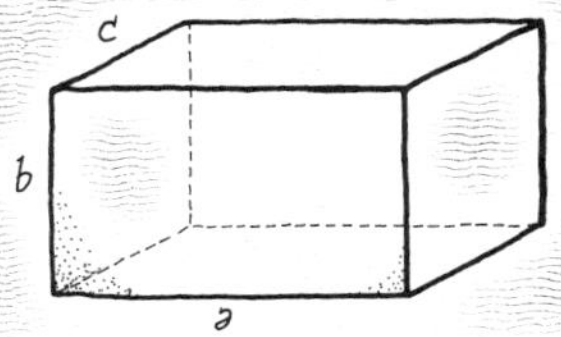

Parallélépipède rectangle

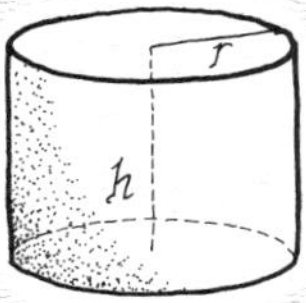

Cylindre

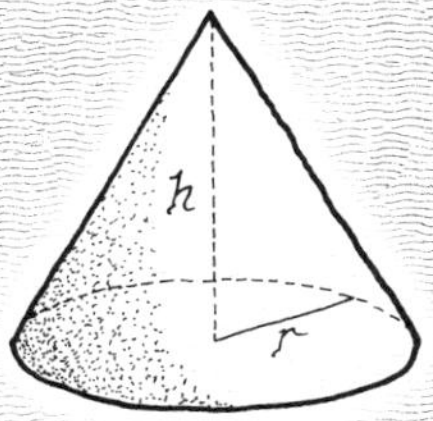

Cône

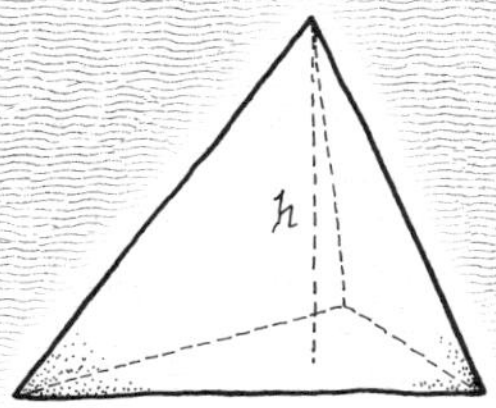

Py-amide à base polygonale d'aire A

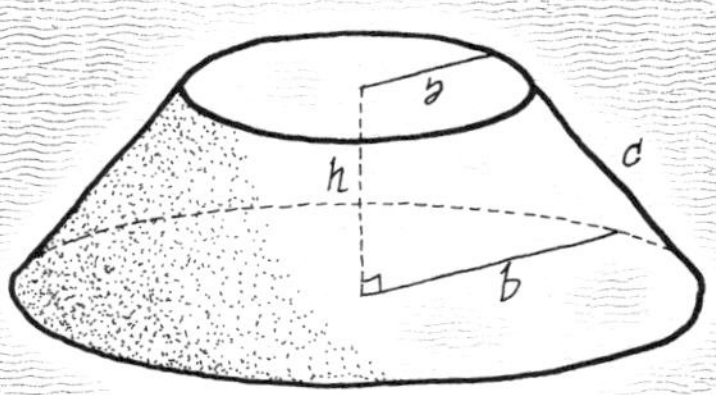

Tronc de cône

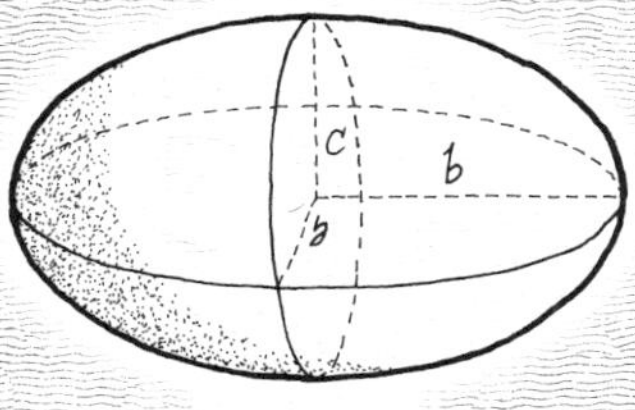

Ellipsoïde

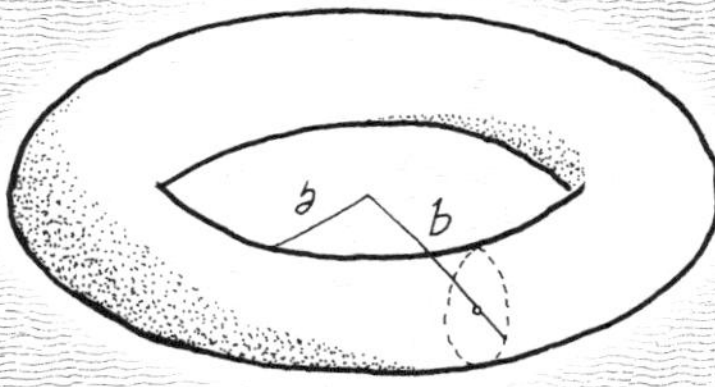

Tore

GÉOMÉTRIE ANALYTIQUE

axes, lignes, pentes et intersections

Deux axes à angles droits dans un plan permettent de définir un point par une paire de nombres réels (*ci-contre*). Les axes s'intersectent à $(0,0)$, l'*origine*. Les positions horizontale et verticale sont respectivement x et y.

L'équation d'une ligne est donnée par $y = mx + c$ où m est sa pente. Cette ligne coupe l'axe y à $(0, c)$, l'axe x à $(-\frac{c}{m}, 0)$.

Une ligne verticale a une valeur constante x, prenant la forme $x = k$.

La ligne passant par (x_0, y_0) à la pente n est donnée par l'équation $y = nx + (y_0 - nx_0)$. Une ligne perpendiculaire à une autre à la pente n aura une pente $-\frac{1}{n}$.

L'équation de la ligne passant par (x_1, y_1) et (x_2, y_2) est,

$$y = \left(\frac{y_2 - y_1}{x_2 - x_1}\right)(x - x_2) + y_2 \text{ quand } x_1 \neq x_2$$

L'angle θ entre deux lignes de pente m et n, satisfait

$$\tan \theta = \frac{m - n}{1 + mn}$$

Une circonférence de cercle de rayon r *et* centre (a, b) est définie par $(x - a)^2 + (y - b)^2 = r^2$.

Un axe z est ajouté en trois dimensions. Beaucoup d'équations prennent des formes analogues. Par exemple, la surface d'une sphère de rayon r et centre en (a, b, c) est définie par $(x - a)^2 + (y - b)^2 + (z - c)^2 = r^2$. L'équation générale pour un plan tridimensionnel est $ax + by + cz = d$.

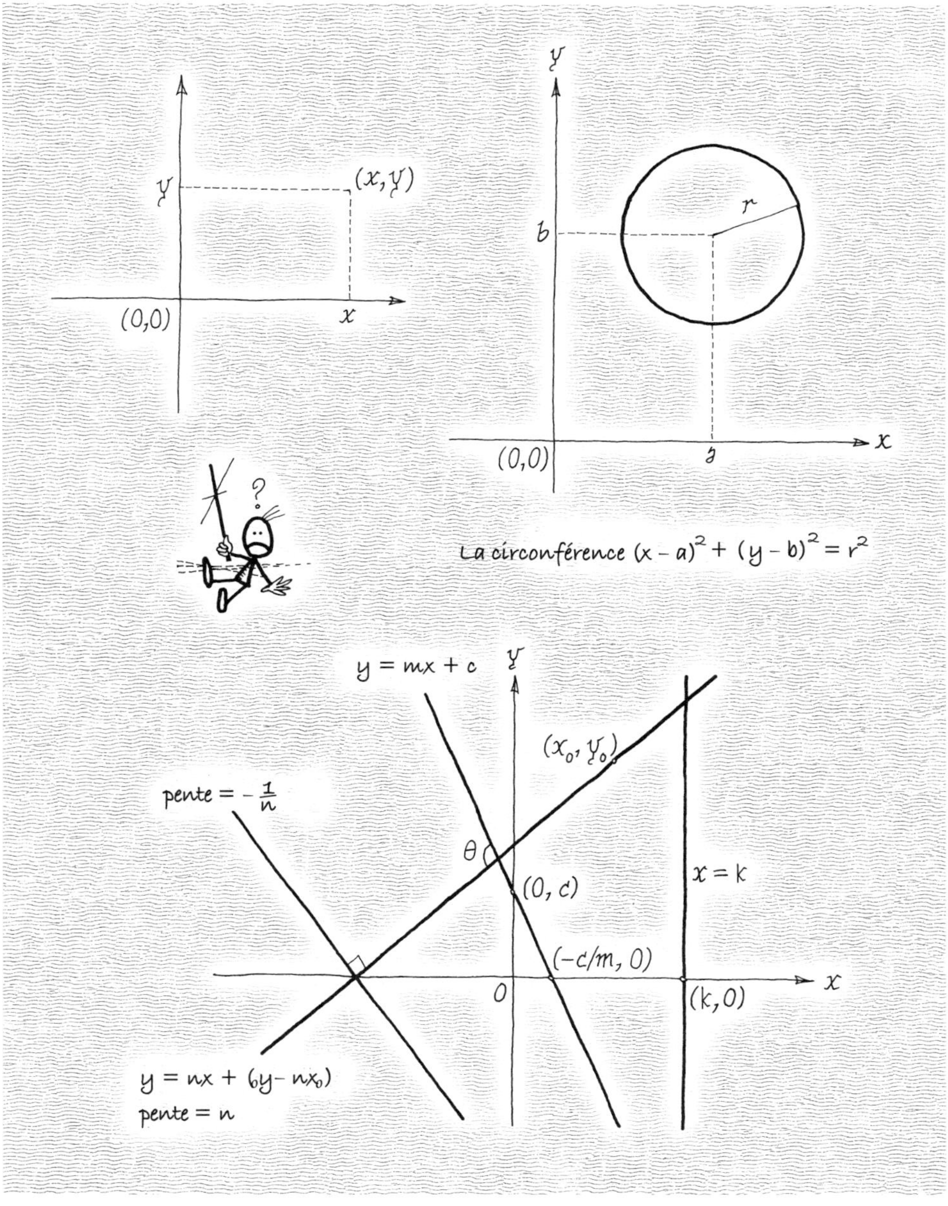
y
(x,y)
(0,0)
x
y
r
b
(0,0)
a
x
?
La circonférence $(x - a)^2 + (y - b)^2 = r^2$
$y = mx + c$
y
(x_0, y_0)
pente $= -\frac{1}{n}$
θ
(0, c)
$x = k$
$(-c/m, 0)$
0
x
(k,0)
$y = nx + (y_0 - nx_0)$
pente $= n$

TRIGONOMÉTRIE
appliquée aux triangles rectangles

Un triangle rectangle aux côtés de longueur *a, b, c* et angle θ est montré ci-contre à gauche. Les six *fonctions trigonométriques* : sinus, cosinus, tangente, cosécante, sécante et cotangente sont définis comme suit :

$$\sin\theta = \frac{b}{c} \qquad \cos\theta = \frac{a}{c} \qquad \tan\theta = \frac{b}{a}$$

$$\operatorname{cosec}\theta = \frac{c}{b} \qquad \sec\theta = \frac{c}{a} \qquad \cot\theta = \frac{a}{b}$$

Le sinus et le cosinus sont la hauteur et la base d'un triangle rectangle dans un cercle de rayon 1 (*ci-dessous et ci-contre, en haut à droite*) :

$$a = \cos\theta \quad \text{et} \quad b = \sin\theta$$

Selon le théorème de Pythagore (*voir pages 10 et 60*), $a^2 + b^2 = c^2$, d'où pour tout angle θ dans le cercle on a l'identité importante

$$\cos^2\theta + \sin^2\theta = 1$$

Sinus, cosinus et tangente ont des valeurs positive ou négative dans des quarts différents du cercle (*ci-dessous à droite*).

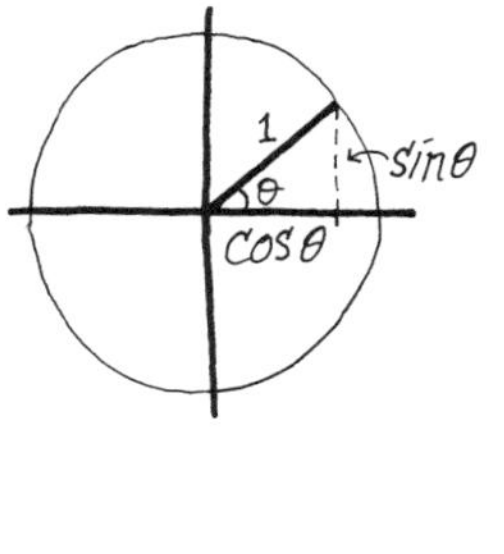

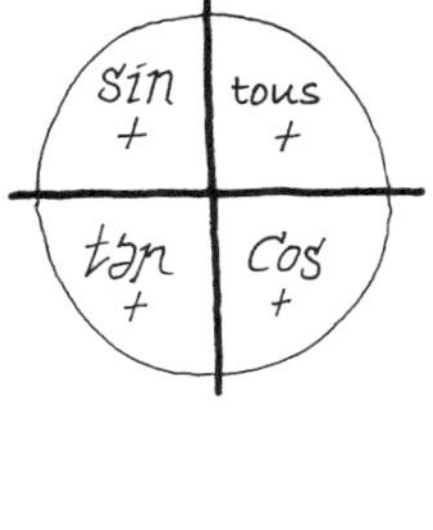

triangle rectangle

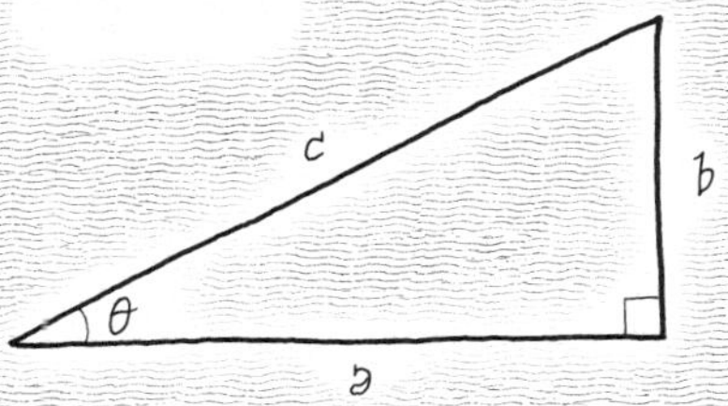

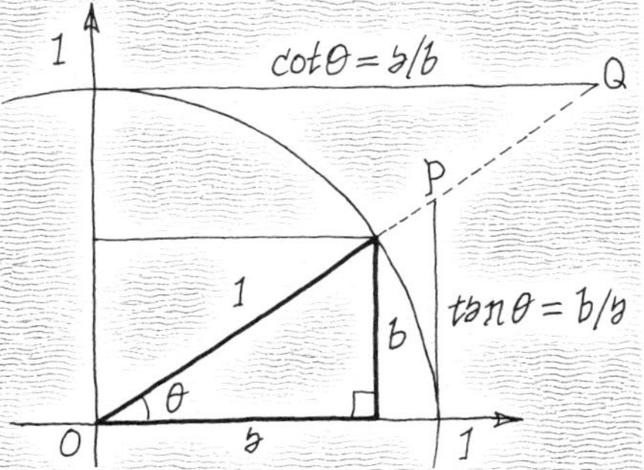

$a = \cos\theta \quad b = \sin\theta$

$a = c \cos\theta$
$\quad = b \cot\theta$

$b = c \sin\theta$
$\quad = a \tan\theta$

$c = a \sec\theta$
$\quad = b \csc\theta$

tangente et cotangente en tant que longueurs. OP a une longueur secθ et OQ a une longueur cosecθ.

La hauteur de l'arbre est donnée par $h = d \tan\theta$.

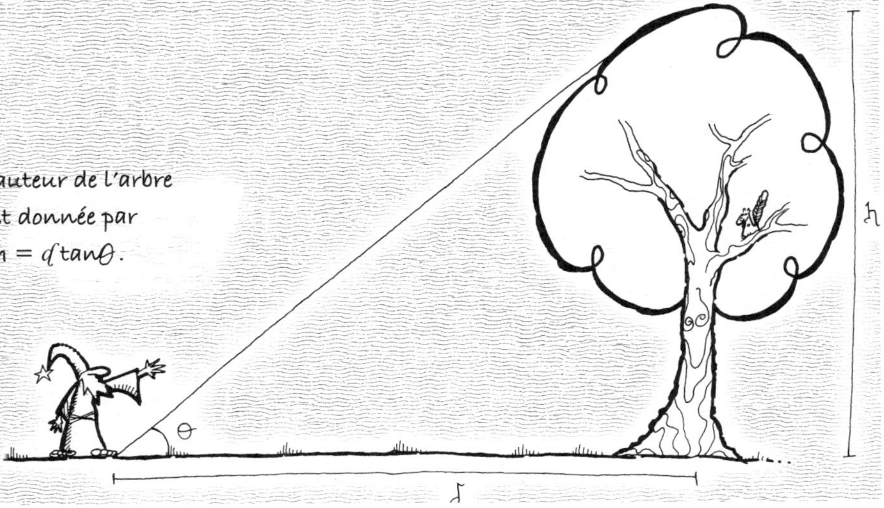

IDENTITÉS TRIGONOMÉTRIQUES

lier les six fonctions

Les définitions de la page précédente conduisent aux relations suivantes :

$$\tan\theta = \frac{\sin\theta}{\cos\theta}, \quad \cot\theta = \frac{\cos\theta}{\sin\theta}, \quad \sec\theta = \frac{1}{\cos\theta}, \quad \mathrm{cosec}\,\theta = \frac{1}{\sin\theta}$$

La division de $\cos^2\theta + \sin^2\theta = 1$ par $\cos^2\theta$ et $\sin^2\theta$ produit :

$$1 + \tan^2\theta = \sec^2\theta \qquad \text{et} \qquad 1 + \cot^2\theta = \mathrm{cosrc}^2\,\theta$$

Les six fonctions appliquées aux angles négatifs produisent :

$$\sin(-\theta) = -\sin\theta \qquad \cos(-\theta) = \cos\theta \qquad \tan(-\theta) = -\tan\theta$$

$$\mathrm{cosec}(-\theta) = -\mathrm{cosec}\,\theta \quad \sec(-\theta) = \sec\theta \qquad \cot(-\theta) = -\cot\theta$$

Les formules de la somme des angles s'appliquent quand deux angles sont combinés :

$$\sin(\alpha + \beta) = \sin\alpha\cos\beta + \cos\alpha\sin\beta$$

$$\cos(\alpha + \beta) = \cos\alpha\cos\beta - \sin\alpha\sin\beta$$

$$\tan(\alpha + \beta) = \frac{\tan\alpha + \tan\beta}{1 - \tan\alpha\tan\beta}$$

Les *formules des angles multiples* sont :

$$\sin 2\alpha = 2\sin\alpha\cos\alpha \qquad \sin 3\alpha = 3\sin\alpha\cos^2\alpha - \sin^3\alpha$$

$$\cos 2\alpha = \cos^2\alpha - \sin^2\alpha \qquad \cos 3\alpha = \cos^3\alpha - 3\sin^2\alpha\cos\alpha$$

$$\tan 2\alpha = \frac{2\tan\alpha}{1 - \tan^2\alpha} \qquad \tan 3\alpha = \frac{3\tan\alpha - \tan^3\alpha}{1 - 3\tan^2\alpha}$$

Le graphique ci-contre est calculé en radians (π radian = 180°). Une table approximative est incluse ici pour des calculs rapides.

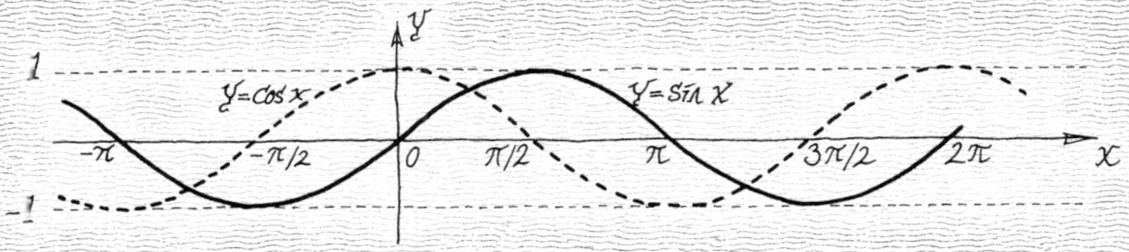

Rayon	Degrés	Sinus	Cosinus	Tangente	Sécante	Cosécante	Cotangente
0	0°	0	1	1	∞	1	∞
	2.5°	0.04362	0.9990	0.04366	22.926	1.00095	22.904
	5°	0.08716	0.9962	0.08749	11.474	1.00382	11.430
	7.5°	0.1305	0.9914	0.1317	7.6613	1.00863	7.5958
	10°	0.1736	0.9848	0.1763	5.7588	1.0154	5.6713
	12.5°	0.2164	0.9763	0.2217	4.6202	1.0243	4.5107
	15°	0.2588	0.9659	0.2679	3.8637	1.0353	3.7321
	17.5°	0.3007	0.9537	0.3153	3.3255	1.0485	3.1716
	20°	0.3420	0.9397	0.3640	2.9238	1.0642	2.7475
π/8	22.5°	0.3827	0.9239	0.4142	2.6131	1.0824	2.4142
	25°	0.4226	0.9063	0.4663	2.3662	1.1034	2.1445
	27.5°	0.4617	0.8870	0.5206	2.1657	1.1274	1.9210
	30°	0.5	0.8660	0.5774	2	1.1547	1.7321
	32.5°	0.5373	0.8434	0.6371	1.8612	1.1857	1.5697
	35°	0.5736	0.8192	0.7002	1.7434	1.2208	1.4281
	37.5°	0.6088	0.7934	0.7673	1.6427	1.2605	1.3032
	40°	0.6428	0.7660	0.8391	1.5557	1.3054	1.1918
	42.5°	0.6756	0.7373	0.9163	1.4802	1.3563	1.0913
π/4	45°	0.7071	0.7071	1	1.4142	1.4142	1
	47.5°	0.7373	0.6756	1.0913	1.3563	1.4802	0.9163
	50°	0.7660	0.6428	1.1918	1.3054	1.5557	0.8391
	52.5°	0.7934	0.6088	1.3032	1.2605	1.6427	0.7673
	55°	0.8192	0.5736	1.4281	1.2208	1.7434	0.7002
	57.5°	0.8434	0.5373	1.5697	1.1857	1.8612	0.6371
	60°	0.8660	0.5	1.7321	1.1547	2	0.5774
	62.5°	0.8870	0.4617	1.9210	1.1274	2.1657	0.5206
	65°	0.9063	0.4226	2.1445	1.1034	2.3662	0.4663
3π/8	67.5°	0.9239	0.3827	2.4142	1.0824	2.6131	0.4142
	70°	0.9397	0.3420	2.7475	1.0642	2.9238	0.3640
	72.5°	0.9537	0.3007	3.1716	1.0485	3.3255	0.3153
	75°	0.9659	0.2588	3.7321	1.0353	3.8637	0.2679
	77.5°	0.9763	0.2164	4.5107	1.0243	4.6202	0.2217
	80°	0.9848	0.1736	5.6713	1.0154	5.7588	0.1763
	82.5°	0.9914	0.1305	7.5958	1.00863	7.6613	0.1317
	85°	0.9962	0.08716	11.430	1.00382	11.474	0.08749
	87.5°	0.9990	0.04326	22.903	1.00095	22.926	0.04366
π/2	90°	1	0	∞	1	∞	1

Trigonométrie sphérique

formules pour le ciel et la terre

La somme des angles internes d'un *triangle sphérique* est comprise entre 180° et 540°. Ses côtés sont des arcs de *grands cercles* (dont les centres se trouvent au centre de la sphère). Deux points sur une sphère peuvent définir un *grand cercle*, trois points, un *petit cercle*. Tout cercle sur une sphère, grand ou petit, définit deux *pôles*.

Les côtés d'un triangle sphérique peuvent être tenus pour des angles. Les six quantités significatives sont montrées ci-contre et obéissent à :

loi des sinus : $$\frac{\sin a}{\sin A} = \frac{\sin b}{\sin B} = \frac{\sin c}{\sin C}$$

loi des cosinus : $$\cos a = \cos b \cos c + \sin b \sin c \cos A$$
$$\cos A = -\cos B \cos C + \sin B \sin C \cos a$$

loi des tangentes : $$\frac{\tan \frac{1}{2}(A+B)}{\tan \frac{1}{2}(A-B)} = \frac{\tan \frac{1}{2}(a+b)}{\tan \frac{1}{2}(a-b)}$$

La navigation utilise la trigonométrie sphérique. Par exemple, en se servant des degrés de *longitude* et de *latitude*, un bateau va de Q à R :

$a = 90° - \text{lat. } R$ $b = 90° - \text{lat. } Q$ $C = \text{long. } Q - \text{long. } R$

C est l'*angle polaire*. Les routes initiale et finale sont données par A et B, la longueur du voyage, par c. Les équations suivantes permettent de calculer B, A, et c :

$$\tan \tfrac{1}{2}(B + A) = \cos \tfrac{1}{2}(b - a) \sec \tfrac{1}{2}(b + a) \cot \tfrac{1}{2} C$$
$$\tan \tfrac{1}{2}(B - A) = \sin \tfrac{1}{2}(b - a) \operatorname{cosec} \tfrac{1}{2}(b + a) \cot \tfrac{1}{2} C$$
$$\tan \tfrac{1}{2} c = \tan \tfrac{1}{2}(b - a) \sin \tfrac{1}{2}(B + A) \operatorname{cosec} \tfrac{1}{2}(B - A)$$

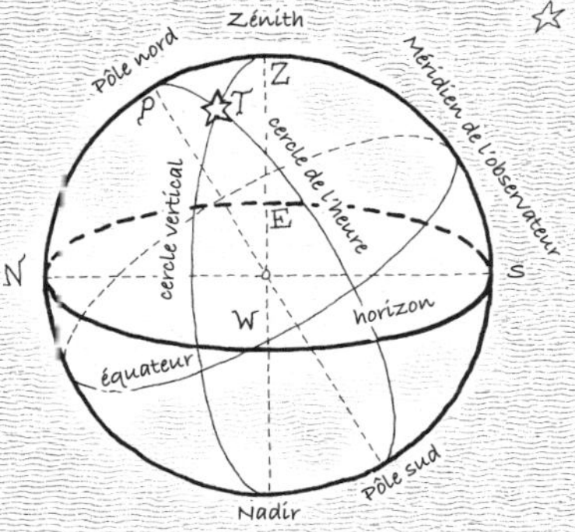

Grands cercles célestes

Le triangle astronomique PZT, pour quelques objets célestes

côté TZ = distance zénithale de T = 90° - altitude de T
côté TP = distance polaire de T = 90° - declinaison de T
côté ZP = 90° - ou + latitude de l'observateur (hémisphère N ou S)
angle PZT = azimut de T (si T est à l'est du méridien de l'observateur)
ou 360° - azimut de T (si T est à l'ouest du MO)
angle ZPT = angle horaire de T (si T est à l'ouest du MO) en heures
ou 360° - angle horaire (si T est à l'est du MO)

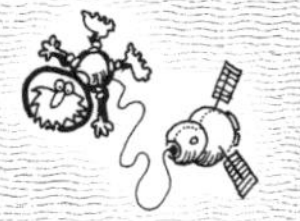

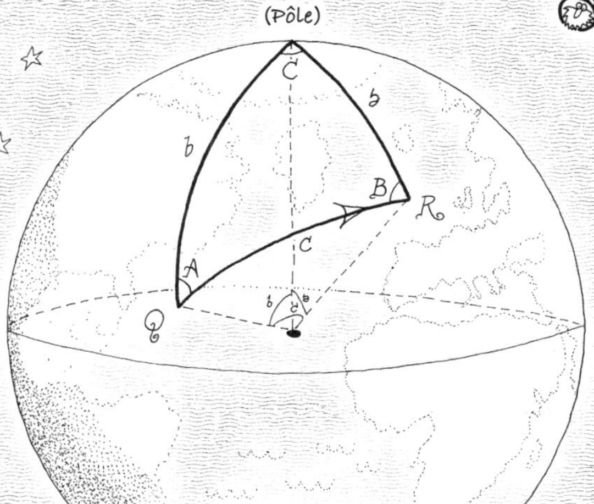

1 minute (1/60°)
d'arc du grand cercle
= 1 mile nautique = 1,852 km
La circonférence moyenne de la Terre
= pratiquement 40000 km.

LA FORMULE QUADRATIQUE

discriminants et paraboles

Une *équation quadratique* (équation du second degré) a la forme $ax^2 + bx + c = 0$ (où a est différent de zéro). Les solutions, ou *racines*, d'une telle équation sont données par la formule

$$\frac{-b \pm \sqrt{b^2 - 4ac}}{2a}$$

La quantité $b^2 - 4ac$ est le *discriminant* qui dicte la nature et le nombre de solutions. Trois cas :

$b^2 - 4ac > 0$	deux solutions différentes (réelles)
$b^2 - 4ac = 0$	une solution (réelle)
$b^2 - 4ac < 0$	deux solutions différentes *complexes* ou *imaginaires* (le contraire des solutions *réelles* – *voir page 112*)

Exemples (*ci-contre*) :

i) $2x^2 - x - 1 = 0$ a pour discriminant 9 et produit deux solutions réelles, 1 et $-\frac{1}{2}$.

ii) $x^2 - 2x + 1 = 0$ a pour discriminant 0, donc une racine réelle, soit $x = 1$.

iii) $4x^2 + 8x + 5 = 0$ est un exemple d'équation quadratique sans racines réelles, résolue pour $x = -1 + \frac{i}{2}$ et $x = -1 - \frac{i}{2}$ (*voir page 112*).

L'équation quadratique $ax^2 + bx + c = 0$ a des solutions réelles comme valeurs du x où le graphique de la fonction $y = ax^2 + bx + c$ traverse l'axe x (*c'est-à-dire* où $y = 0$).

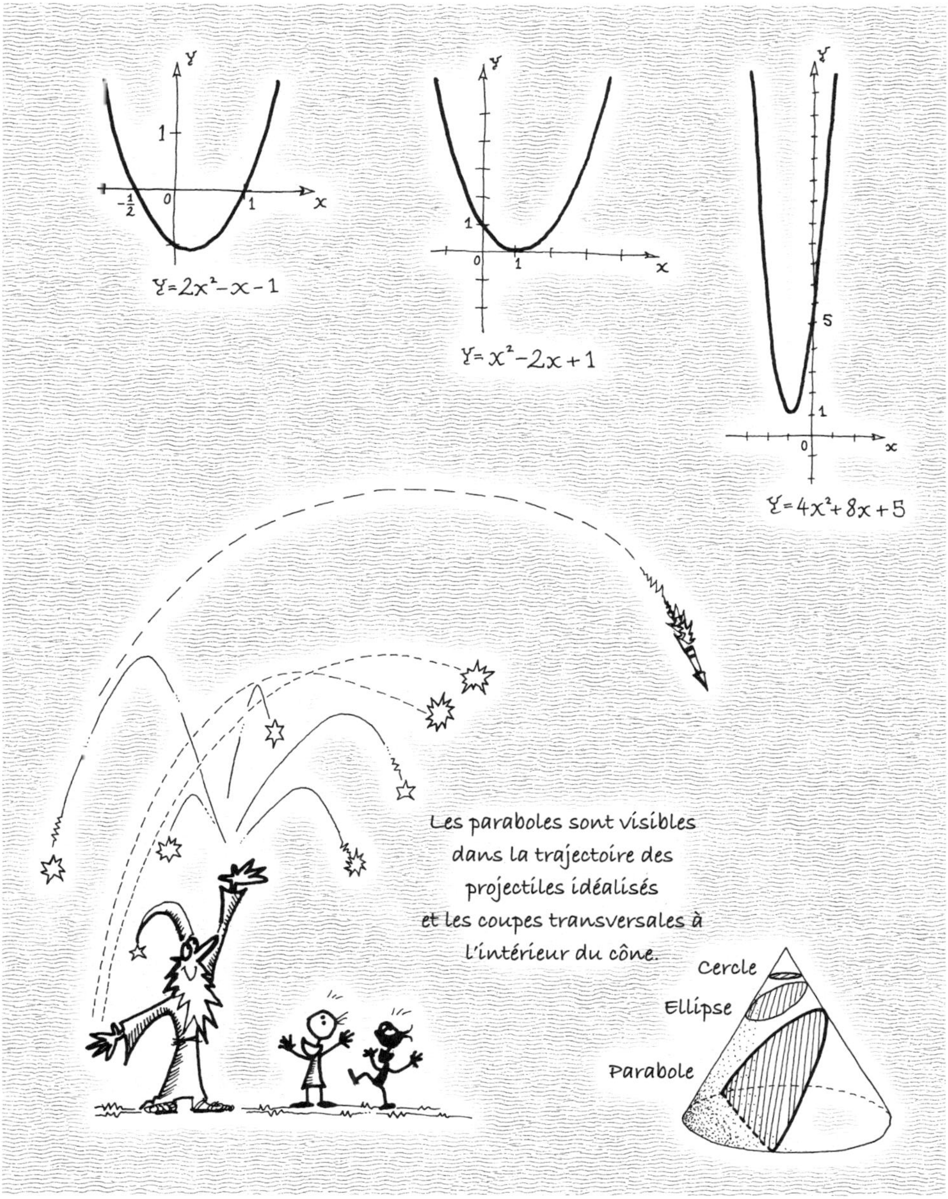

$y = 2x^2 - x - 1$
$y = x^2 - 2x + 1$
$y = 4x^2 + 8x + 5$
Les paraboles sont visibles
dans la trajectoire des
projectiles idéalisés
et les coupes transversales à
l'intérieur du cône.
Cercle
Ellipse
Parabole

Matrices et vecteurs

opérations et déterminants basiques

Une matrice $m \times n$ est un tableau rectangulaire de nombres avec m rangées et n colonnes. Deux matrices $m \times n$ peuvent être additionnées ou déduites à la manière normale ; similairement, toute matrice peut être multipliée par un seul nombre.

On peut multiplier une matrice $m \times n$ par une matrice $p \times q$ seulement si $n = p$ (c'est-à-dire si le nombre de colonnes de la première matrice est égal au nombre de rangées de la seconde). La multiplication des matrices est présentée ci-dessous. Notez que la multiplication n'est pas commutative : AB n'est pas forcément égal à BA. En fait, BA n'est pas défini ici, sauf si $m = q$. Une matrice *hermitienne (carrée)* a un nombre égal de rangées et de colonnes. Le *déterminant* $|A|$ d'une matrice carré A est une importante valeur scalaire associée à A (*voir exemples ci-contre*). Les déterminants de matrices carrés plus grands sont définis par itération.

L'*inverse* d'une matrice A $n \times n$ avec $|A| \neq 0$ est une matrice $n \times n$, A^{-1}, telle que $AA^{-1} = A^{-1}A = I_n$ (l'identité de la matrice $n \times n$ définie ci-contre).

Les *vecteurs* décrivent les *déplacements* dans l'espace, par ex. $\mathbf{a} = (1, 1, 2)$. Ils sont additionnés à la manière normale, avec un circuit fermé dont la somme est un vecteur zéro. Le *point* ou *produit scalaire* de deux vecteurs $\mathbf{a} \cdot \mathbf{b}$ est $\|\mathbf{a}\|\,\|\mathbf{b}\| \cos\theta$, où $\|\mathbf{a}\|$ est la longueur du vecteur $\mathbf{a} = (x, y, z)$, par ex. $\sqrt{x^2+y^2+z^2}$, θ étant l'angle entre les vecteurs. Le *produit vectoriel* de deux vecteurs tridimensionnels $\mathbf{a} \times \mathbf{b}$ est un vecteur perpendiculaire aux deux, $\|\mathbf{a}\|\,\|\mathbf{b}\| \sin\theta\, \mathbf{n}$, où $\mathbf{n}$ est le vecteur de droite perpendiculaire aux deux.

$$\begin{pmatrix} a & b & c \\ d & e & f \end{pmatrix} \begin{pmatrix} p & s \\ q & t \\ r & u \end{pmatrix} = \begin{pmatrix} (ap + bq + cr) & (as + bt + cu) \\ (dp + eq + fr) & (ds + et + fu) \end{pmatrix}$$

matrices unités

$$\begin{bmatrix}1 & 0\\ 1 & 0\end{bmatrix} \quad \begin{bmatrix}1 & 0 & 0\\ 0 & 1 & 0\\ 0 & 0 & 1\end{bmatrix} \quad \begin{bmatrix}1 & 0 & 0 & 0\\ 0 & 1 & 0 & 0\\ 0 & 0 & 1 & 0\\ 0 & 0 & 0 & 1\end{bmatrix}$$

transposition d'une matrice

$$\begin{bmatrix}a & b & c\\ d & e & f\end{bmatrix} \quad \begin{bmatrix}a & d\\ b & e\\ c & f\end{bmatrix}$$

déterminant d'une matrice

$$\begin{vmatrix}a & c\\ b & d\end{vmatrix} = \text{aire de}$$

$$ad - bc$$

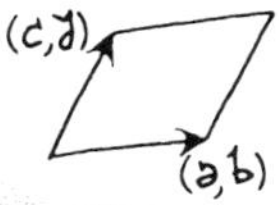

déterminant d'une matrice

$$\begin{vmatrix}a & d & g\\ b & e & h\\ c & f & i\end{vmatrix} = \text{volume de}$$

$$aei + dhc + bfg$$
$$- ceg - bdi - fha$$

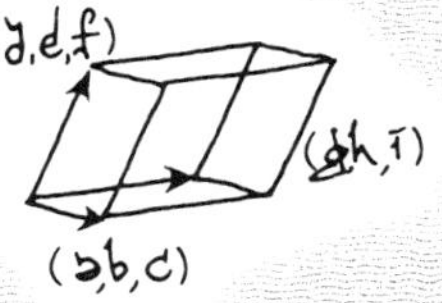

$$\begin{bmatrix}-1 & 0\\ 0 & 1\end{bmatrix}$$

réflexion

$$\begin{bmatrix}1 & 1.25\\ 0 & 1\end{bmatrix}$$

cisaillement

$$\begin{bmatrix}\frac{3}{2} & 0\\ 0 & \frac{2}{3}\end{bmatrix}$$

mise à échelle

$$\begin{bmatrix}\cos 30° & -\sin 30°\\ \sin 30° & \cos 30°\end{bmatrix}$$

rotation

EXPONENTIELS ET LOGARITHMES

croissance et décomposition

Étant donné une valeur a, on peut définir un *a au carré* et *au cube* ainsi : $a^2 = a \times a$, $a^3 = a \times a \times a$. Dans l'expression a^n, n est l'*exposant*. Les formules exponentielles basiques sont :

$$a^0 = 1 \qquad a^p a^q = a^{p+q} \qquad (ab)^p = a^p b^p$$

$$a^{1/n} = \sqrt[n]{a} \qquad (a^p)^q = a^{pq} \qquad a^{m/n} = \sqrt[n]{a^m}$$

$$a^{-p} = \frac{1}{a^p} \qquad \sqrt[n]{\frac{a}{b}} = \frac{\sqrt[n]{a}}{\sqrt[n]{b}} \qquad \frac{a^p}{a^q} = a^{p-q}$$

Le *logarithme de base a* de x, $\log_a x = y$, satisfait $a^y = x$. Comme $a^0 = 1$ et $a^1 = a$, on a toujours $\log_a a = 1$ et $\log_a 1 = 0$. Les formules logarithmiques essentielles sont :

$$\log_a xy = \log_a x + \log_a y \qquad \log_a \frac{x}{y} = \log_a x - \log_a y$$

$$\log_a x^k = k \log_a x \qquad \log_a \frac{1}{x} = -\log_a x$$

$$\log_a \sqrt[n]{x} = \frac{1}{n} \log_a x \qquad \log_k a = \log_m a \log_k m$$

Toute base positive (sauf 1) peut servir, les plus communes étant 10 (logarithme décimal au symbole log) et la constante e (= 2,718…), (logarithme naturel, au symbole ln), très présentes dans la nature, souvent dans le processus de croissance et de décomposition. Les logarithmes permettent la multiplication et la division de nombres par addition ou soustraction des exposants.

Les exponentielles sont aussi utiles pour calculer la croissance complexe. Une quantité x qui augmente ou diminue par p % en une unité de temps prendra après un temps t les valeurs respectivement $x(1+\frac{p}{100})^t$ et $x(1-\frac{p}{100})^t$.

Un graphique prend la forme $y = e^{-ct}$
quand le taux de diminution ou de croissance
est directement proportionnel au volume
subsistant à tout moment donné

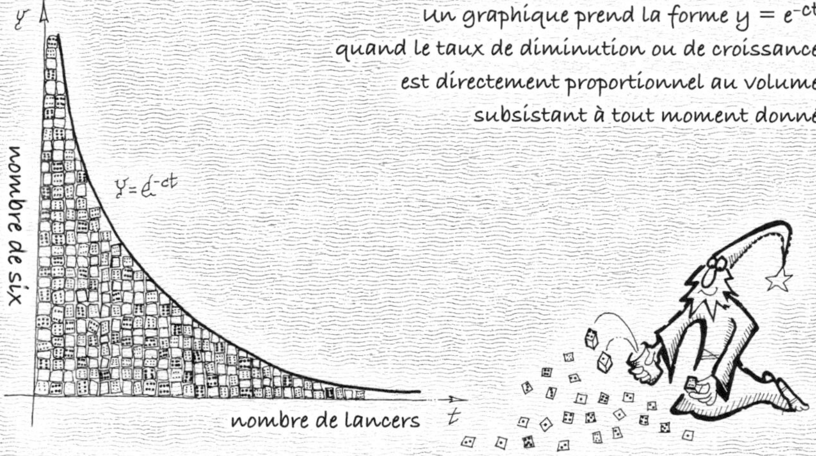

Lancez un nombre y de dés, empilez les six.
Relancez le reste de la pile de six et répétez.

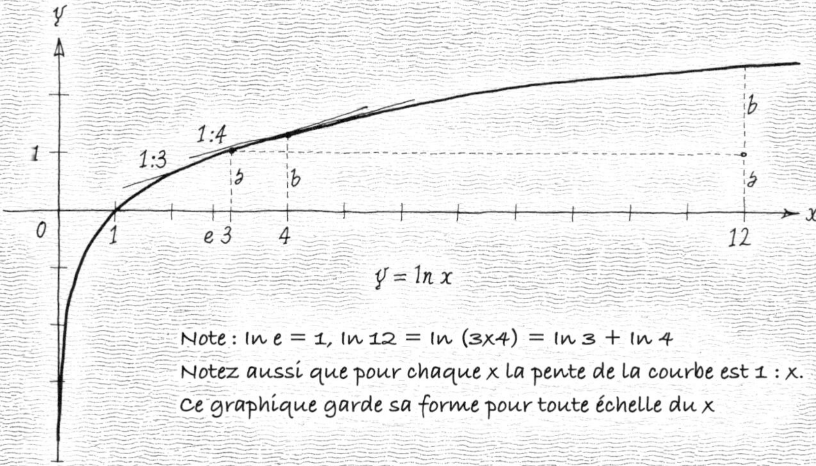

Note : $\ln e = 1$, $\ln 12 = \ln (3 \times 4) = \ln 3 + \ln 4$
Notez aussi que pour chaque x la pente de la courbe est 1 : x.
Ce graphique garde sa forme pour toute échelle du x

Moyennes et probabilités

proportions sans danger et résultats risqués

Étant donné deux nombres, a et b, les trois *moyennes* traditionnellement utilisées en géométrie, musique et architecture, sont :

la *moyenne arithmétique,* $\frac{1}{2}(a+b)$, la *moyenne géométrique,* $\sqrt{ab}$

et la *moyenne harmonique,* $\frac{2ab}{a+b}$

Supposons une situation avec n résultats également possibles, dont k sont désirés. La probabilité p d'un résultat désiré apparaissant à chaque fois est alors

$$p = \frac{\textit{nombre de résultats désirés}}{\textit{nombre total de résultats possibles}} = \frac{k}{n}$$

Notez que p est toujours compris entre 0 et 1. Imaginez que E et F sont deux événements indépendants possibles, avec les probabilités de se produire respectivement $P(E)$ et $P(F)$. La probabilité que E *et* F se produisent tous deux est $(EF) = P(E) \times P(F)$. Avec cela, on peut exprimer la probabilité que *soit* E, *soit* F se produit, sous la forme $P(E + F) = P(E) + P(F) - P(EF)$.

F n'est *pas* indépendant de E lorsque la probabilité d'apparition de F est modifiée par la production de E. Dans ce cas, on définit la *probabilité conditionnelle* $P(F|E)$ comme la probabilité que F se produise une fois que E s'est produit, et on arrive à $P(EF) = P(E) \times P(F|E)$. Par exemple, si G et H représentent tous deux le choix d'une boule noire du sac de gauche, alors $P(GH) = \frac{2}{5} \times \frac{1}{4} = \frac{1}{10}$(*voir page 387 pour les fractions*).

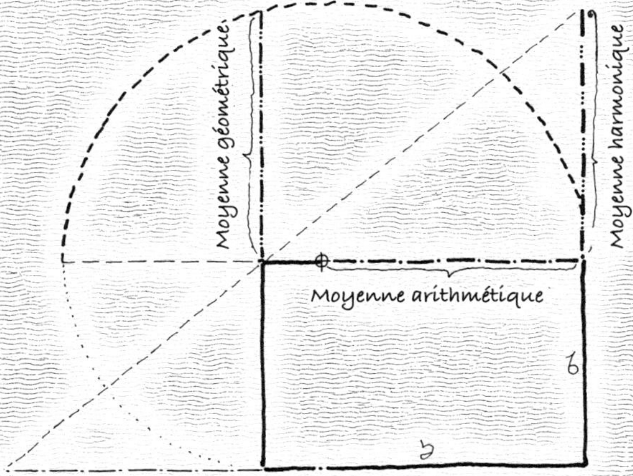

On doit choisir une balle de chaque sac :

P(E) = probabilité de choisir une balle noire du sac de gauche = $\frac{2}{5}$

P(F) = probabilité de choisir une balle noire du sac de droite = $\frac{4}{6} = \frac{2}{3}$

P(EF) = probabilité de choisir des balles noires des deux sacs = $\frac{2}{5} \times \frac{2}{3} = \frac{4}{15}$

P(E+F) = probabilité de choisir au moins une balle noire = $\frac{2}{5} + \frac{2}{3} - \frac{4}{15} = \frac{4}{5}$

COMBINAISONS & PERMUTATIONS

manières de disposer les choses

Supposons qu'on a n objets et qu'on veut regrouper k d'entre eux. Deux types de regroupements existent : *combinaisons*, où l'ordre n'est pas important, et *permutations*, où l'ordre importe. Là, on doit utiliser des *factorielles*. La factorielle de m, écrite $m\,!$ (où $m \geq 1$) est définie comme

$$m\,! = m(m-1)(m-2)\ \ldots\ 2\times 1 \text{ (\textit{c'est-à-dire} } 6! = 6\times 5\times 4\times 3\times 2\times 1 = 720)$$

0 est un cas spécial, car par convention $0! = 1$.

Le nombre de combinaisons de k objets d'un ensemble de n éléments est

$$C_k^n = \frac{n!}{(n-k)\,k!}\text{, aussi écrit } \binom{n}{k}$$

Le nombre de permutations (évidemment plus grand) est

$$P_k^n = \frac{n!}{(n-k)} = k\,!\binom{n}{k}$$

Dans une situation ayant deux résultats possibles, P et Q, avec probabilités p et q, on sait que $p+q=1$, donc $(p+q)^n = 1$. Le terme $\binom{n}{k}p^{n-k}q^k$ de l'*expansion binomiale* de $(p + q)^n$ est alors la probabilité de $n-k$ apparitions de P et k apparitions de Q à partir d'un total de n. La formule binomiale générale est

$$(x+y)^n = x^n + \binom{n}{1}x^{n-1}y + \ldots + \binom{n}{k}x^{n-k}y^k + \ldots + \binom{n}{n-1}xy^{n-1} + \binom{n}{n}y^n$$

Les rangées du *triangle de Pascal* correspondent ici. Par exemple :

$$(x+y)^4 = x^4 + 4x^3y + 6x^2y^2 + 4xy^3 + y^4$$

Exemple :

$$C^3_2 = \frac{3!}{1!\,2!} = \frac{6}{1\cdot 2} = 3$$

Exemple :

$$P^3_2 = \frac{3!}{(3-2)!} = \frac{6}{1} = 6$$

1

1 1

1 2 1

1 3 3 1

1 4 6 4 1

1 5 10 10 5 1

1 6 15 20 15 6 1

Triangle de Pascal – où chaque nombre est la somme des deux nombres au-dessus de lui. La rangée $n + 1$ correspond aux termes du développement de $(x + y)^n$.

STATISTIQUE

répartition et écart

L'analyse statistique permet de traiter des échantillons de données afin de révéler des tendances et de faire des prédictions. Si $x_1, x_2, \dots, x_n$ est une série de valeurs de certains phénomènes mesurables, la valeur *moyenne* est donnée par $x = \frac{1}{n}(x_1 + \dots + x_n)$.

L'*écart-type* σ de l'échantillon mesure le degré auquel les données s'éloignent de cette moyenne :

$$\sigma = \sqrt{\frac{x_1^2 + \dots + x_n^2}{n} - \overline{x}^2} = \sqrt{\frac{(x_1^2 - \overline{x}^2) + \dots + (x_n^2 - \overline{x}^2)}{n}}$$

La forme la plus utilisée de *répartition statistique* est la *normale* ou *gaussienne.* Sa forme générale produit une courbe en forme de cloche centrée sur x, dont la « largeur » est dépendante de σ:

$$f(x) = \frac{1}{\sigma\sqrt{2\pi}} e^{-\frac{(x-x)^2}{2\sigma^2}}$$

Pour les données *normalement réparties,* la probabilité d'apparition d'une valeur dans la gamme entre a et b est égale à l'aire de la courbe située entre ces valeurs, comme montré ci-contre. L'aire totale couverte par la courbe (toutes les possibilités) est égale à 1.

La *répartition de Poisson* dit que si le nombre moyen d'événements d'un type particulier dans un intervalle de temps donné est μ, la probabilité de n événements se produisant dans un intervalle est

$$p(n) = \frac{\mu^n e^{-\mu}}{n!}$$ où $e = 2{,}718\dots$ (*voir page 78*).

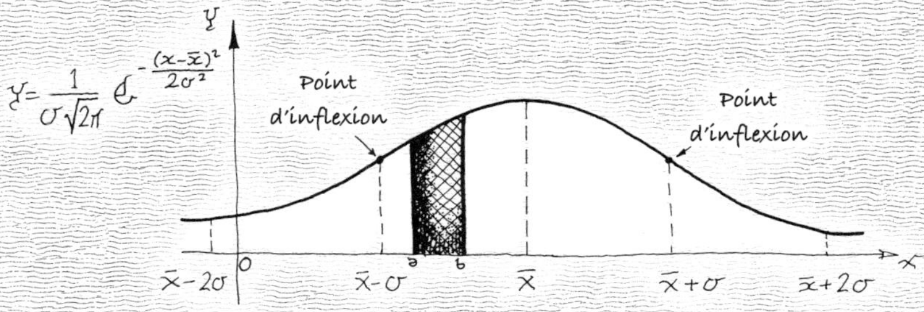

L'écart-type σ devient une unité pratique pour évaluer l'étendue de l'échantillon. Notez les positions des points d'inflexion.

68,26 % de l'échantillon se trouvant à moins de σ de $\bar{x}$.
95,44% de l'échantillon se trouvant à moins de 2σ de $\bar{x}$.
99,73% de l'échantillon se trouvant à moins de 3σ de $\bar{x}$.

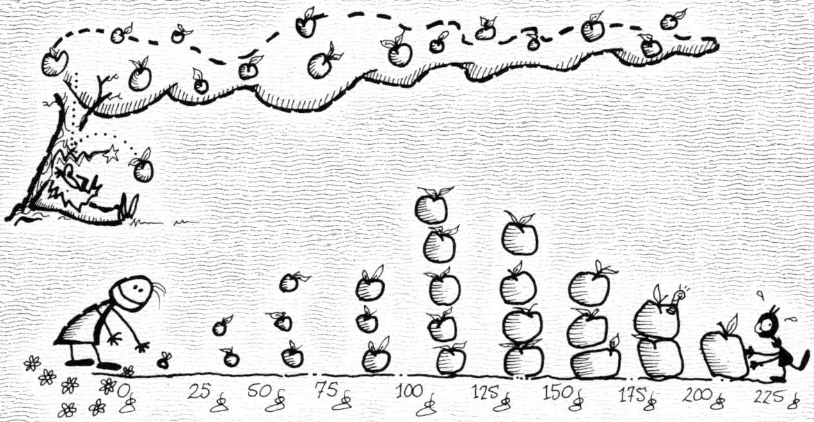

Un échantillon aléatoire de pommes empilées verticalement selon un système de tranches de taille égale produit un graphique de distribution de fréquence. Si on dispose d'un échantillon assez large, un tel graphique commence à ressembler à une courbe continue – graphique d'une répartition normale (ou gaussienne).

LOIS DE KEPLER ET DE NEWTON

corps en mouvement

Johannes Kepler (1571-1630) a découvert trois lois décrivant le mouvement planétaire, valables pour tous les corps tournants de l'espace.

1. *L'orbite de chaque planète est une ellipse dont le Soleil occupe l'un des foyers.*

2. *Les aires balayées par le rayon vecteur joignant le centre du Soleil au centre d'une planète sont proportionnelles aux temps mis pour les décrire.*

3. *Les carrés des durées de révolution sidérale des planètes sont proportionnels aux cubes des grands axes de leurs orbites* (*voir page 62*).

En partant des découvertes de Kepler, Isaac Newton (1643-1727) a déduit la *loi de l'attraction universelle* (*voir page 88*), puis les lois générales du mouvement :

1. *Tout corps au repos ou en mouvement rectiligne uniforme restera dans cet état jusqu'à ce qu'une force quelconque s'exerce sur lui.*

2. *L'accélération subie par un corps de masse constante est proportionnelle à la force qu'il subit.*

3. *Tout corps A exerçant une force sur un corps B subit une force d'intensité égale à celle exercée par le corps B, de même direction mais de sens opposé.*

Albert Einstein (1879-1955) a découvert qu'à des vitesses approchant celle de la lumière, les lois de Newton sont considérablement modifiées.

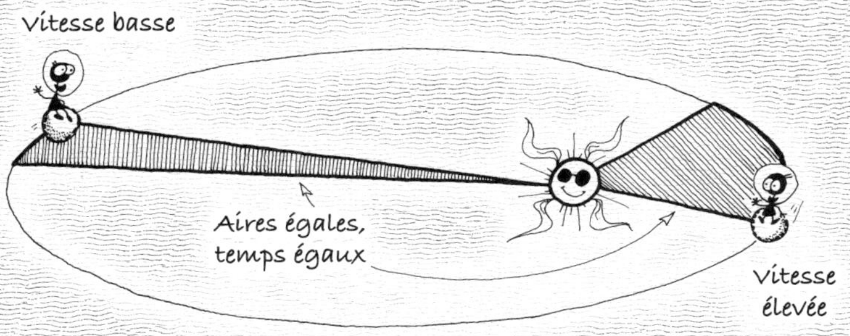

Loi des aires de Kepler

Force = masse x accélération

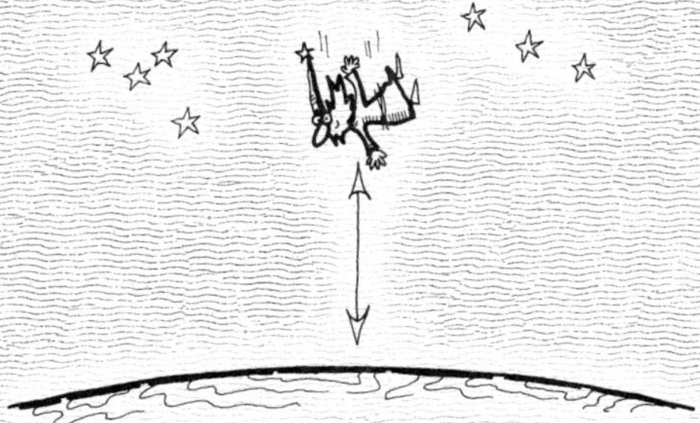

Un objet tombant vers la Terre exerce une force gravitationnelle égale et opposée à celle de la planète. Toutefois, on s'en rend rarement compte, car la Terre, ayant une masse bien plus grande, ne ressent pas une accélération notable.

Gravité et projectiles

objets sans plumes tombants

La *loi de l'attraction universelle* de Newton dit que deux masses m_1 et m_2 séparées par une distance d s'attirent mutuellement en raison directe de leur masse et en raison inverse du carré de leurs distances.

$$F = \frac{Gm_1m_2}{d^2}$$

G est la *constante gravitationnelle* (*voir page 384*). Notez que d est la distance entre les *centres de masse* de m_1 et m_2.

Près de la surface de la Terre (masse m_2), d est effectivement constante, donnant la constante d'*accélération* gravitationnelle « locale » g :

$$g = \frac{Gm_2}{d^2} = 9{,}80665 \text{ m/sec}^2 \text{ si bien que } F = m_1 g$$

En tenant la résistance de l'air pour négligeable, un objet tombant voyagera à s mètres en t secondes, s et t étant liés par

$$s = \tfrac{1}{2}gt^2 \quad \text{ou} \quad t = \sqrt{\frac{2s}{g}}$$

La vitesse de l'objet au moment t sera $v = gt = \sqrt{2gs}$ m/sec. Notez que ces valeurs sont indépendantes de la masse.

Le parcours d'un projectile se déplaçant à une vélocité initiale v et selon un angle de trajectoire Θ est donné par

$$x(t) = vt\cos\Theta \quad \text{et} \quad y(t) = vt\sin\Theta - \tfrac{1}{2}gt^2$$

qui sont des coordonnées fonction du temps.

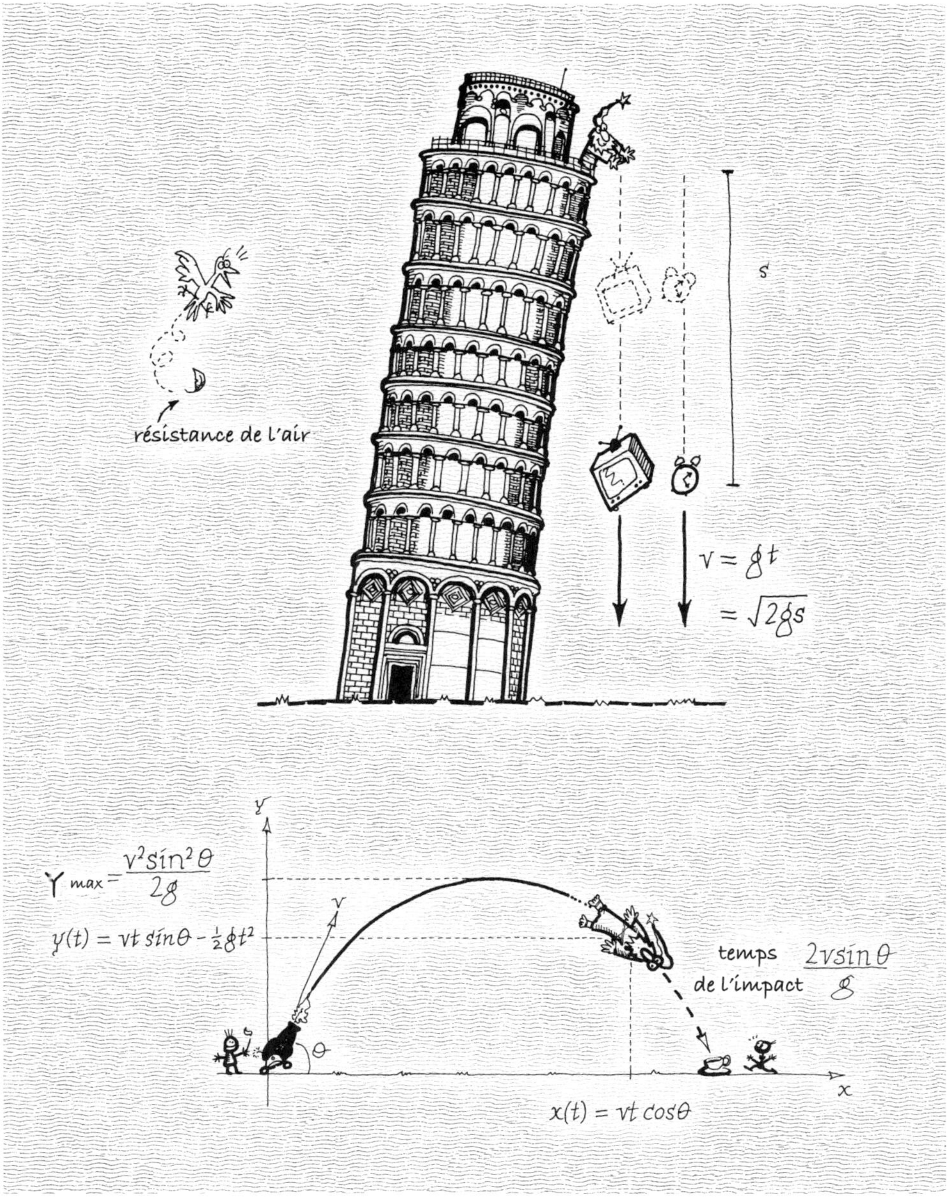

résistance de l'air
s
$v = gt$
$= \sqrt{2gs}$
$Y_{max} = \frac{v^2 \sin^2\theta}{2g}$
$y(t) = vt\sin\theta - \frac{1}{2}gt^2$
v
θ
y
x
temps de l'impact $\frac{2v\sin\theta}{g}$
$x(t) = vt\cos\theta$

ÉNERGIE, TRAVAIL ET PUISSANCE

conservation en action

Un objet de masse m se déplaçant en ligne droite à une vitesse v a une *énergie cinétique* $E_c = \frac{1}{2} m v^2$, l'énergie que lui confère son mouvement. Si l'application d'une force porte sa vitesse à u, son *travail* total, W, est la variation de l'énergie cinétique : $W = \frac{1}{2} m v^2 - \frac{1}{2} m u^2$

Généralement, le *travail* mesure un échange d'énergie entre deux corps. Une personne soulevant un objet de masse m à une hauteur h au-dessus de sa position initiale travaille, transférant ici l'*énergie potentielle* gravitationnelle E_p, à l'objet (qui peut maintenant tomber). $E_p = mgh$ (mg est le *poids* de l'objet, une force).

Lorsque l'objet tombe, il perd de la hauteur mais gagne de la vitesse ; ainsi E_c augmente à mesure que E_p diminue. En négligeant la friction, l'énergie totale de l'objet $E = E_c + E_p$ reste constante jusqu'à son atterrissage, quand son énergie cinétique restante est dissipée sous forme de chaleur et de bruit.

La *quantité de mouvement* d'un objet est donnée par $p = mv$. Pour un point de masse m tournant sur un axe à une distance r, le *moment cinétique* L est égal à $(mv)r = (m\omega r)r = mr^2\omega$ où ω est la *vitesse angulaire* du corps, en radians par seconde. $I = mr^2$ est le *moment d'inertie*. L'*énergie cinétique de rotation* d'un système est alors $E_{cr} = \frac{1}{2} I\omega^2$.

Un solide général en rotation peut être traité comme s'il était un point de masse tournant sur le même axe avec le *rayon de giration* approprié. Présenté ci-contre, on peut le déterminer par les méthodes de calcul (*voir page 110*). Si aucune force externe n'agit sur un système, son énergie cinétique totale est toujours conservée.

L'énergie cinétique est conservée, donc

$$\frac{1}{2}MV^2 = \frac{1}{2}Mp^2 + \frac{1}{2}mq^2$$

aussi parce que le moment linéaire est conservé:

$Mp\sin a - mq\sin \beta = 0$ (composante horizontale)

$Mp\cos a + mq\cos \beta = MV$ (composante verticale)

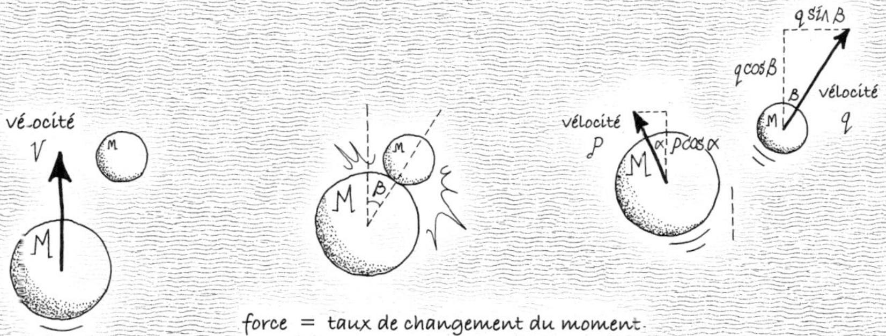

force = taux de changement du moment.

Le moment d'inertie, d'un corps tournant sur un axe est

$$I = \Sigma Mr^2 = \int r^2 dM$$

La TORSION résulte en une accélération de rotation α telle que $T = I\alpha$

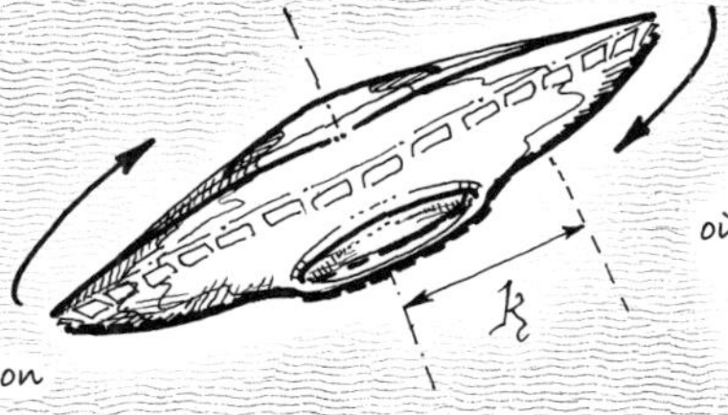

$$I = mK^2$$

où M est la masse totale K est le rayon de giration.

ROTATION ET ÉQUILIBRE

tours, engrenages et poulies

Si on fait tourner en cercle un objet de masse m sur une corde de longueur r à une vitesse v, on est en présence d'une *force centripète* :

$$F = \frac{mv^2}{r} = m\omega^2 r \quad \text{donnant l'accélération} \quad a = \frac{v^2}{r} = \omega^2 r$$

vers le centre, où ω est la vitesse angulaire. La force centripète est égale et opposée à la tension de la corde, traitée aussi comme une force.

Deux rouages engrenés avec des dents t_1 et t_2 et vitesses r_1 et r_2 (quelle que soit l'unité de mesure), sont liés par

$$t_1\, r_1 = t_2\, r_2 \quad \text{ou, équivalent,} \quad r_1 = \frac{t_2}{t_1} r_2 \ \text{ et } \ r_2 = \frac{t_1}{t_2} r_1$$

L'équation est aussi valable pour deux roues de poulie aux diamètres t_1 et t_2 et aux vitesses r_1 et r_2.

Si deux objets de poids w_1 et w_2 sont équilibrés, comme montré ci-contre, à des distances d_1 et d_2 d'un point d'appui, la *force de torsion* associée aux deux objets doit être égale. La force de torsion est le produit de la force et de la distance radiale :

$$d_1\, w_1 = d_2\, w_2$$

Une clé à manche long tourne un écrou plus facilement qu'une clé à manche court, car elle génère une force de torsion plus grande.

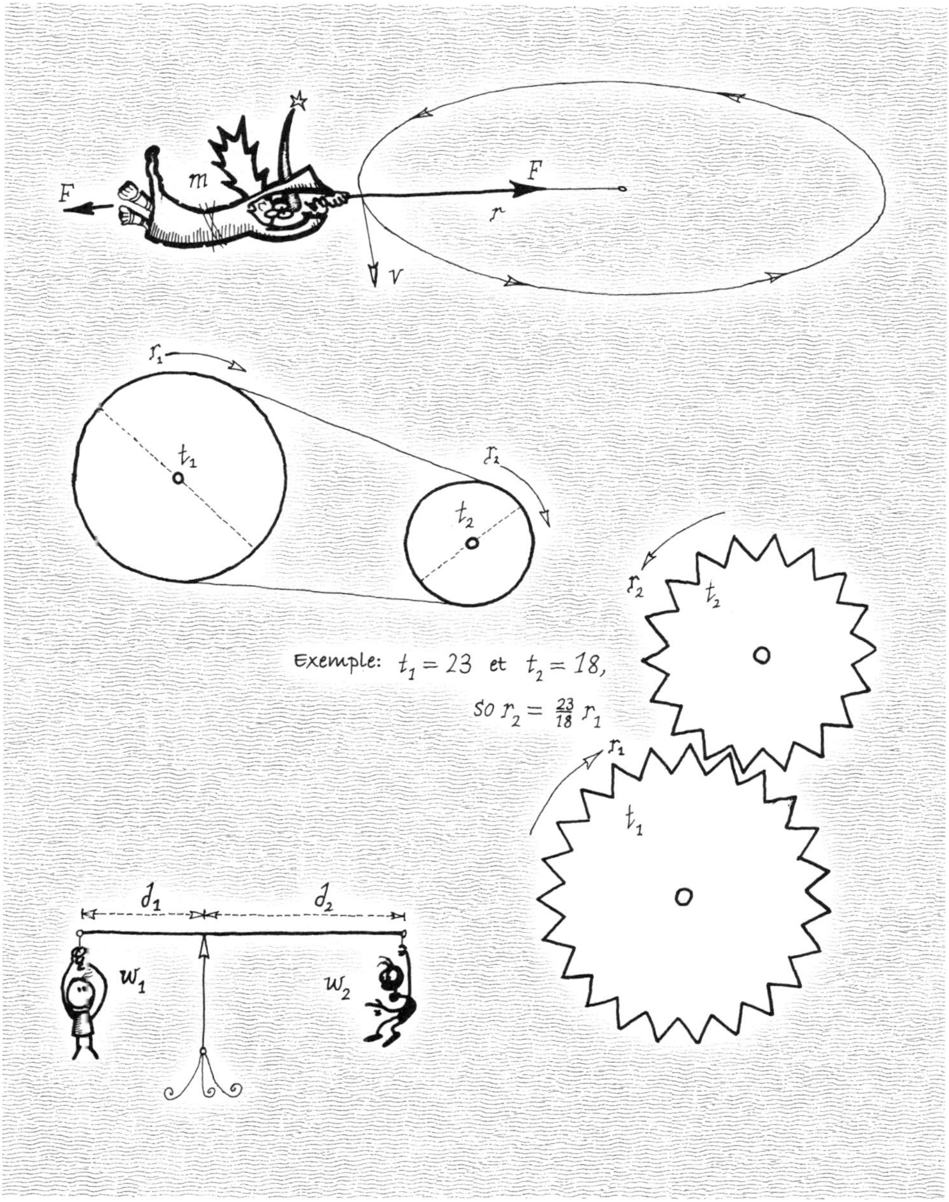
F
m
F
r
v
r_1
t_1
r_2
t_2
r_2
t_2
Exemple: $t_1 = 23$ et $t_2 = 18$,
so $r_2 = \frac{23}{18} r_1$
r_1
t_1
d_1
d_2
w_1
w_2

MOUVEMENT HARMONIQUE SIMPLE

phénomènes de vibration et d'oscillation

Galileo Galilei (1564-1642) avait découvert que la *période T* d'un pendule, le temps qu'il prend pour osciller d'un côté sur l'autre et retour, est indépendante de son *amplitude*, son déplacement maximal depuis le centre. Ainsi, un pendule de longueur l effectue f oscillations chaque seconde, que celles-ci soient amples ou réduites. Ici, f est la *fréquence* du pendule.

Si l est donné en mètres, la période T est obtenue en secondes :

$$T = 2\pi \sqrt{\frac{l}{g}} = \frac{1}{f}$$

où g est la constante gravitationnelle (*voir page 384*).

Pour des oscillations de moins de 5°, le pendule effectué pratiquement un *mouvement harmonique simple*. Une vaste gamme de phénomènes vibrants et oscillants présentent ce type de mouvement. Les énergies potentielles et cinétiques sont échangées continuellement. L'énergie potentielle et l'accélération de l'objet vibrant atteignant leur maximum lorsque son énergie cinétique et sa vélocité sont minimales et vice-versa.

Une manière simple de générer ce mouvement est de projeter un mouvement circulaire uniforme sur un axe, comme montré ci-contre, donnant

$$d(t) = a \sin \omega t$$

où a est l'amplitude et ω la vitesse angulaire. La période est alors $\frac{2\pi}{\omega}$ secondes par cycle et la fréquence, l'inverse de la période, $\frac{\omega}{2\pi}$ cycles par seconde.

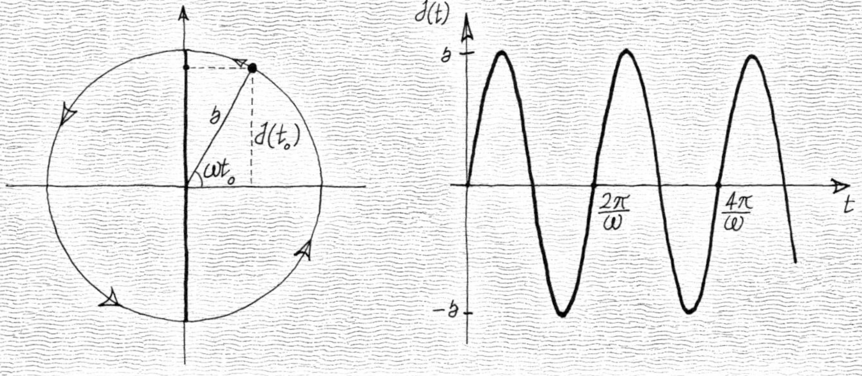

La projection d'un mouvement circulaire uniforme sur l'axe vertical résulte en un mouvement montant et descendant en rapport direct avec la fonction sinusoïdale.

Contrainte, déformation et chaleur

expansion, contraction, tension et compression

Lorsqu'un matériel est étiré ou comprimé, il change de forme. La *contrainte*, σ, du matériel est définie comme la force F par unité d'aire A ; la *déformation relative*, ε, est définie comme la variation de la longueur, Δl, par rapport à la longueur originale, l_0. Le *module de Young* E pour le matériel est alors

$$E = \frac{contrainte}{déformation} = \frac{\sigma}{\varepsilon} = \frac{F/A}{\Delta l/l_0}$$

Les substances possèdent aussi un *module de compressibilité* K, se rapportant inversement à sa *compressibilité* volumétrique, et un *module de cisaillement* G, le ratio contrainte : cisaillement (*ci-contre*).

Le chauffage et le refroidissement causent dilatation et contraction des matériaux en relation linéaire avec la montée ou la descente de la température. Le *coefficient de dilatation thermique*, α, d'une substance est son changement de longueur Δl par rapport à son changement de température ΔT, de sorte que $\Delta l = \alpha l_0 \Delta T$, où l_0 est sa longueur de départ.

La *loi de Hooke* dit qu'un ressort (ou un objet élastique équivalent) s'étirant de x unités de distance au-delà de sa position d'équilibre se comprime avec une force $F = kx$, où k est la *constante de raideur* du ressort respectif. Conséquence, lorsqu'un poids est attaché à un ressort vertical, l'allongement est proportionnel au poids.

Pour que toute structure soit en équilibre, les forces totales en tout point doivent être équilibrées, comme montré ci-contre.

$$\text{Contrainte de cisaillement} = \frac{\text{force tangentielle}}{\text{aire}} = \frac{F}{A}$$

$$\text{Déformation de cisaillement} = \tan(\text{angle de cisaillement } \gamma)$$

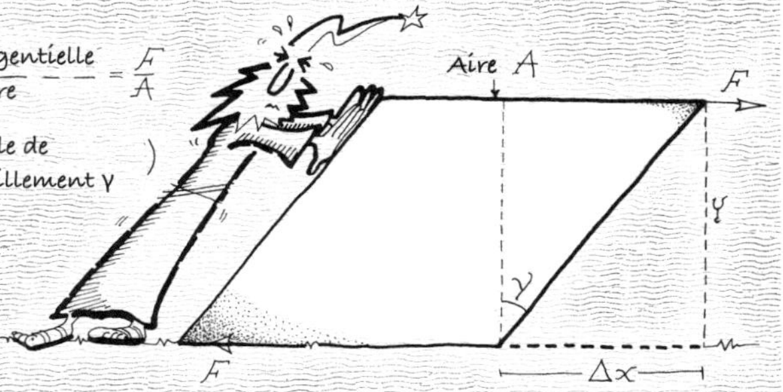

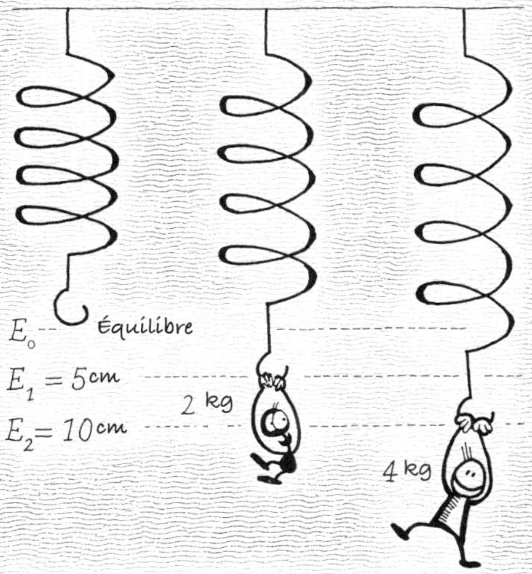

Si une force de 2 kg étire de 5 cm un ressort, on peut s'attendre à ce qu'une force de 4 kg l'étire de 10 cm. Cette loi s'applique jusqu'à un certain point appelé limite d'élasticité

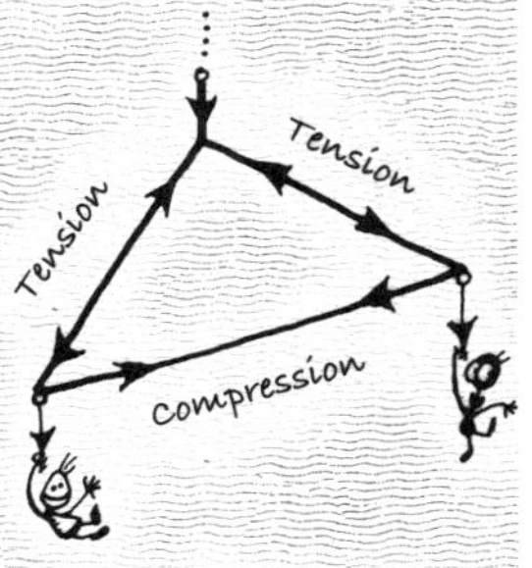

Un triangle équilibré de forces existe en chaque point

LIQUIDES ET GAZ

température, pression et passage

Le débit de passage q d'un liquide coulant à la vitesse v à travers un tube à la superficie de la section A est $q = Av$.

Le liquide passant par deux tubes à la section de superficie A_1 et A_2, les deux soumis à la même pression, aura des vitesses de passage v_1 et v_2, où $A_1v_1 = A_2v_2$.

Le *théorème de Pascal* dit que la pression exercée sur un liquide contenu dans toute forme est transmise également dans toutes les directions. Ici, la pression est définie comme force par unité de superficie. Dans l'exemple illustré ci-contre, $F_1A_2 = F_2A_1$.

L'*équation de Bernoulli* dit qu'un changement de hauteur aboutit à un changement de pression dans un liquide : $p_1 + h_1\rho g = p_2 + h_2\rho g$ (*ci-contre, en bas*).

Pour les gaz, l'équation d'état d'un *gaz parfait* dit que si une quantité donnée de gaz a une pression P, un volume V et une température T (en degrés *Kelvin*), alors PV est proportionnel à T. L'échelle Kelvin est une mesure de la *température absolue*, où K = °C + 273,15.

Étant donné un système fermé à la pression, au volume et à la température initiales P_1, V_1, et T_1 et aux valeurs finales P_2, V_2, et T_2 :

La *loi de Charles* dit : $\frac{V_1}{V_2} = \frac{T_1}{T_2}$ pour une pression constante.

La *loi de Boyle* dit : $P_1V_1 = P_2V_2$ pour une température constante.

La pression appliquée à un liquide se trouvant dans un conteneur de toute forme est transmise en égale mesure dans toutes les directions. C'est le théorème de Pascal, la base de l'hydraulique.

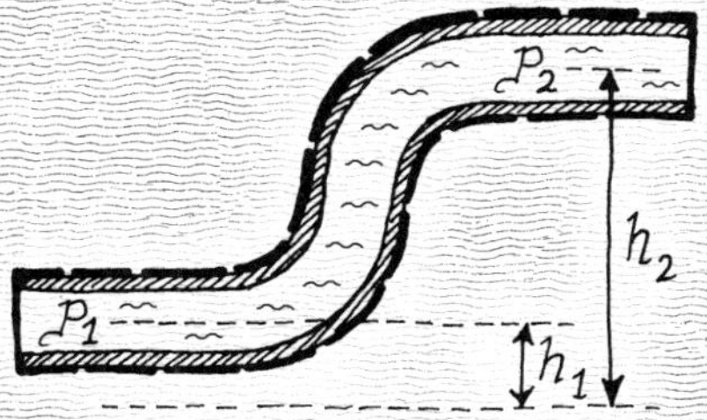

Ici, r désigne la densité moyenne du fluide, donnée par la masse/volume. Si on utilise une unité métrique g/cm³, l'eau donne r = 1. g est la constante gravitationnelle.

SON

longueurs d'onde harmoniques et sirènes qui passent

Pour une corde fixée en deux points séparés par une distance L, comme montré, les longueurs d'onde harmoniques de la corde sont données par

$$\lambda_n = \frac{2L}{n} \quad \text{pour } n = 1, 2, 3 \ldots$$

Seul λ_1 et les quelques premiers *harmoniques* sont audibles.

Si W_T est la vitesse de l'onde sur la corde, T sa tension (en newtons) et μ la masse par unité de longueur (en kg/m), alors les fréquences basiques, v_n (en cycles par seconde) sont :

$$v_n = \frac{W_T}{\lambda_n} = \frac{n}{2L} W_T = \frac{n}{2L}\sqrt{\frac{T}{\mu}}$$

Le ton de la sirène d'une ambulance semble changer à mesure qu'elle s'éloigne, de par *l'effet Döppler*. Si un observateur se déplace à la vitesse v_o *vers* une source de fréquence f_s, elle-même se déplaçant à la vitesse v_s *vers* l'observateur, alors pour une onde de vitesse c la fréquence observée f_o est :

$$f_o = \left(\frac{c + v_o}{c - v_s}\right) f_s$$

Note : Si les objets s'éloignent au lieu de se rapprocher, utilisez les valeurs négatives pour v_o et v_s (la vitesse du son est de 331,45 m/sec).

Si deux notes très similaires, de fréquences f_1 et f_2, sont jouées ensemble, une *fréquence de pulsation* $f_{bat.} = (f_2 - f_1)$ sera entendue.

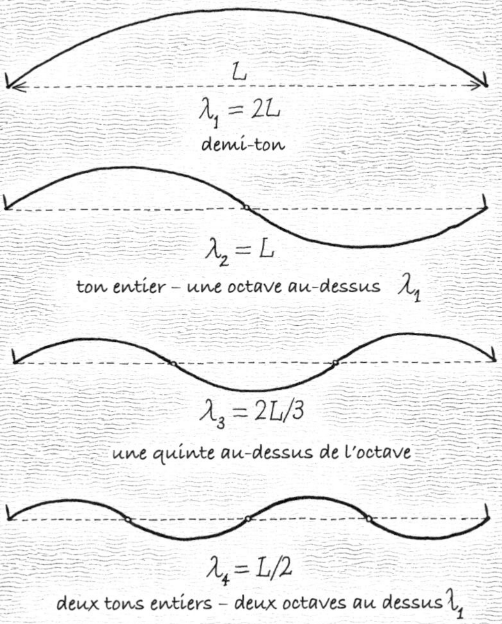
L
λ1 = 2L
demi-ton
λ2 = L
ton entier – une octave au-dessus λ1
λ3 = 2L/3
une quinte au-dessus de l'octave
λ4 = L/2
deux tons entiers – deux octaves au dessus λ1

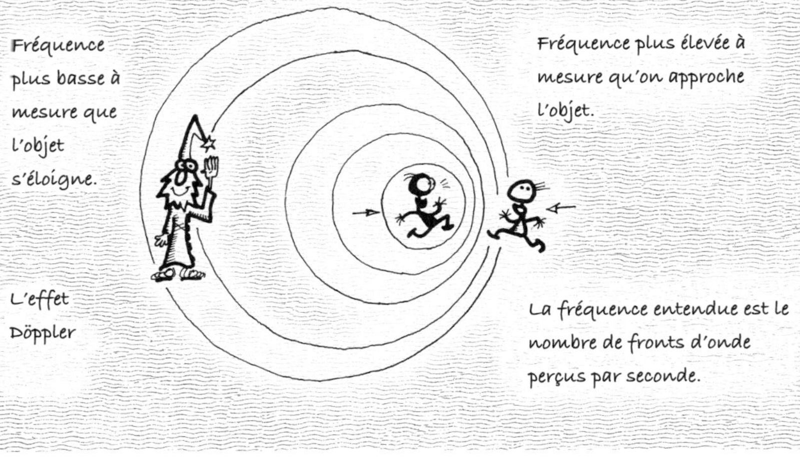
Fréquence plus basse à mesure que l'objet s'éloigne.
Fréquence plus élevée à mesure qu'on approche l'objet.
L'effet Döppler
La fréquence entendue est le nombre de fronts d'onde perçus par seconde.

LUMIÈRE

réfraction, lentilles et relativité

Le passage de la lumière de l'air dans l'eau est montré ci-contre. Si v_1 et v_2 sont les vitesses de la lumière dans ces deux milieux, la *loi de réfraction de Snell* dit que pour une fréquence donnée :

$$\frac{v_1}{v_2} = \frac{\sin\theta_1}{\sin\theta_2} = \text{constant} \quad \text{ou} \quad n_1 \sin\theta_1 = n_2 \sin\theta_2$$

où n_1 et n_2 sont les *indices de réfraction* des deux milieux (variant légèrement pour des fréquences différentes). Voici quelques valeurs utiles :

Vide et air : 1 *Eau* : 1,33 *Quartz* : 1,45 *Crown-glass* : 1,52

Plusieurs lentilles sont présentées ci-contre, certaines convexes, d'autres concaves. La *focale*, *f*, est montrée pour une. L'*équation gaussienne des lentilles* se rapporte aux distances entre un objet, à la lentille et à l'image convergente inversée :

$$\frac{1}{x_o} + \frac{1}{x_i} = \left(\frac{n_{lentille}}{n_{moyen}} - 1\right)\left(\frac{1}{R_1} + \frac{1}{R_2}\right) = \frac{1}{f}$$

Ici R_1 et R_2 sont les *rayons d'arrondi* gauche et droit des lentilles (négatifs si la lentille est concave).

La lumière visible est une infime partie du *spectre électromagnétique* incluant aussi les rayons X, les ondes radio et les micro-ondes. Einstein a pu déduire que le temps lui-même doit être capable de s'étirer et de se dilater, étant donné que la lumière voyage à vitesse constante par rapport à l'observateur, indifféremment de la vitesse propre de celui-ci ! C'est là un élément de sa *théorie de la relativité restreinte*.

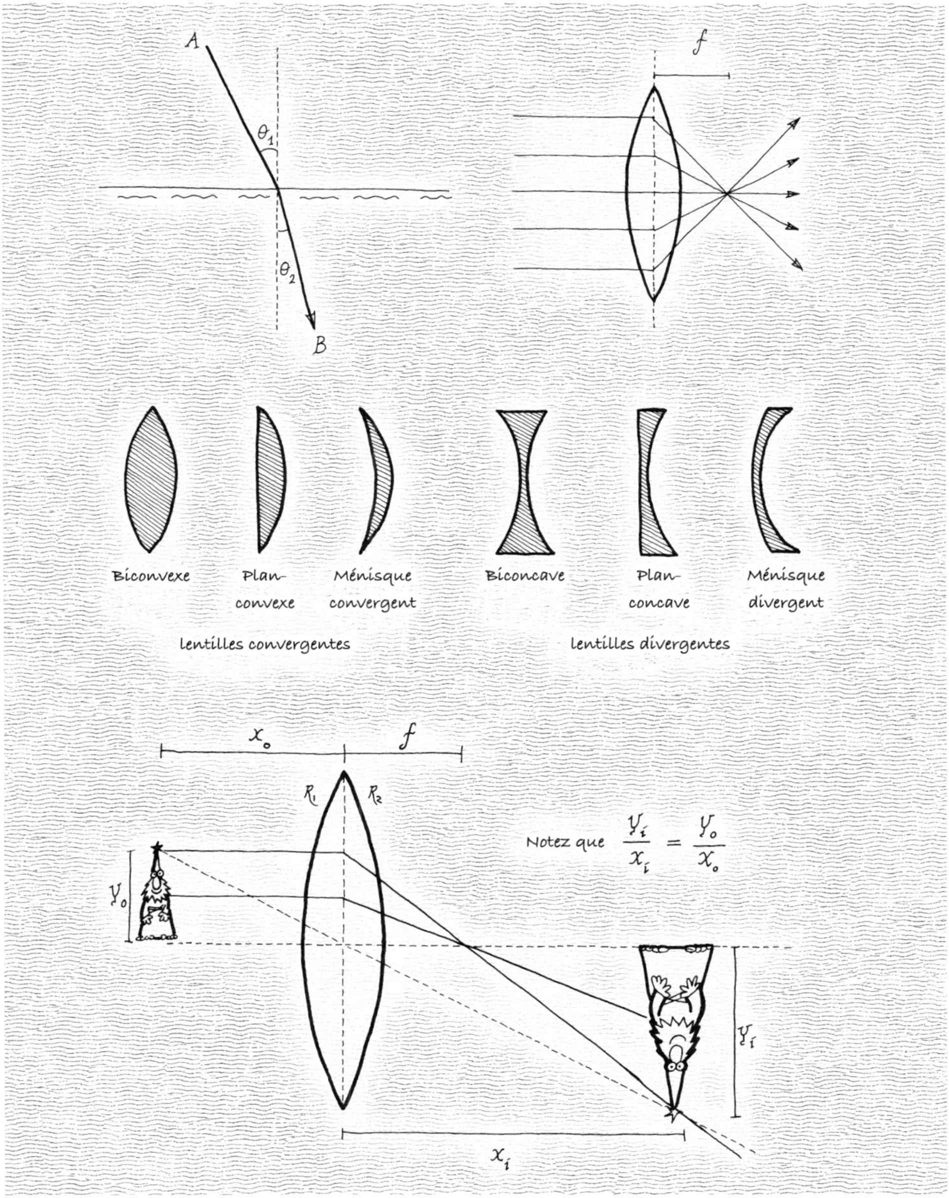
A
θ1
θ2
B
f
Biconvexe
Plan-convexe
Ménisque convergent
Biconcave
Plan-concave
Ménisque divergent
lentilles convergentes
lentilles divergentes
x_o
f
R_1
R_2
Notez que $\frac{y_i}{x_i} = \frac{y_o}{x_o}$
y_o
y_i
x_i

ÉLECTRICITÉ ET CHARGE

régler le circuit

Pour un circuit électrique simple, la *tension* E (en volts) à travers une *résistance* R (en ohms, Ω) produit un courant d'*intensité* I (en ampères) défini par la *loi d'Ohm*, $E = IR$. Le *pouvoir* P (en watts) du circuit est alors

$$P = EI = I^2R$$

Les résisteurs en série donnent une résistance $R_s = R_1 + \ldots + R_n$ ohms. Les condensateurs en parallèle donnent la capacitance $C_p = C_1 + \ldots + C_n$ faradays. Les résisteurs en parallèle et les condensateurs en série se combinent pour donner

$$R_p = \frac{1}{\frac{1}{R_1} + \ldots + \frac{1}{R_n}} \qquad C_s = \frac{1}{\frac{1}{C_1} + \ldots + \frac{1}{C_n}}$$

Les équations pour les circuits impliquant les inducteurs sont montrées ci-contre.

Tous les effets électriques découlent de la *charge* (mesurée en coulombs). La charge d'un électron est -1.6×10^{-19} C. La *loi de Coulomb* dit que la force F d'interaction électrostatique entre deux charges électriques Q_1 et Q_2 séparés par une distance de r mètres est donnée par :

$$F = \frac{Q_1 Q_2}{4\pi\varepsilon_0 r^2}$$

où ε_0 est la *perméabilité diélectrique du vide (constante diélectrique)*, $8{,}85 \times 10^{-12}$ farads/m. Dans le microcosme, les forces de Coulomb attachent les électrons aux noyaux pour former des atomes, les atomes aux atomes pour former des molécules et les molécules aux molécules pour former des solides et des liquides.

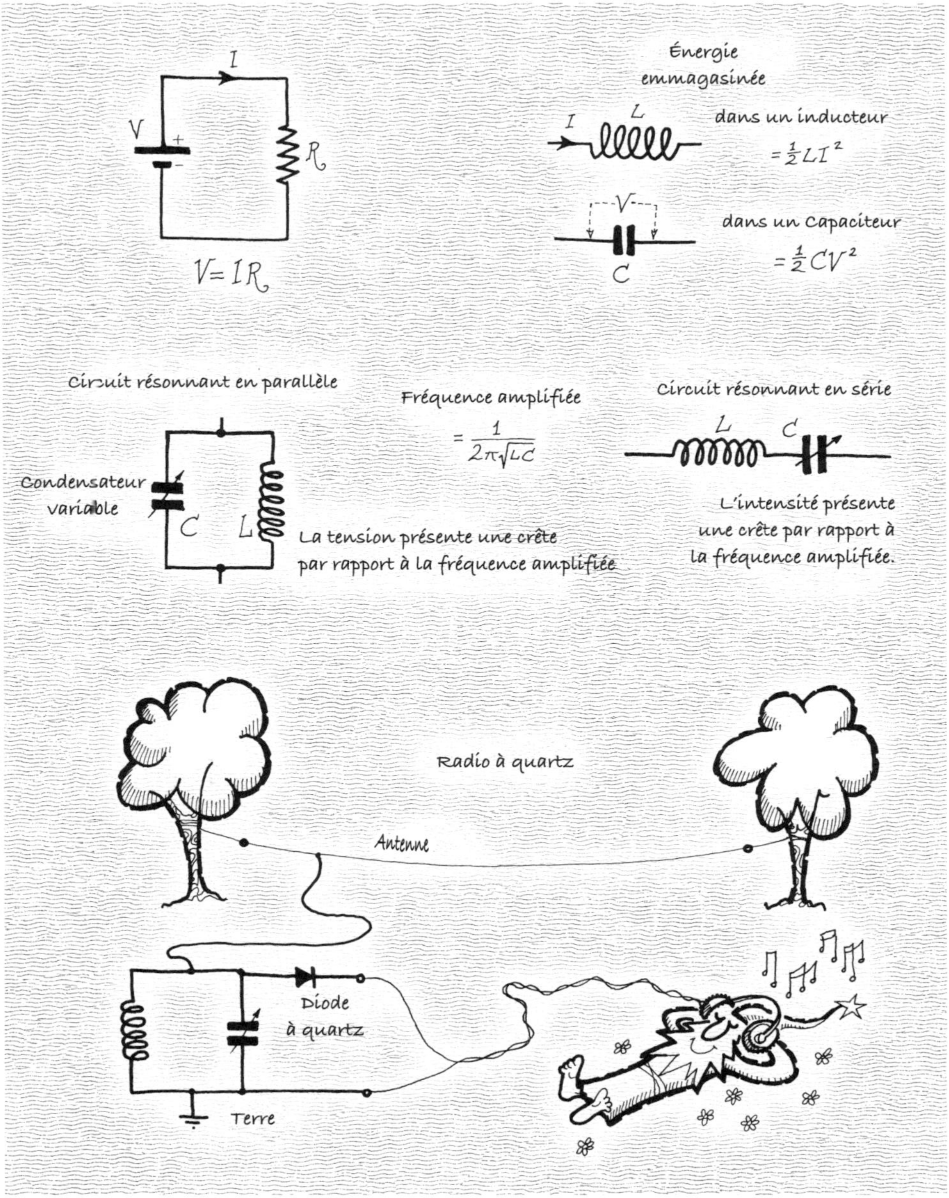
I
V
+
-
R
V=IR
Énergie emmagasinée
I
L
dans un inducteur
= ½LI²
V
dans un capaciteur
= ½CV²
C
Circuit résonnant en parallèle
Fréquence amplifiée
= 1/2π√LC
Circuit résonnant en série
L
C
Condensateur variable
C
L
La tension présente une crête par rapport à la fréquence amplifiée
L'intensité présente une crête par rapport à la fréquence amplifiée.
Radio à quartz
Antenne
Diode à quartz
Terre

CHAMPS ÉLECTROMAGNÉTIQUES

charge, flux et sens

Dans un champ électromagnétique, la charge se comporte similairement à la masse dans un champ gravitationnel. La force **F** d'une charge Q en mouvement dans un champ électromagnétique de force **E** est donnée par $\mathbf{F} = \mathbf{E}Q$. La force **F** sur un fil traversé par un courant I, de longueur l, est $\mathbf{F} = \mathbf{B}Il$, où **B** est la *densité du flux magnétique*, mesurée en *teslas*. D'autres situations sont montrées ci-contre (μ_0 est la perméabilité du vide, la constante magnétique). Note : Les éléments en **gras** sont des vecteurs, avec directions et magnitude.

Un point de charge Q se déplaçant à la vitesse v crée un champ magnétique **B** (*ci-contre, en haut à gauche*). Si le point P est séparé de Q par une distance r et se trouve à un angle θ par rapport à sa direction de mouvement, alors la *loi* de *Biot-Savart* dit que :

$$\mathbf{B} = \left(\frac{\mu_0}{4\pi}\right)\frac{Qv\sin\theta}{r^2}$$

Un champ magnétique en mouvement produit un champ électrique et vice-versa. En se servant d'aimants et de bobines, l'énergie électrique peut être transformée en énergie mécanique (un *moteur*) et vice-versa (une *dynamo*). Les règles respectivement de la main gauche et de la main droite de Fleming s'appliquent (*ci-contre, en bas*).

Pour planifier de telles choses, on fait appel à la *loi d'induction de Faraday* (une des quatre équations de Maxwell), qui dit que la force électromagnétique induite dans tout circuit fermé est proportionnelle au degré de variation du flux magnétique, ou $\nabla \times \mathbf{E} = -\frac{\partial \mathbf{B}}{\partial t}$, où $\nabla\times$ est l'*inductance propre*, et à la *loi de Lenz*, qui dit qu'un courant induit l'est toujours dans une direction s'opposant au mouvement ou au changement le causant.

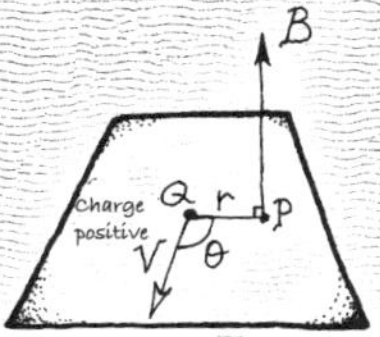

Le courant passe dans la direction de mouvement de la charge positive.

Loi d'Ampère

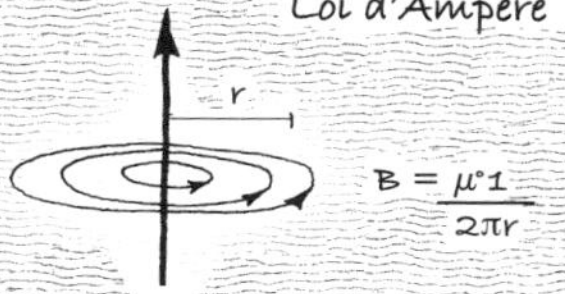

Force du champ à une distance r d'un fil

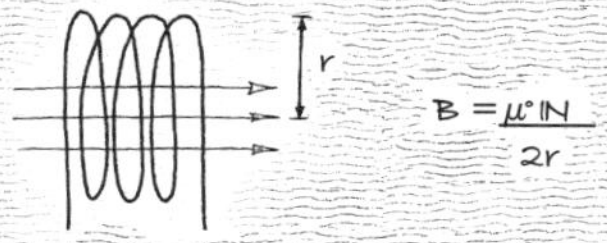

Pour une bobine de rayon r avec N tours

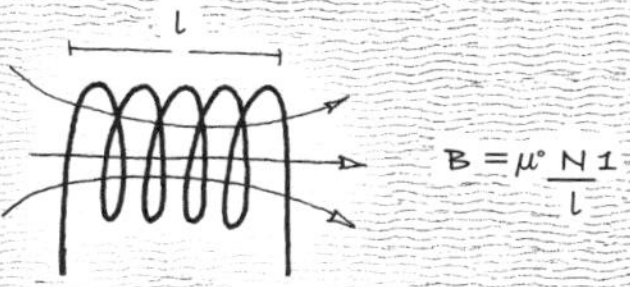

Pour une spirale avec N tours dans une longueur l.

Dynamo à impulsion CC (chargé par l'eau)

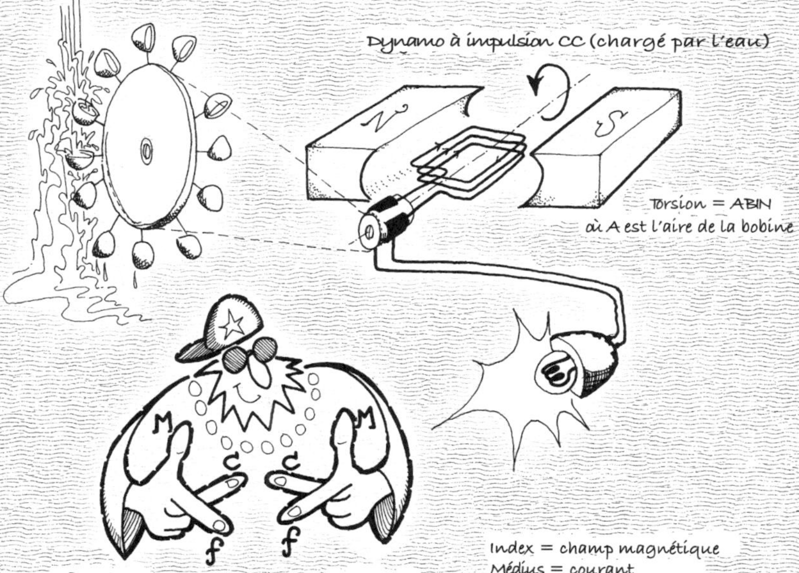

Dynamo tournant à droite

Moteur tournant à gauche

Index = champ magnétique
Médius = courant
Pouce = mouvement (poussée)

Circuits et portes logiques

microplaquettes avec tout

Une *diode* agit comme une valve unidirectionnelle. Les alimentations électriques doivent changer souvent le *courant alternatif* (CA) en *courant continu* (CC). Une simple diode de détection ne fait que la moitié du travail (*ci-contre, en haut*). Un pont plus élaboré est meilleur, permettant le passage des deux parties du cycle CA. Ajoutez un condensateur pour égaliser les choses – voilà un convertisseur utile AC à CC !

Les *transistors* sont semblables à un robinet, où une tension à la base (*B*) contrôle le passage du courant depuis le collecteur (*C*) à l'émetteur (*E*). Ils sont utilisés comme commutateurs ou amplificateurs (*ci-contre centre*). Comme le résultat dépend de l'apport de courant qui *n'est pas* dérivé à travers le transistor, celui-ci a une phase inversée par rapport à l'entrée.

Les microplaquettes en silicone permettent de placer un grand nombre de circuits dans un espace infime. L'amplificateur à gain élevé et le démultiplicateur, utilisés pour la transmission des données, sont des circuits intégrés de base (*ci-contre, en bas*). Une micropuce comporte des milliards de transistors formant des *portes logiques* basées sur les mathématiques binaires des *opérateurs booléens* (*ci-dessous*).

input		*NOT*	*AND*	*OR*	*NAND*	*NOR*	*XOR*	*XNOR*
A → B →								
A	B	$\overline{A}$	$A \cdot B$	$A + B$	$\overline{A \cdot B}$	$\overline{A + B}$	$A \oplus B$	$\overline{A \oplus B}$
0	0	1	0	0	1	1	0	1
0	1	1	0	1	1	0	1	0
1	0	0	0	1	1	0	1	0
1	1	0	1	1	0	0	0	1

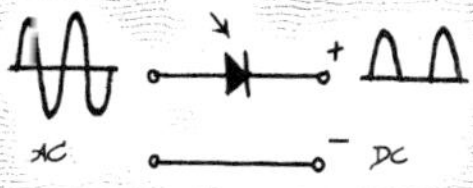

Redresseur demi-onde

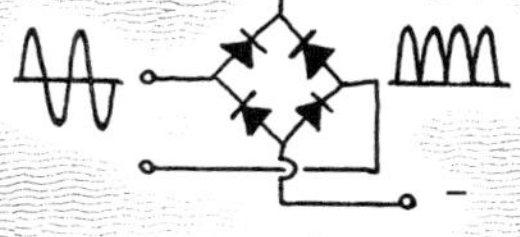

Redresseur de pleine-onde (pont)

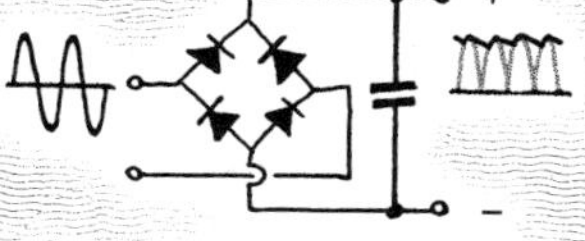

Redresseur de pleine-onde avec filtrage

le gain de tension est donné par

$$A_V = -\frac{R_C}{R_E} = \frac{V_{out}}{V_{in}}$$

R1 et R2 sont des résisteurs de polarisation où

$$V_B = \frac{V_{cc} R_2}{R_1 + R_2}$$

C1 et C2 sont des capaciteurs de couplage

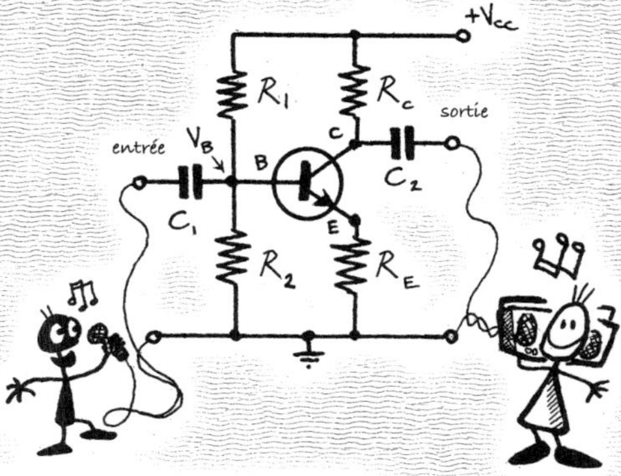

Émetteur amplificateur simple se servant d'un transistor NPN

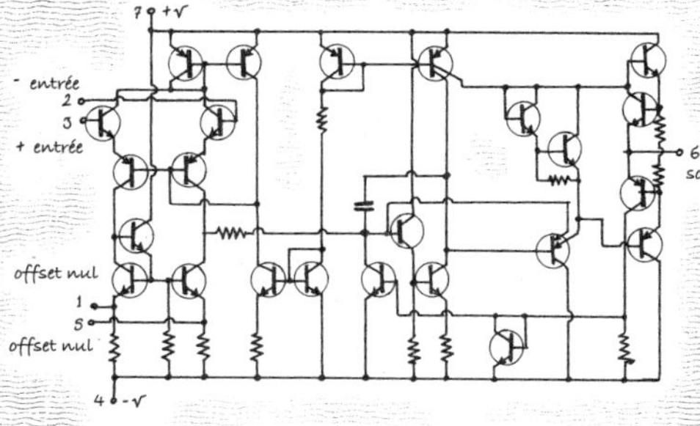

Schéma du circuit d'un 741 Op-Amp (Amplificateur asservi)

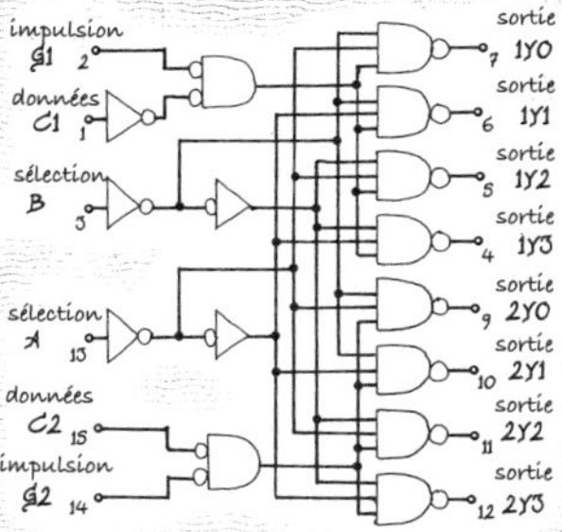

Intérieur d'une puce de démultiplication 74155

Calcul différentiel

différentielles et intégrales

Le calcul différentiel se sert d'*infinitésimales* et de *limites* pour résoudre deux problèmes, le changement de variable d'une fonction et l'aire exacte de l'hypographe.

Le graphique de la fonction $y = f(x)$ à la position $(a, f(\text{a}))$ a un gradient $f'(a)$, où la fonction $f'(x) = \frac{df}{dx}(x)$ est le *dérivateur* de f. Pour chaque x, $f'(x)$ est le changement de variable de f à x. Pour calculer directement un tel dérivateur à a, on considère les pentes des lignes passant par $(a, f(\text{a}))$ et $(a+\varepsilon, f(a+\varepsilon))$ pour des valeurs toujours plus infimes de ε. Si elles tendent vers une « limite », alors le changement de variable de f à a peut être défini comme étant cette limite.

Si $x(t)$ désigne la position d'un objet à un moment t, alors sa vitesse $v(t)$ au moment t est $x'(t) = \frac{dx}{dt}(t)$. Son accélération $a(t)$, le changement de sa vitesse à t, est alors $x''(t) = \frac{dv}{dt}(t) = \frac{d^2x}{dt^2}(t)$.

Supposons une fonction (*ci-contre*) dont on veut connaître l'aire de l'hypographe entre a et b. L'intervalle entre a et b est divisé en un nombre toujours plus grand de longueurs égales. Cela produit un nombre toujours plus grand de rectangles se rétrécissant, dont la somme des aires peut être calculée facilement à chaque étape. L'aire de l'hypographe est donnée par la limite de ces sommes, écrite $\int_a^b f(x)dx$. Si $F(x)$ satisfait $F'(x) = f(x)$, alors remarquablement, $\int_a^b f(x)dx = F(b) - F(a)$.

$F(x)$ est l'*intégrale indéfinie* ou la *primitive* de f, décrite comme $\int f\,dx$. Comme $(F(x) + c)' = F'(x)$, il s'ensuit que toutes les primitives données ci-contre impliquent une constante arbitraire.

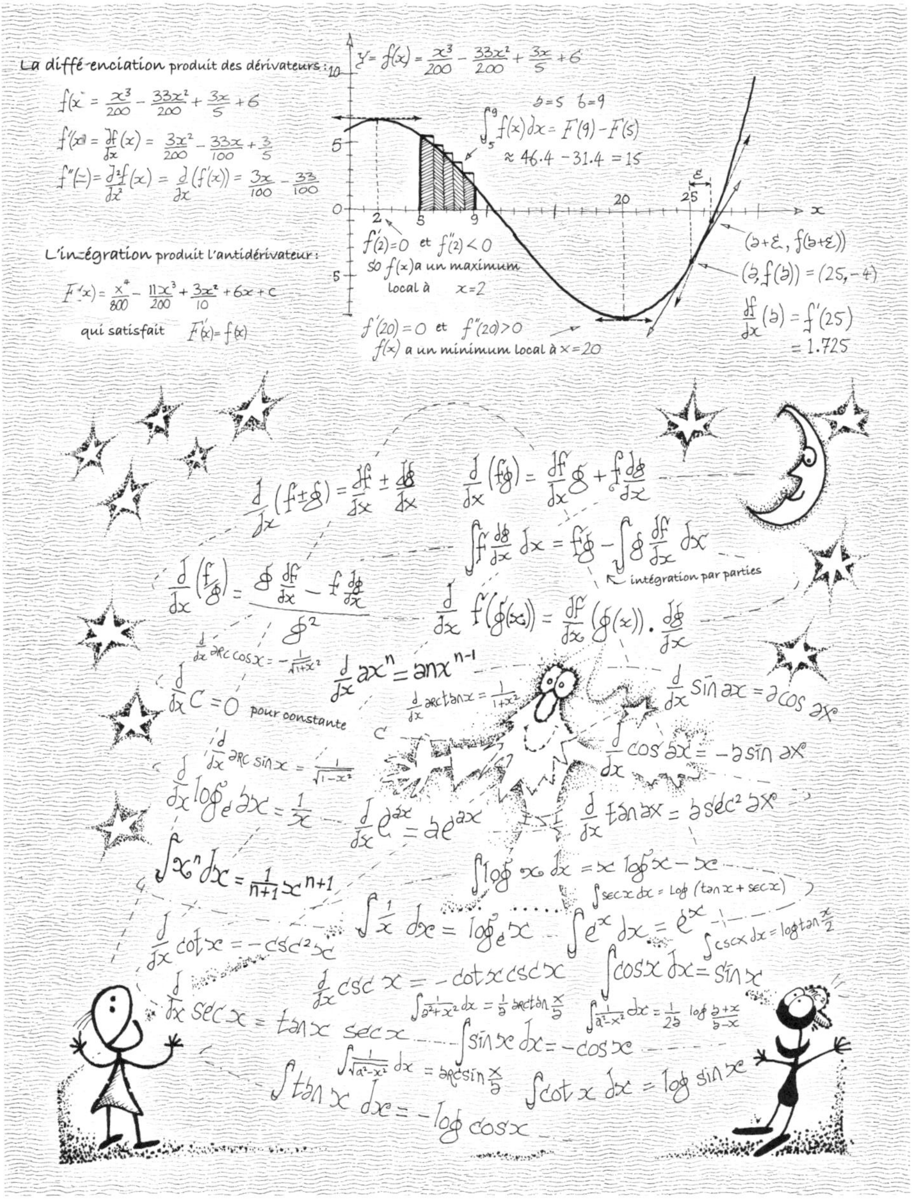

La différenciation produit des dérivateurs :
f(x) = x³/200 − 33x²/200 + 3x/5 + 6
f′(x) = df/dx (x) = 3x²/200 − 33x/100 + 3/5
f″(x) = d²f/dx² (x) = d/dx (f′(x)) = 3x/100 − 33/100
L'intégration produit l'antidérivateur :
F(x) = x⁴/800 − 11x³/200 + 3x²/10 + 6x + C
qui satisfait F′(x) = f(x)
y = f(x) = x³/200 − 33x²/200 + 3x/5 + 6
a=5 b=9
∫₅⁹ f(x) dx = F(9) − F(5)
≈ 46.4 − 31.4 = 15
f′(2)=0 et f″(2) < 0
so f(x) a un maximum local à x=2
f′(20) = 0 et f″(20) > 0
f(x) a un minimum local à x=20
(a+ε, f(a+ε))
(a, f(a)) = (25, −4)
df/dx (a) = f′(25)
= 1.725
d/dx (f±g) = df/dx ± dg/dx
d/dx (fg) = df/dx g + f dg/dx
∫ f dg/dx dx = fg − ∫ g df/dx dx
intégration par parties
d/dx (f/g) = (g df/dx − f dg/dx) / g²
d/dx f(g(x)) = df/dx (g(x)) · dg/dx
d/dx arc cos x = −1/√(1+x²)
d/dx axⁿ = anxⁿ⁻¹
d/dx arctan x = 1/(1+x²)
d/dx sin ax = a cos ax
d/dx C = 0 pour constante
d/dx cos ax = −a sin ax
d/dx arc sin x = 1/√(1−x²)
d/dx logₑ ax = 1/x
d/dx eᵃˣ = aeᵃˣ
d/dx tan ax = a séc² ax
∫ xⁿ dx = 1/(n+1) xⁿ⁺¹
∫ log x dx = x log x − x
∫ sec x dx = Log (tan x + sec x)
∫ 1/x dx = logₑ x
∫ eˣ dx = eˣ
∫ csc x dx = log tan x/2
d/dx cot x = −csc² x
d/dx csc x = −cot x csc x
∫ cos x dx = sin x
d/dx sec x = tan x sec x
∫ 1/(a²+x²) dx = 1/a arctan x/a
∫ 1/(a²−x²) dx = 1/2a log (a+x)/(a−x)
∫ sin x dx = −cos x
∫ 1/√(a²−x²) dx = arcsin x/a
∫ cot x dx = log sin x
∫ tan x dx = −log cos x

Nombres complexes

dans le domaine imaginaire

Les *nombres réels* familiers sont contenus dans le domaine plus large des nombres *complexes*. Ceux-ci sont construits en partant de l'*unité imaginaire* désignée par *i*, qui satisfait (à la différence de tout nombre réel) :

$$i^2 = -1 \quad \text{ou} \quad i = \sqrt{-1}$$

Étant donné deux nombres réels a et b, la valeur $a + bi$ est un nombre complexe. Voici quelques équations complexes :

$$a + bi = c + di \;\text{ si et uniquement si }\; a = c \;\text{ et }\; b = d$$

$$(a + bi) + (c + di) = (a + c) + (b + d)i$$

$$(a + bi)(c + di) = (ac - bd) + (ad + bc.)i$$

$$\frac{ac + bd}{c^2 + d^2} = \frac{a + bi}{c + di} + \frac{bc - ad}{c^2 + d^2}\, i$$

La *représentation polaire* utilise l'angle θ et le rayon r :

$$z = r\cos\theta + ir\sin\theta = r(\cos\theta + i\sin\theta)$$

La fonction exponentielle e^x peut être élargie au plan complexe en utilisant l'*équation d'Euler*

$$e^{i\vartheta} = \cos\theta + i\sin\theta$$

À partir de là, on a le gemme mathématique $e^{i\pi} = -1$ et *le théorème de De Moivre* pour les puissances d'un nombre complexe z :

$$z^n = (re^{i\vartheta})^n = r^n e^{in\vartheta} = r^n(\cos n\theta + i\sin n\theta)$$

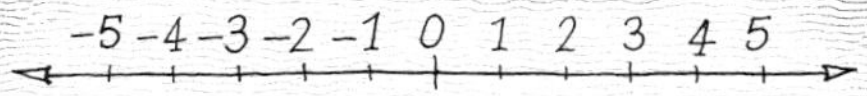

La ligne des nombres réels contient non seulement les nombres entiers positifs et négatifs, mais aussi toutes les fractions positives et négatives, ainsi que les nombres irrationnels tels que √2 et π.

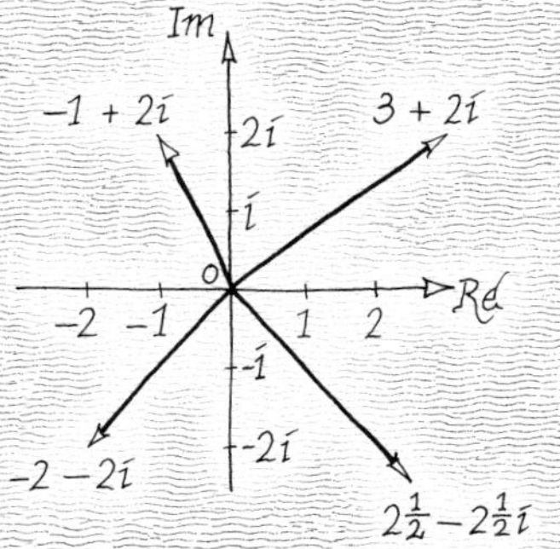

La ligne des nombres réels devient l'axe Re(el) dans le plan des nombres complexes. Chaque point du plan correspond à un nombre complexe et vice-versa. Les nombres sur l'axe Im(aginaire) sont appelés « purement imaginaires », ayant une composante réelle 0.

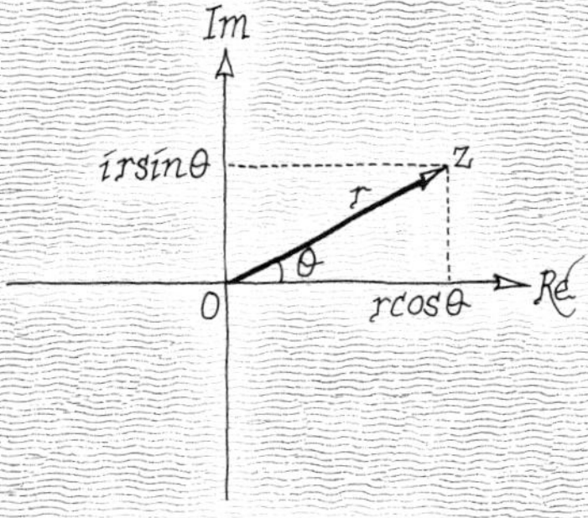

représentation « polaire » d'un nombre complexe

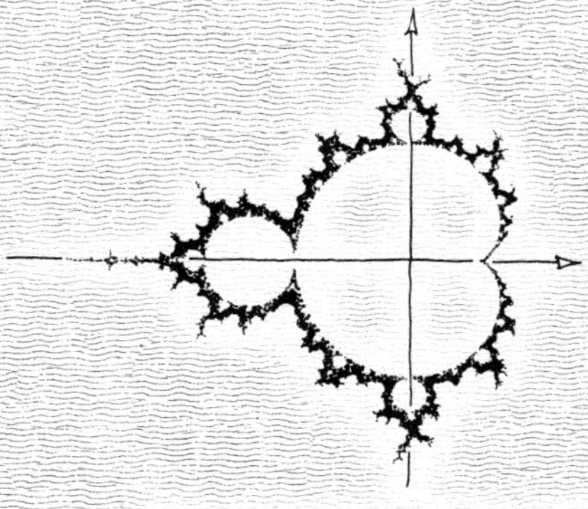

Le plan complexe abrite la célèbre fractale de Mandelbrot, qui peut être générée en utilisant un processus impliquant l'itération de l'application $z \longrightarrow z^2 + c$.

Théorie de la relativité

contractions de la distance et dilatation du temps

Einstein a élargi le principe de Galilée de relativité du mouvement uniforme de la mécanique à toutes les lois de la physique (y compris à l'électrodynamique), tout en y incorporant la nature constante de la vitesse de la lumière c.

Au cœur de sa *théorie de la relativité restreinte* il y a les *transformations de Lorentz* rapportant un cadre de coordonnées (x', y', z', t') à un autre, (x, y, z, t), qui se déplace à une vitesse relative v. Dans le cas spécial où le mouvement est parallèle à l'axe x (par exemple), les coordonnés sont :

$$x' = \gamma(x - vt),\ \ y' = y,\ \ z' = z,\ \ t' = \gamma(t - vx/c^2)\ \text{ où }\ \gamma = (1 - v^2/c^2)^{-1/2}$$

Notez que ces transformations aboutissent à une contraction de la distance en direction x *et* à une dilatation du temps (les deux négligeables quand v est petit par rapport à c). Pour une direction plus générale de mouvement, une équation matricielle fournit les transformations analogues.

Dans ce contexte, les vitesses composées u et v ne donnent pas $u + v$, mais

$$\frac{u + v}{1 + \left(\frac{uv}{c^2}\right)}$$

L'énergie (scalaire) et la quantité de mouvement (vecteur) d'un objet de masse m et vitesse (vecteur) v sont respectivement données par

$$E = \gamma mc^2,\ \ p = \gamma mv$$

Si l'objet est au repos, on arrive à la célèbre équation

$$E = mc^2$$

équation de champ d'EINSTEIN

Constante gravitationnelle de Newton

$$R_{\mu\nu} - \frac{1}{2} g_{\mu\nu} R + g_{\mu\nu} \Lambda = \frac{8\pi G}{c^4} T_{\mu\nu}$$

- $R_{\mu\nu}$: tenseur de courbure
- $g_{\mu\nu}$: tenseur métrique
- Λ : constante cosmologique
- c : vitesse de la lumière
- G : constante gravitationnelle de Newton
- $T_{\mu\nu}$: tenseur énergétique de contrainte (décrit la distribution de la matière et de l'énergie)

Densité d'énergie — Flux d'énergie

$$\begin{bmatrix} T_{00} & T_{01} & T_{02} & T_{03} \\ T_{10} & T_{11} & T_{12} & T_{13} \\ T_{20} & T_{21} & T_{22} & T_{23} \\ T_{30} & T_{31} & T_{32} & T_{33} \end{bmatrix}$$

Contrainte de cisaillement

Densité de la quantité de mouvement — Quantité de mouvement du flux — Pression

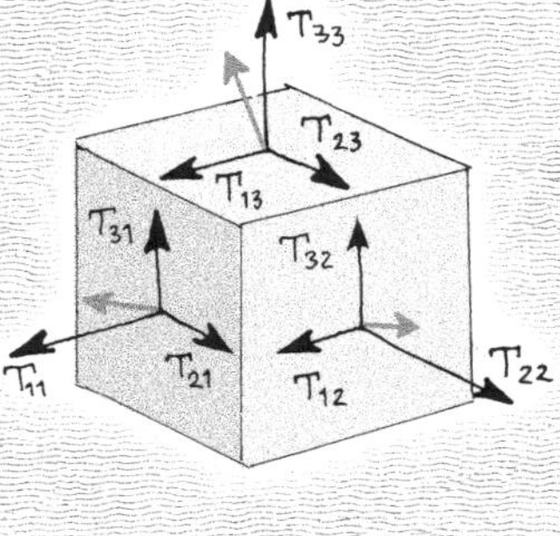

tenseur énergétique de contrainte

MÉCANIQUE QUANTIQUE
en un mot

La mécanique quantique repose sur le *postulat de Planck*, qui dit que l'énergie électromagnétique peut seulement être émise comme multiple d'une unité élémentaire, en fonction de la fréquence de radiation ν. Cette unité élémentaire, le *quantum E,* est donnée par la *relation de Planck* :

$$E = h\nu$$

où h est la *constante de Planck*, $6{,}2606896 \times 10^{-34}$ J·s.

Le *principe d'incertitude de Heisenberg* dit que plus on détermine avec précision l'emplacement x d'une particule, moins on peut dire à propos de sa quantité de mouvement p (et vice-versa). Sous une forme simple

$$\Delta x \Delta p \geq \frac{\hbar}{2} \quad (\textit{constante de Dirac } \hbar = \frac{h}{2\pi})$$

où Δ se rapporte au degré d'incertitude dans la valeur de x ou de p.

L'*état quantique* d'un système physique est décrit par une *fonction d'onde* Ψ qui « code » les probabilités des diverses configurations de ce système se produisant à tout moment donné. Son évolution est régie par l'*équation de Schrödinger* :

$$i\hbar \frac{\partial}{\partial t}\Psi = \hat{H}\Psi$$

où $i\hbar \frac{\partial}{\partial t}$ est l'*opérateur d'énergie* (parfois juste écrit $\hat{E}$), i est l'unité imaginaire, $\frac{\partial}{\partial t}$ est la différentiation partielle par rapport au temps, et $\hat{H}$ est l'*opérateur hamiltonien* associé au système. L'équation décrit les solutions d'ondes stationnaires, que la physique appelle *états stationnaires* et la chimie *orbitales atomiques*.

Planck – énergie d'un quantum

$$E = hf$$

vitesse de la lumière

$$c = f\lambda$$

de Broglie – longueur d'onde

$$\lambda = h/p$$

Quantité de mouvement

$$p = mc$$

Nombre d'onde

$$\frac{2\pi}{\lambda} = \frac{p}{\hbar}$$

Einstein – énergie

$$E = mc^2 = pc$$

$$i = \sqrt{-1}$$

constant de Dirac

$$\hbar = \frac{h}{2\pi}$$

énergie cinétique

$$E = \tfrac{1}{2}mc^2 = \frac{p^2}{2m}$$

vitesse angulaire

$$\omega = 2\pi f = \frac{Et}{\hbar}$$

Fonction d'onde de la mécanique classique

$$\psi = A\cos\left(\frac{2\pi r}{\lambda} - \omega t\right)$$

équation d'Euler

$$e^{i\theta} = \cos\theta + i\sin\theta$$

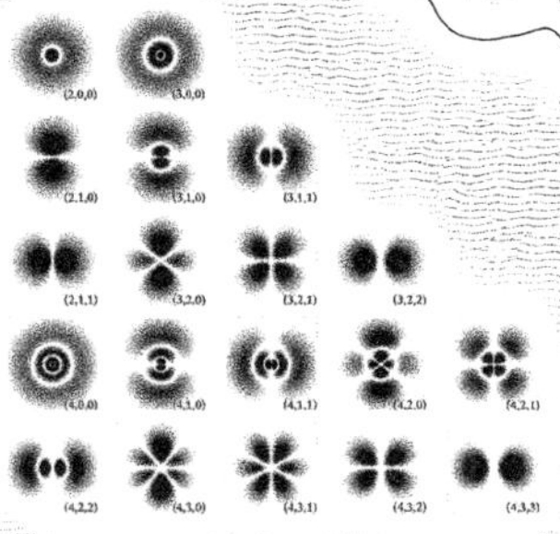

Équation d'onde de Schrödinger

$$i\hbar\frac{\partial}{\partial t}\psi(x,y,z,t) = \left(-\frac{\hbar^2}{2m}\nabla^2 + V(x,y,z)\right)\psi(x,y,z,t)$$

Opérateur d'énergie — énergie cinétique + énergie potentielle — donne la probabilité

opérateur hamiltonien

Forme simplifiée

$$\hat{E}\psi = \hat{H}\psi$$

∇^2 est l'opérateur laplacien $\frac{\partial^2}{\partial x^2} + \frac{\partial^2}{\partial y^2} + \frac{\partial^2}{\partial z^2}$

Dimensions supérieures

au-delà du nœud familier

Beaucoup de formes géométriques bidimensionnelles peuvent être transposées sur le plan tridimensionnel par un processus d'analogie ; les cercles et les sphères en sont un bon exemple (*voir page 66*). On peut facilement poursuivre ce processus, transposant des formes dans quatre, cinq ou plusieurs dimensions (*ci-dessous),* bien que difficile à visualiser. En général, un espace n-dimensionnel est donné par une série de points aux coordonnées (x_1, x_2,..., x_n). Les distances, les angles et les autres valeurs des dimensions supérieures peuvent être définis par analogie.

Einstein a utilisé quatre dimensions pour modeler l'espace-temps physique. Les cosmologistes modernes se servent de modèles à dix dimensions ou plus dans la théorie des cordes. Il est important toutefois de se souvenir qu'un espace *n*-dimensionnel peut être défini et étudié sans aucune interprétation nécessaire en termes d'espace et temps physique ou de tout ce qui résulte de l'expérience.

Certains nombres entiers *n* sont particuliers, car l'espace *n*-dimensionnel associé a une quelconque propriété géométrique unique. Un exemple simple est le fait que seul l'espace tridimensionnel pour soutenir des nœuds. Dans tout autre nombre de dimensions, un tel nœud peut toujours être « dénoué ». Similairement, seul un espace quadridimensionnel permet l'existence de curiosités mathématiques, *structures différentielles exotiques*. Mais c'est là une autre histoire.

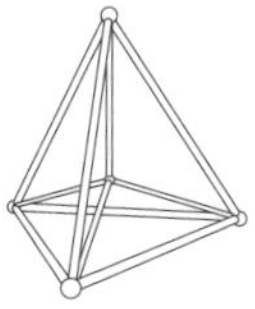
simplexe

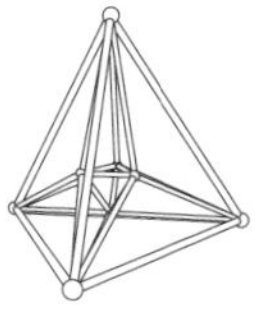
orthoplexe

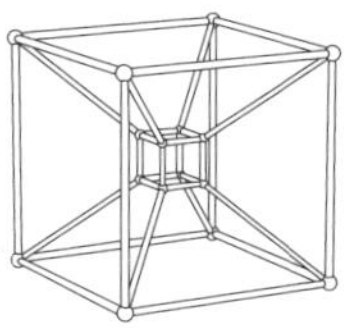
tesseract

isicotétrachore

LIVRE III

Ingrédients (formant un être humain) : oxygène 61 %, carbone 23 %, hydrogène 10 %, azote 2,6 %, calcium 1,4 %, phosphore 1,1 %, potassium 0,2, %, soufre 0,2 %, sodium 0,1 %, chlore 0,1 %, plus magnésium, fer, fluor, zinc et autres oligo-éléments.

ÉLÉMENTS ESSENTIELS

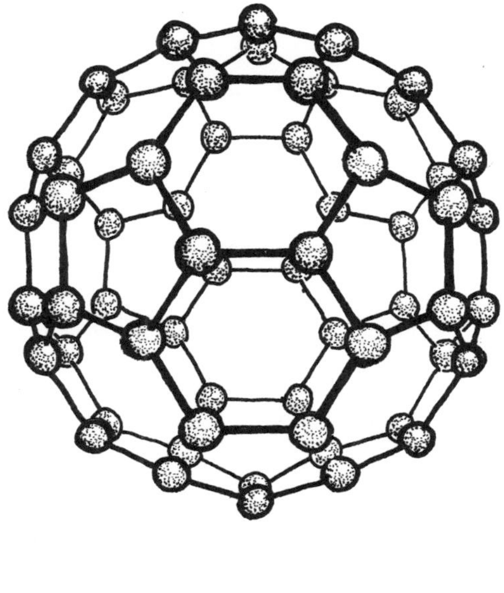

Matt Tweed

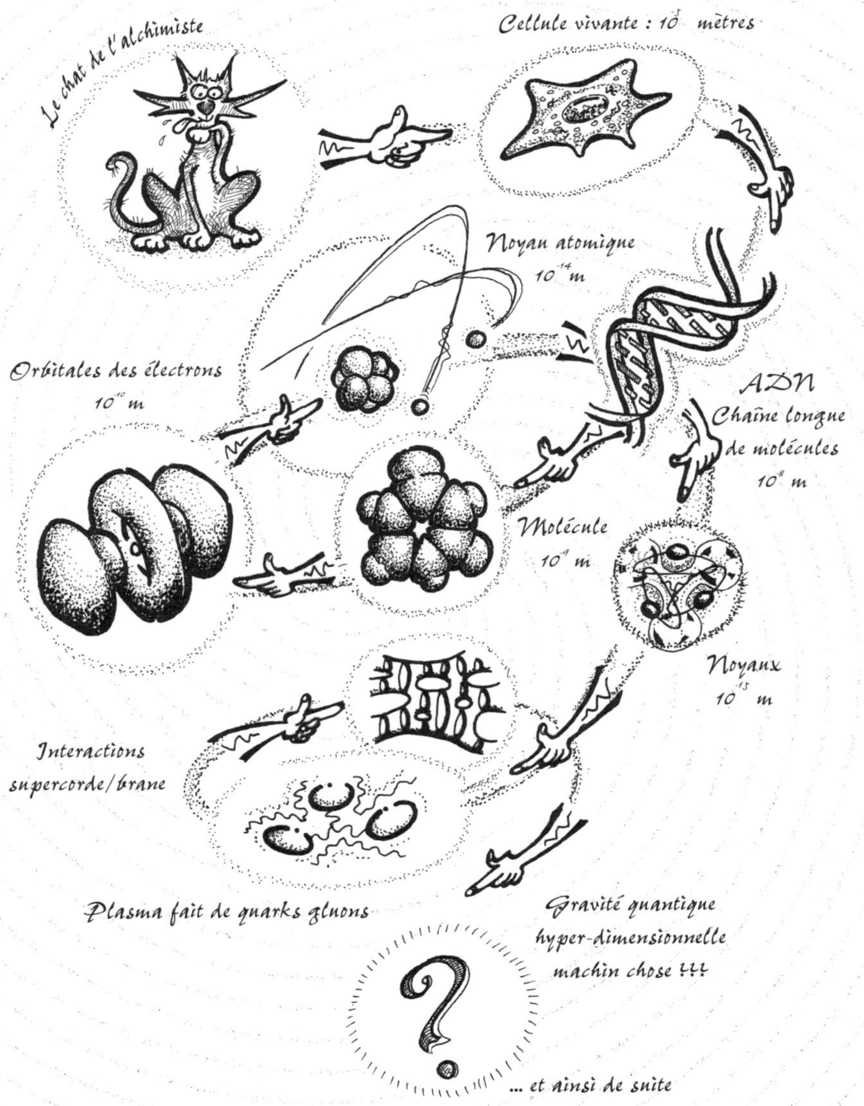
Le chat de l'alchimiste
Cellule vivante : 10^{-5} mètres
Noyau atomique
10^{-14} m
Orbitales des électrons
10^{-10} m
ADN
Chaîne longue
de molécules
10^{-8} m
Molécule
10^{-9} m
Noyaux
10^{-15} m
Interactions
supercorde/brane
Plasma fait de quarks gluons
Gravité quantique
hyper-dimensionnelle
machin chose !!!
?
... et ainsi de suite

Introduction

Pratiquement tout ce que nous voyons ou touchons dans notre existence apparemment solide est fait de myriades d'atomes infimes, chacun appartenant à l'un des éléments distincts dont le nombre dépasse la centaine. Combinés ensemble d'une foule de manières, ils forment la fantastique mosaïque qui est l'univers visible.

Si on regarde de près un atome, on est frappé de prime abord par l'abondance d'espace vide qu'il renferme. Les électrons pétillants virevoltent sur des trajectoires complexes autour d'un noyau central, minuscule point au milieu d'une galaxie d'énergie tourbillonnante. Même là on ne fait qu'égratigner la surface – au-delà, il y a des endroits où les règles deviennent réellement très étranges, où la solidité a peu de sens et la matière devient onde. Les familles subatomiques font leur apparition, les particules interfèrent, entrent et sortent, s'emmêlent et se comportent à l'encontre du bon sens. C'est un endroit d'énergies élevées et de forces fondamentales qui façonnent de première main notre expérience macroscopique.

En allant plus loin, on constate que même ce royaume infime est formé de nœuds de brins encore plus éphémères, aux confins de notre compréhension, retenus dans des modèles symétriques enjambant les dimensions et accomplissant une danse de mathématiques complexes.

Tous sont des acteurs du grand jeu de la vie, actes d'enchaînement conscient résonnant à travers tout ce qui existe.

Plus que tout, j'espère que le lecteur appréciera ce bref voyage dans le merveilleux monde de la matière. Puisse-t-il utiliser cet extraordinaire savoir avec sagesse et compréhension dans les millénaires à venir.

Alchimie ancienne

un petit peu de magie

Les racines de la chimie plongent loin dans le passé, à l'époque où nos ancêtres s'étaient mis à préparer des terres colorées afin de décorer les parois des grottes et leur corps, avaient appris les secrets du feu et commencé à expérimenter avec les subtilités ésotériques de la cuisine.

Les Égyptiens anciens connaissaient sept métaux, en plus de non-métaux tels que le carbone et le soufre, tous facilement extrait des minérais naturels. La *khemia,* l'art censé avoir été révélé par des anges, liait les métaux aux sept planètes connues et leur attribuait des qualités uniques (*ci-contre, en haut à gauche*). D'antiques traités hindous décrivent trois *gunas*, feu, terre et eau. Les sages chinois se servaient de deux de plus, le métal et le bois (*ci-contre, en haut à droite*).

Pour les philosophes grecs ultérieurs, toutes les choses étaient faites de terre, d'air, de feu ou d'eau (*ci-contre, en bas à gauche*). Au IIIe siècle AV. E.C., les nommant *éléments*, Aristote en avait ajouté un cinquième, la *quintessence*, qui formait les cieux. Selon un autre philosophe, Démocrite, diviser maintes fois la matière finissait par arriver à un *atmos* indivisible. Écorché par Aristote en *atome,* il a été ensuite oublié pendant des siècles.

Avec l'effondrement de l'Empire grec, l'étude de l'*al-khemia* s'est poursuivie dans le monde arabe. Des traités du Xe siècle comme *Le Secret des secrets* d'Al-Razi et *La Somme de perfection de* Jabir ibn-Hayyan parlent d'un *elixir de vie* accordant l'immortalité et transmuant les métaux vils en or.

Sa quête est passée en Europe médiévale où, aux XIIIe et XIVe siècles, des alchimistes comme Albert le Grand, Roger Bacon et Nicolas Flamel espéraient trouver la *pierre philosophale*. Lentement, par expériences, essais, erreurs, intuitions et accidents heureux, ils ont posé les bases d'un extraordinaire corpus de traditions.

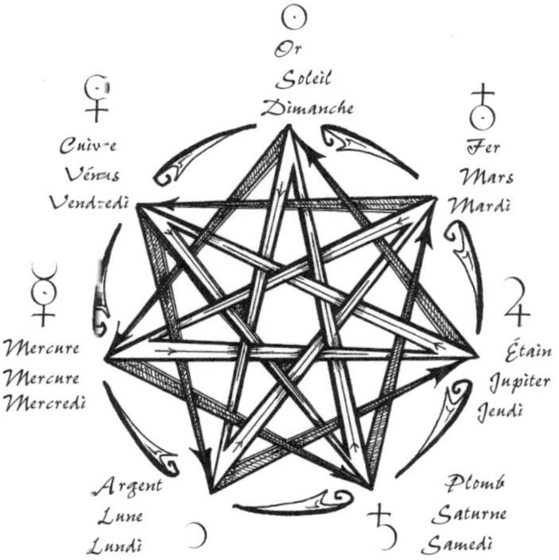

Les sept métaux de l'Antiquité
Les sept planètes connues

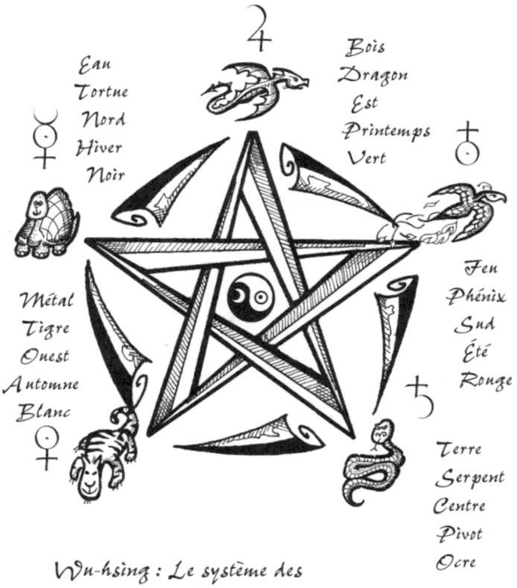

Wu-hsing : Le système des
cinq éléments chinois

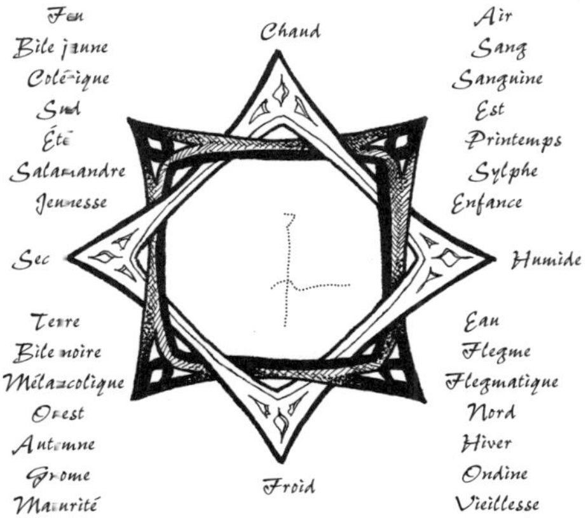

Les quatre éléments
et les humeurs correspondantes

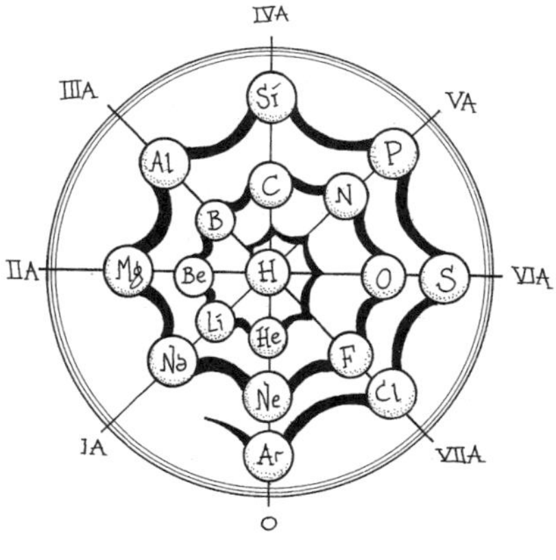

Le réseau périodique des
dix-huit premiers éléments

L'ÂGE DE LA SCIENCE

l'alchimie se transmute en chimie

Vers le XVIIIe siècle, les scientifiques ont commencé à s'écarter de la métaphysique. Les premières expériences de comparaison des poids et des masses ont montré que beaucoup de substances tenues pour élémentales étaient en fait des *molécules* ou des composés de plusieurs parties.

En 1789, la première table de 23 éléments a été publiée par Antoine Lavoisier, suivie en 1808 par celle de John Dalton, annonciatrice de la théorie atomique (et pourtant ignorée ensuite pendant 50 ans).

À mesure de l'amélioration des techniques scientifiques, de nouveaux éléments ont été découverts. Notant que les éléments aux propriétés chimiques similaires suivaient des modèles récurrents, Dmitri Mendeleïev a créé sa célèbre *table périodique des éléments* en 1869, prédisant avec succès l'existence du scandium et du germanium. En 1896, on a eu le premier aperçu de l'existence de quelque chose de plus petit que l'atome quand, en plaçant par inadvertance de la pechblende (minerai d'uranium) sur une plaque photographique vierge, Becquerel a découvert par hasard la radioactivité.

Au début du XXe siècle, la découverte de l'espace étonnamment vide entourant le noyau atomique par Ernest Rutherford, la découverte des orbitales des électrons et la théorie d'Albert Einstein prônant l'identité de la matière et de l'énergie ont conduit entre autres Max Planck, Erwin Schrödinger et Niels Bohr au domaine curieusement ondulé de la mécanique quantique. En 1932, l'atome a été divisé pour la première fois. Pendant le reste du XXe siècle, les scientifiques ont exploré les symétries des domaines subatomiques. D'immenses collisionneurs ont fait se heurter les atomes pour synthétiser de nouveaux éléments lourds ou les ont fait se diviser pour révéler des familles entières de particules exotiques.

L'univers est fait de choses vraiment très étranges.

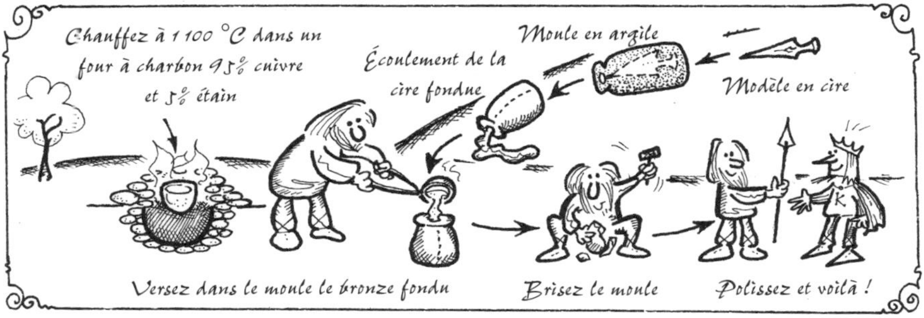

Le bronze a été l'un des premiers alliages, souvent fondu en utilisant le procédé de la cire perdue.

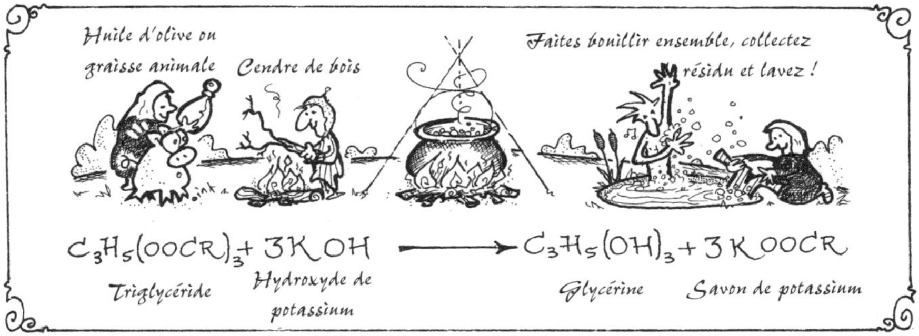

Les savons ont probablement été découverts quand de la graisse est tombée dans la cendre mouillée d'un feu

Quelques-uns des nombreux scientifiques ayant contribué à la découverte des éléments.

À L'INTÉRIEUR DE L'ATOME

protons, neutrons et électrons

Les atomes sont formés d'un *noyau* central autour duquel tournent un ou plusieurs *électrons*. Deux modèles atomiques sont montrés ci-contre. Le noyau, au diamètre d'une centaine de milliardième de millimètre, contient deux particules de taille similaire, le *proton* et le *neutron*. Le proton a une charge électrique unique et un électron correspondant négativement chargé. Le nombre de protons donne à un élément son nom et son *numéro atomique* – sa position dans la table périodique (*voir pages 390 et 391*). Les neutrons n'ont pas de charge.

Alors que le nombre de protons et d'électrons est fixe pour chaque élément, le nombre de neutrons varie, donnant naissance à des *isotopes*, aux mêmes propriétés chimiques mais au comportement tout à fait différent au niveau nucléaire.

Les électrons pèsent presque deux mille fois moins que les protons et les neutrons. Repoussant d'autres électrons négatifs, ils sont attirés par les protons à charge positive, ignorant les neutrons dépourvus de charge. Équilibrant ces forces, les électrons s'associent par paires et tournent autour du noyau sur les *orbitales* regroupées en *séries*, modèles tridimensionnels devenant de plus en plus complexes chez les atomes de grande taille. Les orbitales sont complétées selon un ordre spécifique (*ci-contre, en bas*).

Étonnamment, les atomes sont presque entièrement de l'espace vide. On peut visualiser un électron tournant autour d'un noyau comme un chat faisant tourner un bourdon au bout d'un élastique long de 800 m.

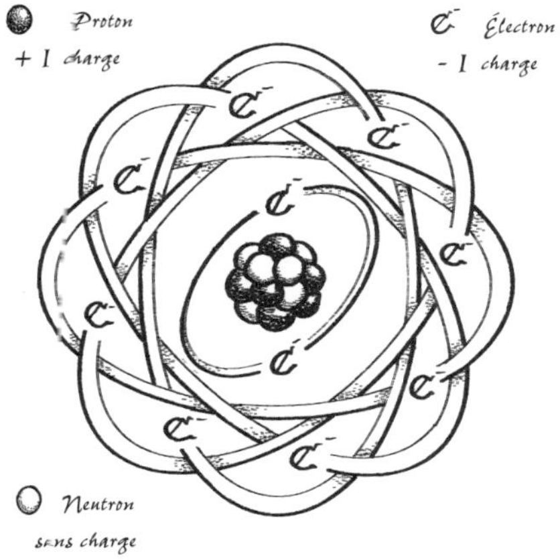

Modèle planétaire classique d'un atome de néon : un noyau central de 10 neutrons et 10 protons entourés par un tourbillon de 10 électrons, deux sur une orbitale interne, les autres sur une orbitale externe.

Modèle quantique du même atome : ici, chaque lobe représente la probabilité de trouver un électron sur un plan particulier tel que donné par l'équation d'onde de Schrödinger.

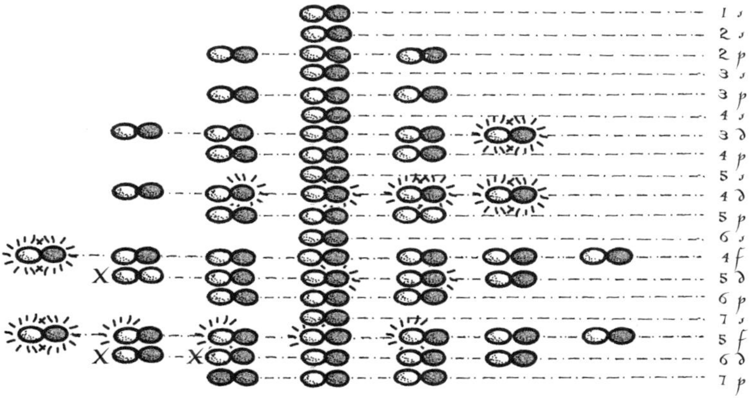

Les orbitales sont complétées en séquence, à partir de la plus interne, 1s. Chacune se remplit à moitié d'électrons (gouttes blanches) avant d'être complétée par des électrons de spin opposé (gouttes noires). Les scintillements autour d'une goutte indiquent que l'électron (ou les deux) saute sur une autre orbitale ou forme une autre orbitale. L'or, l'argent et le cuivre sont parmi les éléments partageant cette excentricité. Le X marque les orbitales d qui sont complétées avant que l'occupation de la rangée au-dessus démarre.

TABLES PÉRIODIQUES

ordre des éléments

Chaque élément a sa place dans la table périodique ; les quelques variantes de celle-ci se concentrent sur des caractéristiques différentes.

La spirale du professeur Benfeye (*ci-dessous*) se développe selon le numéro atomique (le nombre de protons de chaque élément) et montre des *groupes* avec le même modèle d'électrons de valence (et donc de propriétés correspondantes) partant comme des rayons d'un moyeu d'hydrogène. À mesure que les différentes orbitales sont complétées, des *blocs* d'éléments apparentés se dessinent.

Dans un schéma opposé, la table du Dr Stowe (*ci-contre, en haut*) montre la disposition physique des ensembles orbitaux complexes des *couches atomiques*, avec la plus interne au sommet, reposant sur l'ensemble unique des *nombres quantique* de chaque élément. Une variante moderne de la table de Mendeleïev (*ci-contre, en bas*) place les groupes en colonnes verticales avec des *périodes* horizontales d'ensembles d'orbitales. Les éléments sont disposés selon le numéro atomique, se lisant de gauche à droite et de haut en bas.

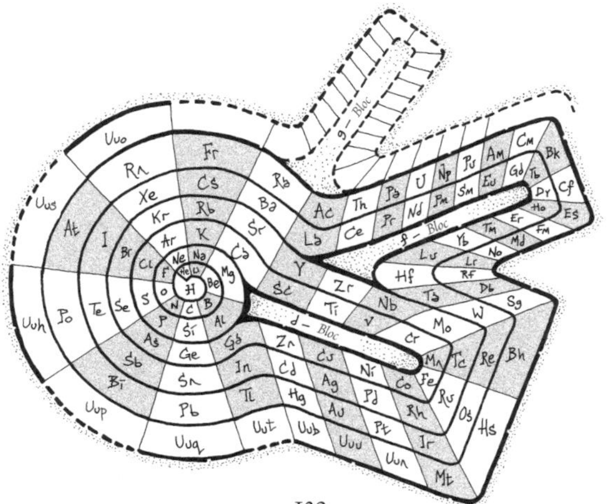

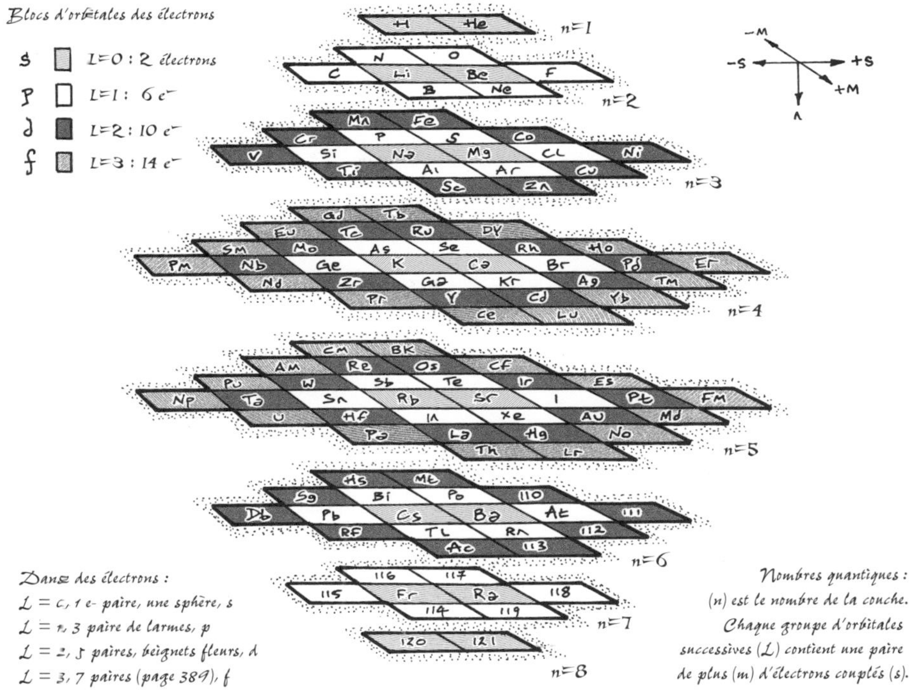

Au-dessus : Les couches atomiques, avec les orbitales hachurées dont elles proviennent.
Au-dessous : La table périodique moderne, lue de gauche à droite, montrant l'ordre croissant du numéro atomique (voir pages 390 et 391).

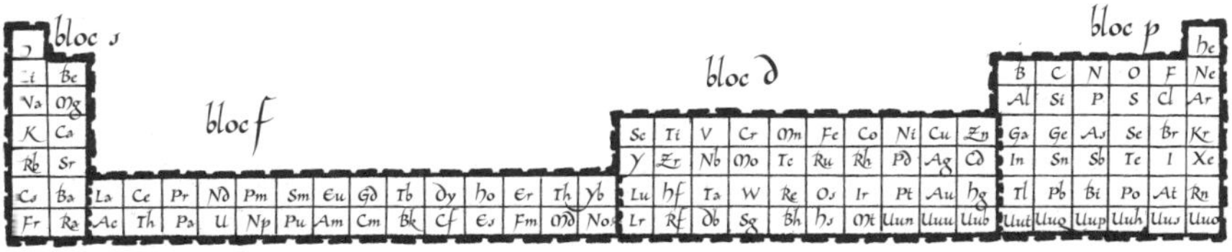

UNE QUESTION BRÛLANTE

conflagrations chimiques

La plupart des choses qui nous entourent sont des *combinaisons* de divers éléments. Pour se lier, les atomes réarrangent leurs électrons de *valence* à l'énergie la plus élevée, leur intérieur restant hors d'atteinte.

Ci-contre en haut, une réaction *exothermique*, produisant de la chaleur. Après que la chaleur d'une flamme a séparé d'abord les molécules de gaz, de nouveaux liens de forment rapidement, exigeant moins d'énergie que les liens originaux. L'énergie dégagée entretient la réaction et les gaz explosent, mêlant frénétiquement leurs électrons. Ci-contre en bas, une réaction *endothermique* prend place lors de la *photosynthèse*. Ici, les choses sont inversées et la chaleur est absorbée, provenant dans ce cas de la lumière solaire. Les produits obtenus ont donc plus d'énergie que les réactants, le glucose emmagasinant l'énergie. Lorsque la réaction prend place dans le sens inverse, il s'agit de *respiration*.

La matière même peut exister dans plusieurs *phases* ou états différents (*ci-dessous*). Les *solides* sont formés d'atomes très serrés, dans des arrangements rigides. La chaleur fait vibrer les atomes, transformant les structures pour aboutir à des *liquides* fluides. L'élévation de la température finit par défaire même ces liens faibles entre atomes, qui s'éparpillent à grande vitesse dans toutes les directions en tant que *gaz*. À des températures encore plus hautes, certains électrons s'écartent des atomes, devenant un *plasma* ionisé, comme celui présent dans la couronne solaire superchaude.

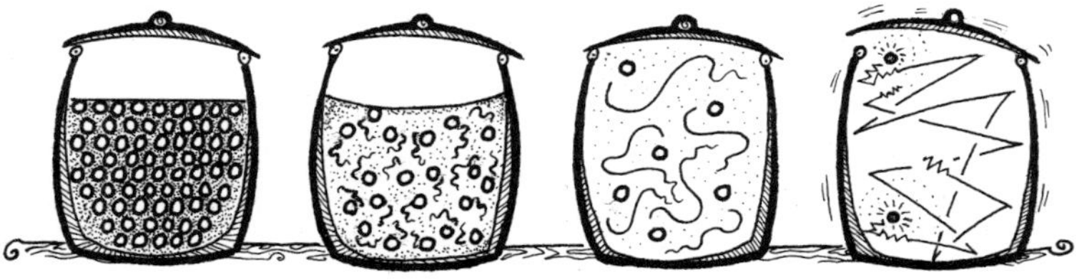

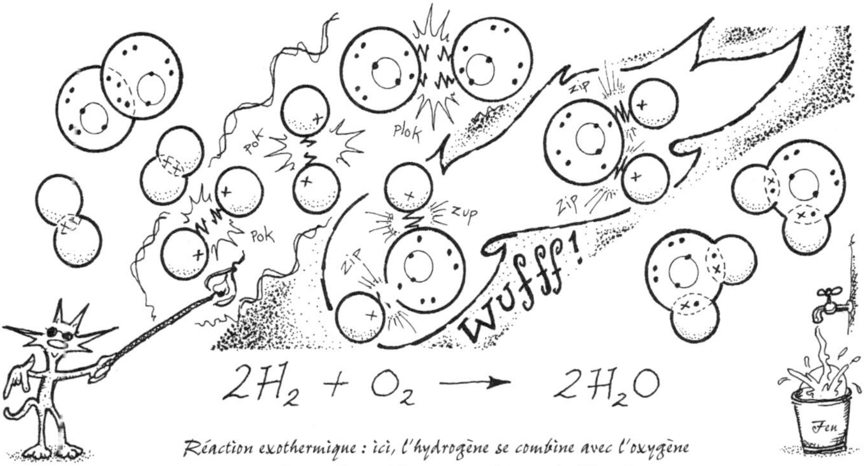

Réaction exothermique : ici, l'hydrogène se combine avec l'oxygène pour former l'eau, dégageant ce faisant de l'énergie.

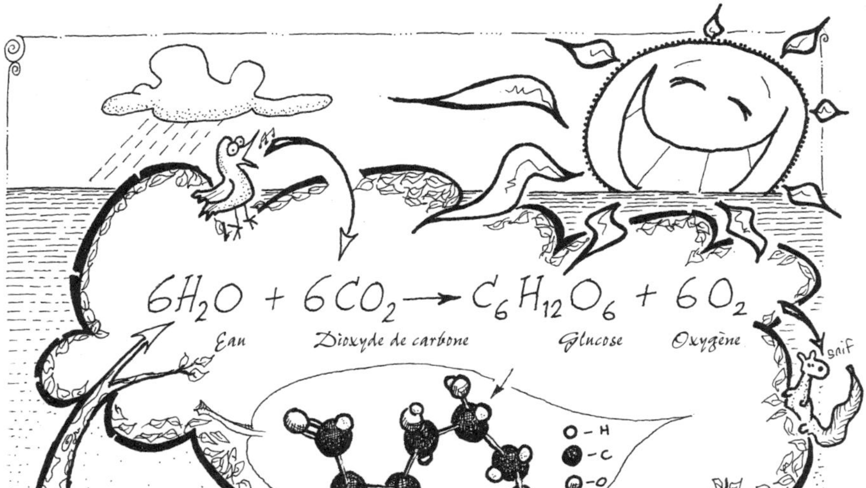

La photosynthèse des plantes a besoin de l'énergie provenant du soleil pour produire les sucres grâce à une réaction endothermique.

LIAISONS
glu atomique

Les molécules se forment lorsque les électrons de valence des atomes dansent ensemble. Perdre ou gagner des électrons transforme les atomes en *ions* à charge positive ou négative. La plupart des éléments sont soit des métaux *électropositifs*, qui en perdant des électrons forment des *cations*, soit des non-métaux *électronégatifs*, qui en gagnant des électrons forment des *anions*.

Une *liaison polaire* apparaît quand un cation positif cède des électrons à un anion négatif, les deux acquérant des orbitales externes stables, à l'exemple du gaz noble le plus proche (*ci-contre, en haut à gauche*). Bien que durs et cassants, à point de fusion élevé, beaucoup de composants ioniques se dissolvent dans l'eau.

Les non-métaux se combinent en utilisant des *liaisons covalentes ou homopolaires* partageant leurs électrons de valence par paires, complétant toute orbitale (*ci-contre, en haut à droite*). L'attraction des électrons pour les noyaux, dépassant leurs répulsions mutuelles, maintient ensemble les molécule résultantes.

Dans les *liaisons métalliques*, les électrons sont délocalisés, se *dissociant* en une « mer » entourant un réseau de cations (*ci-contre*). Ces électrons mobiles confèrent conductivité et éclat aux métaux ; leur force et leur point de fusion élevés proviennent de la relation entre les ions et leurs partenaires.

L'hydrogène attaché à un non-métal pousse contre le *doublet isolé* d'électrons libres, créant une très légère différence de charge dans la molécule. Si un autre atome électronégatif est proche, une faible *liaison hydrogène*, vitale pour l'eau et l'ADN, se forme entre eux (*ci-contre en bas à gauche*).

Les mouvements asymétriques des électrons génèrent instantanément d'infimes *forces Van der Waals* entre les atomes et les faibles liaisons π des orbitales imbriquées (*ci-contre en bas à droite*), les colles atomiques prennent bien des formes.

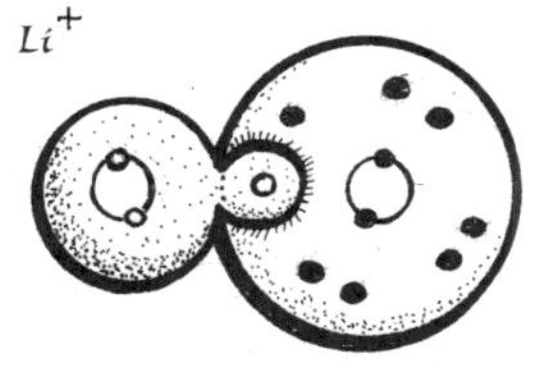

Fluorure de lithium se liant ioniquement

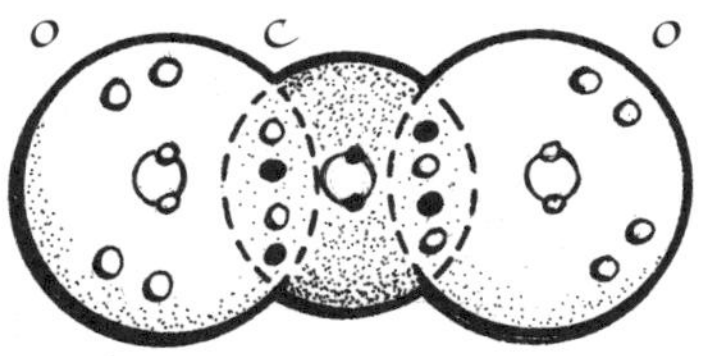

Liaison covalente dans le dioxyde de carbone

Carte de la densité des pseudo-électrons du fluorure de lithium cristallin
(les centres des noyaux sont distants de 200,9 picomètres)

Le noble navire de la charge vogue sur la mer dissociée d'électrons à liaisons métalliques

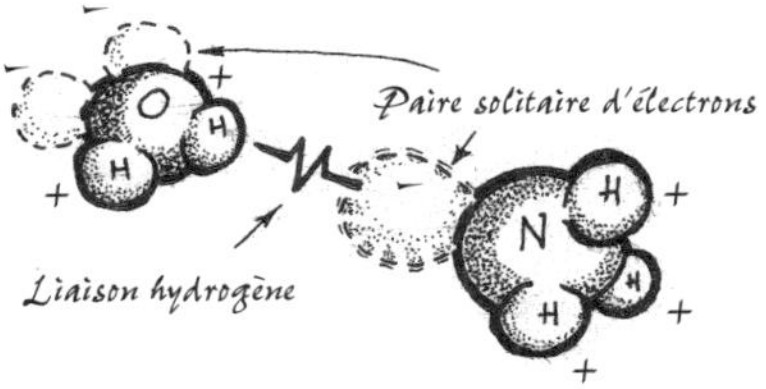

Liaison hydrogène entre
eau (H_2O) et
ammoniac (NH_3)

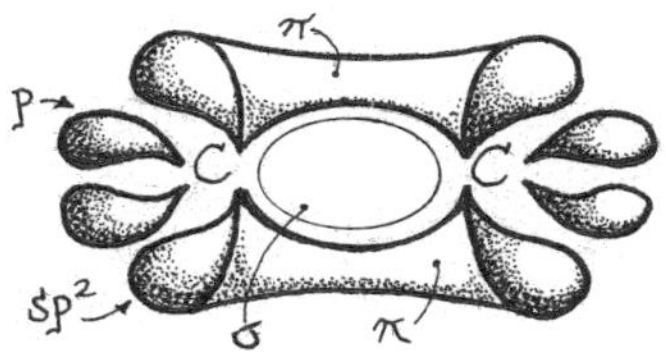

Liaisons π formées à partir des orbitales imbriquées
le long d'une liaison covalente σ, générant la
double liaison carbone de l'éthylène

CRISTAUX

bâtir plus grand

Les cristaux sont de simples modèles répétés de cellules unitaires. Comme les pommes sur un étal du marché, les atomes et les molécules peuvent devenir de grands solides tridimensionnels, dont les pièces sont positionnées pour le meilleur équilibre entre forces d'attraction et de répulsion. Dans leurs myriades ordonnées, ces infimes composantes bâtissent les innombrables substances solides de notre monde, jetant un pont sur la vaste différence d'échelle entre molécules, minéraux et montagnes.

On connaît sept systèmes cristallins, basés sur des mosaïques géométriques. Combinés aux quatre types d'unité cellulaire de base, ils aboutissent aux quatorze *réseaux de Bravais* (*ci-contre*). Les variations de température ou de pression changent une structure cristalline en une autre, meilleur assemblage. Le soufre, par exemple, passe à 96 °C d'un réseau orthorhombique à un réseau monoclinique, puis en refroidissant revient rapidement au précédent.

Des systèmes cristallins semi-réguliers et apériodiques complexes existent aussi chez les choses vivantes (*ci-dessous à gauche*), ainsi que dans les alliages métalliques quasi cristallins refroidis rapidement (*le système Al-Mn ci-dessous à droite*).

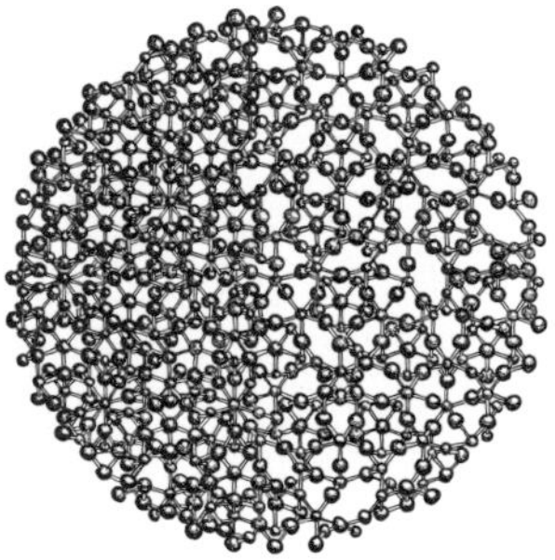

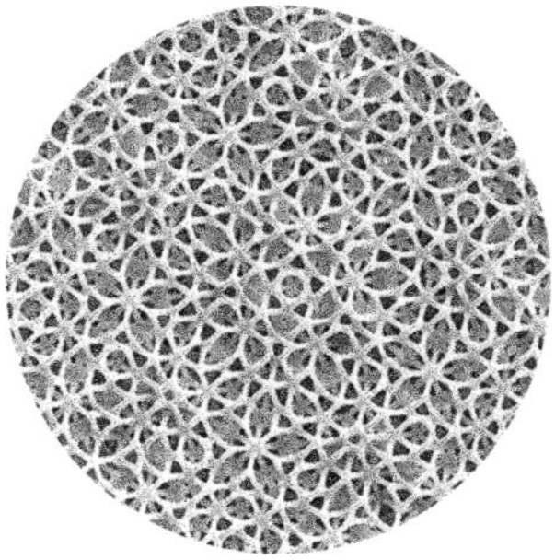

Cubique simple

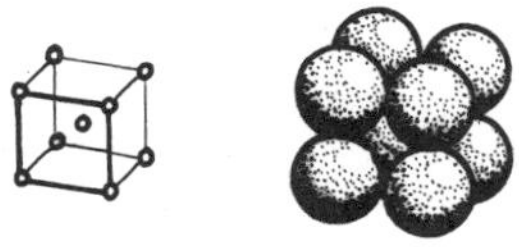

Cubique à corps centré

Hexagonal

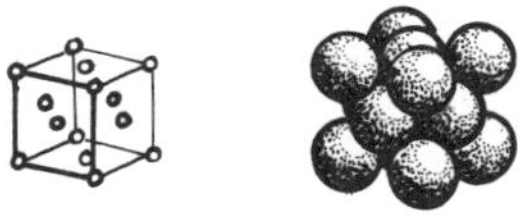

Cubique à face centrée

Monoclinique simple

Monoclinique à base centrée

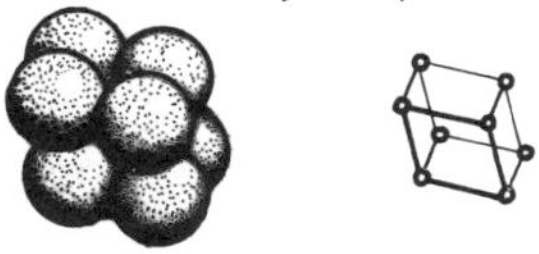

Rhomboédrique

Tétragonal à corps centré

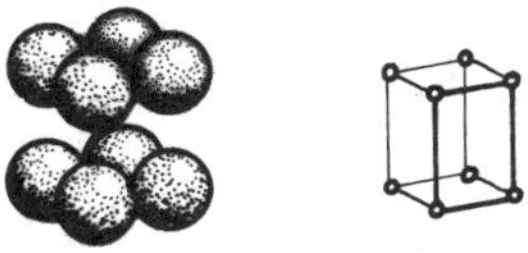

Tétragonal simple

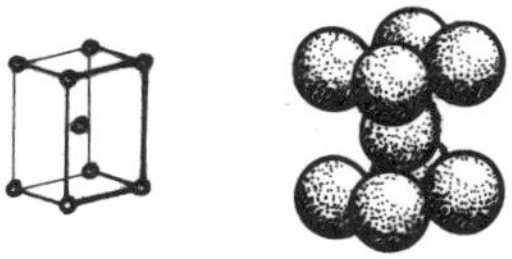

Orthorhombique à corps centré

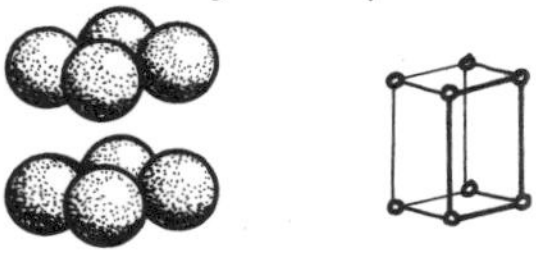

Orthorhombique simple

Orthorhombique à face centrée

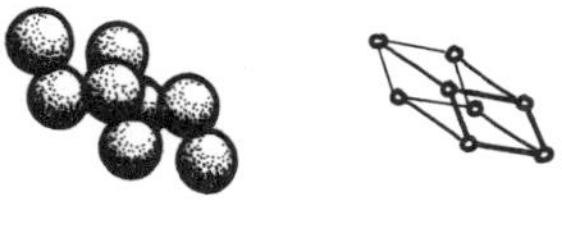

Triclinique

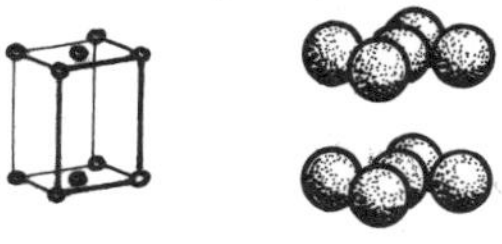

Orthorhombique à base centrée

Hydrogène et hélium

les deux premiers éléments

L'hydrogène forme trois quarts de toute la matière connue de l'univers et compose majoritairement la plupart des étoiles. Premier élément, atome le plus simple, il est constitué d'un proton orbité par un électron.

L'hydrogène gazeux est *diatomique*, autrement dit il est le plus heureux quand deux atomes s'attachent par une liaison covalente pour former une molécule, H_2. Très explosif dans l'air, il brûle rapidement avec l'oxygène créant ainsi l'eau. Sous d'immenses pressions et températures (conditions habituelles dans le noyau des planètes géantes comme Jupiter et Saturne) l'hydrogène devient métallique (*voir page 354*).

L'*hélium*, second élément de la table périodique et second élément le plus abondant de l'univers dont il constitue presque un quart, a deux protons, deux électrons et deux neutrons (99,99 % du temps). Avec deux électrons occupant sa première orbitale, l'hélium préfère rester indépendant et réagit rarement avec d'autres éléments. C'est le premier des gaz *nobles*, tous à l'orbitale externe occupée par deux électrons. Étonnamment, on ne connaissait pas l'hélium avant 1870, date de sa découverte par l'*analyse spectrographique* de la lumière solaire, technique d'identification des éléments (*ci-contre, en bas*). Plus léger que l'air mais deux fois plus lourd que l'hydrogène, les atomes d'hélium de l'atmosphère s'échappent rapidement dans l'espace. Ce gaz est bien moins dangereux que l'hydrogène dans les ballons ; inhalé, il rend la voix grinçante.

L'hydrogène comporte deux isotopes stables, le *deutérium*, avec un neutron, et le *tritium*, avec deux. Rare et instable, en changeant un neutron en un proton via la désintégration radioactive bêta, le tritium se désintègre en *hélium-3,* isotope léger (*voir page 160*).

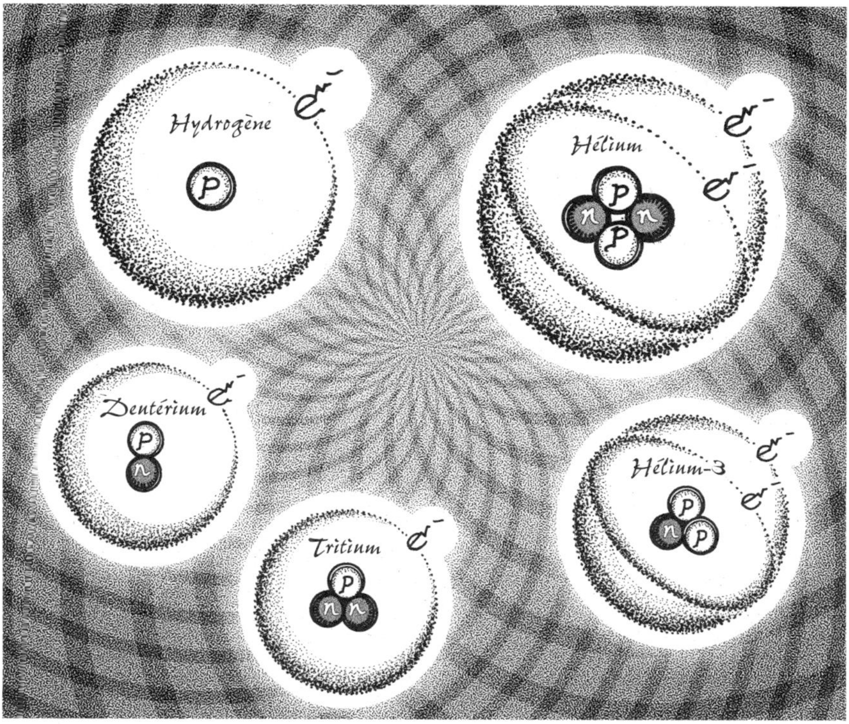

Hydrogène et hélium : deux isotopes d'hydrogène et un d'hélium montrent le nombre de protons (p), de neutrons (n) et d'électrons (e-).

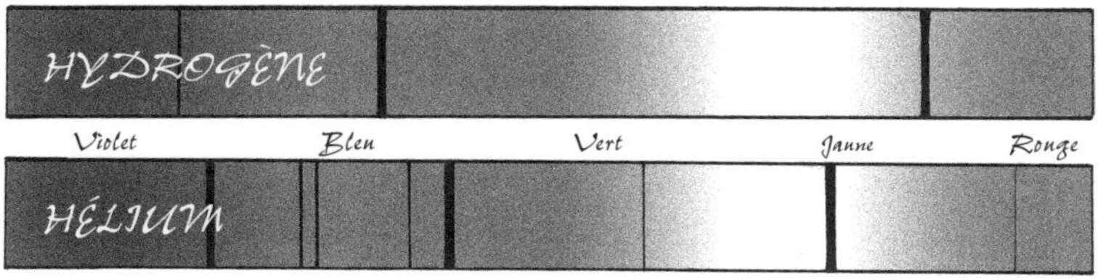

Chaque élément absorbe la lumière de manière unique en produisant des bandes noires en des points spécifiques du spectre électromagnétique : même les étoiles très distantes peuvent ainsi être analysées pour en déterminr la composition.

MÉTAUX ALCALINS & ALCALINO-TERREUX

le monde violent du bloc s

Le premier groupe véritable de la table périodique est celui des *métaux alcalins*, IA (*colonne de gauche, ci-dessous*). Tendres et d'un blanc argenté, ils ont tous un seul électron de valence sur l'orbitale *s,* qu'ils perdent pour donner un cation monovalent les rendant très électropositifs.

Le *lithium*, premier membre du groupe et troisième élément de la table périodique, est le métal le plus léger, capable de flotter sur l'eau. Le *sodium*, le suivant, flotte lui aussi sur l'eau et réagit violemment avec celle-ci. Il se lie sans cesse au chlore pour produire le sel marin (NaCl). Le *potassium,* le second métal le plus léger, s'oxyde en quelques secondes à l'air et s'enflamme lorsqu'il est humide. Suivent le *césium*, l'élément le plus électropositif, et le *rubidium,* qui s'enflamme en détonant au contact de l'air. Le *francium*, le dernier membre de cette famille vigoureuse, est radioactif.

La colonne suivante, le groupe IIA, les métaux alcalino-terreux rares, comprend le *béryllium*, le *magnésium*, le *calcium*, le *strontium*, le *baryum* et le *radium.* Moins électropositifs, ils forment des cations bivalents, perdant leurs deux électrons de valence. Plus denses que leurs voisins du groupe I, ils ont des points de fusion et d'ébullition plus élevés.

Un fil enduit de composés de ces éléments montrera des couleurs caractéristiques dans la flamme. Les électrons excités sautent entre orbitales, perdant leur énergie sous forme de *photons* lorsqu'ils reviennent à leur état normal (*ci-contre, en bas*).

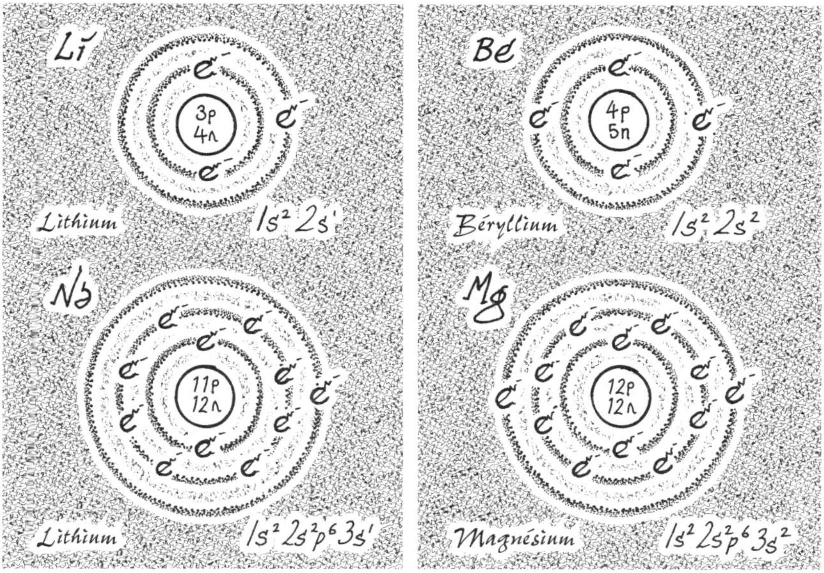
Li
3p
4n
Lithium
$1s^2 2s^1$
Be
4p
5n
Béryllium
$1s^2 2s^2$
Na
11p
12n
Lithium
$1s^2 2s^2 p^6 3s^1$
Mg
12p
12n
Magnésium
$1s^2 2s^2 p^6 3s^2$

La flamme charge en énergie l'électron pour le propulser sur l'orbitale la plus haute
L'électron retombe en perdant de l'énergie en tant que photons de lumière
LITHIUM - Carmin
SODIUM - Jaune
POTASSIUM - Rouge violet
RUBIDIUM - Rouge
CÉSIUM - Bleu
Groupes testés selon la couleur de la flamme
I et II
BÉRYLLIUM - Blanc
MAGNÉSIUM - Blanc vif
CALCIUM - Rouge brique
STRONTIUM - Rouge écarlate
BARYUM - Vert pomme
Li
K
Sc
Na

LE BLOC P

métaux, non-métaux et métalloïdes

Les éléments cinq à dix sont les premiers occupants du bloc *p*. De un à six électrons occupent trois nouvelles orbitales *p* en forme de double goutte, disposées à angles droits autour du noyau (*voir page 162*). À la température et pression de la pièce, ils sont solides (carbone et aluminium), liquides (brome) et gazeux (azote et chlore), selon l'équilibre de leurs forces interatomiques et intermoléculaires. Le côté gauche de ce groupe comporte surtout des métaux solides. Ductiles, malléables et conducteurs en raison de leurs électrons externes libres, la plupart des métaux peuvent être étirés en fils, compressés en feuilles ou combinés en alliages.

Traversant le groupe de gauche à droite, on passe des métaux aux non-métaux, généralement solides ternes cassants, liquides ou gaz conduisant mal la chaleur et l'électricité. On trouve dans ce petit coin la plupart des participants au jeu de la vie, comme carbone, oxygène et azote, dont les composés forment l'armature des choses vivants et de la chimie organique (*ci-contre, en haut, et page 152*).

Entre les métaux et les non-métaux, les *métalloïdes*, série d'éléments ambigus, présentent des aspects des deux. Parmi eux, les semi-conducteurs, bore, silicium, germanium et arsenic qui, de par la capacité de leurs électrons de valence à sauter sur leurs orbitales presque complètes, forment le mental de nos ordinateurs et bidules électroniques.

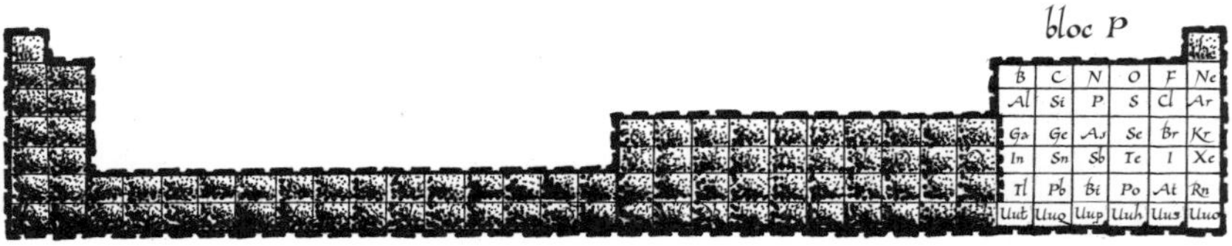

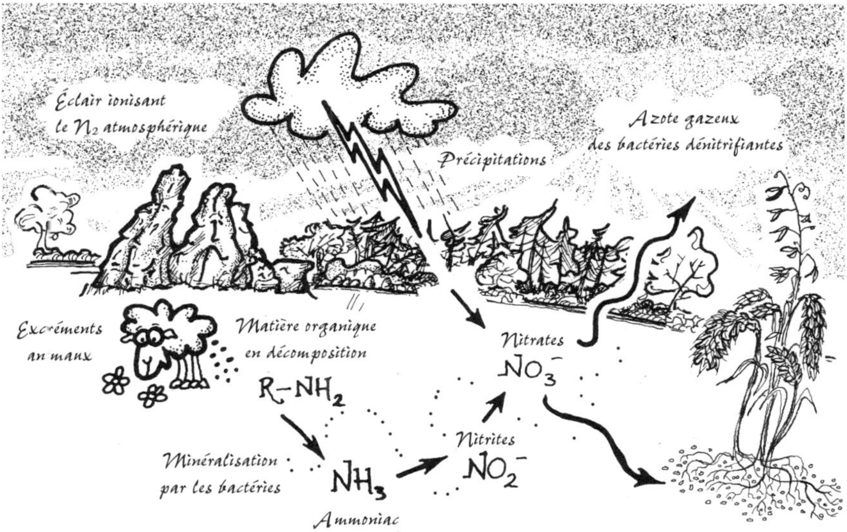

Pour être utile aux plantes, la liaison N_2
doit être rompue par les bactéries fixant l'azote.

5 6 B +3	6 6 C -4+2+4	7 7 N -3+4+5	8 8 O -2	9 10 F -1
13 14 Al +3	14 14 Si -4+2+4	15 16 P -3+4+5	16 16 S -2 +4+6	17 18 Cl -1
31 38 Ga +3	32 42 Ge +2+4	33 42 As -3+3+5	34 46 Se -2+4+6	35 44 Br -1+1+5
49 66 In +3	50 70 Sn +2+4	51 70 Sb -3+3+5	52 78 Te -2+4+6	53 74 I -1+1+5+7
81 124 Tl +1+3	82 126 Pb +2+4	83 126 Bi +3+5	84 125 Po -2+4	85 125 At ?
113 Uut	114 Uuq	115 Uup	116 Uuh	117 Uus

La diagonale des métalloïdes marque
le passage de métaux à non_métaux

Le bore n'est pas barbant.
Je peux vous dire que
cet insecte ne se repose pas
il est tout ce qu'il y a de mort
prêt à être cuit dans
un plat Pyrex allant au feu
fait en
borosilicates !
Le souhait particulier
du cinquième atome.

CARBONE ET SILICIUM

matériaux organiques et pratiquement rationnels

L'homme est à 23 % du carbone. Le sixième élément étaye la chimie *organique*, le tissu de la vie, depuis l'ADN et les protéines de nos cellules aux matières jadis vivantes, aux plastiques et aux combustibles fossiles. Dans un éblouissant déploiement de molécules, le carbone n'est ni électropositif ni électronégatif. Non-métal, il se combine avec d'autres éléments et aussi avec lui-même, créant des chaînes et des anneaux longs (*voir page 388*). De multiples liaisons π étalent les électrons entre les atomes, créant des liaisons doubles et triples.

Le carbone existe en plusieurs *variétés allotropiques*. Dans le diamant, chaque atome se lie à quatre autres dans un système tétraédrique dur (*ci-contre, en haut à droite*) ; dans le graphite tendre, les anneaux plats de carbone glissent l'un sur l'autre (*ci-contre, en haut à gauche*). Ici, chaque atome se joint à trois autres, les liaisons π leur permettant de conduire l'électricité. Parmi d'autres variétés, on compte les *fullerènes* sphériques, les *nanotubes* et le *graphène*, tous aux propriétés structurelles et conductrices étonnantes.

Le carbone est suivi par le *silicium*, métalloïde semi-conducteur. La vie à base de carbone est reflétée par la logique des labyrinthes de cristaux de silicium purifié des micropuces, dopés par des éléments comme le gallium ou l'arsenic, qui modifient leurs capacités électroniques.

Les composés stables de silicium recouvrent une bonne partie de la terre sous forme de roches et de minéraux, tels que le sable riche en quartz et les agiles riches en silicate d'aluminium. La croûte terrestre comporte environ 60 % de *feldspaths* de silicates d'aluminium ($KAlSi_3O_8$ – $NaAlSi_3O_8$ – $CaAl_2Si_2O_8$), du quartz (SiO_2), de l'olivine $(Mg,Fe)_2SiO_4$ (*voir annexe page 402*). Les argiles, à la chimie inhabituelle imitant la vie, ont peut-être contribué à l'évolution biologique.

Variétés allotropiques du carbone

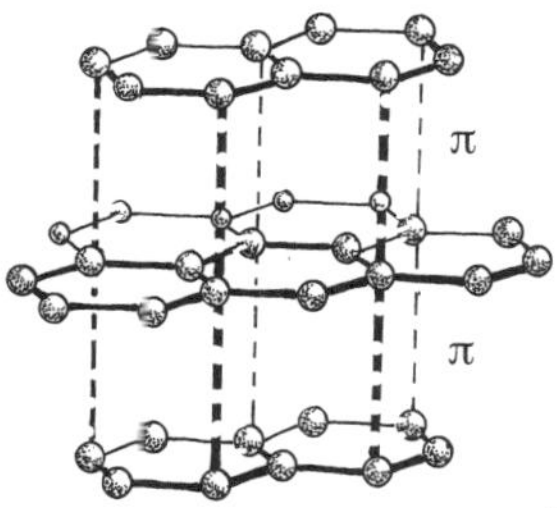

Graphite, formé
de plans empilés

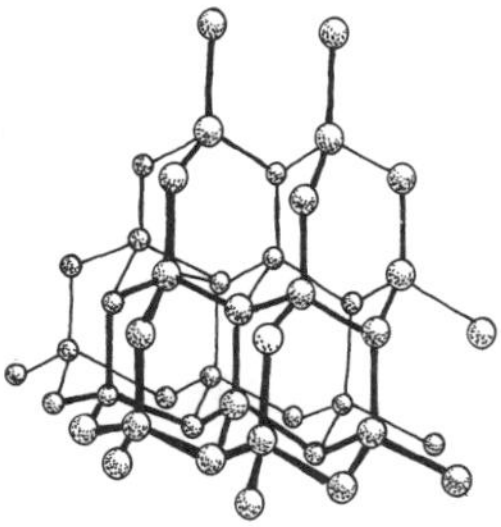

Structure tétraédrique
du diamant

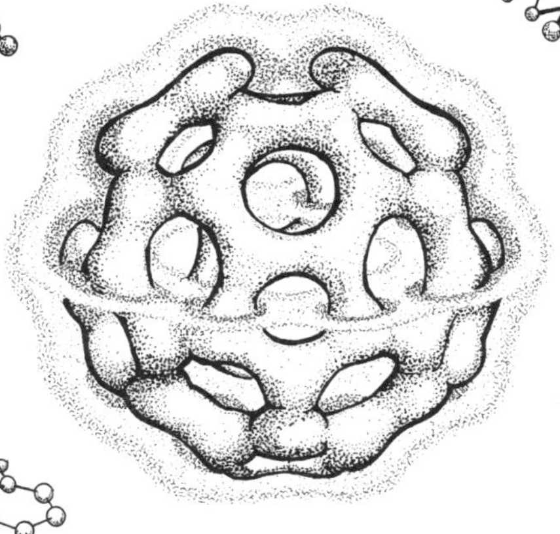

Le buckminsterfullerène
simple a 60 atomes

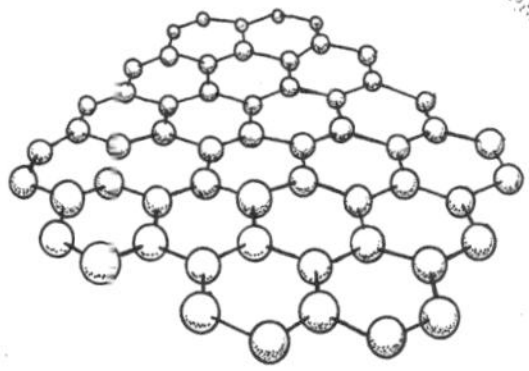

Le graphène est une molécule
épaisse mais incroyablement forte

Des nanotubes assemblés
uniquement à partir de carbone

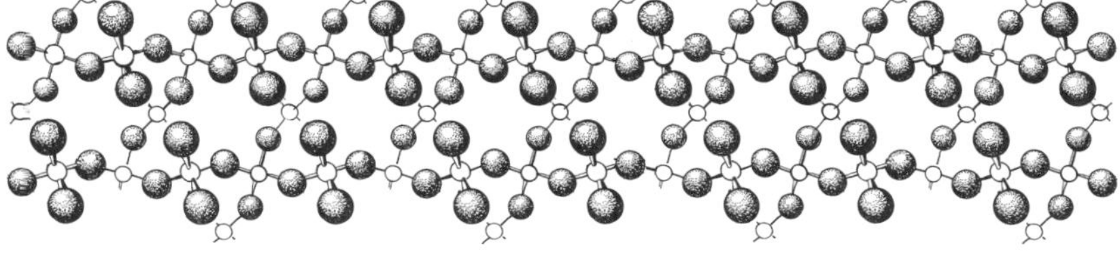

Dans le dioxyde de silicium (SiO_2), chaque atome de silicium a une liaison tétraédrique avec quatre atomes d'oxygène – cristaux de quartz et sable.

Oxygène et soufre

le paradis et l'enfer du groupe VI A

Un cinquième de l'air que nous respirons est de l'*oxygène*. Après l'hydrogène et l'hélium, c'est le troisième élément le plus abondant de l'univers. Très réactif, l'oxygène exerce une forte traction sur les autres atomes pour gagner les deux électrons nécessaires à la complétion de son orbitale externe. Les réactions de réduction-oxydation jouent un rôle fondamental sur notre planète et sont vitales pour la vie, depuis la métabolisation des aliments à la transmission des influx nerveux.

Sur Terre, l'oxygène libre forme un gaz diatomique inodore (O_2). Haut dans l'atmosphère, l'*ozone* (O_3) triatomique protège des radiations ultraviolettes, alors que plus bas ses puissants effets oxydants endommagent les organismes vivants. Les dix composés les plus répandus de la croûte terrestre sont des *oxydes* ; un peu moins de la moitié est du sable (dioxyde de silicium SiO_2), un tiers est de l'oxyde de magnésium (MgO), la plupart du reste étant du sel gemme et de l'oxyde de fer (FeO). L'eau (H_2O), recouvrant 71 % de la surface du globe, est elle aussi un composé d'oxygène essentiel.

Dans la table périodique, l'oxygène est suivi par le *soufre* évoquant l'enfer. Solide cassant jaune pâle, ses anneaux multi-atomiques et ses chaînes allotropiques brûlent dans l'air en créant du dioxyde de soufre (SO_2). En se combinant avec l'eau des nuages, il fait tomber la pluie acide endommageant les arbres. Le soufre est moins électronégatif que l'oxygène. Le sulfure d'hydrogène (H_2S), gaz très toxique, se dissout dans l'eau, les liaisons hydrogène ayant peu d'influence. Dans les profondeurs de l'océan, des colonies de bactéries vivent dans ce gaz à odeur d'œuf pourri grâce à l'énergie qu'elles métabolisent en consommant le soufre à côté des cheminées volcaniques. Effectivement, la vie a pu naître dans de tels endroits chauds et humides.

SO2
Dioxyde de soufre
S
Soufre
Couche d'ozone
O3
O2 Oxygène
NO2 Dioxyde d'azote
CO2 Dioxyde de carbone
46,6 % de la croûte terrestre est formée de composés d'oxygène
H2O
Eau
H2S
Sulfure d'hydrogène
Les habitants du sous-sol exploitent le soufre

EAU ET ACIDES

un éclaboussement

L'eau est la molécule la plus répandue de l'univers. Un atome d'oxygène et deux d'hydrogène (H_2O) forment deux tiers de notre corps.

La molécule d'eau est *polaire*. La traction de l'atome d'oxygène confère aux atomes d'hydrogène une légère charge positive (*ci-contre, en haut à gauche*) résultat en réseaux extensifs de molécules à liaison hydrogène créant les cristaux de neige hexagonaux (*ci-contre*) et le réseau cristallin qu'on boit (*ci-dessous*). L'attraction de l'eau lui permet de décomposer même ses propres molécules en ions, une molécule d'eau cédant un proton (H^+) à une autre, formant ainsi une solution de ions hydronium (H_3O^+) et hydroxyde (OH^-).

Les *acides* cèdent activement des protons lorsqu'ils sont en solution, attaquant les métaux pour libérer de l'hydrogène. Acceptant avec bonheur les protons, les *bases* sont des substances qui, en combinaison avec un acide, forment un *sel* et de l'eau. Un exemple ordinaire est l'acide chlorhydrique et l'hydroxyde de sodium se combinant pour donner du sel de table et de l'eau : $HCl + NaOH = NaCl + H_2O$. Certains oxydes, hydroxydes et amines métalliques, ainsi que les métaux alcalins des groupes I et II, sont particulièrement caustiques. D'autres acides et bases de *Lewis* acceptent ou cèdent une paire d'électrons en fonction des solvants utilisés ; tous les acides n'ont pas besoin d'eau pour être corrosifs.

Deux réactions acides un peu différentes chargent les courants d'électrons des batteries (*ci-contre, en bas*) alimentant les lampes qui éclairent le bonhomme de neige.

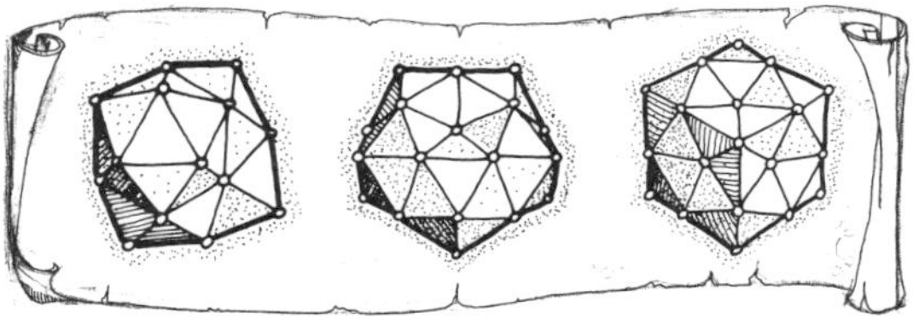

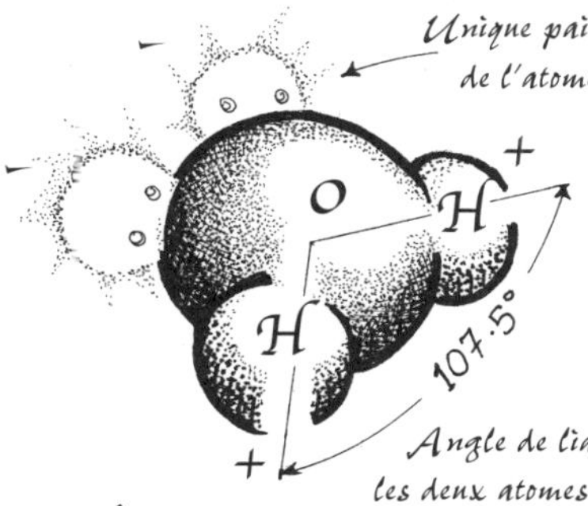

Tension superficielle : enveloppe d'une gouttelette d'eau créée à partir des molécules à liaison hydrogène

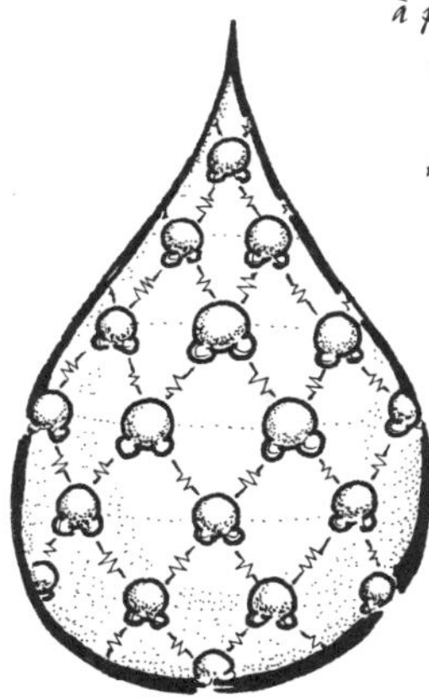

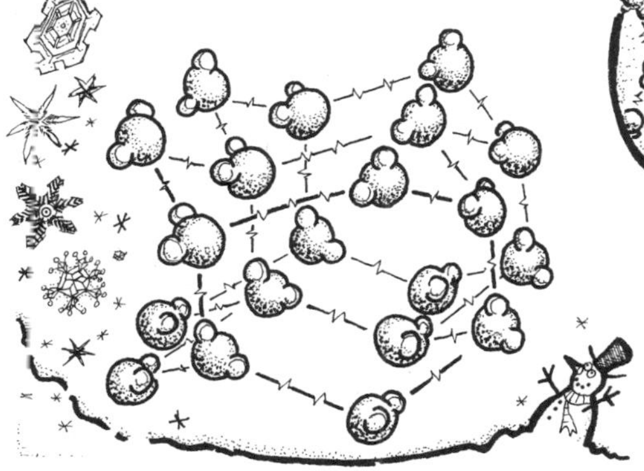

Liaison hydrogène dans la structure hexagonale de la glace

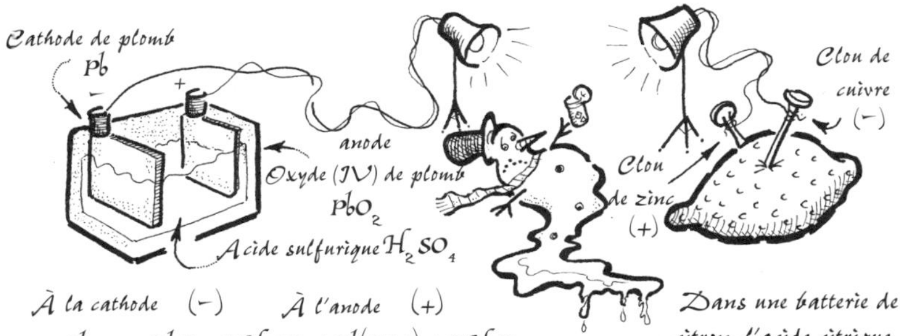

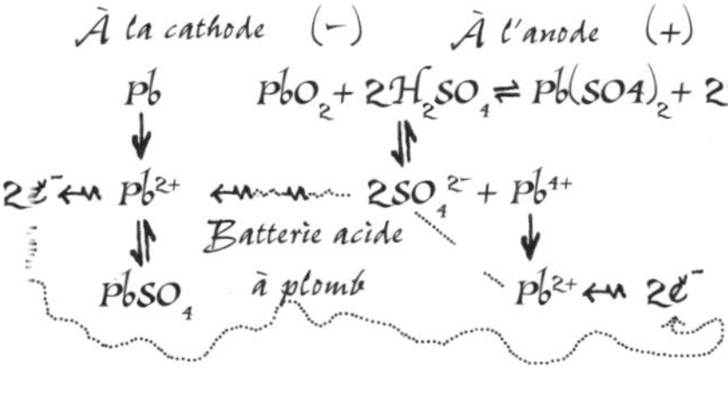

Dans une batterie de citron, l'acide citrique (H_8C_6O) agit sur une anode de zinc, libérant les électrons pour fermer un circuit qui à la cathode transforme les ions de cuivre en cuivre métallique.

Chimie organique

molécules biocosmiques

Le carbone crée littéralement des millions de composants ; il est vital pour la vie telle que nous la connaissons. Les *hydrocarbures* sont faits seulement de carbone et d'hydrogène et form*ent la base* des combustibles fournissant de l'énergie à l'industrie. Le pétrole brut, mélange d'hydrocarbures, est séparé dans une colonne de fractionnement (*ci-contre, en haut à droite*), où ceux plus légers montent le plus haut. La chimie organique se penche sur des combinaisons du carbone et de l'hydrogène, souvent avec l'oxygène, l'azote, le soufre, le phosphore, etc.

Sa capacité à se lier et à partager des liaisons permet au carbone de se *polymériser*, joignant les molécules de *monomères* en chaînes longues d'unités répétées (*ci-contre, en haut à gauche*). Les polymères sont les bases des matières plastiques utilisées depuis les satellites aux fausses dents.

Les blocs de construction de la chimie organique sont les *groupes fonctionnels* définissant le comportement des composantes (*voir page 388*). Le méthanol (CH_3OH), premier alcool (groupe $-OH$), est toxique, alors que l'éthanol (C_2H_5OH), le second, ravive une fête. Si l'alcool devient aldéhyde ($-CHO$), le lendemain matin sera affreux (*ci-contre, en bas*).

Les molécules de carbone abondent dans l'espace, voguant dans de gigantesques nuages moléculaires engendrant de nouvelles étoiles. Les réactions naturelles transforment les molécules simples comme le monoxyde de carbone (CO), l'eau (H_2O), l'ammoniac (NH_3), le méthane (CH_4), l'acide cyanique ($HOCN$) et le formaldéhyde (H_2CO) en d'autres, plus complexes, comme l'acétone ($(CH_3)_2CO$), l'éthanol (C_2H_5OH) et le cyanodécapentayne ($HC_{10}CN$). Les hydrocarbures sont abondants sur d'autres planètes – il y en a des lacs sur Titan, satellite de Saturne. Les laboratoires interstellaires créent souvent les éléments essentiels de vie ; peut-être que nous ne sommes pas seuls.

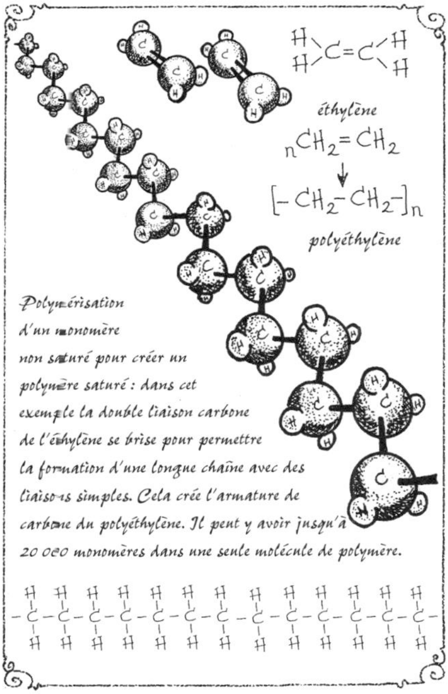

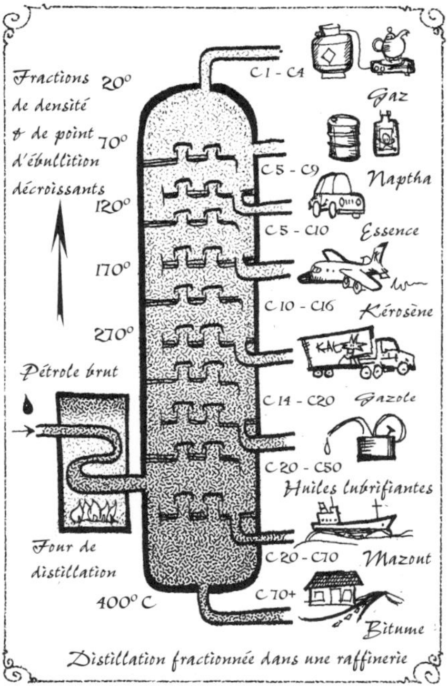

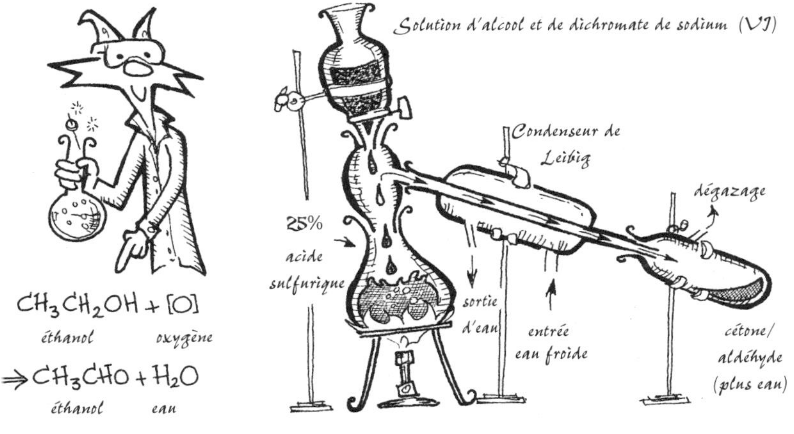

Recette pour une gueule de bois : préparation d'un aldéhyde/cétone à partir d'alcool chauffé sous reflux. Le dichromate (VI) est réduit par l'alcool à un ion de chrome (III), tandis que l'alcool est transformé par oxydation en aldéhyde ou cétone.

Halogènes & gaz nobles

hauts et bas à la fin de la période

Les éléments les plus vigoureux et inertes de l'univers occupent les deux dernières colonnes de la table périodique. Les membres du groupe VIIA, les *halogènes*, ont juste un électron de moins qu'une orbitale complète et, pour la compléter, forment agressivement des composés. Tous les éléments, sauf l'hélium, le néon et l'argon, se lient à un halogène pour former des *halogénures*.

Le neuvième élément, de loin le plus électronégatif, est le *fluor*, gaz diatomique vert jaune pâle, qui se combine fanatiquement avec presque tout, attaquant les composés pour former des *fluorures*. Le reste du groupe est tout aussi réactif, surtout ce polisson de chlore qui, dans les nettoyants, tue si bien les parasites (*voir ci-contre*).

Avec un proton et un électron de plus, on arrive au paisible groupe VIIIA. Avec toutes les places de leurs orbitales occupées, ses membres feignent tout ignorer et, globalement, ne réagissent avec rien. Ceci dit, le *xénon* forme (avec effort) quelques composés avec le fluor fougueux et son voisin, l'oxygène. Quelques composés d'hélium et de krypton existent aussi, si bien que le nom de ce groupe, *gaz inertes*, a été changé dans les années 1960 en un terme légèrement moins paresseux, *gaz nobles*. En regardant une enseigne lumineuse, imaginez ces orbitales complètes vrombissant frénétiquement d'électrons bondissants.

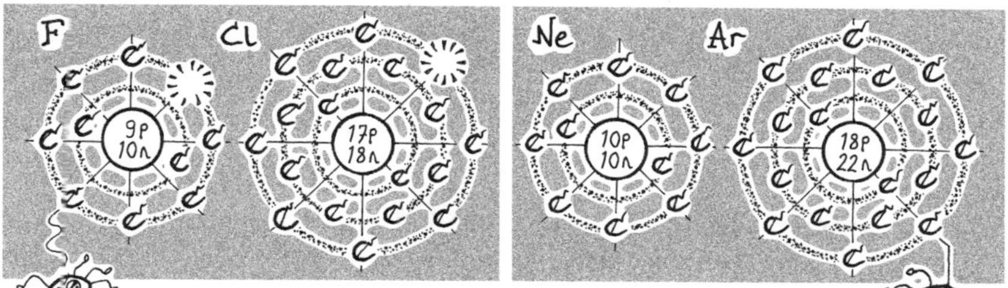

Les halogènes, comme le fluor et le chlore (à gauche), sont à un électron près des orbitales complètes stables de leurs voisins, les gaz nobles néon et argon (à droite).

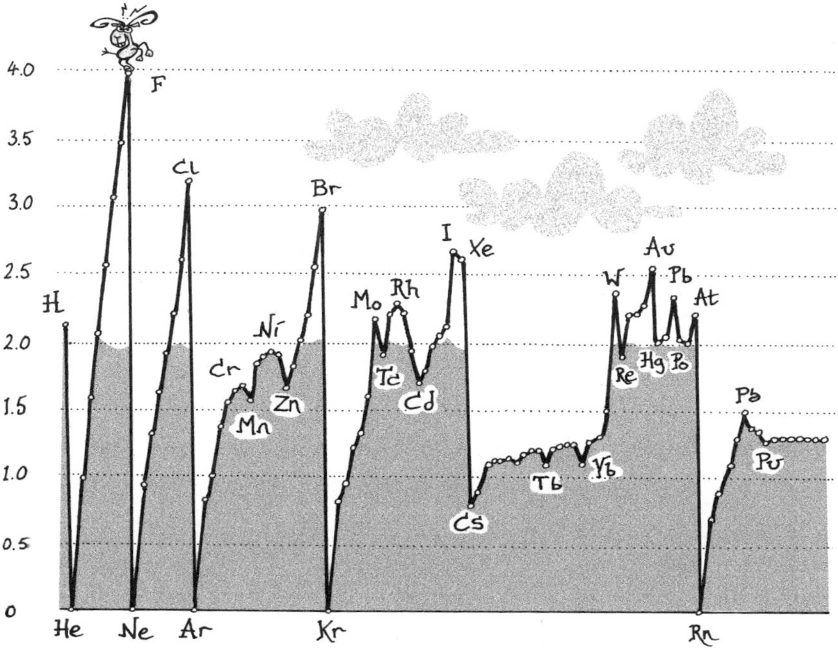

L'électronégativité mesure la facilité avec laquelle un atome attire les électrons : les halogènes très réactifs occupent les sommets les plus hauts, alors que les gaz nobles (à l'exception notable du xénon) dorment tranquillement dans les vallées les plus profondes.

Les métaux de transition

or, argent, cuivre et fer dans le bloc d

La zone suivante rencontrée lors de la traversée du monde périodique comporte une série de métaux commençant par le scandium, où sur les trois électrons de valence deux appartiennent à la sous-couche *s* la plus externe et un à la sous-couche *d*, située juste au-dessous (*voir page 133*). La plupart des membres de ce groupe cèdent sans peine un ou plusieurs électrons pour former une foule déconcertante de composés vivement colorés.

Les *métaux de transition* sont durs et forts, leurs structures similaires leur permettant de fusionner dans des *alliages* utiles. Le cuivre et le zinc donnent le laiton, le mercure, le seul métal liquide à la température ambiante, forme des *amalgames*. Avec un soupçon de carbone, le fer donne de l'acier, devenant encore plus dur avec un soupçon de vanadium, de molybdène ou de chrome. Le magnétisme du fer est dû aux moments magnétiques déséquilibrés de l'électron isolé de son orbitale externe *d*. Quelques autres, notamment le nickel, le cobalt et le manganèse, exhibent aussi divers degrés de paramagnétisme.

Le titane a une réputation de force et de résistance à la corrosion, qui le rend idéal pour les avions et les fusées.

La popularité durable de l'or, de l'argent et du cuivre est due en partie à leur grande stabilité. Excellents conducteurs d'électricité et de chaleur, ils ont de nombreuses applications dans l'électronique et l'optique, tout en étant superbes dans les bijoux, les monnaies et autres babioles.

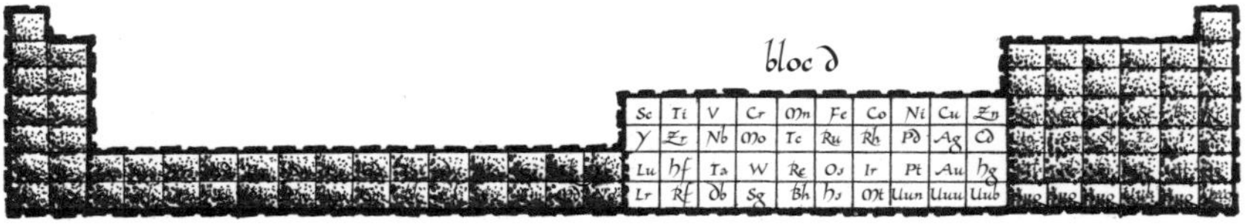

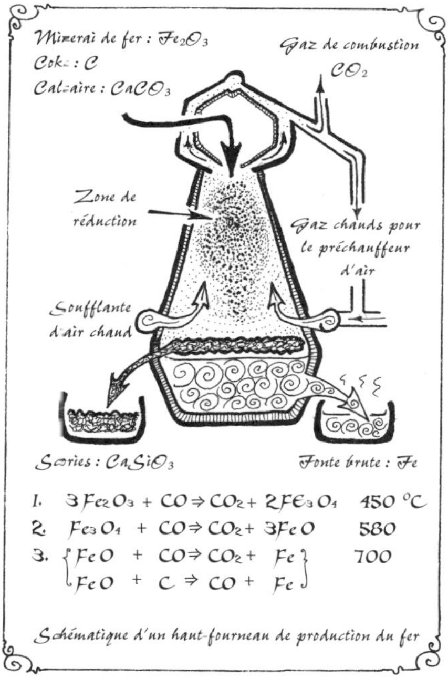

Schématique d'un haut-fourneau de production du fer

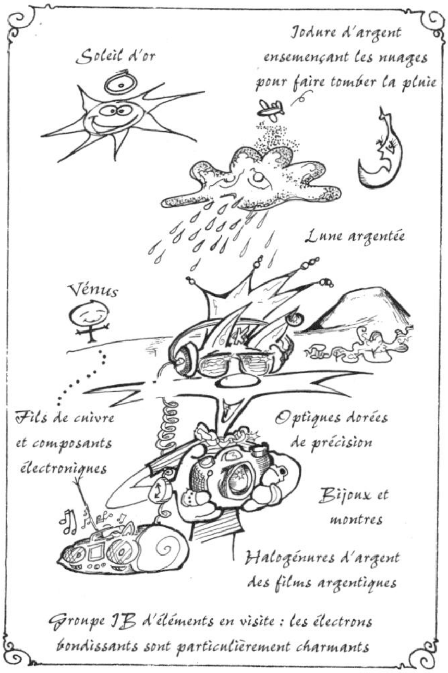

Groupe IB d'éléments en visite : les électrons bondissants sont particulièrement charmants

21 Sc 1-2 +3	22 Ti 2-2 +2+3+4	23 V 3-2 +2+3+4+5	24 Cr 5-1 +2+3+6	25 Mn 5-2 +2+3+4+7	26 Fe 6-2 +2 +3	27 Co 7-2 +2 +3	28 Ni 8-2 +2 +3	29 Cu 10-1 +1 +2	30 Zn 10-2 +2
39 Y 1-2 +3	40 Zr 2-2 +4	41 Ni 4-1 +3 +5	42 Mo 5-1 +6	43 Tc 5-2 +4+6+7	44 Ru 7-1 +3	45 Rh 8-1 +3	46 Pd 10-0 +2 +4	47 Ag 10-1 +1	48 Cd 10-2 +2
57 La 1-2 +3	72 Hf 2-2 +4	73 Ta 3-2 +5	74 W 4-2 +6	75 Re 5-2 +4+6+7	76 Os 6-2 +3 +4	77 Ir 7-2 +3 +4	78 Pt 9-1 +2 +4	79 Au 10-1 +1 +3	80 Hg 10-2 +1 +2
89 Ac 1-2 +3	104 Rf ? +4	105 Db ? ?	106 Sg ? ?	107 Bh ? ?	108 Hs ? ?	109 Mt ? ?	110 Uun ? ?	111 Uuu ? ?	112 Uub ? ?

Les métaux de transition du bloc d, montrant pour chaque élément le nombre de protons (en haut à gauche).
Le nombre d'électrons des orbitales externes d et s (en haut à droite), et les états d'oxydation (au-dessous).
Les électrons passent de l'orbitale externe s à l'orbitale d lorsque cette dernière est à moitié complète ou complète.

Le bloc f et les transuraniens

atomes énormes et îles de stabilité

Au lanthane, élément 57, une orbitale *5d* commence à être complétée, puis une chose étrange se produit ; l'électron suivant tombe sur une orbitale *4f* précédemment cachée dans les séries orbitales complètes *6s*, *5s* et *5p*, emmenant avec lui l'électron de la *5d*. Les orbitales *5d* attendent patiemment la complétion des *4f*, sauf un petit problème au gadolinium, où un électron monte brièvement sur la *5d*.

En passant du lanthane au lutécium, les *lanthanides*, ou les *terres rares*, remplissent un ensemble d'orbitales *4f* à quatorze places. Dans ce groupe dominé par ses séries *5s* et *5p*, seules de subtiles différences chimiques sont présentes.

Après les lanthanides, les *actinides* radioactifs jouent le même jeu, à mesure que deux électrons entament une orbitale *6d* seulement pour l'abandonner et se mettre à compléter plutôt une orbitale *5f*. L'uranium est le dernier élément naturel ; des atomes artificiels occupent ensuite un septième de la table périodique.

Au-delà du bloc *f*, au rutherfordium, une quatrième série de transition se met à compléter une orbitale *6d*. Ces *transuraniens* tendent à être très radioactifs et instables de par les ratios défavorables de protons/neutrons (*voir carte ci-contre*). Des éléments avec jusqu'à 118 protons ont été créés de manière éphémère dans les accélérateurs de particules. Autour des éléments genre *114p* « ununquadium » il y a de rares îles de stabilité où quelques isotopes à noyau équilibré ont une vie de minutes plutôt que de secondes.

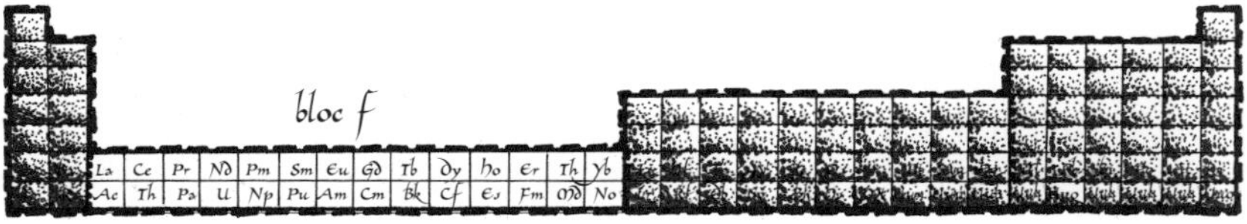

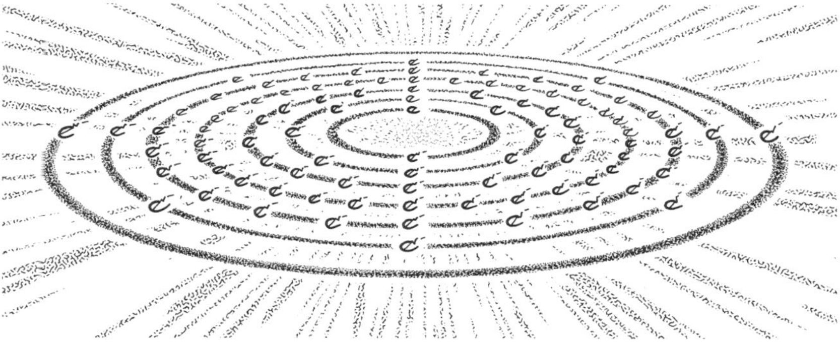

Les électrons de plutonium (pas dans l'ordre dans lequels ils se disposent – voir page 133)
$1s^2\ 2s^2\ 2p^6\ 3s^2\ 3p^6\ 3d^{10}\ 4s^2\ 4p^6\ 4d^{10}\ 4f^{14}\ 5s^2\ 5p^6\ 5d^{10}\ 5f^6\ 6s^2\ 6p^6\ 7s^2$

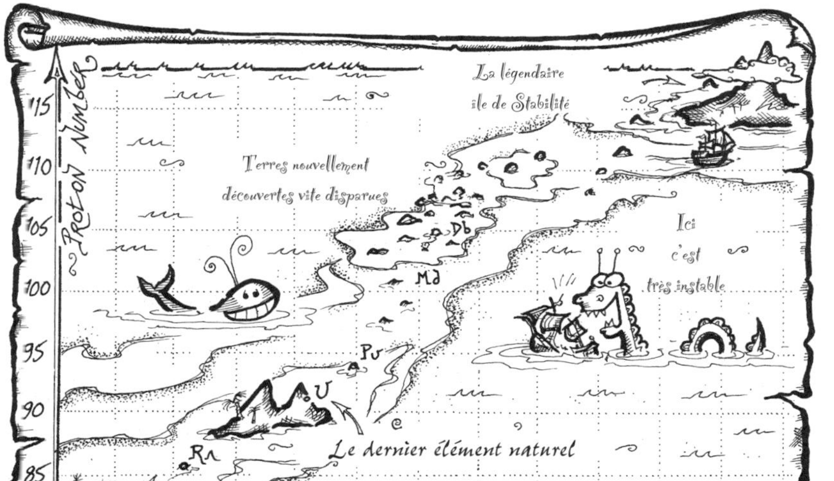

Une carte montrant la voie vers des terres bien lointaines où des éléments stables pourraient se former avec un nombre équilibré de neutrons et de protons

Radioactivité

physique nucléaire

Maintenu par des forces extrêmement fortes, le noyau atomique renferme d'immenses quantités d'énergie. Le noyau instable se rééquilibre en émettant des rayons radioactifs lorsque les protons et les neutrons se joignent (*fusion*) ou se séparent (*fission*). La radioactivité d'un isotope diminue de moitié durant sa *période* ; moins il est stable, plus il se *désintègre* rapidement. L'uranium-238 a une période de 4,5 milliards d'années, alors que l'uranium-228, avec dix neutrons de moins, a une période d'un cinquième de seconde !

Toutes les choses vivantes sont légèrement radioactives, absorbant constamment du carbone-14 et du tritium généré par les rayons cosmiques. À la mort, cette absorption s'arrête. Les archéologues utilisent la période de 5 730 ans du carbone-14 pour dater leurs découvertes.

Au-delà du bismuth, tous les éléments ont des *radio-isotopes* subissant une désintégration α, le noyau expulsant une *particule* α (noyau d'hélium, *voir page 141*), l'empêchant ainsi de vous ioniser. L'excès de neutrons dans un noyau cause une désintégration β, où un neutron se transforme en proton, relâchant un électron accélérant (une *particule* β) ; 2 mm d'aluminium arrêtant celui-ci. Accompagnant souvent les rayons α ou β, les *rayons gamma* sont des photons qui véhiculent l'énergie en tant que radiation électromagnétique : quelques cm de plomb les empêchent de vous traverser.

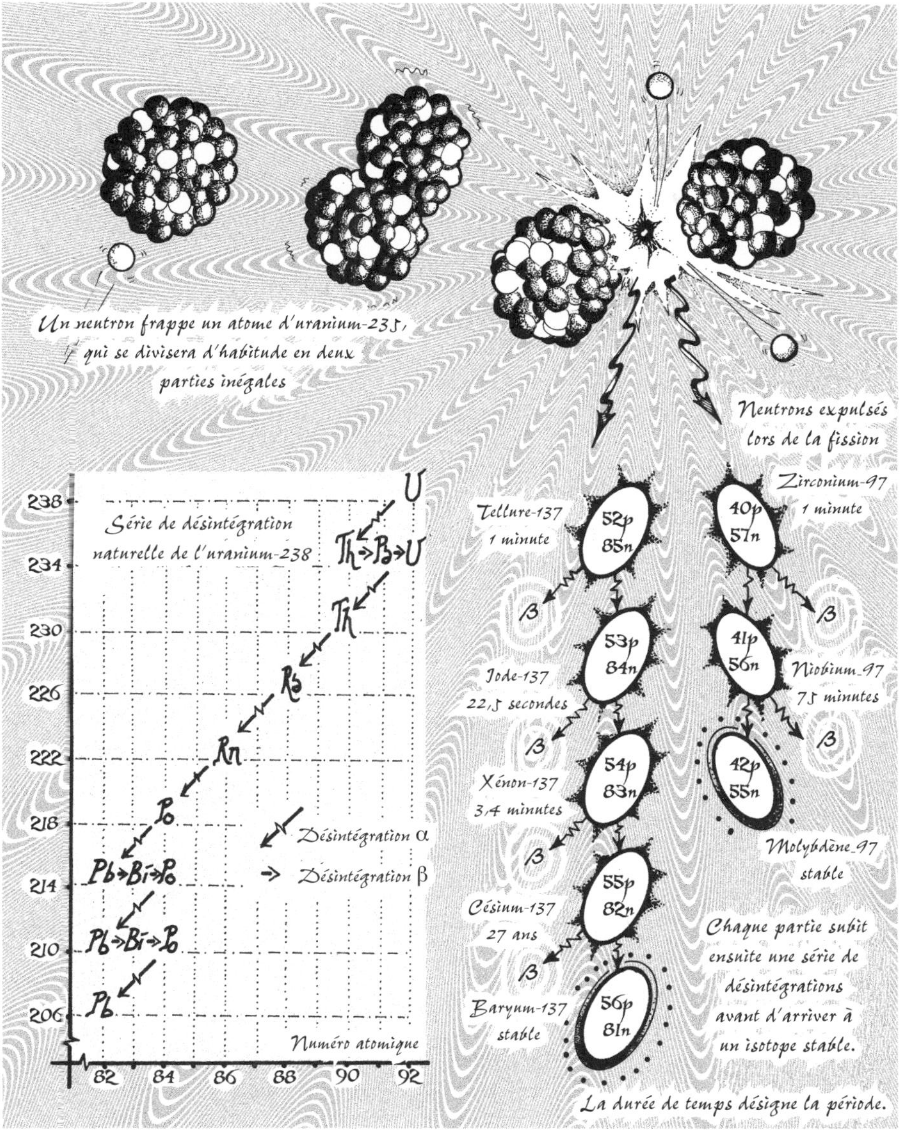

Un neutron frappe un atome d'uranium-235, qui se divisera d'habitude en deux parties inégales
Neutrons expulsés lors de la fission
Série de désintégration naturelle de l'uranium-238
238
234
230
226
222
218
214
210
206
U
Th→Pa→U
Th
Ra
Rn
Po
Pb→Bi→Po
Pb→Bi→Po
Pb
Désintégration α
Désintégration β
Numéro atomique
82
84
86
88
90
92
Tellure-137 1 minute
52p 85n
β
53p 84n
Iode-137 22,5 secondes
β
54p 83n
Xénon-137 3,4 minutes
β
55p 82n
Césium-137 27 ans
β
56p 81n
Baryum-137 stable
Zirconium-97 1 minute
40p 57n
β
41p 56n
Niobium-97 75 minutes
β
42p 55n
Molybdène-97 stable
Chaque partie subit ensuite une série de désintégrations avant d'arriver à un isotope stable.
La durée de temps désigne la période.

STRUCTURES ORBITALES

le monde tourbillonnant du très petit

À l'échelle des particules fondamentales comme l'électron, l'énergie circule par paquets discrets, des *quanta*. Curieusement, tout ce qui existe là se comporte comme particules *et/ou* ondes, selon le point de vue.

Si un atome est chargé d'énergie, les électrons excités vrombissant autour du noyau effectuent de brusques sauts énergétiques *quantiques* sur de nouveaux niveaux orbitaux, semblables à une fleur éthérée bourdonnante.

Les *fonctions d'onde* mathématiques prédisent la probabilité de trouver un électron dans un endroit spécifique. La plupart du temps, l'électron sera dans la section principale de son graphique de densité (*ci-contre à gauche*). Pourtant, il y a toujours une mince chance qu'il soit ailleurs.

Chaque orbitale peut être occupée par deux électrons de spin contraire. La sphère (*ci-contre, en haut à droite*) représente la première orbitale *1s*. Ses jumeaux peuvent être n'importe où, y compris dans le noyau. La seconde série orbitale, la *2p*, est complétée comme montré ci-dessous. Trois formes en double goutte se reflètent autour d'un *plan nodal* nucléaire où les électrons vont à peine. À mesure que d'autres orbitales sont complétées, de nouveaux électrons sont poussés dans des danses de plus en plus exotiques (*ci-contre, en bas, et page 389*).

Bizarrement, la nature d'onde des électrons signifie qu'on ne peut pas connaître en même temps leur position *et* leur vitesse. Juste regarder quelque chose d'aussi infime altère radicalement son comportement. Une *incertitude* infime mais mesurable apparaît.

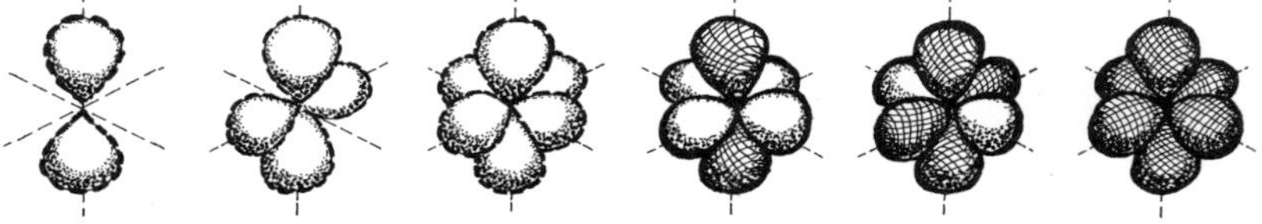

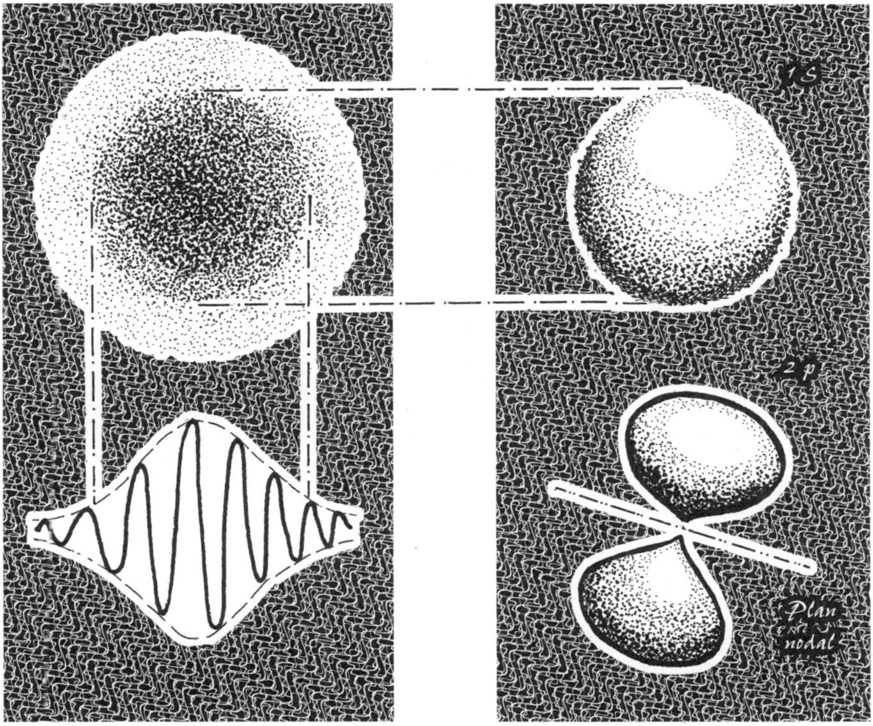

Trouver l'électron insaisissable : depuis le paquet d'ondes à l'orbitale atomique

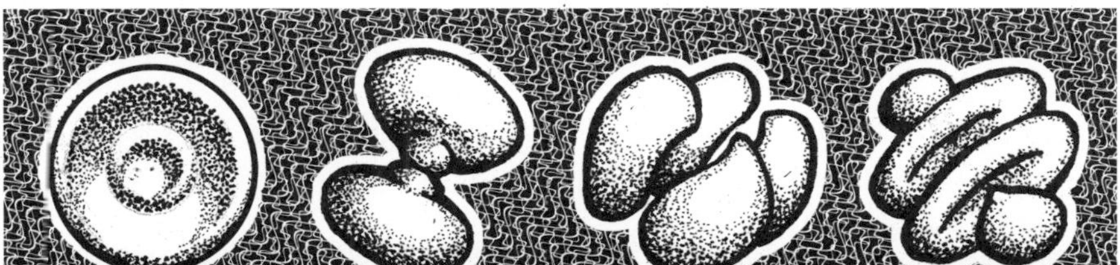

2s 3p 4d 5f

Diverses formes d'orbitales : notez que seules les orbitales s sont dépourvues de plan nodal.

Science des matériaux

l'avenir est invisible

Observer les atomes et les molécules pour comprendre comment ils fonctionnent a permis la manipulation de la matière à des échelles de plus en plus infimes. On a ainsi fabriqué des alliages extrêmement forts pour explorer les profondeurs des océans et de l'espace, des imprimantes 3D assemblant les choses tranche après tranche, des panneaux solaires pour faire fonctionner les choses quand le pétrole manque. La théorie prédit une nouvelle chimie, de nouvelles possibilités et des résultats pratiques (*ci-contre, en haut*). Des plastiques, des polymères, des céramiques et des composés inédits aident à fabriquer des choses encore plus flexibles, adhésives, supraconductrices et résistantes à la chaleur.

Les enfants de la révolution quantique sont présents dans les LED de l'électronique quotidienne et les micropuces à silicium les dirigeant, le tout dû au passage erratique des électrons à travers certains cristaux. L'ingénierie nucléaire, qui se sert des propriétés fondamentales des atomes et des électrons, a permis d'observer de l'extérieur les composés du tissu vivant grâce à la résonance magnétique nucléaire. La spintronique donnera probablement naissance à la prochaine génération d'ordinateurs (*ci-contre centre*).

On peut actuellement manipuler les atomes, la *nanotechnologie* ayant maîtrisé les effets des mondes quantiques. Un nanomètre est un milliardième de mètre (la longueur dont les ongles poussent en une seconde) et les applications nanotechnologiques sont déjà présentes dans la médecine, l'électronique et la synthèse chimique (*ci-contre, en bas*). Un jour, des molécules à la demande se bâtiront elles-mêmes et des robots nanobioélectroniques intraveineux nous débarrasseront de la maladie ou transformeront hélas tout ce qu'ils touchent en vase. L'ingénierie moléculaire a d'énormes conséquences. L'environnement étant déjà stressé, on doit être extrêmement prudent avec ces nouveaux jouets puissants.

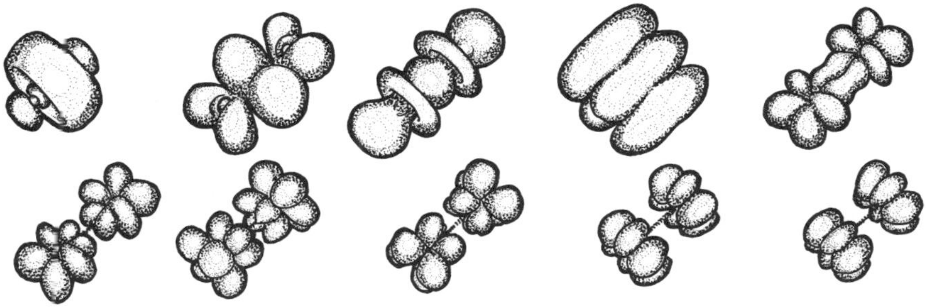

Quintuple liaison diuranium – la chimie quantique a permis de découvrir que deux atomes d'uranium peuvent former des molécules liées par cinq liaisons covalentes.

Un qubit – au cœur d'un ordinateur quantique chaque qubit est capable de maintenir et de mesurer des électrons en une superposition simultanée de 0 ET de 1. Les ordinateurs classiques ne peuvent gérer que 0 OU de 1.

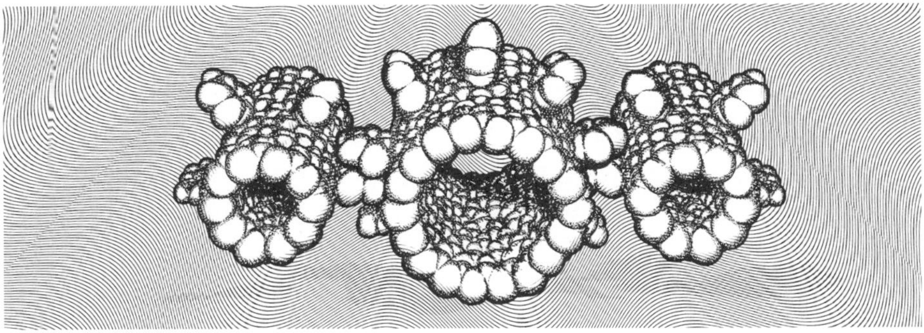

Engrenage nanotech – la nanotechnologie ouvre des possibilités d'ingénierie au niveau moléculaire.

Quarks excentriques

et effets quantiques curieux

Aux profondeurs des *nucléons* (protons et neutrons) il existe un monde encore plus infinitésimal. Là, l'énergie et la matière sont dans une relation si étroite qu'il est parfois difficile de les distinguer.

Les deux nucléons sont formés de trois *quarks*, particule de matière formant l'univers quotidien. Les quarks les plus connus sont le *up* et le *down*. En observant l'intérieur d'un proton (*ci-contre, en haut à gauche*), on trouve deux quarks *up* et un quark *down*. Les quarks *up* ont une charge électrique de $+\frac{2}{3}$, les *down*, $-\frac{1}{3}$. En additionnant les trois charges des quarks, on obtient la charge totale du proton de +1. Le neutron est composé d'une équipe légèrement différentes – deux quarks *down* et un quark *up*, qui s'annulent, le laissant électriquement neutre (*ci-contre, en haut à droite*).

Lier les quarks est le travail particulier confié à la *force nucléaire forte*. Curieusement, au lieu de deux charges d'électricité, cette force en a trois, comparables aux trois couleurs primaires. Si on mélange lumière rouge, verte et bleue, on aboutit à une lumière blanche neutre ; similairement, chaque nucléon comporte trois quarks à charge d'une « couleur » différente, qui se combinent pour aboutir à une charge neutre globale. La force de la couleur est portée par des particules fondamentales excentriques, les gluons.

Des effets quantiques singuliers régissent de plan profond de la matière. Lors de la séparation des quarks, des paires de quarks et d'antiquarks viennent comme par magie à l'existence. Puisque la puissance de la force forte reste constante sur sa brève étendue, indifféremment de la distance, comme des bandes élastiques indéchirables étirées à leur limite, il est plus efficace d'extraire l'énergie du vide quantique que de venir à bout des liaisons gluon maintenant les quarks ensemble (*ci-contre, en bas*).

Le proton
Deux quarks up et un quark down
2/3 + 2/3 − 1/3 = +1

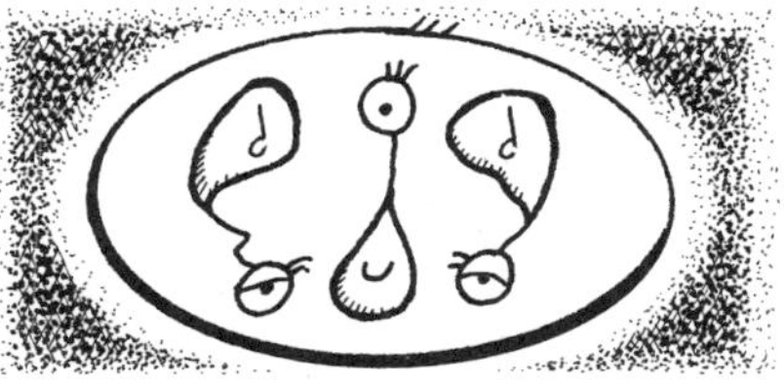

Le neutron
Un quark up et deux quarks down
2/3 − 1/3 − 1/3 = 0

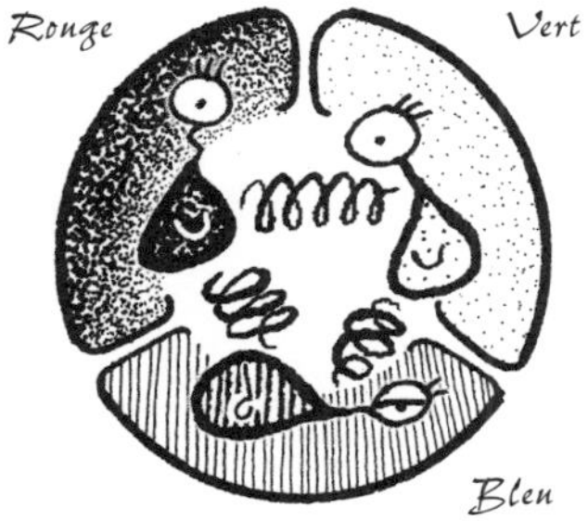

Quarks échangeant des gluons pour équilibrer les changements de couleur rouge, vert et bleu de la force nucléaire forte, afin d'aboutir à une charge globale neutre du nucléon.

Diagramme de Feynman de deux protons (p) se transformant en un neutron (n), un quark strange sigma (Σ⁺) et une foule de mésons, en raison de la création spontanée du quark/antiquark.

Le confinement est dû au changement de couleur de la force nucléaire forte qui reste constant malgré l'accroissement de la distance : à mesure que les quarks sont étirés, pour les paires quark/antiquark il devient plus facile sur le plan énergétique d'être créées que d'étirer les champs de gluons les maintenant ensemble. Seuls les quarks top à vie très très brève ont été observés seuls.

LES QUATRE FORCES

maintenir l'univers ensemble

Tout ce qui existe dans l'univers interagit grâce à quatre forces universelles, véhiculées par quatre types d'ondes-particules, les *bosons de jauge*.

La force *électromagnétique* est véhiculée par les *photons*. La lumière, les rayons X, les ondes radio, les micro-ondes sont des produits de fréquence différente des champs électromagnétiques. Cette force double attire les électrons vers les protons et cause la plupart des annihilations matière/antimatière (*voir ci-dessous*). C'est aussi la force motrice de toutes les réactions chimiques.

Agissant sur des distances de la taille du noyau, la force nucléaire *forte* lie les quarks en échangeant huit types de *gluons*, les vecteurs du changement de couleur. Cette force affecte uniquement les quarks et les gluons.

La désintégration des particules est gouvernée par la force nucléaire *faible*, qui agit sur des étendues extrêmement réduites. Changer un quark *down* en *up*, par exemple, transforme un neutron en proton, donc un élément en l'élément suivant de la table périodique. Portée par les *bosons vecteurs W* et *Z*, la force faible permet aussi aux neutrinos, particules fondamentales très légères, de réaliser leurs rares interactions avec la matière ordinaire (*voir page 362*).

La *gravité*, bien que de loin la force la plus faible, opère néanmoins sur des distances presque infinies, étendant sa prise sur toute la matière. La tentative de trouver une explication quantique à la gravité a connu des hauts et des bas, cependant un boson porteur, le *graviton*, a été provisoirement décrit.

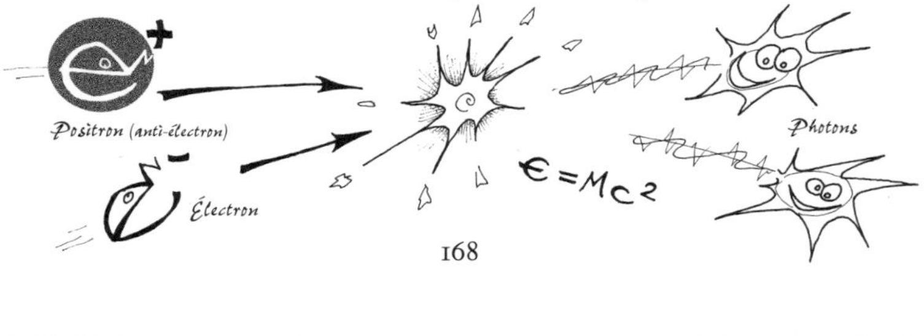

La force électromagnétique peut opérer sur de longues distances : elle façonne les orbites des électrons, donc contrôle le comportement chimique des atomes.

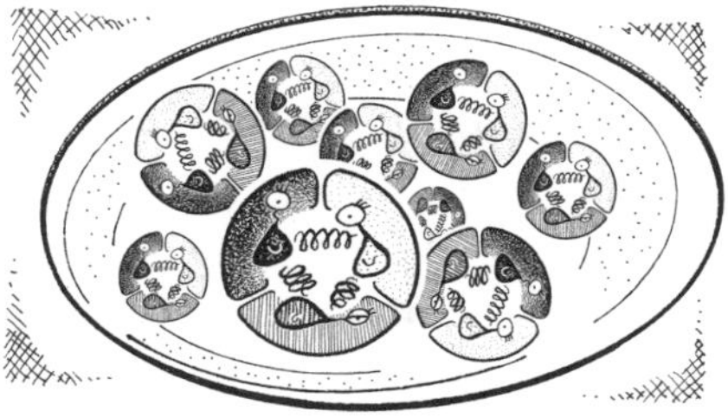

La force nucléaire forte agit sur des distances de la taille d'un noyau, façonnant et maintenant ensemble les quarks s'y trouvant.

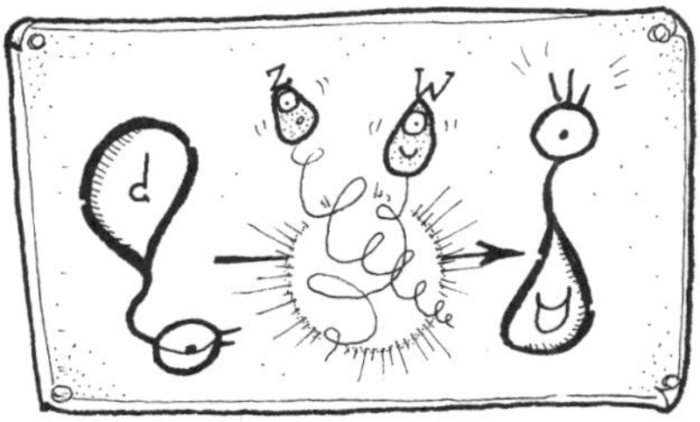

La force nucléaire faible a un rayon d'action très réduit et est responsable de la transformation des quarks et des interactions des neutrinos.

La gravité agit à travers d'énormes distances et connecte tous les types de matière, des galaxies aux atomes d'un chat.

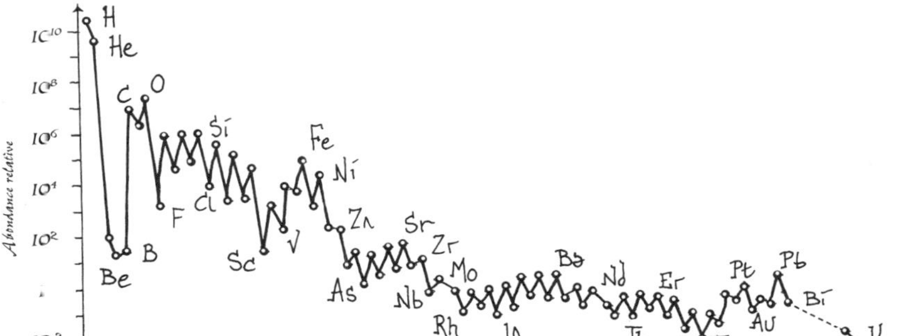

L'abondance cosmique relative des éléments : le zigzag est dû aux atomes au nombre pair de protons et d'électrons, légèrement plus stables que ceux au nombre impair.

QUARKS, LEPTONS ET MÉSONS

les familles fondamentales de la matière

La matière ordinaire est formée de quarks *up* et *down*, ainsi que de deux cousins *leptons*, l'électron et le neutrino, d'une première génération de particules fondamentales indivisibles (*ci-contre, en haut*). À des énergies plus élevées, comme les rayons cosmiques, une seconde famille, plus lourde, de quatre particules se montre, les quarks *charm* et *strange*, avec le *muon* et le *neutrino muonique*. À des énergies extrêmes, une troisième famille, encore plus massive, apparaît. Chaque membre a aussi un double d'antimatière.

Toute particule a un *spin*, variante quantique de la vitesse angulaire. Les quarks et les leptons ont un spin $\frac{1}{2}$, qui doit se « retourner » deux fois pour avoir le même air (*voir les limaces ci-dessous*). Les particules avec un demi-spin= $(\frac{1}{2}, \frac{3}{2}, \frac{5}{2})$, les *fermions*, sont liées par le *principe d'exclusion de Pauli*, qui interdit à deux fermions d'être dans le même état quantique. Pour partager une orbitale, les paires d'électrons doivent avoir un spin contraire (*up* ou *down*). Les *baryons*, composés de trois quarks, comme les protons et les neutrons, sont aussi des fermions.

Les particules au spin nombre entier (0, 1, 2…) sont des *bosons*, comme les *bosons de jauge* véhiculant la force et les *mésons* (paires quark/antiquark) (*voir annexe page 385*). Les bosons peuvent tous être dans le même état quantique, comme les photons d'un rayon laser agissant en tandem.

Sous certaines conditions, quelques fermions agissent comme des bosons, induisant des actions quantiques bizarres à échelle macroscopique : superfluides ultra-liquides sans viscosité, électrons supraconducteurs se joignant en paires de Cooper pour circuler sans rencontrer de résistance.

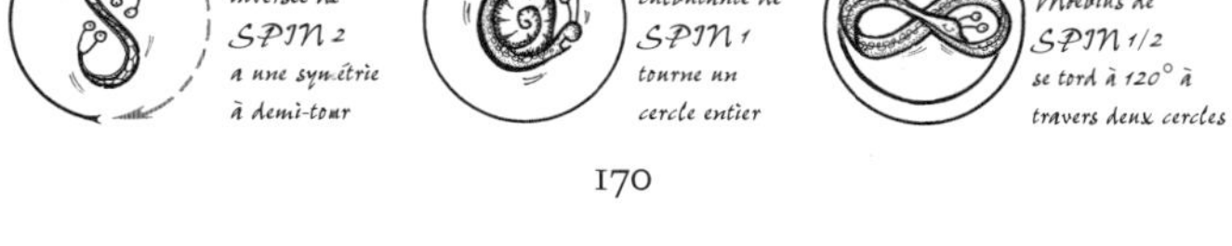

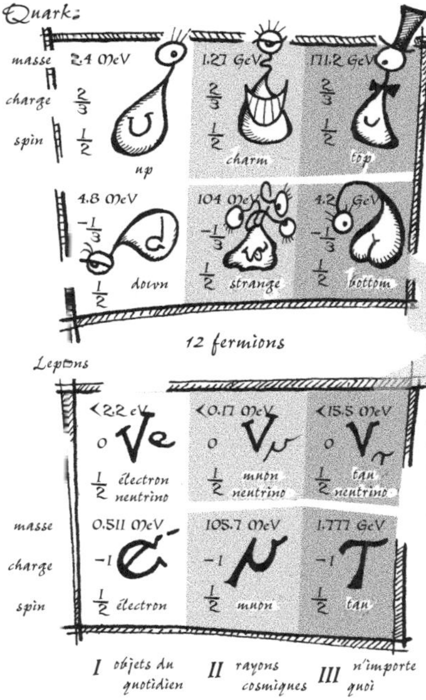

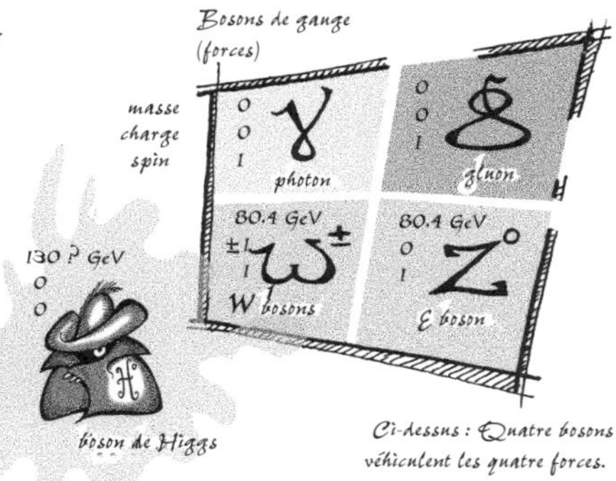

Ci-dessus : Quatre bosons véhiculent les quatre forces.

À gauche : Fermions. Les trois générations des quatre parties de la matière. Les objets du quotidien sont faits des quatre particules de la première colonne, ceux de la seconde colonne apparaissent dans les rayons d'énergie cosmique et ceux de la troisième seulement aux niveaux énergétiques les plus élevés. Chacun a une anti-variante.

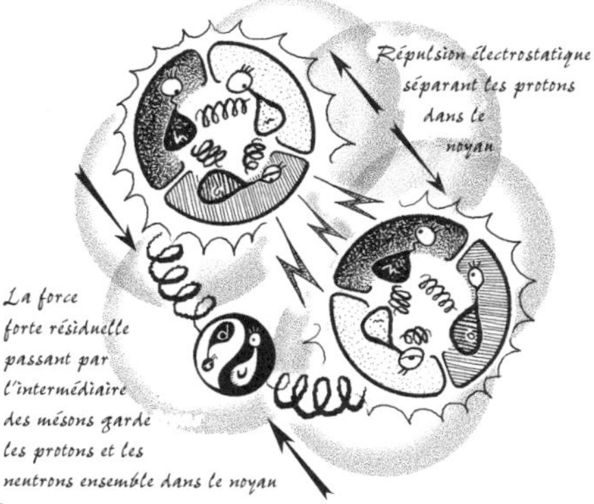

Les mésons sont faits de paires quark/antiquark – ce pion π^+ a un quark up et un anti-quark down

Le vide quantique : il n'y a pas d'space vide. À l'échelle de Planck, une mer foisonnante de particules virtuelles apparaît et disparaît. Un électron entouré par des contreparties virtuelles (à gauche). Les mésons quark/antiquark créés par l'équilibration des débits d'énergie (à droite).

Particules exotiques
et fratries subatomiques

Des rayons cosmiques de l'espace, des particules chargées très rapides, comme les protons et les noyaux d'hélium, avec quelques électrons et d'infimes quantités d'antimatière, frappent en permanence la Terre, ionisant les atomes des couches supérieures de l'atmosphère et créant des cascades de particules subatomiques. Visibles en tant qu'aurores polaires embrasées, les courants arborescents d'*hadrons* (baryons, mésons) émettent des électrons, des positrons et des rayons gamma suscitant d'autres réactions en chaîne, des particules exotiques à la vie brève se désintégrant rapidement en d'autres plus stables, à énergie moindre (*ci-contre, en haut*).

Lors des expériences récréant les énergies extrêmes du début de l'univers, les accélérateurs font entrer en collision des protons et d'autres particules à une vitesse proche de celle de la lumière pour révéler leurs structures cachées. Les détecteurs suivent les trajectoires de centaines de particules se cognant et se transmutant (*ci-dessous*). Certaines sont des variantes à énergie ou *résonance* élevée, d'autres liées par des modèles symétriques en familles. L'une, la *voie octuple* (d'après une doctrine bouddhique), consigne les relations familiales en tant qu'octets (*ci-contre, en bas*) corrélant les charges, les spins et d'autres caractéristiques. À mesure que la nature révèle ses harmoniques subtils, l'orchestre quantique joue quelques mélodies surprenantes.

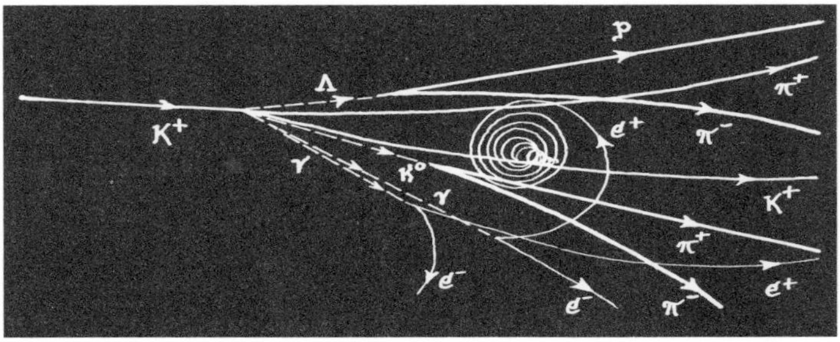

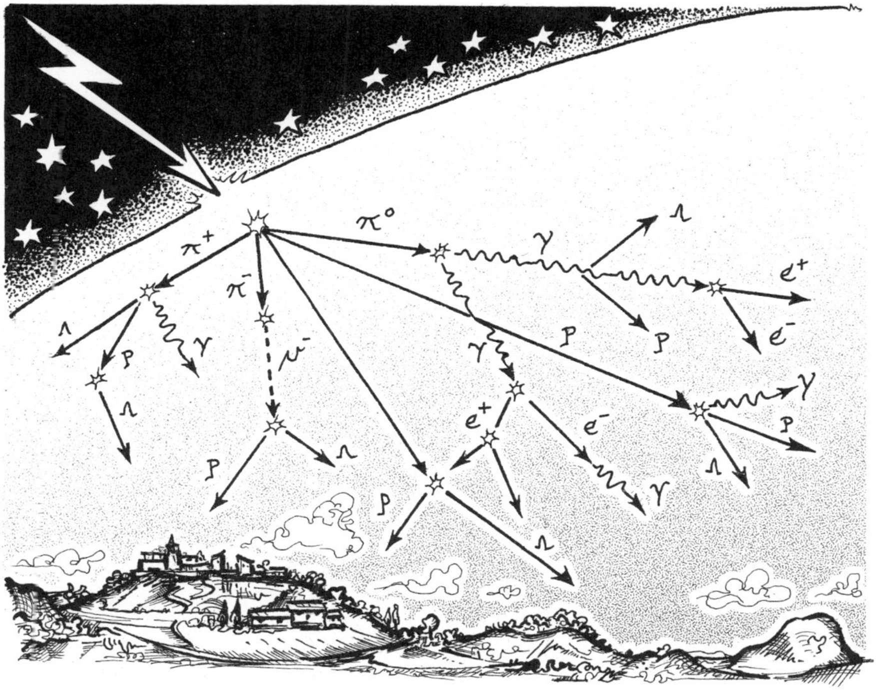

Un rayon cosmique à énergie élevée déclenche une cascade de particules subatomiques.

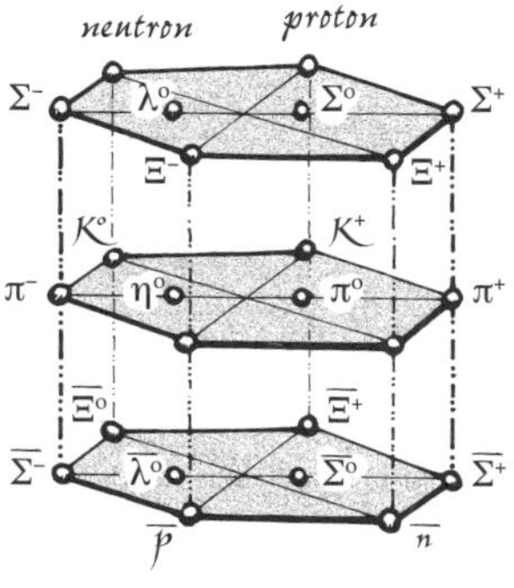

Octets octuples

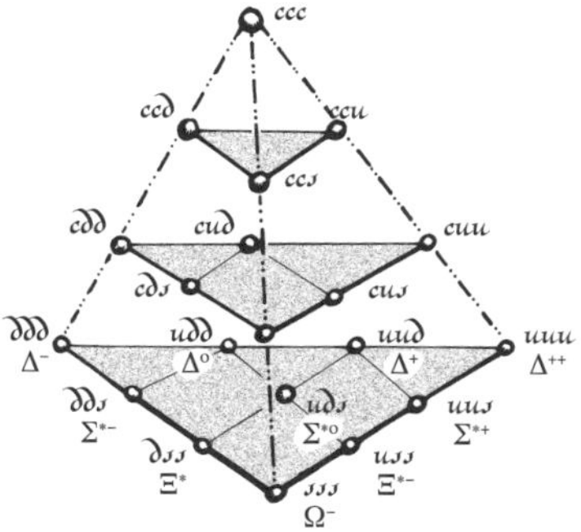

Arbre des baryons de spin 3/2

Théories quantiques

interprétations et intrications

À ce jour, nul ne comprend *pourquoi* l'application de la mécanique matricielle dans le plan complexe arrive à prédire les orbitales de l'électron (*voir pages 112 à 117*), ni *comment* une paire intriquée de photons semble communiquer instantanément indifféremment, de la distance qui les sépare (*ci-dessous*), ni *pour quelle raison*, lors de l'expérience de la double fente, un seul photon, atome ou molécule se comporte comme une *onde* (passant par les deux fentes) lorsqu'on ne l'observe pas, pourtant se comporte comme une *particule* (traversant juste une fente) quand on l'observe (*ci-contre, en haut*).

Différentes *formulations* existent quant à la mécanique quantique. Toutes font des prédictions précises permettant de fabriquer téléphones portables et ordinateurs, mais chacune conduit à une *interprétation* différente de ce qui se passe, donc de la véritable nature de la réalité. La plus connue est l'*interprétation de Copenhague*, qui dit que la réalité microscopique est *en fait* créée par l'observation – *observer* cause l'effondrement de la fonction d'onde probabiliste. Vient ensuite l'*interprétation des mondes multiples*, qui dit que le monde se divise constamment, de sorte que le moment où le chat regarde dans la boîte il crée réellement un monde où le scientifique est vivant et un monde où il est mort (*ci-contre en bas*). Une troisième, l'*interprétation transactionnelle,* permet à l'avenir d'affecter le passé, alors que l'*interprétation ontologique de Bohm* voit l'univers entier comme un ensemble intriqué unique. Il y en a bien d'autres. La vérité est qu'on ne sait pas. On sait toutefois que l'avenir est quantique et qu'il sera différent.

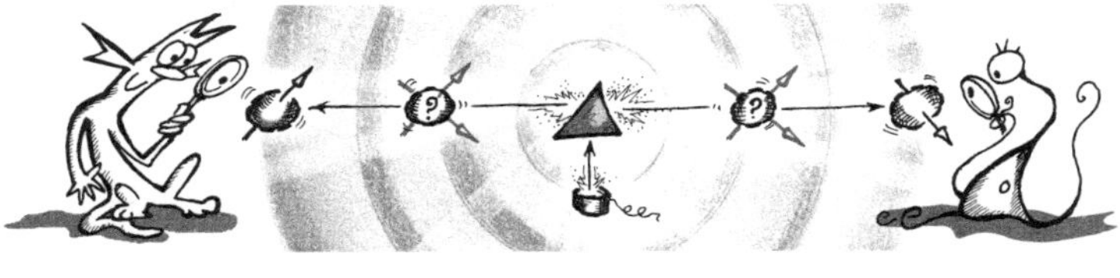

L'expérience de la double fente : onde ou particule ? Inaperçus, les protons passant à travers deux fentes produisent un modèle d'interférence, comme le feraient des ondes. Toutefois, si on tente de voir par quelle fente le proton a passé, le modèle disparaît, comme si les photons étaient des particules discrètes.

Le principe d'incertitude en action : Un électron est piégé dans un puits d'énergie. Sa fonction d'onde s'étend cependant au-delà de la barrière, offrant une probabilité de le trouver de l'autre côté. Cet effet tunnel quantique est la pierre angulaire des composantes électroniques comme les diodes, les transistors et les puces de silicium.

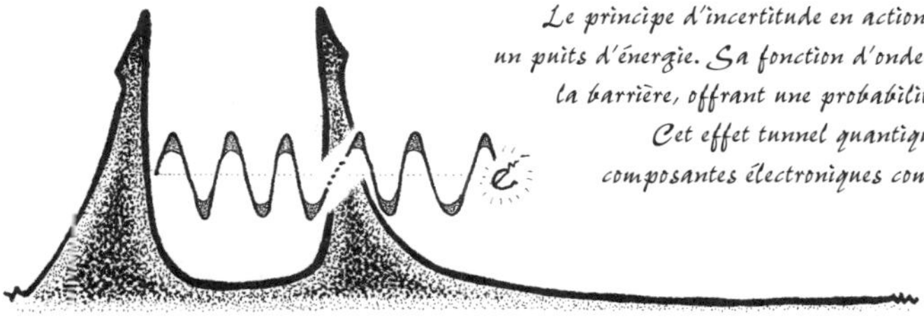

L'effet Casimir : Les plaques conductrices parallèles sont fortement rapprochées par les fluctuations du vide quantique. Puisque seules les ondes électromagnétiques à longueur d'onde résonante peuvent s'adapter à la cavité, la pression du champ entre les plaques est plus basse entre les plaques qu'à leur extérieur.

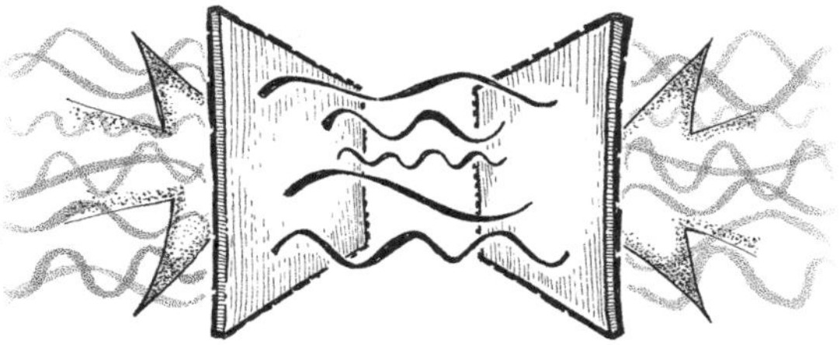

Le chat et Schrödinger : Un scientifique est dans une boîte fermée avec un système quantique lui donnant une chance de survie de 50/50. La probabilité de la fonction d'onde dit que le système existe dans une superposition d'états, où l'infortuné sujet est tant vivant que mort. La fonction d'onde semble se décohérer à un état seulement quand elle est mesurée.

CORDES ET CHOSES

bulles et branes

Plus on explore les subtilités de l'onde-matière, plus les énergies colossales se lient dans le monde subatomique, permettant aux mathématiciens intrépides de s'en donner à cœur joie. Les nombreuses tentatives de trouver une *théorie du tout* prônent l'existence d'autres dimensions en plus des quatre de l'espace-temps. Les modèles quantiques incluant la gravité ont besoin de quelque onze dimensions pour fonctionner et se servent de *supersymétries* pour relier les forces et des familles fondamentales aux phénomènes. La plupart envisagent une singularité initiale connectée par une seule force unifiée, les pliant et les condensant dans les quatre dimensions ordinaires.

Les *supercordes*, fils unidimensionnels hypothétiques d'ondes stationnaires qui font des boucles et résonnent, ainsi que la *supergravité,* sont des visions différentes d'un horizon bien plus large, la mystérieuse théorie M. Celle-ci imagine l'univers comme des rides d'un *p-brane* infiniment vaste et fin, membrane enjambant plusieurs dimensions s'étirant à travers l'hyperespace. Le Big Bang a-t-il été une collision de branes, notre petit univers n'étant qu'un modèle d'interférence là où ils se croisent ? D'autres théories suggèrent que nous ne sommes qu'un univers parmi une multitude d'autres, ou possiblement une projection 3D jetée par un horizon d'information 2D.

D'élégantes géométries sous-tendent peut-être les mécanismes internes de la réalité, avec des particules, spins et forces surfant autour d'une symétrie plus raffinée. Il se peut que toute description de la nature reste forcément incomplète, les subtilités du monde quantique voilant les tentatives de regarder plus loin dans les couches infinies de l'oignon de la nature. Formés d'harmonies délicates, pouvons-nous être seulement aussi réels que les étincelles holographiques d'une mare ensoleillée ou les volutes fractales d'arcs-en-ciel sur la surface d'une bulle de savon ?

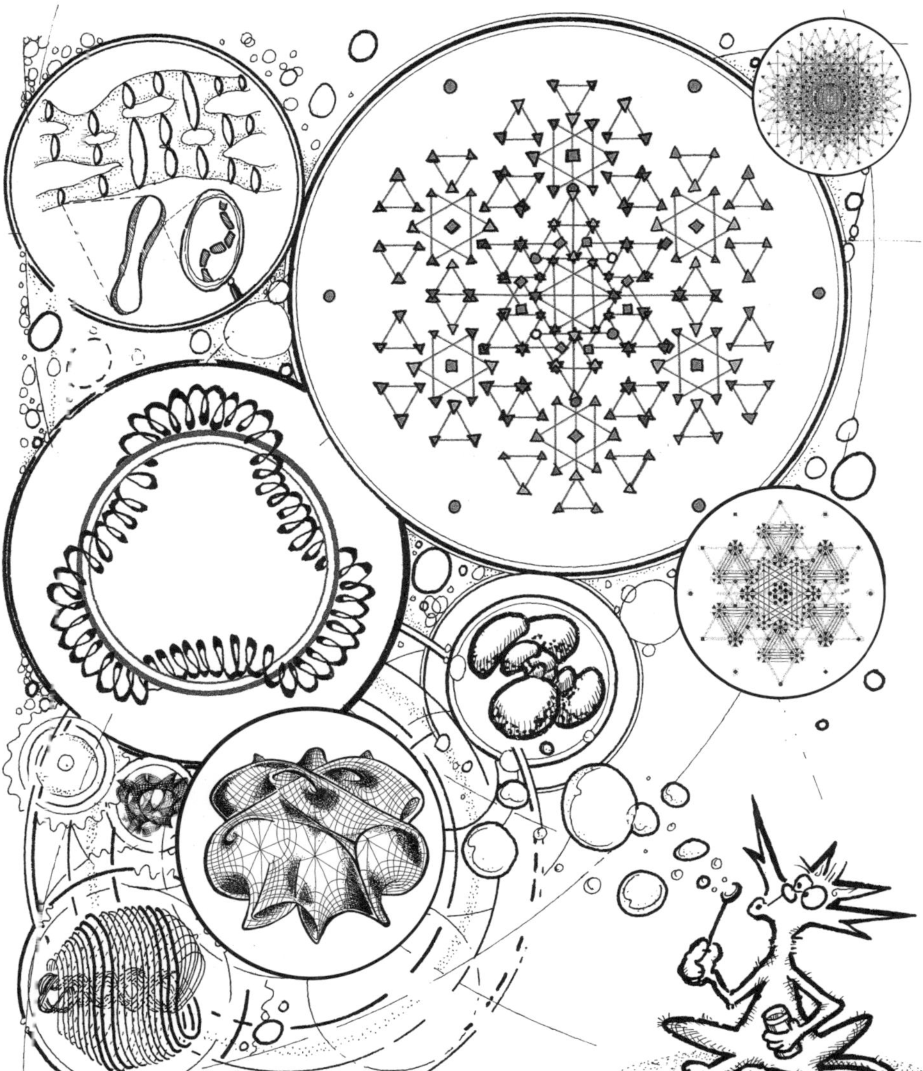

LIVRE IV

ÉVOLUTION

Gerard Cheshire

avec additions par Lindi Houseman

INTRODUCTION

Peu de peuples de la Terre n'ont pas de mythe de création. Pour les Iroquois, le monde a été créé par le peuple du Ciel, pour les Japonais, par les dieux apparus d'une seule pousse verte ; beaucoup de nos contemporains croient encore sincèrement que l'univers et toute la vie ont été créés sous une forme ou une autre par Dieu, quel qu'il soit.

Ce petit livre fait le récit d'une histoire moderne de la création, méticuleusement reconstituée au fil de ces 150 dernières années par des centaines de milliers de botanistes, zoologistes, chimistes et biologistes travaillant dans les jungles, les champs, les zoos, les océans et les laboratoires du monde entier. Au lieu du riche symbolisme du mythe ou des certitudes dogmatiques de la doctrine religieuse, cette histoire est généralement formulée dans le difficile langage de la science expérimentale. Toujours aussi terrifiante pour beaucoup que lors de sa publication par Charles Darwin en 1859, elle fait le récit invraisemblable d'une bactérie devenue un genre de ver, devenu un poisson, devenu un reptile, s'étant transformé en une sorte de rongeur, devenu à son tour un singe, évolué en hominidé qui, partant de l'Afrique, et devenu maintenant vous.

Comme beaucoup de mythes de création, elle semble fantasque. Comme toutes les bonnes histoires, elle est riche en sexe, mort, famille combats, gentillesse et amitié. C'est une histoire que certains entendent pour la première fois ou que d'autres n'ont jamais entendue, car on n'en découvre les détails que maintenant. Pourtant, l'histoire n'est pas du tout finie, elle est encore en train de se déployer, d'évoluer, d'être racontée.

Si notre espèce survit à l'ère des extinctions de masse que nous perpétrons actuellement sur nos compagnons de voyage de cette petite balle de feu que nous partageons, nous deviendrons sans doute autre chose.

LA GRANDE FAMILLE DE LA VIE

le brouillard se lève

Parmi les idées brumeuses des siècles passés, des aperçus d'une nouvelle notion étrange se montrent parfois en un éclair : au lieu d'être créée d'un coup, l'humanité, de concert avec toute la nature, est apparue au fil d'un processus d'adaptation biologique – l'*évolution*.

En publiant son *Systema Naturæ* en 1735, Carl von Linné (1707-1778) avait remplacé la catégorisation classique des animaux selon leur mode de mouvement, par le système de *règne*, *phylum*, *classe*, *ordre*, *famille*, *genre* et *espèce* utilisé encore. Il semblait évident que ces familles d'animaux et de plantes avaient évolué d'une certaine façon à partir d'ancêtres communs ou l'un de l'autre. Vers les années 1800, les scientifiques tentaient de déterminer exactement les paramètres de ce processus. En 1809, Jean-Baptiste Lamarck (1744-1829) avançait que les espèces évoluaient via des caractéristiques acquises, les changements subtils (et souvent utiles) prenant place durant leur vie (comme les muscles du bras mieux développés d'un tennisman) étant transmis à leurs descendants. Cette théorie, bien que populaire, comportait de sérieuses lacunes, car les descendants différaient souvent énormément de leurs parents. Chose importante, les caractéristiques acquises comme les muscles plus développés, ne sont pas transmises aux générations suivantes.

La théorie ne fonctionnait pas, quelque chose manquait.

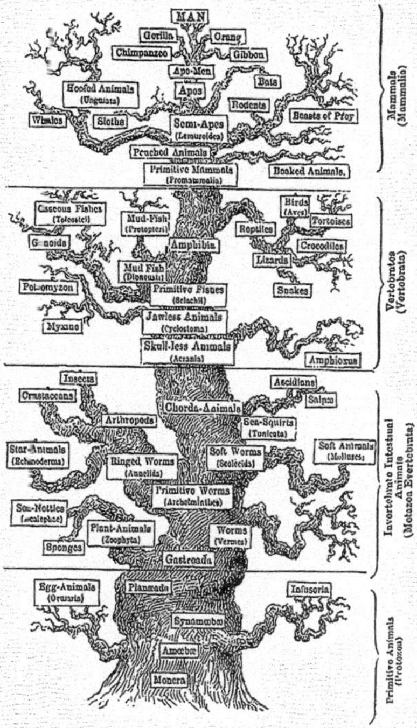

À gauche : Arbre de vie de Linné ; les règnes sont disposés hiérarchiquement, les mammifères en haut et l'homme au sommet. Bien que percée importante, ces premières variantes n'étaient pas très éloignées de la chaîne médiévale de l'être, la hiérarchie des âmes, avec Dieu au sommet suivi par les anges, les hommes, les animaux, les végétaux et finalement les minéraux, chaque règne ayant autorité et contrôle naturel sur ceux en dessous de lui.

À droite : Arbre de vie original d'Ernst Haeckel, tracé en 1866, divisant les choses vivantes en trois groupes principaux, plantes, animaux et protistes (groupe divers d'organismes multicellulaires, n'entrant pas dans les autres règnes eucaryotiques). Haeckel a conçu le terme « protiste » pour ce diagramme. Les classifications modernes varient considérablement par rapport à ce diagramme (par exemple, les champignons sont considérés à ce jour comme un domaine de plein droit). Pour une variante plus moderne de ce diagramme, allez à la page 227.

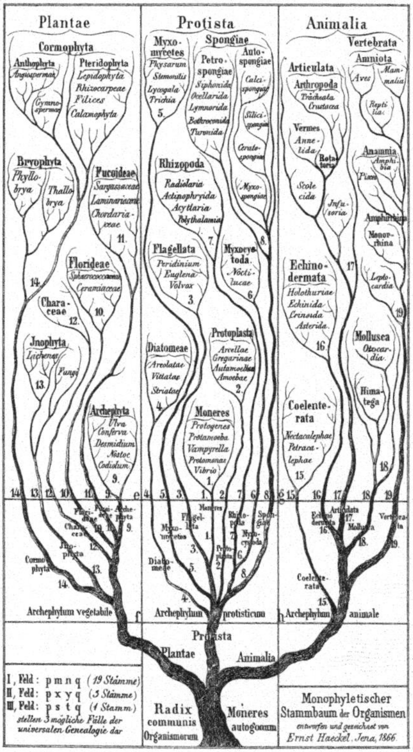

La grande idée

manger, se reproduire, s'adapter et transmettre

En 1859, après plus de 25 ans de collecte de spécimens et d'étude des variations entre espèces, particulièrement des bernaches, Charles Darwin (1809-1882) avait publié sa théorie de l'évolution par sélection naturelle, directement opposée à la théorie de Lamarck. Selon lui, le fait que les caractéristiques de la descendance varient suffit pour que la nature penche en faveur des individus légèrement mieux adaptés aux environnements en changement perpétuel. Des adaptations infimes, chacune conférant de petits avantages, évoluaient au fil de nombreuses générations pour aboutir à de grandes différences, même à de nouvelles espèces. En 1864, en tentant d'exprimer cette idée, Herbert Spencer (1820-1903) a conçu l'expression « survie du plus apte ».

Le darwinisme a pris la place du lamarckisme, même si personne, Darwin y compris, n'a pu fournir une explication étayée par des preuves empiriques du mécanisme favorisant l'action de la sélection naturelle. Quoi qu'il en soit, ses *gemmules*, les particules responsables du transfert biologique, étaient de bien des manières similaires aux paires de Mendel (*voir page 190*), même s'il ne le savait pas à l'époque.

La théorie de Darwin suggérait aussi que l'homme descendait du singe. Concept révolutionnaire à l'époque, sa théorie de l'évolution questionnait la place de l'humanité dans l'univers et mettait au défi des convictions ancrées quant à la nature de la création.

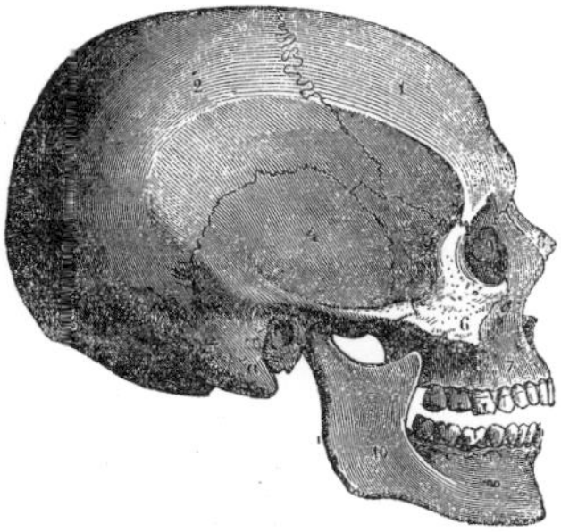

CRÂNE HUMAIN

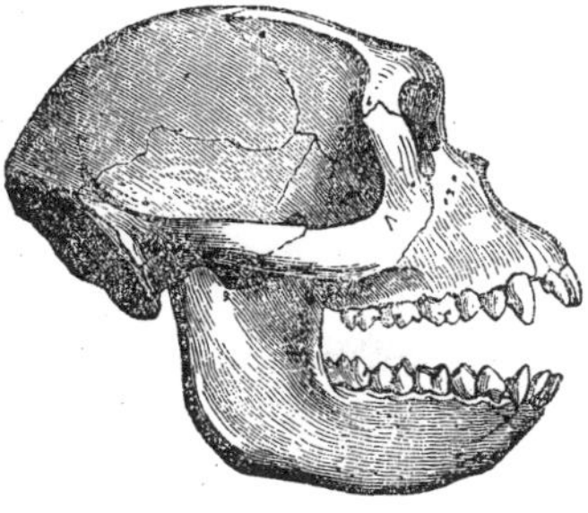

CRÂNE DE CHIMPANZÉ.

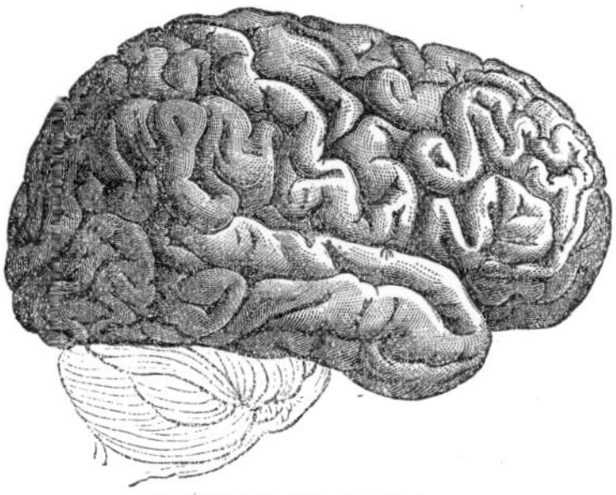

CERVEAU HUMAIN

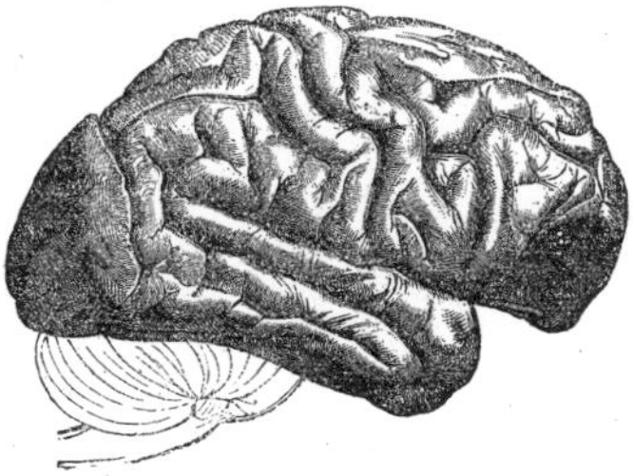

CERVEAU DE CHIMPANZÉ.

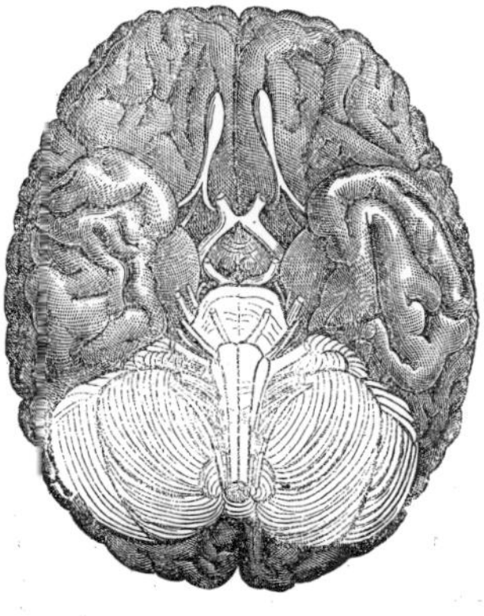

CERVEAU HUMAIN

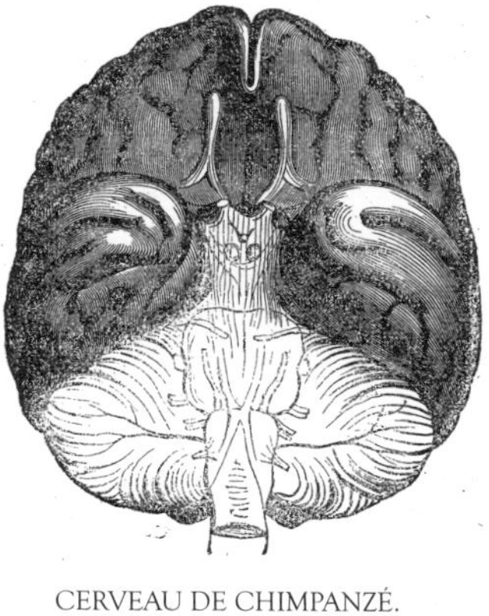

CERVEAU DE CHIMPANZÉ.

Au-dessus et à gauche : Des similarités frappantes entre hommes et chimpanzés suggéraient que les deux étaient étroitement apparentés et que l'homme était une espèce de primate. Aucune preuve du contraire n'a jamais été trouvée, mais bien des confirmations.

DÉMONSTRATION VIVANTE
et impasses

Soutenant sa théorie, Darwin avait relevé d'importants exemples d'évolution en action. L'un était la *sélection artificielle*, l'*eugénisme*. Selon lui, les hommes avaient créé plantes et animaux domestiqués en imposant un processus sélectif aux populations captives. Les croisements méticuleux avaient abouti à des caractéristiques désirables chez les chiens, les chats, les chevaux, les pigeons, les volailles (*ci-contre, en haut*), presque de la façon dont avait procédé la nature.

Lors de son voyage sur le *Beagle* (1831-1836), Darwin avait remarqué des groupes d'espèces étroitement apparentés adaptés cependant à des exigences environnementales légèrement différentes. En examinant les reptiles et les oiseaux exotiques de l'archipel des Galapagos en 1835, il avait constaté que chaque île avait son propre type de tortue (*ci-contre*) et de fringilidé (*ci-dessous*) – preuve que l'isolement sur des îles distinctes avait permis à la sélection naturelle de conduire les populations dans des directions évolutionnistes différentes, à partir d'un ancêtre commun.

Deux problèmes restaient : d'abord, Darwin n'avait démontré que l'évolution *latérale*, pas l'évolution *longitudinale* ; les espèces peuvent s'adapter et varier sur un thème, mais une tortue reste une tortue et un oiseau un oiseau. Sa théorie n'expliquait donc pas comment apparaissaient les types totalement nouveaux d'animaux et de plantes. Ensuite, il lui manquait un mécanisme démontrable étayant sa variation.

Au-dessus : L'élevage sélectif du bétail a créé plusieurs centaines de races, chacune avec des qualités spécifiques. Certaines sont élevées pour le lait, d'autres pour la viande, certaines pour les climats chauds, d'autres pour les régions glaciales. Des poules sont élevées pour leurs œufs, d'autres pour leur viande. Darwin élevait des pigeons pour mieux comprendre le processus de sélection artificielle et se faire de première main une idée quant à la rapidité avec laquelle de petites variations individuelles sont transmises à des populations entières.

À gauche : Tortues géantes des îles Galapagos. Il y a 11 espèces de tortue dans les îles, toutes descendant probablement d'un seul ancêtre. Sur les îles sèches, où peu de choses poussent en dehors des cactus, les tortues plus hautes sur pattes, avec un cou plus long, étaient avantagées. Les cactus plus hauts échappaient à la consommation ; on les trouve aussi sur ces îles, exemple d'une course à l'évolution. Les tortues permettent aux fringilidés des îles (extrême gauche) de picorer les tiques sur leur peau, ce qui convient aux deux et est un exemple de relation symbiotique mutuelle.

LE MOINE MÉCONNU

petits pois et leurs traits particuliers

Alors que Darwin réfléchissait à son mécanisme de sélection, un moine morave, Gregor Mendel (1822-1884), expérimentait déjà depuis des années sur l'hérédité. En partant de 1856, Mendel cultivait des petits pois, convaincu que la transmission des traits physiques était mathématiquement prédictible. Vers 1865, il avait testé plus de 29 000 plantes et accumulé assez de preuves pour montrer qu'il était possible de prédire avec justesse les ratios entre paires de traits (comme pois lisses contre pois ridés ou plants hauts contre plants nains) après des croisements contrôlés. Par exemple, le croisement de plants de petits pois hauts et nains produisait seulement des spécimens hauts. Toutefois, si le croisement était répété entre eux, le nanisme réapparaissait dans la génération suivante, avec un ratio 3:1 entre plants hauts/plants nains. Mendel avait conclu que des paires de particules (appelées maintenant *allèles*), une *dominante*, une *récessive*, étaient à l'œuvre (*voir exemple, ci-contre, en haut*).

Mendel avait raison On sait maintenant que d'autres espèces, comme les fleurs de gueule-de-loup, montrent une *dominance incomplète* quand des variétés rouge et blanche sont croisées (*ci-contre, en bas*). Lors de la *codominance*, aucun allèle n'est récessif. Un exemple en est le système des groupes sanguins ABO, contrôlé par trois allèles, A, B et o. Le o est récessif par rapport à A et à B, et produit le sang de type O, alors que A et B sont codominants. Comme on hérite deux allèles, un de chaque parent, on peut finir avec des groupes sanguins A (*AA, Ao*), B (*BB, Bo*), AB (*AB*) ou O (*oo*). On sait aussi que le changement d'une seule lettre sur le chromosome 9 fait la différence entre O et A, mais on en reparlera.

Darwin ne connaissait pas le travail de Mendel, qui n'a été reconnu qu'en 1900 par William Bateson (1861-1926).

TRAITS DOMINANT *et* RÉCESSIF

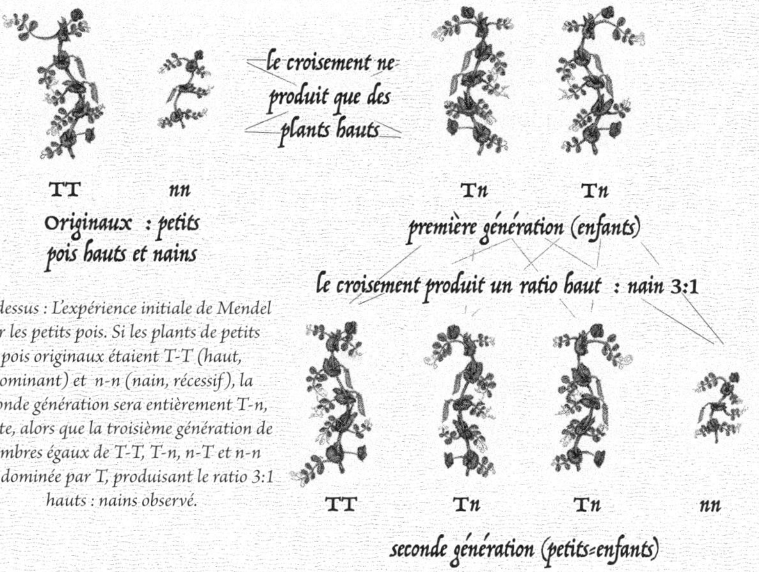

Ci-dessus : L'expérience initiale de Mendel sur les petits pois. Si les plants de petits pois originaux étaient T-T (haut, dominant) et n-n (nain, récessif), la seconde génération sera entièrement T-n, haute, alors que la troisième génération de nombres égaux de T-T, T-n, n-T et n-n sera dominée par T, produisant le ratio 3:1 hauts : nains observé.

DOMINANCE INCOMPLÈTE

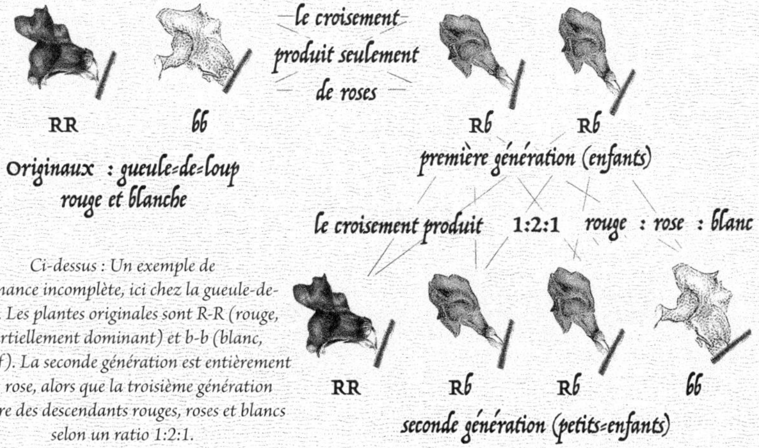

Ci-dessus : Un exemple de dominance incomplète, ici chez la gueule-de-loup. Les plantes originales sont R-R (rouge, partiellement dominant) et b-b (blanc, récessif). La seconde génération est entièrement R-b, rose, alors que la troisième génération montre des descendants rouges, roses et blancs selon un ratio 1:2:1.

Chromosomes

gènes et ADN

Vers la fin du XIXe siècle, les scientifiques ont commencé à observer au microscope le noyau cellulaire, cherchant les composantes responsables du mécanisme évolutionniste. Ils ont conçu le terme *chromosome* pour désigner les filaments rayés aperçus là. Les observations de la division cellulaire (*mitose*), de la production de gamètes (*méiose*) et de la fertilisation montraient que les chromosomes se comportaient de manière organisée. Il a été rapidement suggéré qu'ils étaient susceptibles de véhiculer l'information en tant que séries de particules d'hérédité. Dans les années 1920, les filaments noirs à l'intérieur des chromosomes se sont avérés être des chaînes de nucléotides base/sucre/phosphate, *acide désoxyribonucléique*, « ADN ». Sa structure en double hélice a été découverte en 1953.

L'ADN, code à 4 lettres, caractérise toute vie planétaire, tous les organismes l'utilisant exactement de la même manière. Le nombre de chromosomes varie d'espèces à espèce (*ci-contre, en haut*), mais tous les animaux portent deux variantes de chaque chromosome dans chaque noyau cellulaire, un de la mère, un du père. Des sections spéciales d'ADN, des *gènes*, se trouvent espacées sur chaque chromosome. L'ADN exclusivement maternel est présent à l'extérieur du noyau, dans les mitochondries, les batteries cellulaires.

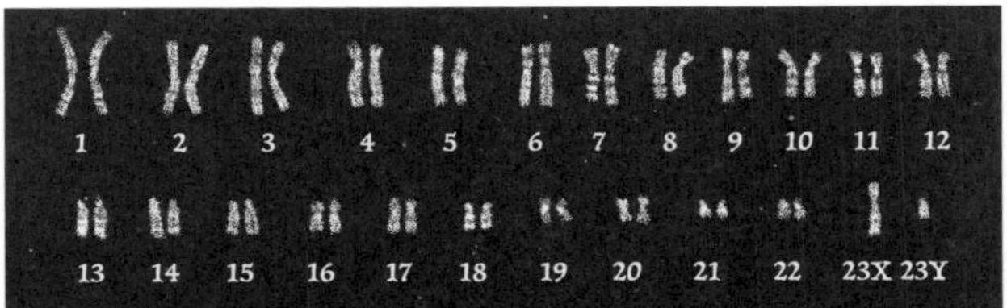

Les 23 chromosomes du génome humain. Deux copies de chacun sont présentes dans chaque noyau. Un vient de votre père, un de votre mère. Un Y du père fait de vous un mâle.

ANIMAUX

3 MOUSTIQUE 6
4 DROSOPHILE 8
6 MOUCHE 12
12 SALAMANDRE 24
16 ALLIGATOR 32
20 MOUSARAIGNE 40
20 ÉCUREUIL 40
22 CHAUVE-SOURIS 44
22 MARSOUIN 44
23 HOMME 46
27 ESCARGOT 54
28 ÉLÉPHANT 56
30 CHÈVRE 60
32 TATOU 64
32 COBAYE 64
32 OPOSSUM 64
32 PORC-ÉPIC 64
35 CHAMEAU 70
37 POULE 74
39 CHIEN 78
41 DINDE 82
66 MARTIN-PÊCHEUR 132
104 LIMULE 208

PLANTES

7 PÉTUNIA, X2, 14
7 POIS, X2, 14
7 LENTILLE, X2, 14
7 SEIGLE, X2, 14
7 PETIT ÉPEAUTRE, X2, 14
7 BLÉ DUR, X4, 28
7 BLÉ, X6, 42
8 LUZERNE, X4, 32
9 LAITUE, X2, 18
10 MAÏS, X2, 20
11 HARICOT, X2, 22
11 HARICOT MUNG, X2, 22
12 POMME DE TERRE, X4, 48
12 TOMATE, X2, 24
12 RIZ, X2, 24
12 POIVRON, X2, 24
14 POMME, X2, 34
20 GERME DE SOJA, X2, 40
24 TABAC, X2,48
41 LYS, X2, 82
630 FOUGÈRE, X2, 1260

Au-dessus : Nombre de chromosomes de divers animaux et plantes. Tous les animaux sont diploïdes (présentent deux copies de chaque chromosome dans chaque noyau cellulaire). Par exemple, les chauves-souris ont des copies paternelles et maternelles de 22 chromosomes, donc 44 dans chaque cellule. Les plantes peuvent être polyploïdes, ayant plus de deux copies, dont triploïdes (trois copies, normalement croisements infertiles), tétraploïdes (quatre copies) ou même hexaploïdes.

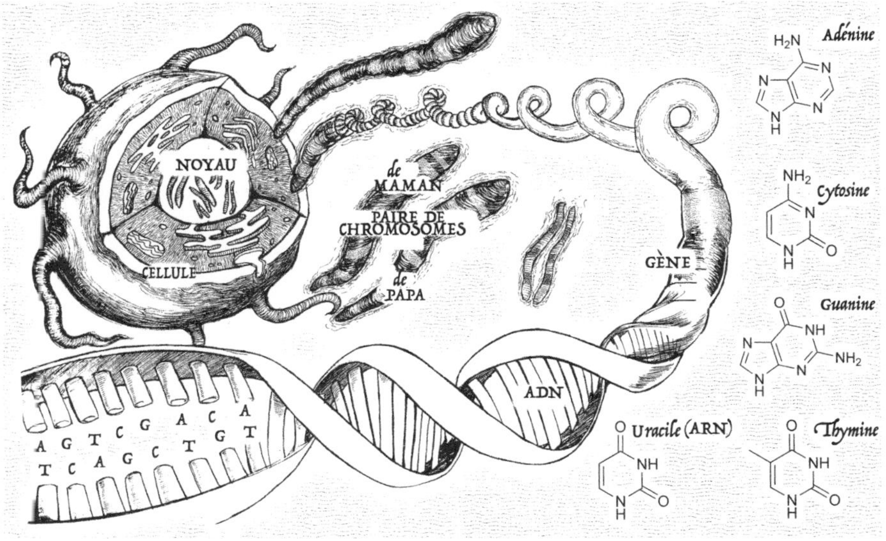

Au-dessus : Les chromosomes vivent dans le noyau et sont faits d'ADN. La structure en double hélice, comme une échelle tordue, est constituée de paires de juste quatre bases, l'adénine (A) se liant toujours à la thymine (T) et la guanine (G) se liant à la cytosine (C). ADN emmagasine les informations de manière double binaire ou quaternaire, chacun des deux brins étant une copie identique de l'autre. Quelques milliers de gènes sont espacés le long de chaque chromosome, avec de longues sections répétitives d'ADN égoïste créant de l'espace entre eux.

Le livre de la vie

quatre lettres, vingt mots

Le génome d'une espèce est l'entière séquence ADN présente dans ses chromosomes. Le génome humain est pareil à un livre de cuisine aussi long que 1 000 Bibles avec 23 chapitres (chromosomes), chaque chapitre renfermant plusieurs milliers de recettes (*gènes*). Chaque recette concerne une protéine et est rédigée avec juste 20 mots distincts (*codons*) constitués de seulement quatre lettres (*bases*). Les recettes comportent des annonces (*introns*) qui doivent être retirées pour l'exemplaire final (*exons*).

Lorsque le génome humain a été déchiffré en entier, les scientifiques ont été surpris de constater qu'il contenait des pages et des pages de charabia *entre* chaque gène. Certaines sections de ces séquences d'ADN « égoïste » ont pour origine des gènes brisés distants, d'autres sont des erreurs répétitives de transcription. D'autres sections sont des rétrovirus morts (virus utilisant une transcriptase inverse pour copier son ARN dans l'ADN de son hôte, de sorte à devenir une partie du génome de celui-ci).

Un autre groupe de parasites génétiques, descendants des rétrovirus, les transposons, sont présents en tant qu'introns dans presque chaque gène et crient à l'équipement chimique de passage : « copie-moi partout ». Petites bestioles de données très virulentes, ils forment environ un quart de notre ADN. Les gènes « réels » n'occupent que 3 % de l'ADN.

L'ADN égoïste a cependant ses usages. Il crée des espaces entre les gènes, aidant la transcription claire et prévenant la rupture de ceux-ci durant le *croisement* (*voir page 196*). Aussi, bien que non exprimé en tant que protéines, cet ADN peut aussi régler délicatement l'expression génétique, consolidant, modulant et supprimant subtilement la transcription, donc l'expression des gènes voisins. C'est là une forme d'*épigenèse*.

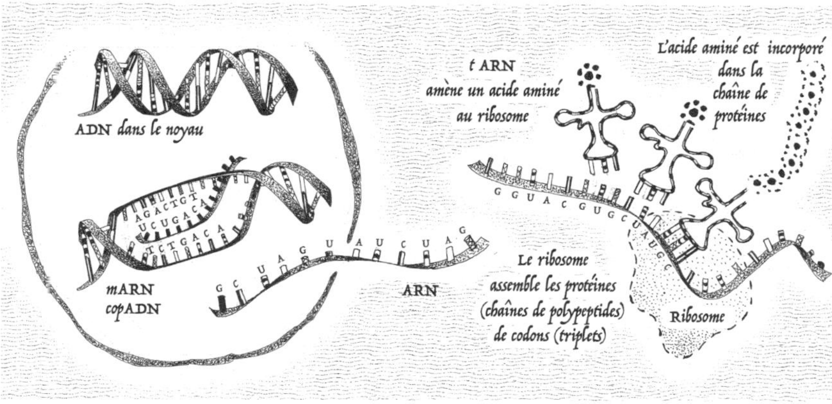

Au-dessus : L'ADN du noyau renferme des liaisons adénine (A) thymine (T) et guanine (G) cytosine (C). Il se déroule et est transcrit dans un brin d'ARN messager, identique à l'ADN, sauf que la thymine (T) est remplacée par l'uracile (U). L'unité de transcription est lue dans des mots de trois lettres, chacun codant un acide aminé. Chaque mot est ensuite converti en une chaîne d'acides aminés, une chaîne polypeptide ou une protéine.

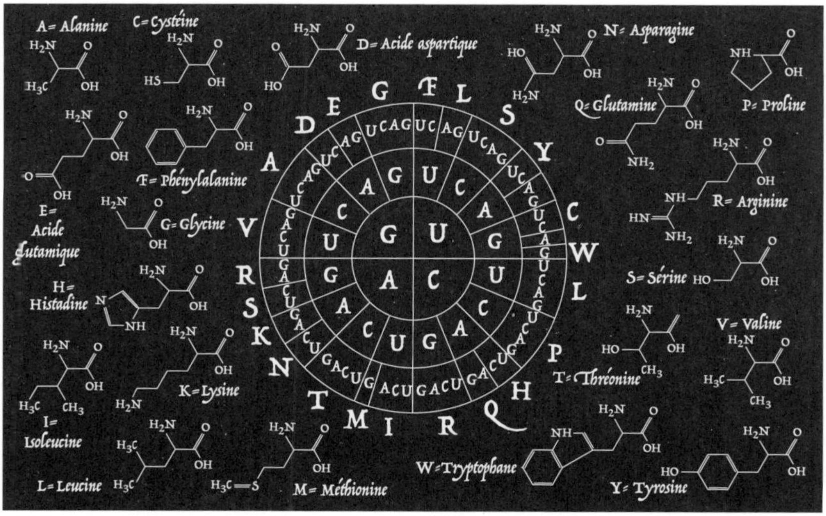

Au-dessus : Le code de la vie est rédigé avec juste quatre lettres et mots (codons) de trois lettres. Utilisez le diagramme ci-dessus, en partant du centre, pour découvrir quel acide aminé est produit par quel mot. Par exemple, UAC conduit à Y, la tyrosine. La plupart des acides aminés sont codés par plus d'un mot, si bien qu'il y a seulement 20 acides aminés utilisés par la vie. Toute vie sur Terre, qu'il s'agisse d'un arbre, d'un scarabée, d'un lièvre, d'un homme ou d'un champignon, utilise exactement le même code.

UN MONDE DE VARIATION

comment tout est mélangé

La théorie de Darwin dépendait d'un mécanisme susceptible de créer de petites variations chez les descendants. La solution était bien cachée dans la manière dont les *gamètes* (sperme, ovules, spores de plantes) sont produits.

Comme Mendel l'avait deviné, une copie complète de tout l'ADN nécessaire pour bâtir l'ensemble d'un organisme est présente dans chaque noyau cellulaire, organisée en chromosomes discrets, avec une copie *homologue* (différente, mais similairement cartographiée) de chaque parent. Durant la *méiose* (*ci-contre*), les gènes sont extirpés et échangés entre les paires parentales, la réorganisation et la recombinaison créant de nouveaux chromosomes pour les gamètes, chacun avec des traits potentiels différents (*croisement ci-dessous*).

Voilà la source de la variation que Darwin cherchait. Effectivement, le jeu est bien battu, mais des cartes surprises jouent aussi un rôle. Durant la méiose, toutes sortes de choses peuvent aller de travers : erreur de copie, effacements occasionnels, duplications, inversions de sections d'ADN, parfois dans les gènes, le plus souvent dans l'ADN égoïste. Souvent subtiles (le plus infime changement d'une seule lettre ou protéine), elles s'avèrent à l'occasion avantageuses, mais aussi fatales.

Par exemple, un gène sur le chromosome 4 renferme le mot « CAG » répété maintes fois, de 6 à 30 fois chez la plupart des gens. S'il est répété plus de 35 fois, la personne mourra lentement du syndrome de Wolf-Hirschhorn. Le changement d'une seule lettre dans un gène de 253 mots sur le chromosome 20 induit la maladie de la vache folle.

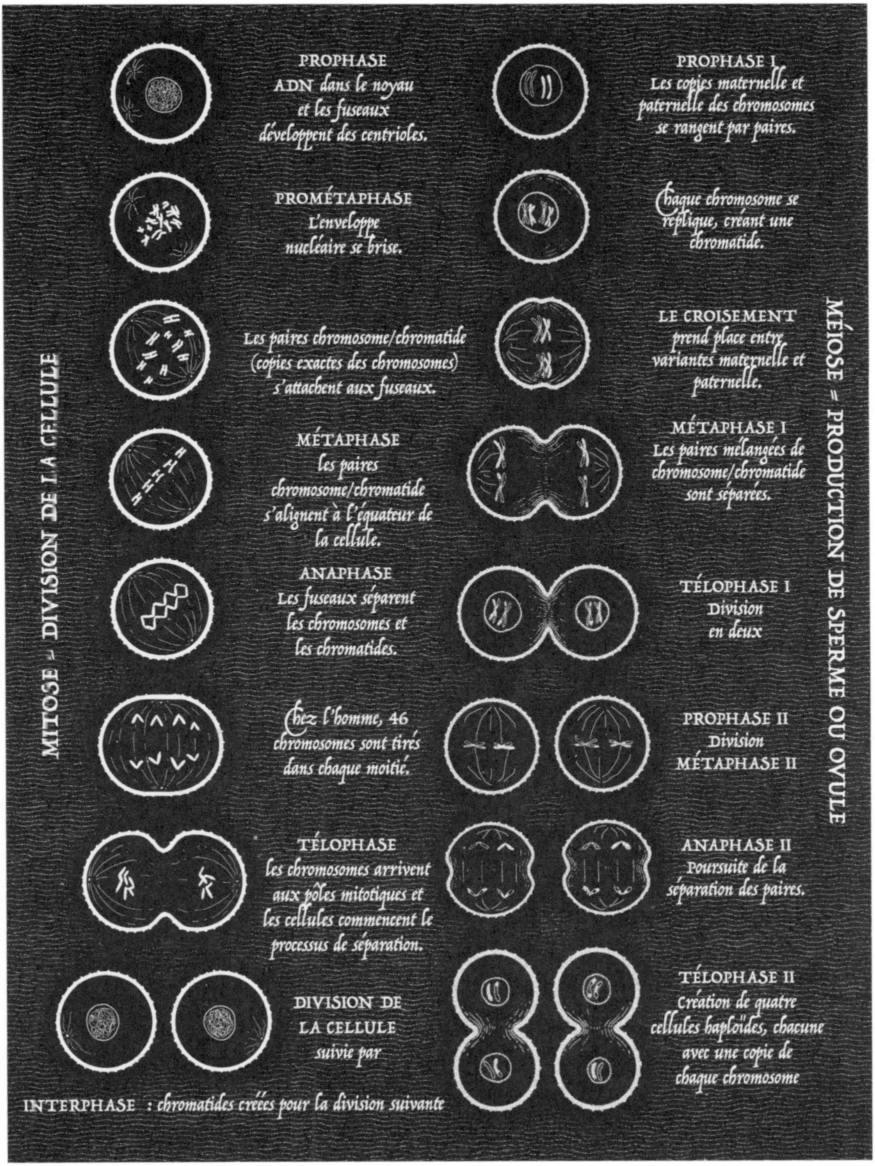
MITOSE – DIVISION DE LA CELLULE
PROPHASE
ADN dans le noyau et les fuseaux développent des centrioles.
PROMÉTAPHASE
L'enveloppe nucléaire se brise.
Les paires chromosome/chromatide (copies exactes des chromosomes) s'attachent aux fuseaux.
MÉTAPHASE
les paires chromosome/chromatide s'alignent à l'équateur de la cellule.
ANAPHASE
Les fuseaux séparent les chromosomes et les chromatides.
Chez l'homme, 46 chromosomes sont tirés dans chaque moitié.
TÉLOPHASE
les chromosomes arrivent aux pôles mitotiques et les cellules commencent le processus de séparation.
DIVISION DE LA CELLULE suivie par
INTERPHASE : chromatides créées pour la division suivante
MÉIOSE = PRODUCTION DE SPERME OU OVULE
PROPHASE I
Les copies maternelle et paternelle des chromosomes se rangent par paires.
Chaque chromosome se réplique, créant une chromatide.
LE CROISEMENT
prend place entre variantes maternelle et paternelle.
MÉTAPHASE I
Les paires mélangées de chromosome/chromatide sont séparées.
TÉLOPHASE I
Division en deux
PROPHASE II
Division
MÉTAPHASE II
ANAPHASE II
Poursuite de la séparation des paires.
TÉLOPHASE II
Création de quatre cellules haploïdes, chacune avec une copie de chaque chromosome

ENTRETENIR LA NATURE

l'étrange crible comportemental

En 1896, James Mark Baldwin (1861-1934) prônait que les comportements avantageux acquis pouvaient devenir des instincts. Selon lui, les facteurs comportementaux, culturels et même chimiques pouvaient façonner un génome. Ses idées étaient en avance sur son temps, car il a effectivement prédit l'étude moderne de la mémétique (*voir page 256*) et de l'épigenèse (*voir page 202*).

Les organismes possèdent des gènes les incitant à se comporter de manière donnée (et aussi de certaines façons à des moments précis). Lorsque les circonstances changent, ce qui arrive toujours, les individus plus enclins à acquérir de nouveaux modèles comportementaux pertinents survivront mieux, se reproduiront davantage et amplifieront ces tendances (*ci-contre*).

Le débat entre ceux persuadés que ces habitudes sont principalement dictés par l'ADN et ceux convaincus qu'elles sont surtout apprises s'est compliqué encore davantage. En fait, bon nombre d'instincts doivent être déclenchés *via* une éducation adéquate. Par exemple, un singe élevé dans la nature apprend de sa mère à craindre les serpents (peut-être crie-t-elle en les voyant). Un jeune singe élevé sans connaître les serpents apprend rapidement à les craindre si des adultes montrent cette peur en présence d'un reptile. Il est intéressant de voir ce qui se passe quand un singe adulte qui a été habitué à craindre les fleurs (ne demandez pas comment) est présenté à un jeune singe élevé en captivité. Il peut crier toute la journée à la vue des fleurs, mais le jeune singe le tiendra juste pour fou. Il s'avère qu'il n'y a pas de peur innée des fleurs, alors qu'il y en a une des serpents. Beaucoup d'instincts génétiques agissent ainsi, restant dormants tant qu'ils ne sont pas activés. Seuls certains modèles intervenant au moment approprié les activeront.

Un groupe de grenouilles, récemment nées dans une petite mare, tente de traverser une rivière. Différentes grenouilles ont des penchants distincts, les faisant apprendre soit à traverser un tronc d'arbre, soit à sauter sur les feuilles de nénuphar, soit à viser les branches passant au-dessus de l'eau.

La sélection naturelle suit son cours. Les légères différences des tendances comportementales ont favorisé les grenouilles ayant appris à grimper aux arbres. Toutes les autres seront victimes des prédateurs aquatiques. Les grenouilles arboricoles se reproduiront.

Les tendances comportementales utiles se répandent dans le pool génétique et deviennent des instincts. Maintenant, des tendances comportementales et d'autres exemples de variation commencent à apparaître et le processus recommence.

L'ÉVOLUTION DU SEXE

et maintenant on doit s'en tenir là

L'un des sujets les plus brûlants de débat parmi les scientifiques évolutionnistes est comment et pourquoi les rapports sexuels ont commencé – cela avait perturbé le grand-père de Darwin et Aristote y avait réfléchi. On a établi maintenant que le sexe a débuté chez les protistes (*voir page 228*), probablement à l'ère mésoprotérozoïque, impliquant la fusion d'au moins deux organismes, dont l'union les reproduisait sous une forme viable. Toutes les espèces qui se reproduisent sexuellement, dont la plupart des plantes, des champignons et des animaux, reviennent en tant que gamètes à une forme de protiste (*page 272*). Un spermatozoïde est en essence un protiste haploïde nageur avec une structure flagellaire de microtubules 9:2 caractéristique.

En dehors de ce petit indice, qui le sait ? Le sexe a pu être initié comme un parasitisme de type viral pour l'autoreproduction, en tant que mécanisme de réparation mutuelle de l'ADN ou comme un semi-cannibalisme, dont des échos subsistent chez des créatures comme la mante religieuse (où la femelle dévore le mâle après la copulation) et la seiche (où le mâle perd son pénis durant l'acte sexuel et semble souffrir de dépression postcoïtale).

En termes bioénergétiques, le sexe est onéreux – seule la moitié de l'espèce peut être en gestation et le comportement amoureux est coûteux. Les avantages sont cependant multiples. Sur le plan génétique, cela compense le dommage de l'ADN, sur le plan du phénotype, favorise les traits positifs sur des générations et, par la création de variation et de nouveauté, accélère l'évolution, par exemple lors des guerres antigéniques avec les parasites (*page 204*). L'évolution rapide est cruciale quand les choses changent, mais une fois un bon modèle atteint, comme dans le cas des crocodiles (qui ont peu changé depuis des dizaines de millions d'années), revenir au clonage efficace n'est pas une option. Les espèces sont obligées de s'en tenir au sexe pour toujours.

Les rotifères peuvent se reproduire sexuellement ou par clonage. Les mâles sont plus petits, n'ont pas d'appareil digestif et vivent seulement pour copuler. Les Bdellidés n'ont plus de mâles.

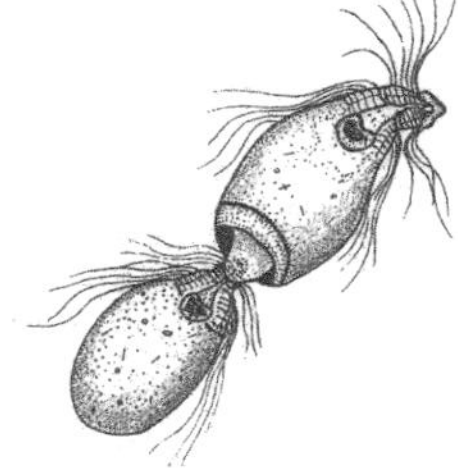

Deux protistes essayant de décider s'ils vont se dévorer ou faire l'amour. Chez les protistes, le sexe a pu débuter comme une sorte de cannibalisme abortif.

À la différence de la plupart des plantes, le chanvre, comme le houx, les saules et les peupliers, est dioïque, autrement dit les plantes individuelles sont soit mâles, soit femelles.

Pratiquement tous les insectes s'accouplent à la manière animale classique. Certaines espèces comme les pucerons peuvent se cloner à partir des femelles pour accroître la population.

Les escargots sont hermaphrodites, chacun possédant un pénis et un vagin près de leur tête. Ils se pénètrent l'un l'autre et lancent des fléchettes hormonales d'amour durant l'accouplement.

Le chœur des grenouilles mâles est suivi par une étreinte amplective. La fertilisation externe des œufs exclut la pénétration des femelles.

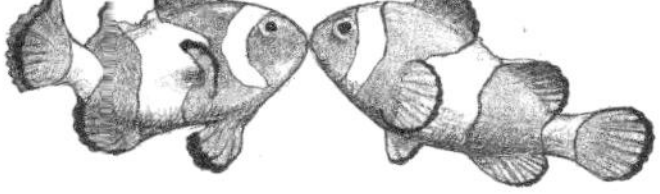

Les poissons-clowns sont des hermaphrodites sériels, avec juste une femelle dominante dans un banc et une hiérarchie parmi les mâles. Le mâle alpha devient femelle.

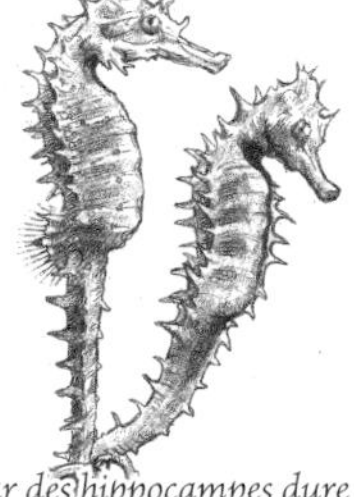

La cour des hippocampes dure quelques jours avant que la femelle dépose ses œufs dans le mâle. Celui-ci les porte pendant quelques semaines avant de les mettre au monde.

La cour et la copulation des lapins durent environ 30 secondes. Une seule femelle peut avoir plusieurs centaines d'arrières-petits-enfants en une année.

Épigénétique

exprimer la même chose de différentes manières

En 1942, Conrad Hal Waddington (1905-1975) concevait une nouvelle science, l'*épigenèse* – branche de la biologie étudiant les interactions causales entre les gènes et leurs produits engendrant le phénotype. Le terme désigne actuellement les traits pouvant être hérités, susceptibles d'être transmis par les parents en tant qu'*expressions* de certains gènes par le processus de méthylation, durant lequel de petits marqueurs s'accrochent à l'ADN parental. Malgré la présence d'une copie complète de l'ADN parental dans chaque noyau, seule une petite part de gènes est active dans une cellule à un moment donné. Le sang véhicule des millions de messagers chimiques ciblant des gènes spécifiques. En se souvenant de quels gènes étaient ou non actifs, le sperme et les ovules peuvent transmettre certains traits parentaux acquis, mécanisme du lamarckisme.

Les conditions environnementales, l'alimentation et la pollution induisent des changements génomiques chez les descendants. Ce qu'on fait aujourd'hui influencera vraiment le génome de l'arière-arière-petit-enfant. Le processus épigénétique a été comparé à des morceaux de gomme à mâcher collés sur les commutateurs d'ADN, inhibant ou activant à tout moment la commutation et l'expression du gène. Si le gène et la gomme à mâcher sont actifs, le gène doit rester ainsi jusqu'à l'élimination de cette dernière (par une influence externe) et vice-versa, ainsi qu'en combinaison.

L'épigenèse montre comment les émotions, les peurs, les addictions et d'autres puissants déclencheurs des sécrétions hormonales (qui circulent sous forme de cocktails chimiques dans vos artères) peuvent être transmises à vos enfants. De plus, elle suggère qu'on peut réellement affecter l'*expression* de l'ADN simplement en pensant à autre chose !

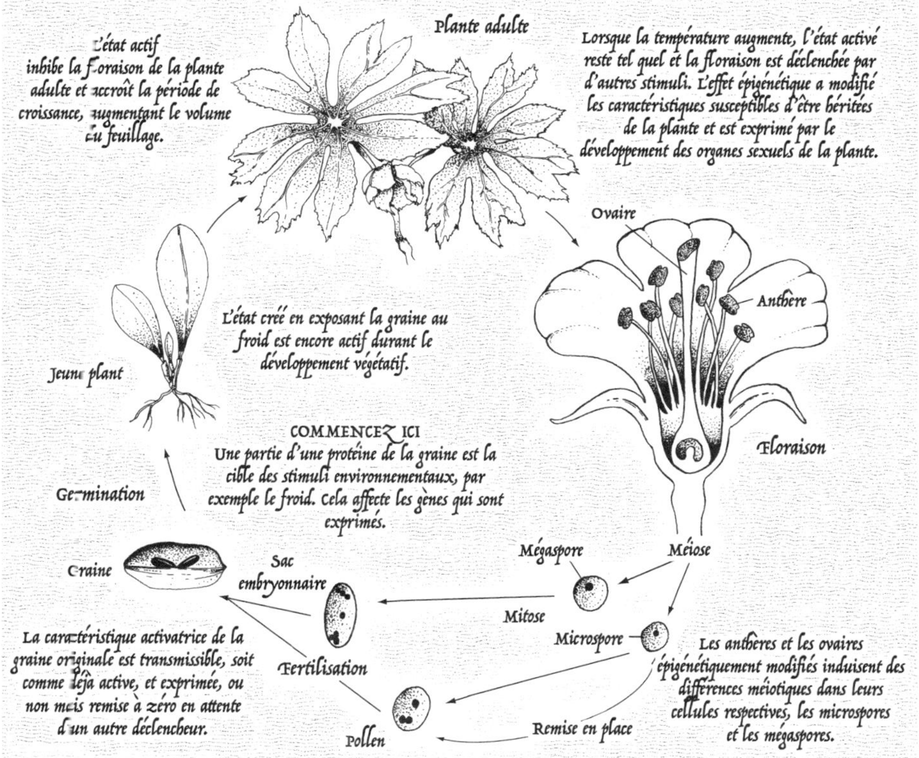

Au-dessus : L'épigénétique est l'étude de l'expression des gènes. Les gènes sont inaltérables durant la vie, cependant leur expression particulière est affectée par de nombreux facteurs et peut être transmise aux descendants. Les gènes peuvent être activés ou désactivés en fonction du cocktail de protéines et d'hormones circulant dans l'organisme et de leur sensibilité à ce mélange Dans l'exemple ci-dessus, la réaction chimique de la plante lors de l'exposition de ses graines au froid peut être transmise à ses descendants.

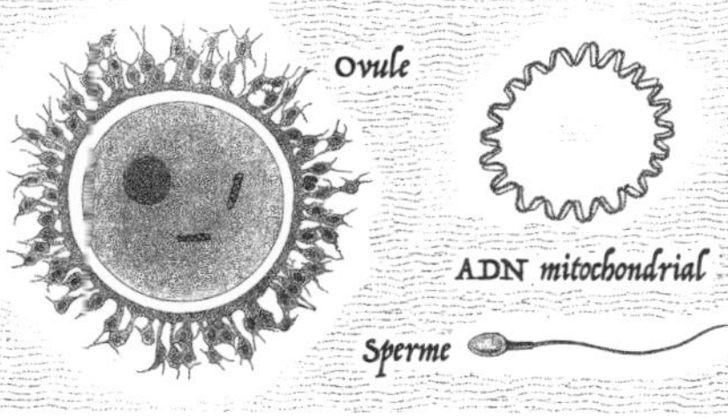

À gauche : Bien que le père donne son ADN à ses enfants, seul l'ADN nucléaire subsiste. L'ADN des mitochondries (les batteries biologiques de vos cellules) les chloroplastes des plantes, le bouillon chimique de fluide intracellulaire, les vacuoles, ainsi qu'une bonne partie du paysage qui entoure et étaye le noyau sont hérités seulement de la mère. La mère peut donc transmettre davantage de déclencheurs épigénétiques.

LA REINE ROUGE

la course évolutionniste aux armements

Toutes les espèces sont en compétition constante pour des ressources. Elles doivent continuer à évoluer juste pour *maintenir* le statu quo. Pour les espèces liées en tant que prédateur et proie, des dents plus aiguisées ou une vitesse plus grande du prédateur fait apparaître une armure plus résistante ou des pattes plus rapides chez la proie. Le concept a été décrit pour la première fois en 1976 par Leigh Van Valen et appelé effet de la *Reine rouge*, d'après *De l'autre côté du miroir* de Lewis Carroll, où la Reine rouge dit à Alice : «… il faut toute la course que tu peux faire pour rester au même endroit. » Il s'avère que le mouvement perpétuel est une condition préalable de l'évolution – car les conditions environnementales sont toujours en mouvement, tout comme les organismes qui y vivent (*voir exemples ci-contre*).

Prenons le rôle du sexe dans le combat contre la maladie. Les maladies envahissent les cellules et soit les dévorent (champignons et bactéries), soit s'emparent de leur mécanisme génétique (virus). Elles y pénètrent en utilisant des clés protéiniques et les invasions réussies aboutissent souvent à une expansion rapide de la clé. Le sexe, le contraire du clonage, engendre des enfants différents l'un de l'autre et munis d'une diversité de serrures afin d'empêcher les parasites d'y pénétrer (par exemple, le lin dispose de 27 variantes des 5 gènes distincts l'aidant à résister à la rouille, différents individus présentant des combinaisons différentes). Les gènes de résistance se répandent, mais les parasites qui les déverrouillent se répandent aussi, puis d'autres gènes de résistance apparaissent, ainsi que de nouvelles clés, etc.

L'allure du changement évolutionniste varie. Le *changement soudain* souligne le rôle des mutations dans les brusques modifications morphologiques résultant des ramifications de l'arbre évolutionniste, le *gradualisme* accentue la sélection naturelle et l'adaptation subtile des espèces au fil du temps.

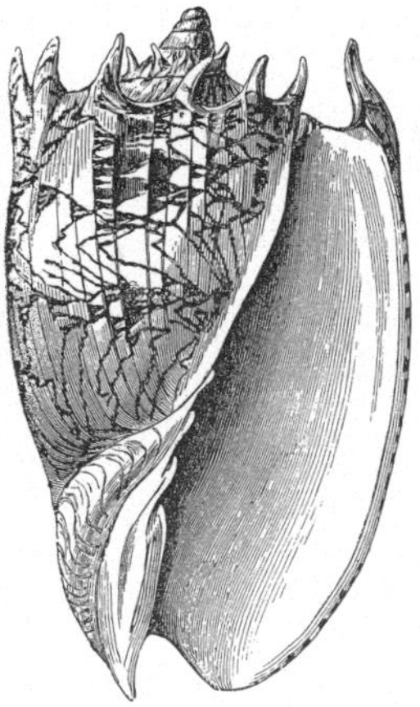

Au-dessus : Beaucoup de systèmes prédateur/proie s'engagent dans des courses aux armements. Par exemple, au fil des millions d'années, beaucoup de mollusques se sont fait pousser des coquilles plus épaisses et des épines pour éviter d'être mangés par les crabes et les poissons. Ces prédateurs ont développé à leur tour des griffes et des mâchoires puissantes compensant la coquille épaisse et les épines.

À gauche : Dans la course aux armements, les plantes développant un répulsif chimique nuisible aux insectes seront favorisées par la sélection naturelle. La propagation de ce gène exerce une pression sur la population d'insectes, favorisant ceux qui développent la capacité de surmonter cette défense, et ainsi de suite. Les niveaux de défense et de contre-défense s'intensifient perpétuellement, sans qu'un camp « gagne ».

SPÉCIATION

ne joue pas avec ces enfants, Rose

Lorsque des groupes d'une espèce sont séparés et évoluent dans des directions différentes au point qu'elles ne peuvent plus se reproduire ensemble, les scientifiques parlent de *spéciation*, la création de nouvelles espèces. La spéciation est souvent induite par l'isolement d'une partie de la population et sa réadaptation. Dans le cas de l'homme, des événements spécifiques ont probablement créé une pression de sélection. Il y a quelque 5 millions d'années, deux courts chromosomes ancestraux des primates ont fusionné dans un nouveau chromosome 2 chez un individu d'un groupe isolé (*ci-dessous*). Les chimpanzés actuels montrent encore les 24 chromosomes originaux.

Darwin s'était efforcé d'expliquer l'évolution de nouvelles espèces à partir d'une espèce ancestrale unique sans qu'aucun isolement ou barrière physique soient impliqués (spéciation *allopatrique*). En fait, le comportement et les tendances différentes des sous-populations suffisent pour qu'elles s'isolent génétiquement. Un modèle utile est celui des cichilidés. Dans une population fréquentant deux habitats favorables séparés par une zone aride, le poisson enclin à rester dans les habitats favorables a une meilleure chance de survie. D'autres fois, la sélection naturelle conduit les deux populations dans des directions différentes jusqu'à ce qu'elles deviennent des sous-espèces, puis se séparent entièrement, devenant incapables de se reproduire ensemble.

Spéciation causée par isolement. Ci-contre : Les ancêtres primates de l'homme ont été séparés par une immense fissure. Une seule mutation dans le groupe isolé a fusionné deux chromosomes (il y a 6 millions d'années), aboutissant à la création d'une nouvelle espèce. Au-dessus : Les ancêtres des chimpanzés jouent ensemble à travers un jeune fleuve Congo. Le Congo s'élargit, les séparant en deux groupes, qui évoluent en aboutissant aux chimpanzés communs modernes maniant des outils et aux Bonobos obsédés par le sexe.

Spéciation dans une mare. Les poissons préférant vivre sous les feuilles de nénuphar évoluent. Une nouvelle zone de nénuphars apparaît de l'autre côté de la mare. Les poissons préfèrent ne pas croiser la zone aride séparant les deux zones de nénuphars, de sorte que chacun évolue séparément.

Spéciation dans une population mixte. Une espèce variée. Les poissons grands, petits, clairs et sombres commencent à développer des préférences sexuelles pour ceux montrant leur propre taille et couleur. Finalement, deux espèces distinctes évoluent.

La migration des gènes

sortie de l'Afrique

Les changements des pools génétiques largement répandus commencent souvent dans des zones isolées par des causes physiques ou comportementales, les sous-populations localisées devenant des « points chauds » de nouvelle information génétique. Les gènes dérivent aussi dans les espèces, à mesure que les individus explorent, voyagent et tombent amoureux.

L'histoire évolutionniste de l'humanité montre des combinaisons de points chauds et de dérive omniprésente dans les traces fossiles, progressant plus ou moins facilement. Les points chauds ont abouti aux nombreuses races humaines, la dérive omniprésente dans ces races conduisant à des caractéristiques génétiques relativement uniformes.

Homo sapiens fabriquait des outils selon plusieurs procédés. L'homme de Néandertal, par exemple, grattait les peaux en Europe quelque 500 000 ans avant de disparaître mystérieusement en Asie il y a 50 000 ans et en Europe il y a environ 30 000 ans, peu après que l'homme moderne eut brusquement entré en scène, sortant de l'Afrique.

L'étude des gènes a permis d'établir diverses cartes. L'ADN mitochondrial circulaire hérité seulement de la mère, qui évite ainsi la réorganisation de la méiose, reste pratiquement inchangé au fil des générations. Son étude a montré que 99 % des Européens descendent de seulement sept femmes (les *mères claniques*) vivant en divers points du continent à diverses époques de l'âge des glaces. Globalement, tous les êtres humains semblent avoir une seule ancêtre qui vivait en Afrique il y a 200 000 ans. Des études similaires du chromosome Y, transmis seulement du père au fils (aussi pratiquement inchangé), ont révélé que 99 % des Européens descendent de cinq hommes (*pères claniques*) de la fin de l'âge des glaces. Tous les êtres humains actuels descendent d'un seul homme, qui vivait en Afrique il y a 70 000 ans.

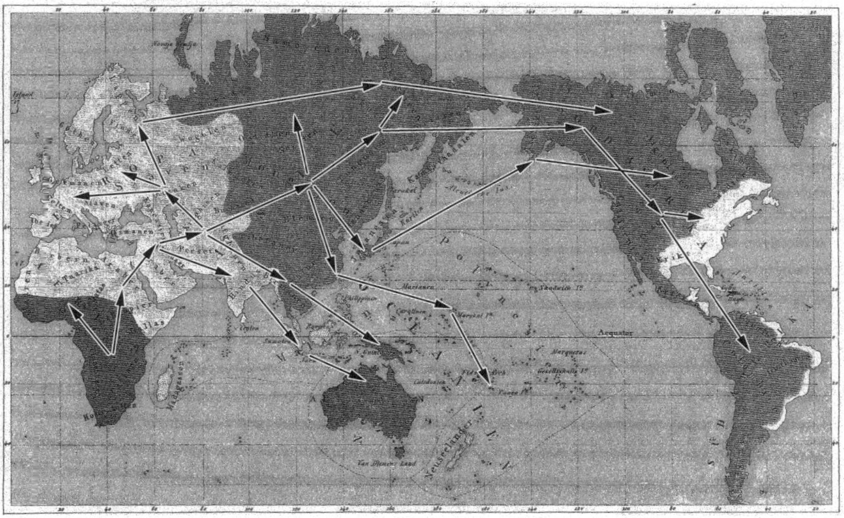

Au-dessus : L'ADN mitochondrial et le chromosome Y ont révélé la voie par laquelle les hommes de Cro-Magnon sont sortis il y a environ 75 000 ans de l'Afrique via le nord-est. Nos ancêtres se sont ensuite séparés, se dirigeant vers le sud, l'est ou le nord-ouest. L'Europe a été colonisée il y a 40 000 ans, les Amériques seulement il y a 25 000 ans. Les Néandertaliens européens et les Dénisoviens de Russie ont eu une descendance commune avant de disparaître.

Au-dessus : Les études ont révélé que nous sommes tous descendus d'une poignée d'ancêtres. Par exemple, le chromosome Y a révélé que 85 % des Amérindiens d'Amérique du Sud et 50 % des Amérindiens d'Amérique du Nord descendent en ligne directe d'un seul homme.

Initiation et coopération
droit dès le départ

L'origine du premier brin d'ADN ou d'ARN sur la Terre reste un mystère. Il a pu arriver d'ailleurs, mais même dans ce cas les acides nucléiques ont dû sortir d'un limon primordial quelque part dans l'univers, peut-être dans un hydrogel créé par des foudres ou dans de profondes fissures chaudes, sous la surface du sol ou sous l'eau. La bicouche lipidique, la structure basique des parois cellulaires, se forme spontanément à partir des phospholipides. Un brin d'acide nucléique semble avoir eu le code correct pour les produire. Le premier organisme (*ci-dessous*) est né ainsi, se multipliant jusqu'à ce que ses clones et ses variantes commencent à se regrouper ou à entrer en compétition. Les relations symbiotiques entre organismes unicellulaires comme les bactéries et les archéobactéries (*types de procaryotes*) ont été formalisées quand les colonies de cellules ont commencé à partager leurs brins d'ADN dans un noyau, donnant naissance à des organismes multicellulaires plus complexes, les eucaryotes (*voir pages 224, 225 et 228*).

L'histoire de la vie est autant une histoire de coopération que de compétition. Les cellules sont spécialisées pour diverses tâches, de même que la culture humaine peut être vue comme résultat de la spécialisation ou de la division du travail. En essayant de nouveaux types de cellules, formes, partenariats et sources d'énergie, les hôtes de l'ADN sont arrivés à quitter leur origine aquatique et survivre dans des habitats extrêmement divers, véhiculant toujours avec eux la variante à succès de ce code.

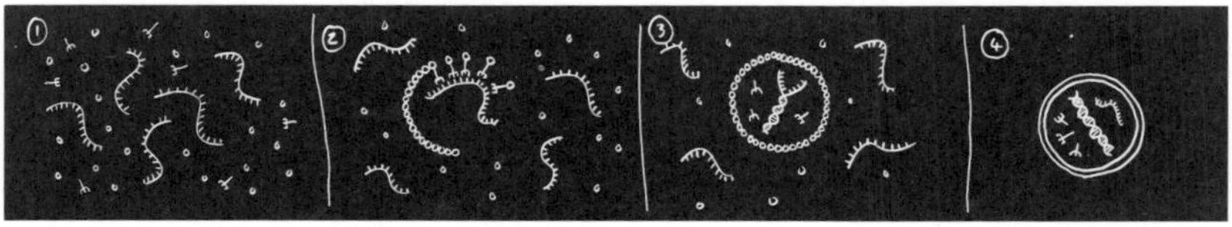

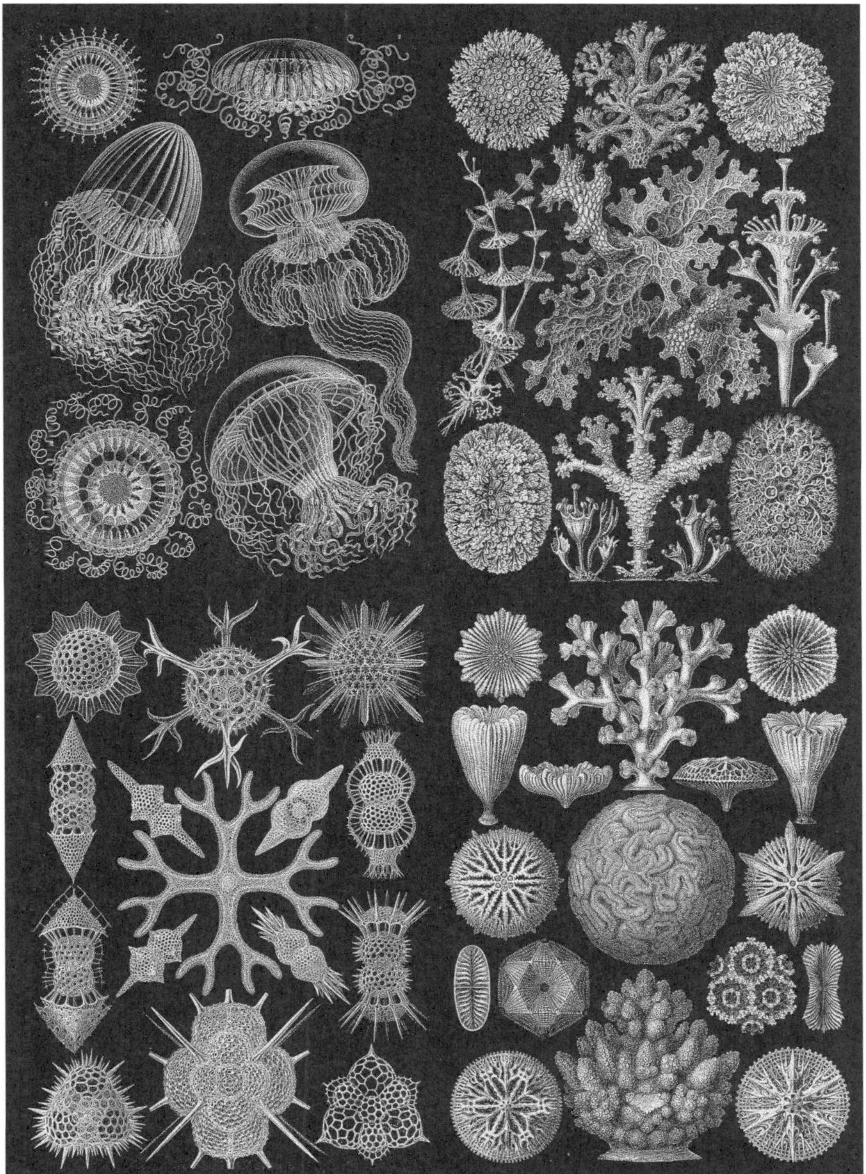

PARASITISME ET SYMBIOSE

la question humaine

Beaucoup d'organismes développent des relations avec d'autres, soit *parasitaires*, soit *symbiotiques*. Lors des relations parasitaires, seule une espèce bénéficie de l'arrangement, alors que les relations symbiotiques conviennent aux deux parties. Les poux, les puces et les vers, par exemple, n'apportent rien à leurs hôtes, mais gagnent eux-mêmes des ressources, tandis que les bactéries gastriques aident la digestion et ce faisant sont nourries. Bien que certains virus et bactéries nuisibles (*ci-dessous*) semblent entretenir une dynamique perdant-perdant avec leurs hôtes, ils visent à infecter de nouvelles victimes avant que les deux meurent.

Certaines relations symbiotiques sont si complexes qu'elles deviennent des organismes composés. Un exemple de composé animal-animal est la galère, qui a l'air d'une méduse et dont le corps est en fait une colonie coopérative d'organismes d'espèces différentes. Un exemple de composé plante-plante est le lichen, partie algue, partie champignon. Il existe aussi des composés animal-plante, comme les méduses cassiopée (*voir page précédente, en haut à gauche*), méduses qui renferment des colonies d'algues.

Le genre humain peut être comparé de plus en plus à un parasite en ce qui concerne la majeure partie de la vie sur Terre. Nous entretenons une relation symbolique avec les jonquilles, les pommiers, les chiens, les vaches, les poules, les herbes et quelques autres espèces, toutes s'épanouissant aux dépens de plusieurs autres.

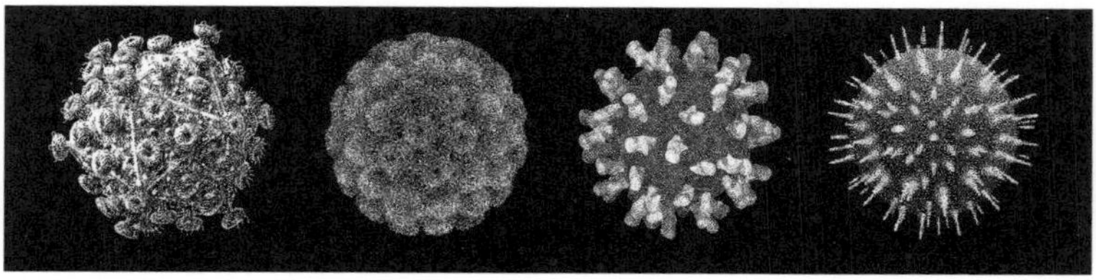

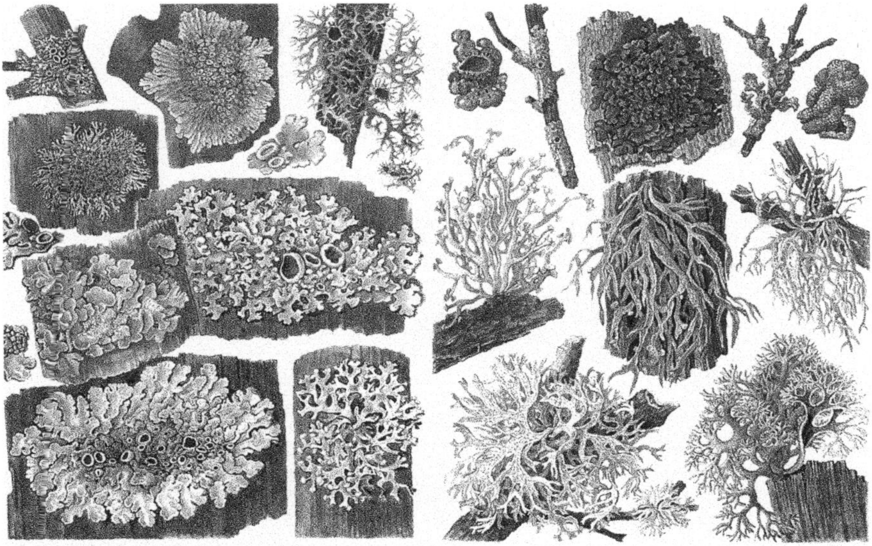

Au-dessus et en haut à droite page 211 : Diverses espèces de lichen. Les lichens sont des organismes symbiotiques de champignons et d'algues photosynthétiques, partenaires qui produisent la nourriture pour le lichen à partir de la lumière solaire.

À gauche : Une galère, siphonophore, colonie de polypes et de médusoïdes spécialisés.

Au-dessous : Le pou. Exemple de parasite n'apportant rien à son hôte, dont il se nourrit.

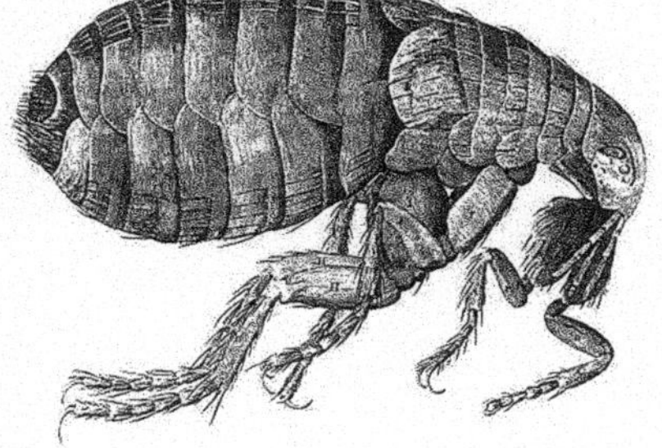

Gentillesses entre parents

tous pour un et un pour tous

Beaucoup de créatures agissent de manière apparemment altruiste, protégeant le génome de leurs proches parents ou même de toute leur tribu. L'altruisme opère comme un mécanisme de l'évolution, car les adaptations se produisent aussi au niveau du groupe. Bien que dans un groupe l'égoïsme tende à vaincre l'altruisme, les groupes altruistes l'emportent généralement sur les groupes égoïstes. Le comportement altruiste assure la survie des caractéristiques du groupe, génétiques et mémétiques.

Chez les insectes sociaux (fourmis, guêpes, abeilles et termites), les travailleuses stériles consacrent leur vie à la reine, sans aucune chance de se reproduire elles-mêmes. En revenant à leur grotte, les chauves-souris vampires (*ci-contre, en haut*) partagent le sang avec leurs voisins affamés, mais tiennent des comptes et attendent le retour de la faveur. L'altruisme a des devises comportementales : « la famille d'abord », « aide tes amis et ils t'aideront », « plus on est nombreux, moins il y a du danger », « prends soin des malades et des vieillards ». Un singe vert donnera l'alarme pour prévenir les copains de la présence d'un prédateur, même si ce faisant il devient lui-même une cible.

Élargissant leur sens de parenté, les chiens adoptent parfois des chats, des écureuils ou des canards orphelins. On sait que les dauphins aident les animaux malades, blessés ou fatigués, leur parentèle élargie évolutionniste.

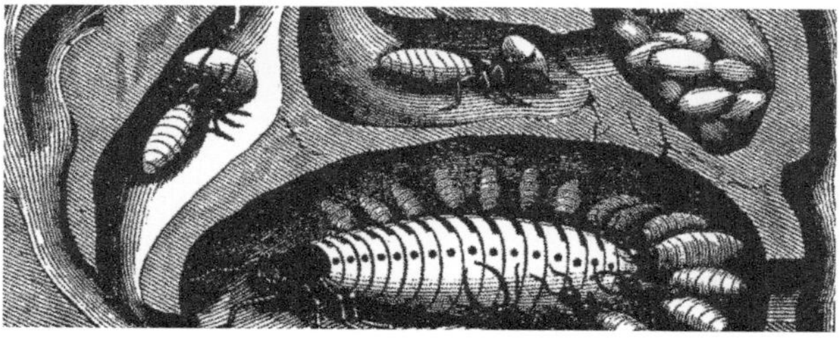

Au-dessus : Les chauves-souris vampires montrent le type le plus universel d'altruisme, la réciprocité. Tendant à s'installer à la même place chaque nuit, ils se connaissent et régurgitent du sang pour un voisin affamé si la faveur est rendue. Pareillement, les singes verts, aident les congénères qui les ont aidés par le passé.
Au-dessous : Les morses adoptent et élèvent des petits de différentes familles qui ont perdu leurs parents.

Sélection sexuelle

les belles choses que les créatures trouvent attirantes

La reproduction sexuelle introduit de belles variations, raison pour laquelle la plupart des espèces complexes l'utilisent. Même les autres emploient parfois une quelconque forme de reproduction sexuée pour éviter la stagnation. Les espèces se reproduisant sans méiose ou mitose ou par parthénogenèse (sans fertilisation masculine) ne produisent pas la variation génétique nécessaire à une sélection naturelle efficace.

Les mâles de certaines espèces animales espèrent s'accoupler avec autant de femelles que possible, assurant la large dispersion de leur ADN grâce à leurs milliards de spermatozoïdes. La femelle qui doit consacrer une grande énergie à la survie de sa progéniture a moins d'occasions de transmettre son ADN. Comme elle ne peut avoir qu'un petit nombre de descendants, c'est généralement dans son intérêt de chercher le meilleur ADN disponible. Conséquence, elle est souvent difficile à conquérir et exige des démonstrations de qualité ou de séduction, comportement qui aboutit à des résultats étonnants.

L'exemple classique est l'encombrante queue du paon (*ci-contre*), séduisante pour les partenaires potentielles. Le paon faisant la roue la plus belle arrivera à transmettre ses gènes.

Les femelles du poisson guppy trouvent irrésistibles les mâles aux couleurs vives, spécialement ceux aux colliers saillants. La sélection sexuelle produit progressivement des populations de poissons colorés jusqu'au moment où ils deviennent une cible facile pour les prédateurs. La sélection naturelle fait alors survivre les plus ternes.

Chez le lucane (*ci-contre*), les mandibules énormes ont le résultat de la sélection sexuelle, utilisées par les mâles pour se battre pour les femelles, celles-ci s'accouplant avec le vainqueur.

Évolution convergente

solutions inévitables

À mesure que les espèces s'adaptent pour occuper autant de niches écologiques que possible, la variation produit généralement des divergences évolutionnistes. Toutefois, quand on en vient à régler les problèmes tels que la meilleure manière de voler (*ci-dessous*) ou de voir (*ci-contre, en haut*), il s'avère que souvent il y a seulement un nombre limité de bonnes solutions, raison pour laquelle beaucoup d'espèces partagent des caractéristiques similaires. Quand cela n'est pas dû à une ascendance directement partagée (c'est-à-dire codée pour le même ADN), on parle d'évolution *convergente*, car les traits analogues ont évolué de façon totalement indépendante.

L'évolution convergente peut aboutir à des traits analogues tant *collectifs* qu'*individuels*. Chez les mammifères marsupiaux et placentaires, les espèces correspondantes qui se sont adaptées pour occuper des niches écologiques similaires sur des continents différents se ressemblent généralement, malgré leur éloignement génétique. Un exemple d'un trait analogue singulier est l'œil à cristallin des vertébrés et des céphalopodes, codé par des ADN différents, mais pratiquement identique en structure et fonction chez les deux (sauf que chez les vertébrés il se développe hors du cerveau, alors que chez les céphalopodes il se développe vers le cerveau, raison pour laquelle la pieuvre n'a pas de tache aveugle). Cherchant des améliorations, l'évolution trouve maintes fois les mêmes solutions, qui s'avèrent les meilleures.

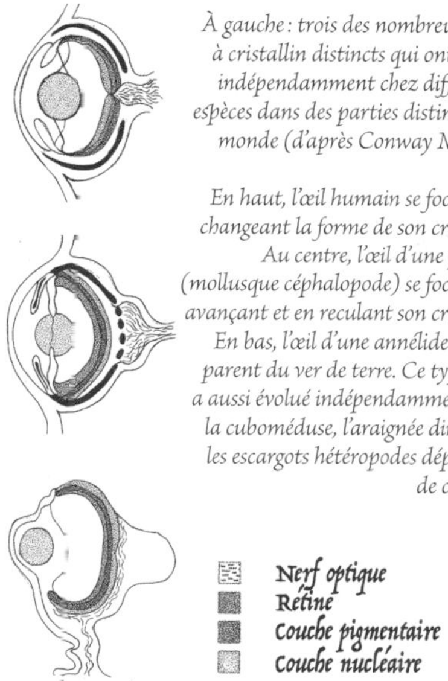

À gauche : trois des nombreux yeux à cristallin distincts qui ont évolué indépendamment chez différentes espèces dans des parties distinctes du monde (d'après Conway Morris).

En haut, l'œil humain se focalise en changeant la forme de son cristallin. Au centre, l'œil d'une pieuvre (mollusque céphalopode) se focalise en avançant et en reculant son cristallin. En bas, l'œil d'une annélide marin, parent du ver de terre. Ce type d'œil a aussi évolué indépendamment chez la cuboméduse, l'araignée dinopis et les escargots hétéropodes dépourvus de cerveau.

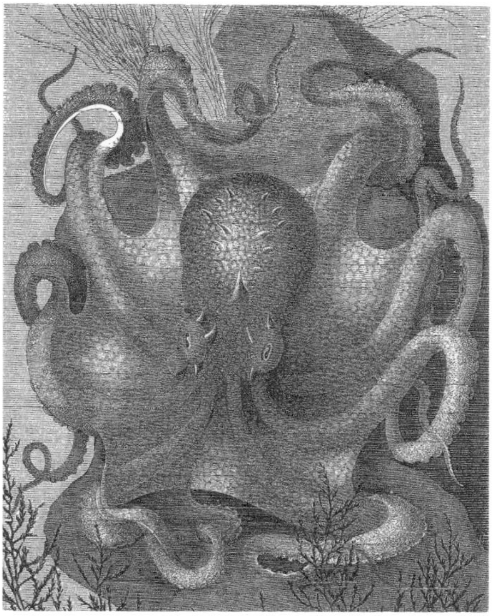

Cette page et ci-contre : Exemples d'évolution convergente. De la multitude de solutions possibles, seules quelques-unes fonctionnent et, parmi celles-ci, quelques rares le font bien. Que ce soit la découverte d'une substance chimique réagissant à la lumière d'une méthode efficace de propulsion ou d'une forme permettant de nager sans être gêné par la résistance de l'eau, les meilleures solutions sont en nombre limité. L'idée n'est pas différente des formes idéales de Platon, solutions parfaites dont les ombres apparaissent sur la Terre.

Au-dessus : Les mammifères marsupiaux ont évolué indépendamment des formes placentaires similaires. Il y a un cerf (kangourou), écureuil (koala), lièvre (péramèle), rat et souris marsupiaux.

Au-dessus : Les requins et les crocodiles sont des formes perfectionnées, qui ont changé très peu au cours des 100 derniers millions d'années. Les espèces isolées dans le lac Tanganyika ont évolué jusqu'à ressembler presque exactement à leurs congénères océaniques.

MORT
et autres affections utiles

La mort est une chose à laquelle nul n'échappe. Les cellules peuvent se reproduire en théorie à l'infini (certaines ont été maintenues en vie pendant des décennies en laboratoire), gardant le corps jeune et fort. Alors, pourquoi sont-elles programmées pour mourir ? Pourquoi chaque cellule ne peut se remplacer qu'un certain nombre de fois ? Il s'avère que le bout protecteur de chaque chromosome (*le télomère, ci-contre, en haut*) se raccourcit à chaque copie. Quand il disparaît, la dégradation et la mort s'ensuivent. La mort est utile. À mesure du vieillissement, l'ADN accumule des erreurs, dont la mort empêche la transmission. Le sexe et la mort dirigent l'évolution. Ainsi, tandis que chez la femme tous les ovules sont déjà formés avant sa naissance, le sperme de l'homme se charge de plus en plus d'erreurs à mesure qu'il vieillit. Même les tortues (150 ans) et les crocodiles (100 ans) ont parfois besoin de rafraîchir leur pool génétique.

Certaines maladies confèrent aussi des avantages. Un célèbre exemple est la drépanocytose qui protège de la malaria (*ci-contre, en bas*).

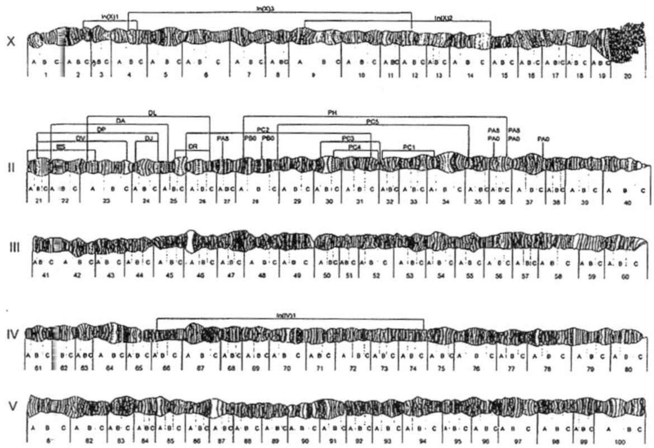

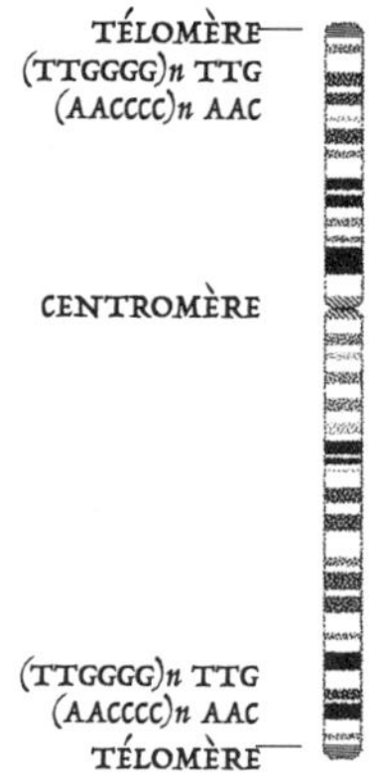

Au-dessus : Au bout de chaque chromosome il y a des régions d'ADN répétitif, des télomères. Chez les vertébrés, les champignons et même certains myxomycètes, le motif répété est TTAGGG. Chez les insectes, c'est TTAGG. Le nombre de répétitions varie (environ 1 000 chez l'homme). À chaque fois qu'une cellule se divise, le mécanisme de copie rate quelques répétitions et raccourcit le chromosome. Quand l'ensemble de celui-ci a disparu, la cellule ne peut plus se reproduire et meurt. La mort fait partie du programme.

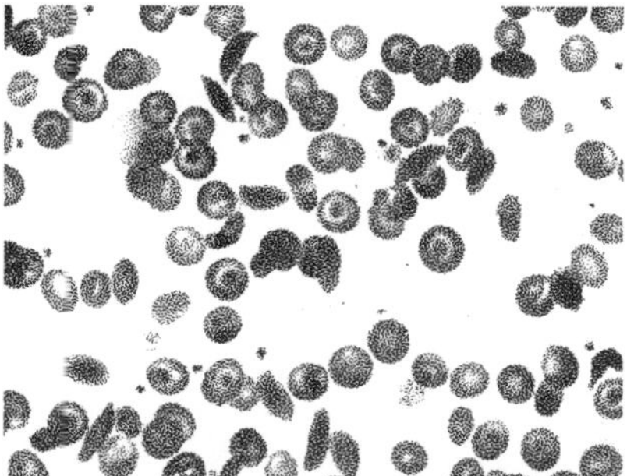

À gauche : La drépanocytose est une affection génétique qui diminue l'espérance de vie, car les globules rouges déformés inhibent l'échange gazeux dans les poumons. Dans ce cas, pourquoi a-t-elle subsisté ? La réponse est qu'elle confère une résistance à la malaria, maladie transmise par les moustiques (ci-dessus). Donc, dans les endroits où l'incidence mortelle de la malaria est plus considérable de celle de la drépanocytose, les populations tendent à montrer des taux inhabituellement élevés de cette dernière affection.

MIMÉTISME ET CAMOUFLAGE

les avantages qu'ils confèrent

Beaucoup d'animaux font appel au langage visuel : éloigner les prédateurs en ayant l'air plus dangereux qu'en réalité ou disparaître dans le paysage, s'estompant aux regards affamés.

Le camouflage est une forme de mimétisme où les individus imitent leur environnement afin d'améliorer leur chance de survivre en tant que prédateur ou proie. Chez les animaux, son efficacité repose tant sur l'apparence correcte que sur le comportement approprié.

D'autres formes de mimétisme concernent les espèces s'imitant l'une l'autre pour toutes sortes de raisons. Lors du mimétisme *batésien*, des espèces inoffensives imitent d'autres, dangereuses. Les guêpes, par exemple, nuisibles, arborent des rayures aposématiques (mise en garde) noires et jaunes. Nombre de mites, scarabées et syrphes les imitent, ce qui fait que les oiseaux ne les approchent pas, craignant les piqûres. Lors du mimétisme *mullérien*, les espèces s'imitent l'une l'autre pour un bénéfice mutuel. On voit ce type chez les papillons tropicaux aux marques similaires, que détestent les oiseaux. Lors du mimétisme *mertensien/emsleyen*, la proie mortelle imite une espèce moins dangereuse, car les prédateurs meurent toujours de sa piqûre sans jamais apprendre à l'éviter. Certains serpents corail mortels imitent d'autres serpents moins dangereux (*ci-dessous*).

Le mimétisme est parfois visible chez les plantes. Les feuilles de certaines lianes tropicales s'ornent de faux œufs de papillon, conduisant ainsi les femelles papillon à déposer leurs œufs ailleurs.

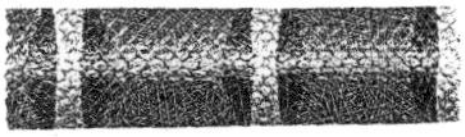

Serpent-roi = inoffensif

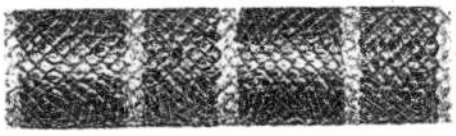

Serpent corail = mortel

Serpent corail d'Arizona = venimeux

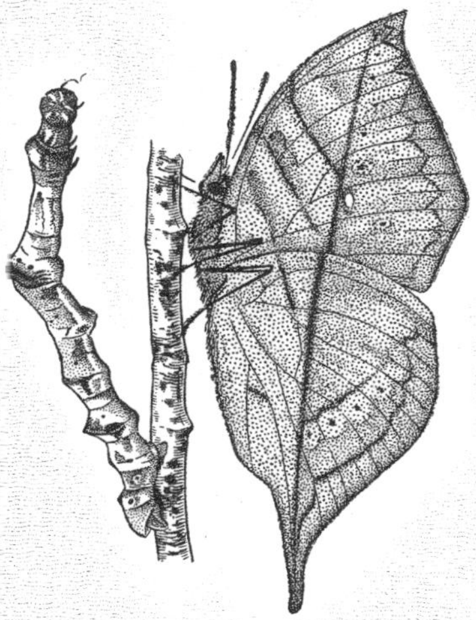

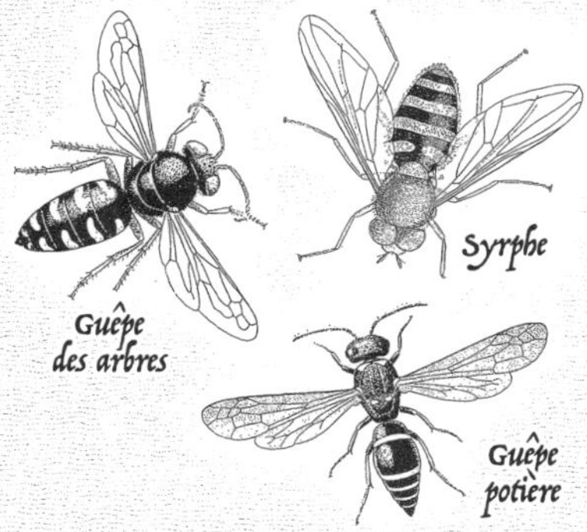

Au-dessus : Mimétisme batésien et mullérien. Le syrphe inoffensif trouve utile d'arborer les marques de mise en garde d'une guêpe des bois – exemple de mimétisme batésien. La guêpe potière montre des rayures assez similaires à celle de la guêpe des bois, exemple de mimétisme mullérien.

Au-dessus : Camouflage astucieux. À gauche, la larve de l'arpenteuse nouée a évolué pour ressembler à une brindille. À droit, le papillon indo-malais kallima a développé des marques similaires à une feuille, l'aidant à se cacher des prédateurs.

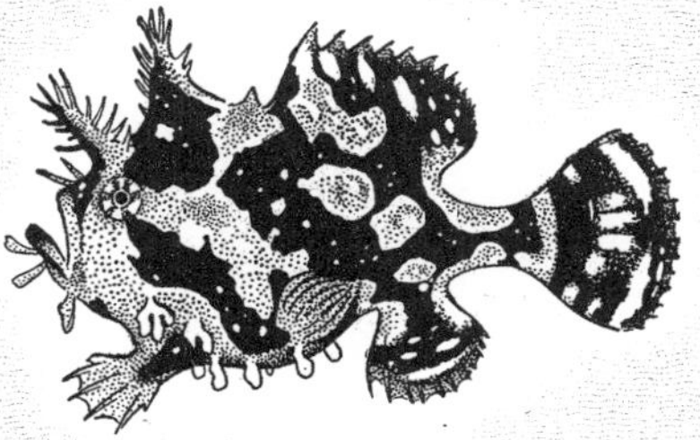

Au-dessus et camouflé à gauche : Le poisson sargasse a développé de marques, des saillies et des appendices extraordinaires, le rendant très difficile à remarquer par ses prédateurs lorsqu'il se cache parmi les sargasses flottantes dans les zones ouvertes de la mer des Sargasses.

Les règnes

endosymbioses sérielles

Les premiers êtres, formés à partir du bouillon organique de la Terre naissante, vivaient dans un monde de soufre, de limon chaud et de méthane. Ces archéobactéries, surtout photosynthétiseurs créatifs et éboueurs producteurs de méthane, ont stabilisé et ont commencé à ajuster lentement l'environnement planétaire.

Pendant plus d'un milliard d'années, il y a eu un vaste bac minéral océanique pour tout l'oxygène produit, jusqu'à ce que les niveaux incendiaires ont fait disparaître la plupart de la vie, poussant les anaérobies anciennes dans des niches souterraines spécialisées. Les formes de vie s'épanouissant dans l'oxygène se sont diversifiées dans de nouvelles races de consommateurs mobiles, dont certaines incorporaient d'autres procaryotes, pour un bénéfice mutuel. À partir de là, une succession de telles relations endosymbiotiques a généré une panoplie de protoctistes, dont différents groupes montrant des capacités caractéristiques, sont les ancêtres des trois règnes multicellulaires ; Champignons, Animaux et Plantes (*diagramme ci-contre, adapté de Lynn Margulis*).

Ainsi, tous les organismes complexes sont de vastes colonies de bactéries anciennes dans des relations spécialisées. Certaines des formes originales sont maintenant des organelles dans les cellules eucaryotiques modernes, mais beaucoup subsistent dans des relations plus lâches, comme la microflore de tout système digestif sain. Les méthanogènes anaérobies fermentent dans l'estomac des ruminants, produisant des gaz. Des microbes similaires vivant dans les protoctistes du ventre des termites permettent à celles-ci de digérer le bois et d'accomplir des exploits de démolition et d'architecture, alors que les marques des lucioles, seiches, méduses et lotte de mer dépendent de l'enzyme luciférase, produite par des sulfobactéries archaïques présents dans tous les organismes bioluminescents.

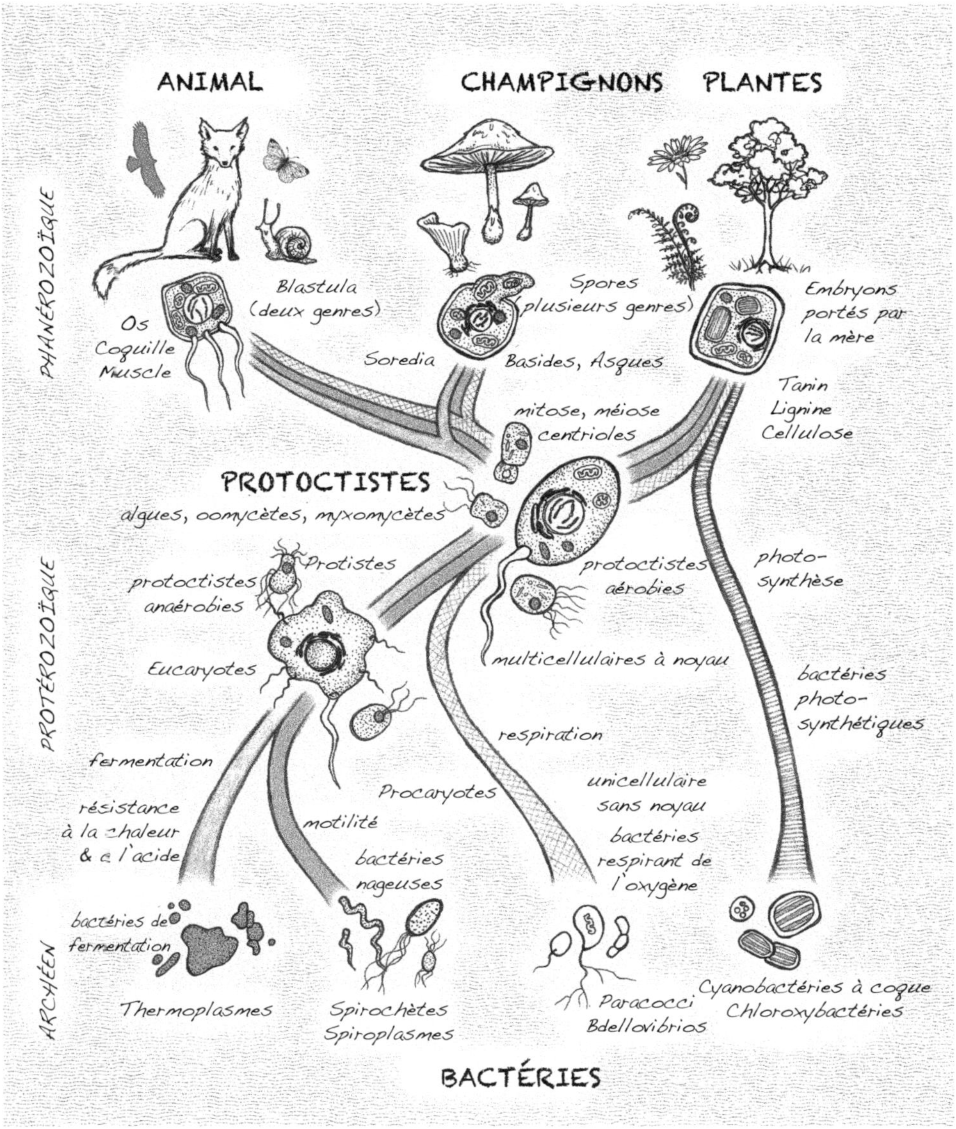
ANIMAL
CHAMPIGNONS
PLANTES
PHANÉROZOÏQUE
Blastula
(deux genres)
Os
Coquille
Muscle
Spores
(plusieurs genres)
Soredia
Basides, Asques
Embryons
portés par
la mère
Tanin
Lignine
Cellulose
mitose, méiose
centrioles
PROTOCTISTES
algues, oomycètes, myxomycètes
PROTÉROZOÏQUE
Protistes
protoctistes
anaérobies
protoctistes
aérobies
photo-
synthèse
Eucaryotes
multicellulaires à noyau
bactéries
photo-
synthétiques
respiration
fermentation
Procaryotes
unicellulaire
sans noyau
résistance
à la chaleur
& à l'acide
motilité
bactéries
respirant de
l'oxygène
bactéries
nageuses
bactéries de
fermentation
ARCHÉEN
Thermoplasmes
Spirochètes
Spiroplasmes
Paracocci
Bdellovibrios
Cyanobactéries à coque
Chloroxybactéries
BACTÉRIES

PROCARYOTES
et l'arbre de la vie

À la différence des eucaryotes multicellulaires, les procaryotes unicellulaires portent leurs gènes dans les tores d'acide nucléique dépourvus de toute enveloppe et partagent cette information ou s'en emparent où qu'ils la trouvent. Cette promiscuité génétique coopérative et ce mépris pour l'identité individuelle, associés à la reproduction rapide de leurs formes simples, leur permettent de s'adapter aux changements environnementaux. Ils sont là depuis quelque 4 milliards d'années, s'adaptant sans peine, si bien que les tentatives d'éradiquer les bactéries ne font qu'accélérer leur évolution permanente et accroître leur résistance.

Bien qu'ils tendent à assumer l'une des trois formes : bâtonnets (bacilles), coques (cocci) ou tores (spirochètes), la mutabilité procaryotique défie tout système de classification figé ; les bactéries constituent une vaste communauté globale dans l'ensemble du vivant. Elles se sont épanouies dans tous les habitats, maîtrisé tous les processus biochimiques essentiels et sont fondamentales pour la planète. La fixation de l'azote atmosphérique par les bactéries fournit la totalité de la matière pour les protéines, les gènes et finalement les hormones et les remèdes naturels. Les procaryotes aérobies se sont adaptés à l'oxygène dégagé à l'origine par les cyanobactéries, pourtant des archéobactéries anaérobies prospèrent dans des mondes obscurs analogues à la Terre primitive, régnant sur les cheminées volcaniques soufrées et produisant du méthane dans les marais.

Avec l'évolution des formes de vie plus grandes, des habitats favorables sont apparus à l'intérieur des eucaryotes. Où qu'ils soient apparus, les procaryotes se sont diversifiés pour les coloniser. L'évolution de ces communautés reste dynamique de par leurs relations et les relations avec les systèmes d'eucaryotes sentinelles, caractérisées par une longue familiarité, respect mutuel bénéfique et tolérance dans l'organisme sain.

Au-dessus : L'Arbre de la vie montrant les principales branches, Bactéries, Champignons, Plantes et Animaux. Encore plus simples que les procaryotes, les virus et les prions sont tenus pour non vivants, malgré leur statut d'entités organiques. Les virus sont des paquets d'acide nucléique dans une coquille, incapables de grandir ou de se reproduire à l'extérieur des cellules hôtes. La plupart parasitent les cellules des organismes eucaryotiques. Les rétrovirus transfèrent leur ADN aux chromosomes de leurs hôtes, d'autres virus envahissent les bactéries et agissent en bactériophages. Les prions sont dépourvus d'acide nucléique et de coquille ; plus petits que les particules de protéine, ils se dupliquent soit à l'intérieur, soit à l'extérieur des cellules des organismes hôtes.

PROTISTES
expression libre

Le *Protoctista* est le règne eucaryotique fondamental ; une panoplie de protistes unicellulaires microscopiques aquatiques, dont ciliés, mastigamibes, amibes, algues et diatomées, plus leurs grandes colonies, telles que les myxomycètes et le varech. Entre les communications chimiques, les échanges génétiques occasionnels et la consommation complète d'un procaryote par un autre, les eucaryotes ont évolué grâce à des permutations chanceuses dues aux ressources combinées jusqu'à une cellule unique. À l'origine, il y avait des anaérobies souterrains, thermoacidophiles archaïques, contribuant à l'apparition des membranes résistant à la chaleur et à l'acidité, de l'acide nucléique et des protéines nécessaires au métabolisme de fermentation du fer et du soufre, incorporant un spirochète nageur, avec une infrastructure cytosquelettique de microtubules dynamiquement organisés devenue système de locomotion et de transport interne auquel des cils de surface conféraient motilité et contrôle local.

Au fil du temps, les organelles ont lentement accru leur complexité cellulaire, compartimentant les processus chaotiques dans des espaces stables pour transformer, transporter et conserver des ressources, à mesure que le matériel génétique était isolé à l'intérieur d'une membrane nucléaire, cadre d'opération et de division. L'inclusion cellulaire d'une bactérie pourpre aérobie il y a 2 milliards d'années a abouti à la mitochondrie et à la capacité de tolérer et d'utiliser l'oxygène, de sorte que de nouveaux protistes ont proliféré rapidement dans toute niche aquatique disposant d'un peu de matière organique. Parmi eux, il y avait des ancêtres des animaux et des champignons. Quant aux ancêtres des plantes, il leur fallait des bactéries vertes photosynthétiques afin d'évoluer en chloroplastes dans les algues vertes, capables de chercher et d'utiliser l'énergie de la lumière pour attacher le CO_2 dans leurs macromolécules ont ainsi abouti à l'autonomie énergétique.

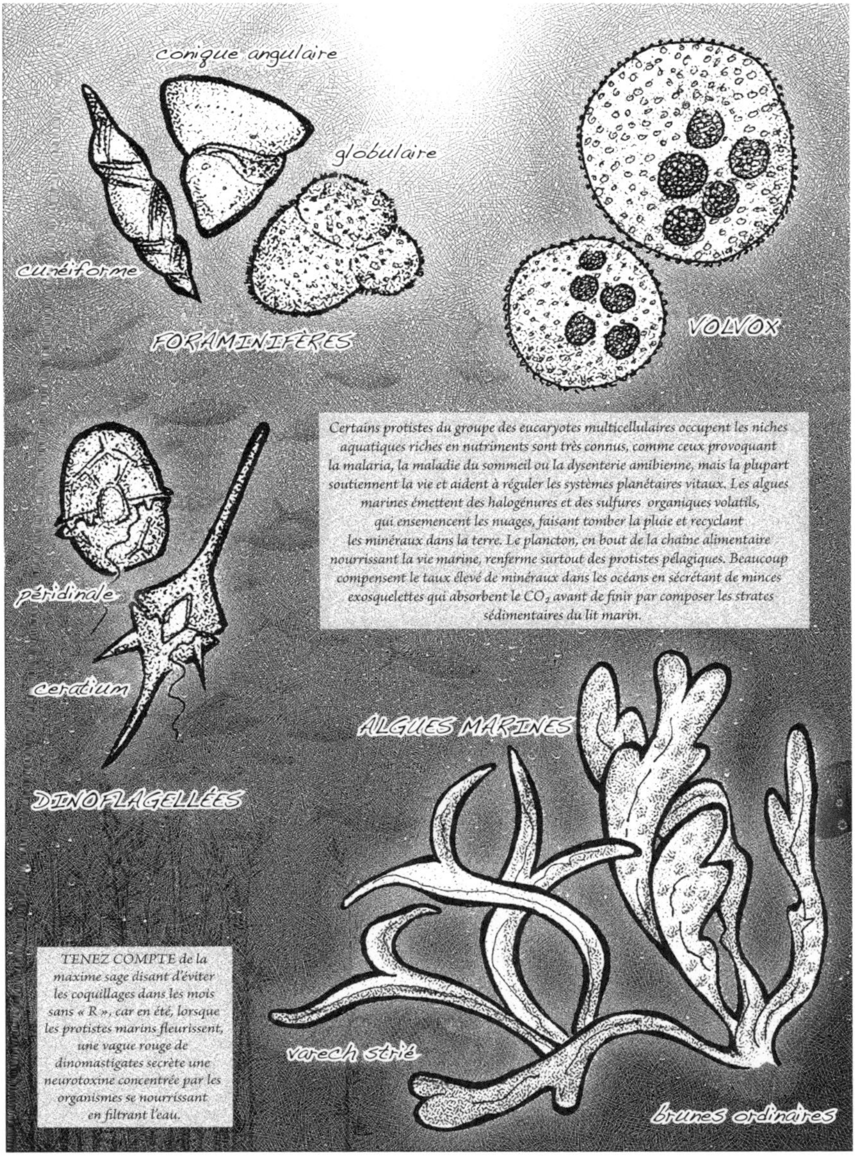

Certains protistes du groupe des eucaryotes multicellulaires occupent les niches aquatiques riches en nutriments sont très connus, comme ceux provoquant la malaria, la maladie du sommeil ou la dysenterie amibienne, mais la plupart soutiennent la vie et aident à réguler les systèmes planétaires vitaux. Les algues marines émettent des halogénures et des sulfures organiques volatils, qui ensemencent les nuages, faisant tomber la pluie et recyclant les minéraux dans la terre. Le plancton, en bout de la chaîne alimentaire nourrissant la vie marine, renferme surtout des protistes pélagiques. Beaucoup compensent le taux élevé de minéraux dans les océans en sécrétant de minces exosquelettes qui absorbent le CO_2 avant de finir par composer les strates sédimentaires du lit marin.

TENEZ COMPTE de la *maxime sage disant d'éviter les coquillages dans les mois sans « R », car en été, lorsque les protistes marins fleurissent, une vague rouge de dinomastigates secrète une neurotoxine concentrée par les organismes se nourrissant en filtrant l'eau.*

CHAMPIGNONS

les déchets d'un organisme sont le fertilisant d'un autre

Les champignons sont les recycleurs ultimes. En tant que lichens, en étroit partenariat symbiotique avec les cyanobactéries ou les algues, ils profitent directement des bénéfices de la photosynthèse. La plupart forment un réseau filamentaire dans le sol où, en association avec des bactéries, ils excellent à transformer la matière organique, exploitant les minéraux et trouvant l'eau. À l'intérieur d'une enveloppe de chitine, le même matériel que l'exosquelette des insectes, les membranes des cellules individuelles du mycélium fusionnent en un seul organisme protoplasmique polynucléaire, qui se développe vers l'extérieur à partir de la ramification des filaments mycéliens, épuisant les nutriments dans son sillage. L'appareil sporifère se manifeste sur le plan macroscopique comme champignons dessinant des cercles de fées.

À des concentrations élevées de sucre, y compris ceux à l'intérieur des eucaryotes multicellulaires, les champignons adoptent typiquement une forme de levure unicellulaire en suspension. Beaucoup, en tant qu'anaérobies facultatives, changent de mode respiratoire pour exploiter l'éventuel oxygène. Par exemple, en présence d'oxygène, *Saccharomyces cerevisiæ* assimile les sucres et dégage du CO_2, faisant se lever le pain. En son absence, elle obtient l'énergie en transformant par fermentation les sucres en éthanol.

Adeptes de la chimie des acides aminés, beaucoup de champignons convertissent la tyrosine en tyramine, stimulant concentré dans les fromages affinés, les viandes et poissons en saumure et faisandés, les boissons alcoolisées et les extraits de levure. *Claviceps purpurea*, l'ergot, pousse sur les céréales, surtout en présence d'humidité, et produit divers alcaloïdes indoliques à partir du tryptophane, dont les lysergides psychédéliques, puissants vasoconstricteurs et stimulants utérins, jonchant l'histoire d'épisodes de feu de saint-Antoine (ergotisme) et procès des sorcières, encore que traitant les migraines et contrôlant l'hémorragie lors de l'accouchement.

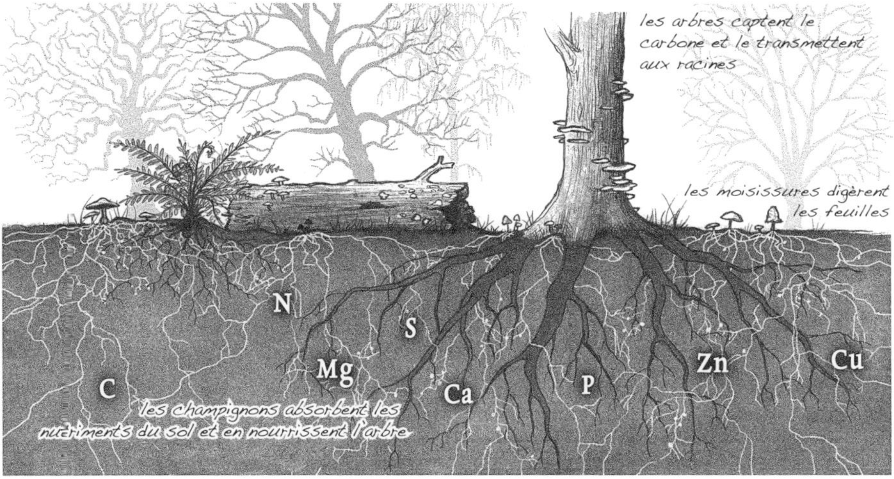

Au-dessus : Les champignons du sol décomposent rapidement les protéines et les hydrates de carbone complexes, y compris la kératine et la cellulose. Beaucoup peuvent manier les polyphénols végétaux, comme ceux du bois, mais la plupart sont aux prises avec les résines des conifères. Particulièrement attirés par les sucres, ils forment souvent des relations symbiotiques mycorhizales avec les plantes, qui reçoivent eau, minéraux et azote soluble, leur permettant de s'épanouir, ainsi que des auxines, hormones végétales qui dirigent les sucres produits dans les feuilles vers les racines, récompensant par là les champignons.

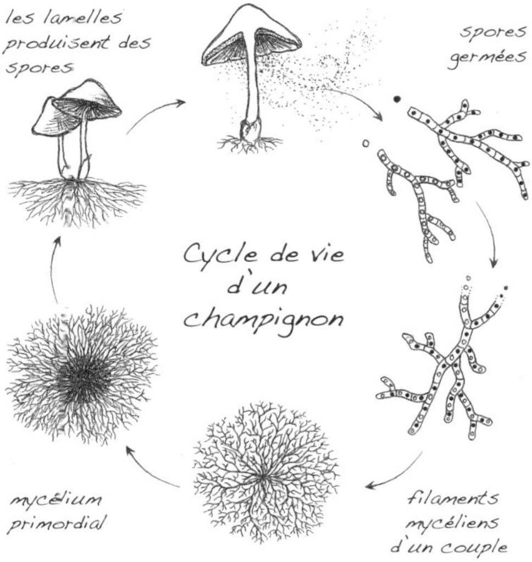

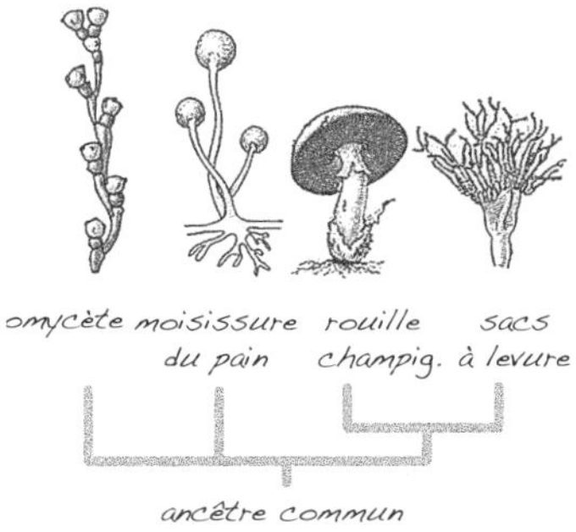

Les champignons se reproduisent grâce à des spores robustes et résistantes produites de manière asexuée pour survivre à l'adversité ou sexuellement, lorsque les conditions sont favorables. La distribution se sert typiquement les éléments, mais beaucoup ont des stratégies assurant la croissance à partir d'un environnement humide, nutritif, comme l'attachement des spores avec du mucus aux brins d'herbe afin qu'elles soient déposées deux jours plus tard dans un tas de crottin d'herbivores.

Plantes

vasculaires et non-vasculaires

Les mondes végétal et animal existent en équilibre dynamique, reposant l'un sur l'autre pour leur survie. Les deux utilisent l'ADN (*ci-dessous*) de la même manière. Par photosynthèse, en utilisant la lumière du soleil, les plantes transforment le dioxyde de carbone et l'eau en oxygène et glucose, tout en respirant, processus inverse, à la manière des animaux. Les plantes fournissent les nutriments à la base de la chaîne alimentaire des animaux, que ceux-ci rendent au sol à travers leurs excréments et la décomposition finale de leur dépouille. Les plantes mettent par ailleurs dans l'équation de nouveaux stocks de nutriments, tirés des minéraux, de l'eau et de l'air. Cette interdépendance entre organismes est une caractéristique vitale de l'écosystème planétaire, qui mérite le respect.

Les plantes se divisent en vasculaires et non-vasculaires. Les premières transportent les fluides depuis les racines à leurs autres parties, autrement dit, elles peuvent vivre sur la terre ferme et coloniser des zones où l'eau manque en surface. Parmi elles : lycopodes, fougères, prêles, conifères, cycas, ginkgos, plantes à fleurs, joncs, buissons, arbres. Il y a une progression évolutionniste claire depuis la production de spores aux graines sans enveloppe, puis aux graines à coquille et aux noix, qui offrent aux embryons végétaux nourriture et protection durant leur germination. Les plantes non-vasculaires sont les plus simples des plantes terrestres ; généralement petites et aimant l'ombre, elles n'ont pas de racines, de tiges ou de feuilles.

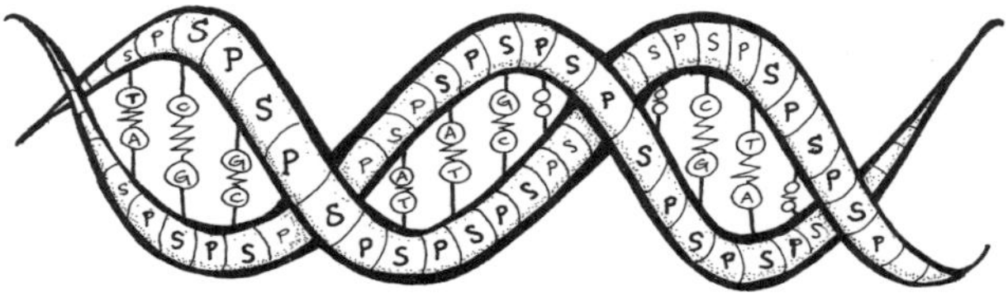

Morphologie des plantes

racines dans la terre, feuilles dans le ciel

Les protistes ciliés à partir desquels les plantes ont évolué se déplaçaient entre les sédiments aquatiques, où ils absorbaient des minéraux, et la surface, où ils absorbaient la lumière solaire. L'objectif des plantes terrestres est d'accéder à ces ressources sur un site unique. À mesure du développement des plantes embryonnaires depuis le méristème, quelques cellules se tendent vers la lumière, quelques autres descendent dans le sol de par la gravité. Entre les deux, les cellules du cambium se différencient en xylème et phloème vasculaires connectant les extrémités, avec des cellules d'emmagasinage au centre. À partir de cette structure initiale, les modules racine, tige et feuilles se ramifient à des fréquences typiques, avec des variations telles que vrilles tactiles, épines protectrices ou boutons de fleurs.

La survie de l'ensemble ne dépend pas d'un seul module, tolérant de généreuses donations de tissu aux herbivores ou aux parasites de passage sans péricliter l'existence de la plante. Tant qu'un peu du méristème subsiste, la plante se régénère, se reproduisant de façon asexuée à partir de stolons, rhizomes et drageons, en plus de favoriser l'élagage et la récolte des fruits.

Les tiges placent les feuilles en une position optimisant l'exposition au soleil, présentent les fleurs à leurs pollinisateurs et les graines à leurs véhicules de dispersion. Beaucoup sont consolidées par les minéraux à base de calcium ou la lignine du bois, une strate protectrice d'écorce abritant des communautés entières. Selon un modèle parabolique suivant le parcours du Soleil, les feuilles tournant individuellement se combinent dans une mosaïque d'une forme maximisant la surface globale de photosynthèse. Les fleurs ont évolué pour que les ovules fertilisés deviennent des graines dans le fruit dérivé de l'ovaire, mais communiquent souvent avec le règne animal, synthétisant des pigments séduisants, des arômes et du nectar, dont la diversité sous-tend leur classification de Linné.

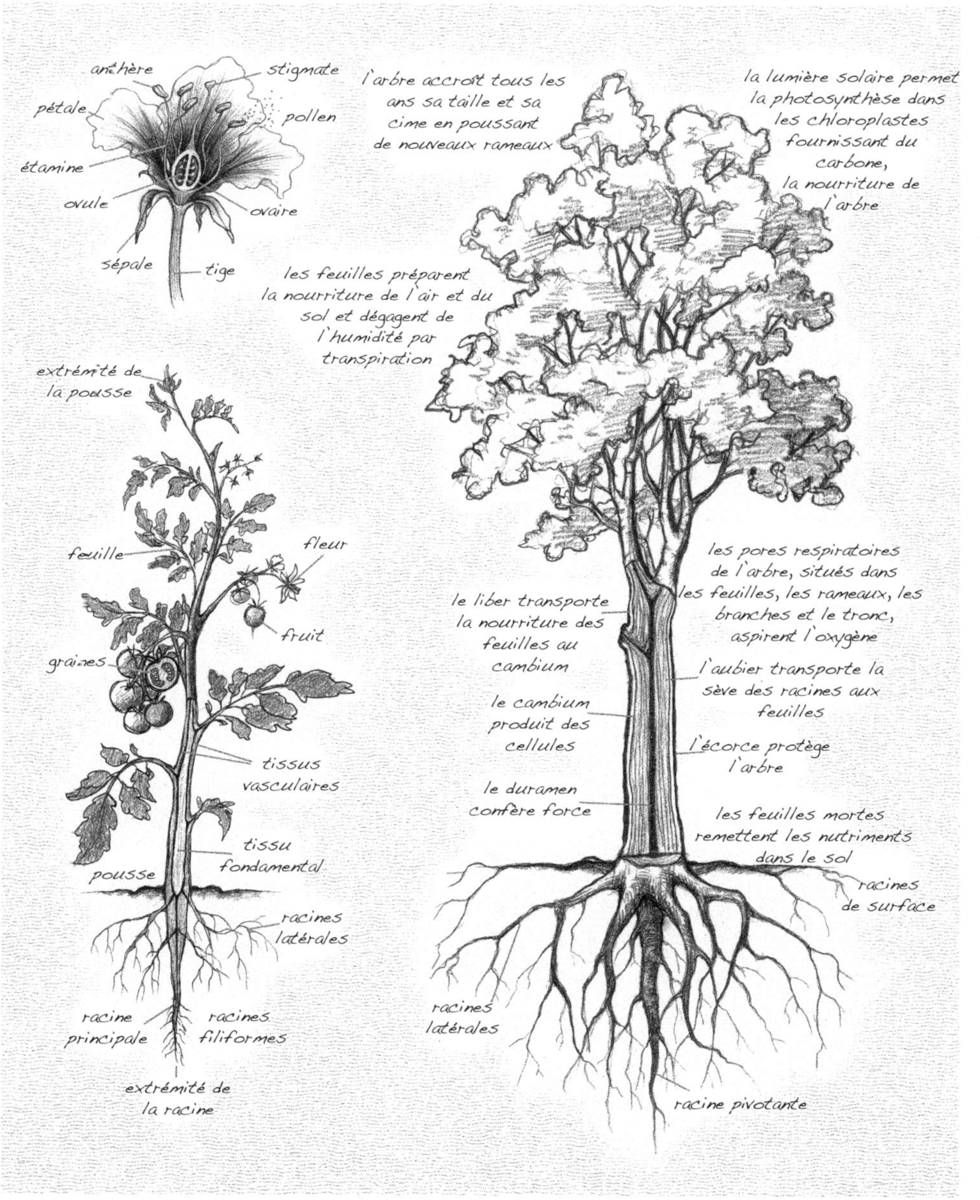
anthère
stigmate
pétale
pollen
étamine
ovule
ovaire
sépale
tige
l'arbre accroît tous les ans sa taille et sa cime en poussant de nouveaux rameaux
la lumière solaire permet la photosynthèse dans les chloroplastes fournissant du carbone, la nourriture de l'arbre
les feuilles préparent la nourriture de l'air et du sol et dégagent de l'humidité par transpiration
extrémité de la pousse
feuille
fleur
fruit
graines
tissus vasculaires
tissu fondamental
pousse
racines latérales
racine principale
racines filiformes
extrémité de la racine
les pores respiratoires de l'arbre, situés dans les feuilles, les rameaux, les branches et le tronc, aspirent l'oxygène
le liber transporte la nourriture des feuilles au cambium
l'aubier transporte la sève des racines aux feuilles
le cambium produit des cellules
l'écorce protège l'arbre
le duramen confère force
les feuilles mortes remettent les nutriments dans le sol
racines de surface
racines latérales
racine pivotante

À L'INTÉRIEUR DES PLANTES

regardez les couleurs

Les plantes accumulent de l'énergie solaire afin de produire des composés organiques complexes qui nourrissent et dirigent toute vie eucaryotique. Cette photosynthèse commence dans les faisceaux de membranes, les thylacoïdes, des chloroplastes (*ci-contre, en bas*), où a lieu la réaction lumineuse, c'est-à-dire l'absorption des quanta. La chlorophylle, le complexe de pigments des chloroplastes, absorbe la lumière rouge et bleue, si bien qu'elle apparaît verte. Les plantes utilisent des caroténoïdes rouges, orange et jaunes afin d'élargir le spectre des fréquences de lumière utilisables. Ces lipides sont présents dans la rétine humaine sous forme de composés de vitamine A provenant des plantes consommées, résonnant avec les photons pour définir la vision en couleur.

L'énergie lumineuse captée par les chloroplastes est utilisée pour séparer les protons des électrons à travers la membrane thylacoïdale. Les électrons ont pour destination finale l'oxygène, expiré sous forme de O_2, tandis que les protons régénèrent l'ATP (*voir page 393*), utilisé pour fournir de l'énergie à toutes sortes de transformations biochimiques. Le carbone libéré du CO_2 est fixé dans les structures des monosaccharides tels que le glucose et le fructose, combinés dans des polysaccharides comme la cellulose, ou emmagasinés en tant que réserves d'énergie dans les amyloplastes des racines, des tubercules et des graines.

La nuit, les plantes fabriquent nombre de substances phytochimiques en utilisant l'énergie accumulée dans la journée, transformant les monosaccharides en acides aminés à l'aide de l'azote soluble des racines, en alcaloïdes curatifs ou toxiques, en phénols comme vanilloïdes, salicylés et résines aromatiques, en polymères genre tannins astringents et lignine. Les plantes peuvent aussi transformer les sucres en lipides pour fabriquer huiles comestibles, savons protecteurs et huiles aromatiques comme menthol, limonène et camphre, résines et latex comme la myrrhe et le caoutchouc.

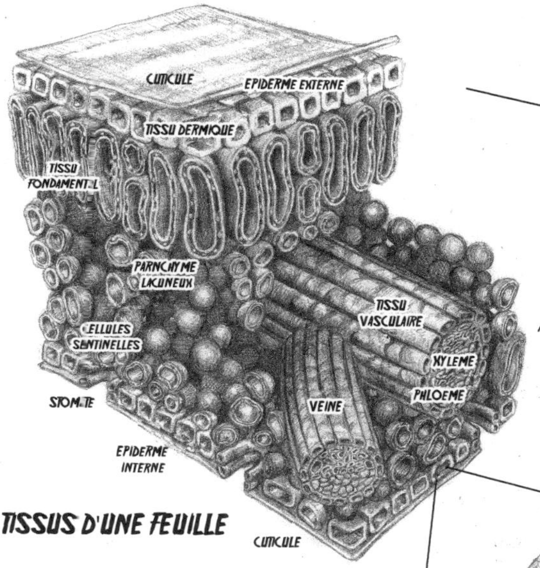

TISSUS D'UNE FEUILLE

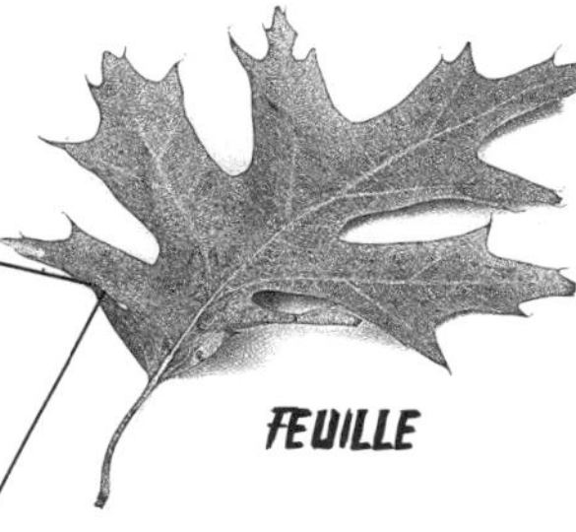

FEUILLE

À gauche : Les cellules pigmentées de la feuille effectuent l'échange gazeux, les stomates se fermant en cas de déficit hydrique (hydronastes) et une cuticule cireuse, protectrice, limitent les pertes (par transpiration) de l'eau nécessaire à la photolyse. Cela suit l'absorption des minéraux par les racines, arrivant via le xylème vasculaire, remettant les sucres en solution via le phloème.

À droite : Les tonoplastes protègent et contrôlent les chloroplates produisant de l'eau par photosynthèse à mesure que les polysaccharides structurels aident à contrecarrer le stress osmotique ; la cellulose fibreuse fortifie les parois cellulaires, tandis que les gels entourant les pectines et les mucus rattachent et conservent l'eau localement.

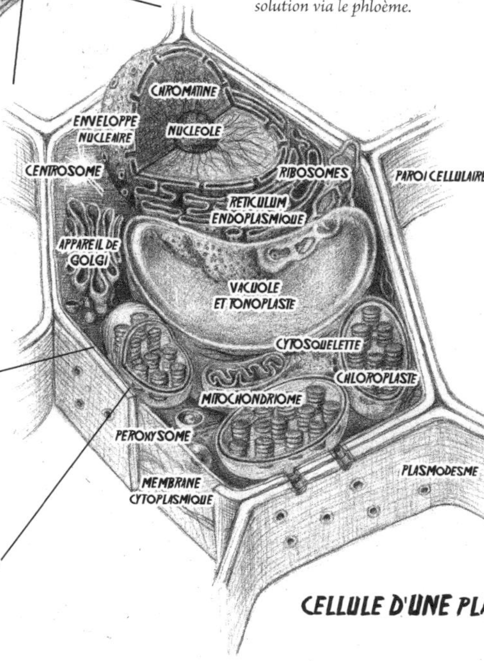

CELLULE D'UNE PLANTE

Ci-dessous : L'énergie électrochimique à la base de tous les processus vivants est générée par photolyse dans les chloroplastes thylacoïdes.

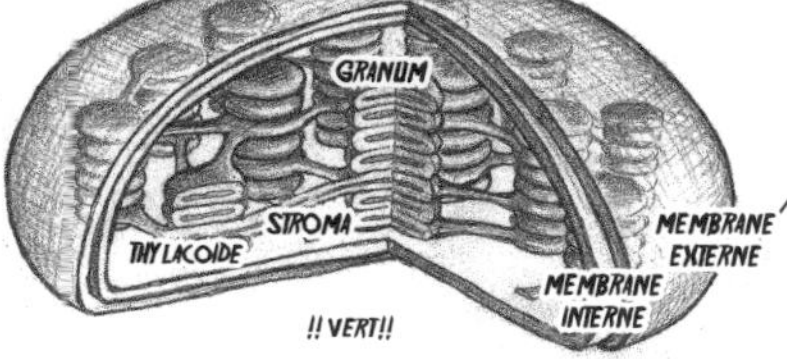

CHLOROPLASTE

Pollinisation et dispersion

manipuler les animaux

Pour bénéficier de la reproduction sexuelle, les plantes doivent s'assurer que les gamètes mâles (pollen) arrivent aux gamètes femelles (ovules) d'autres plantes de la même espèce. Le zygote résultant doit être ensuite porté jusqu'à un endroit distant pour pousser. Initialement, les éléments étaient les vecteurs de dispersion ; le vent portait le pollen léger aux plantes ou aidant l'envol des samares, l'eau dispersait les graines de la taille des noix de coco, les portant sur les océans jusqu'à coloniser la planète. Avec l'entrée en scène des animaux, les occasions d'aller loin se sont énormément accrues et les fleurs ont développé des stratégies ingénieuses afin d'attirer à ces fins insectes, arthropodes, oiseaux et hommes.

Le pollinisateur est récompensé parfois par un petit repas de nectar et pollen, mais le plus souvent il ne reçoit rien. Par exemple, certaines orchidées incitent les araignées à tenter de faire l'amour avec elles, alors que des fleurs comme *Amorphophallus* dégagent des diamines volatiles comme la putrescine et la cadaverine pour attirer les mouches, en les persuadant qu'il s'agit de viande en putréfaction. Le nectar est généralement difficile à atteindre, afin de s'assurer que l'oiseau ou l'abeille plonge dans la fleur et se couvre de pollen ou le dépose. La couleur, le parfum, le goût et parfois l'aspect de la fleur visent à attirer les animaux.

La dispersion des graines peut être aussi simple qu'une bractée de bardane s'accrochant aux poils d'un animal ou une relation subtile entre espèces, comme celle que les duriones fragrantes entretiennent avec les chauves-souris. L'homme a sélectionné les arbres fruitiers les plus productifs et les fleurs les plus belles, mais a aussi été manipulé par des plantes comme le cannabis, le coca et le pavot, se servant de la biochimie humaine pour se propager. Certaines plantes déclenchent même des incendies en sécrétant des substances comme l'éthylène afin de nettoyer la voie pour leurs pousses.

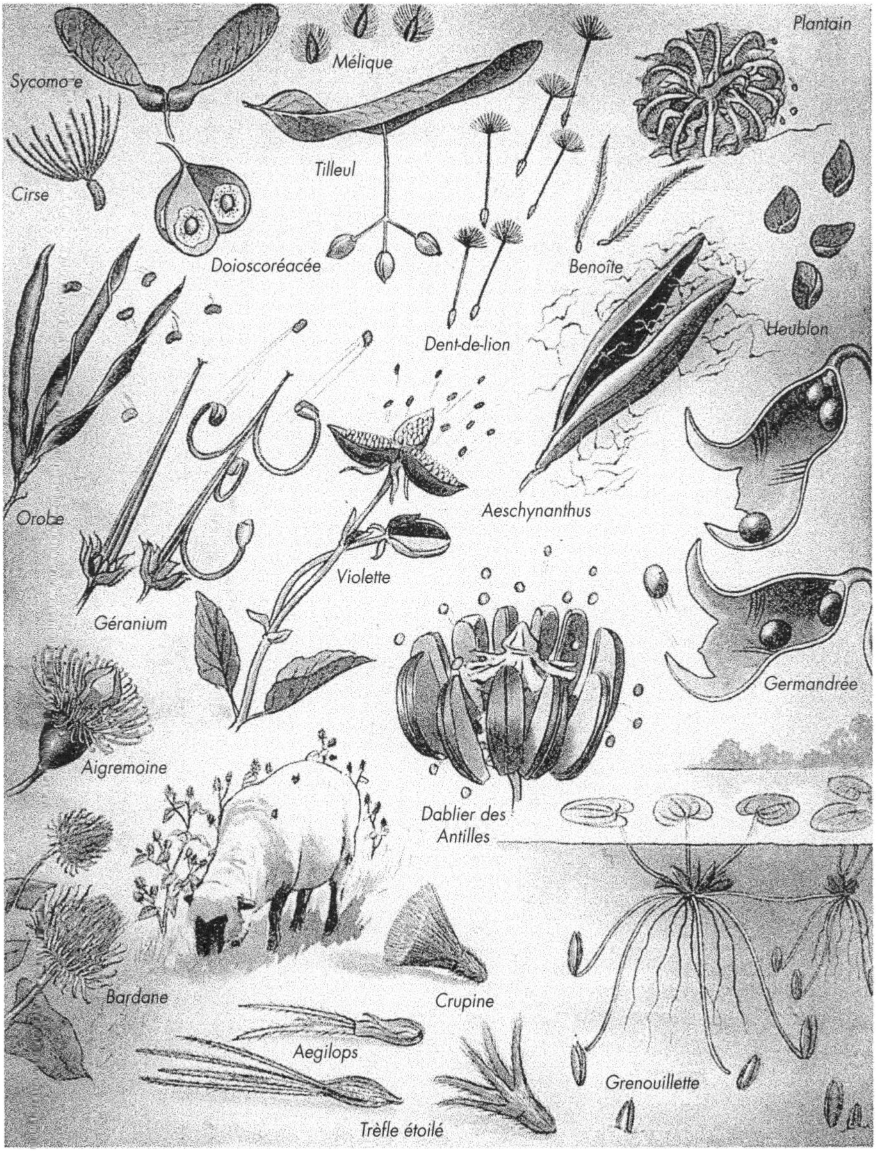
Sycomore
Mélique
Plantain
Cirse
Tilleul
Doioscoréacée
Benoîte
Dent-de-lion
Houblon
Orobe
Aeschynanthus
Violette
Géranium
Germandrée
Aigremoine
Dablier des
Antilles
Bardane
Crupine
Aegilops
Grenouillette
Trèfle étoilé

Animaux

des insectes pour la plupart inconnus

Le règne animal va des organismes unicellulaires simples aux organismes multicellulaires extrêmement complexes. Ils sont mobiles, capables de se déplacer spontanément et indépendamment (du moins à un certain point de leur vie). Comme les plantes, ils consistent en cellules individuelles ou en rassemblements de cellules qui communiquent et coopèrent grâce à diverses voies complexes de signalisation. La plupart des phylums animaux sont apparus dans les mers au cambrien, il y a quelque 550 millions d'années (*voir page 395*).

La division taxonomique classique divise le règne animal en vertébrés et invertébrés (avec ou sans épines). Le groupe des invertébrés comprend à peu près 97 % de toutes les espèces animales et inclut amibes, hydres, éponges, vers, mollusques (limaces, escargots), cnidaires (méduses, anémones, coraux), échinodermes (oursins, étoiles de mer), céphalopodes (calamars, pieuvres, seiches) et nombreux arthropodes (crustacés, arachnides, insectes). Le groupe des vertébrés comprend les poissons, les amphibiens, les reptiles, les oiseaux, les mammifères marsupiaux et placentaires. Chaque espèce existante est au point culminant de son évolution. D'autres ont disparu en cours de route.

La classification moderne du règne animal comporte 13 phylums, dont au moins trois concernent différents types de vers. Le phylum le plus grand est Arthropoda, peuplé surtout d'insectes, avec bien plus d'un million d'espèces nommées et 20 millions sans nom. En tout, il y a probablement quelque 30 millions d'espèces de plantes et d'animaux sur Terre. L'activité humaine en tue environ 50 000 par an, 1 % tous les 6 ans, le rythme le plus rapide de génomicide depuis l'extinction K-T qui a fait disparaître 85 % de toutes les espèces de la Terre, dont les dinosaures. La dernière fois, la Terre a pris 30 millions d'années pour se remettre.

Qu'est-ce qu'un animal?

un archipel qui bouge et mange

Les animaux sont des prédateurs de matière organique – ils survivent en mangeant d'autres êtres vivants ou leurs produits, et se reposent sur le travail et l'ingéniosité de leurs victimes pour obtenir les nutriments dont ils ont besoin. Ils respirent de l'oxygène pour que leurs mitochondries brûlent une partie de cette nourriture, fournissant l'énergie dirigeant les processus biochimiques anaérobies plus anciens encore présents dans leurs cellules. La vie d'un petit grignoteur opportuniste est incertaine, si bien que les animaux ont besoin de trouver et ingérer leur nourriture de manières fiables. Les animaux anciens, comme les éponges, les coraux et les méduses, le font en se servant de leurs cils pour faire passer l'eau de mer à travers leur corps, retenant bactéries et plancton, en extrayant l'oxygène et se débarrassant de leurs déchets. La plupart des coraux abritent des algues endosymbiotiques contribuant à ces processus.

Tous les animaux exhibent une symétrie radiaire ou bilatérale, à l'exception des éponges. L'évolution des formes mobiles a induit la transition depuis la symétrie radiaire à deux couches des méduses et des anémones à celle bilatérale à trois couches des trilobites du cambrien. Des formes compactes, présentant une tête et une queue, une bouche et un anus, une face et un dos ont émergé, favorisant l'aérodynamisme, la motilité et la céphalisation. Les nerfs sensoriels et de contrôle concentrés au niveau de la tête, aboutissant à un cerveau. En suivant les plantes sur la terre ferme il y a environ 400 millions d'années afin de s'en nourrir, les animaux ont été obligés d'enclore leurs petites mers privées baignant leurs cellules et de développer un appareil d'échange gazeux avec l'air au lieu de l'eau. Le plus ancien animal à s'être aventuré sur les berges était un proto-millipède, près de ce qui est maintenant Stonehaven (Écosse).

Coupe de l'éponge montrant l'aspiration de l'eau contenant des nutriments et de l'oxygène à travers les petits trous de la corbeille vibratile et expulsée par les grands trous.

Morphologie animale

intériorisation, segmentation, squelettisation

Les animaux affamés veulent garder leur nourriture pour eux-mêmes, donc la digérer à fond, si bien que le principal organe à avoir été intériorisé a été le tube digestif, entouré par l'appareil le servant et le faisant bouger. Le développement des embryons animaux imite dans les grandes lignes l'évolution – depuis une grappe de cellules s'aplatissant, se stratifiant, se segmentant, se différenciant à mesure de sa croissance. La séquence progresse aux annélides (vers annelés), ascidies, poissons, amphibiens, reptiles, puis oiseaux ou mammifères, arrêtant et divergeant à toute étape. Les segments modulaires répétitifs permettent un assemblage continu mais variable, avec des paires d'appendices ajoutés selon les besoins. Les preuves génétiques désignent une origine commune de ce processus ; votre corps est segmenté comme les anneaux d'un ver de terre.

Les cellules animales ont des membranes souples pouvant se développer en tissus denses, repliés en dedans, spécialisés, mais exigeant une structure plus ferme pour s'y accrocher. Les vers de terre ont un simple squelette hydrostatique, une cavité remplie de fluide entre les viscères et le tube musculaire externe, qui se contracte par segments pour se déplacer. La plupart des animaux, comme les arthropodes (insectes, araignées, crabes), ont un exosquelette fait de chitine, tant structurelle que protectrice, qu'ils doivent quitter pour grandir. L'épiderme des crustacés est minéralisé et sert d'entrepôt de calcium, comme les épines des vertébrés et les coquilles des mollusques, alors que les requins et les bébés ont un squelette fait entièrement de cartilage.

LA PLANÈTE TERRE PRÉSENTE

UN VER

LUMBRICUS TERRESTRIS
LE PLUS GRAND MEMBRE
DES OLIGOCHAETA DU
PHYLUM ANNELIDA

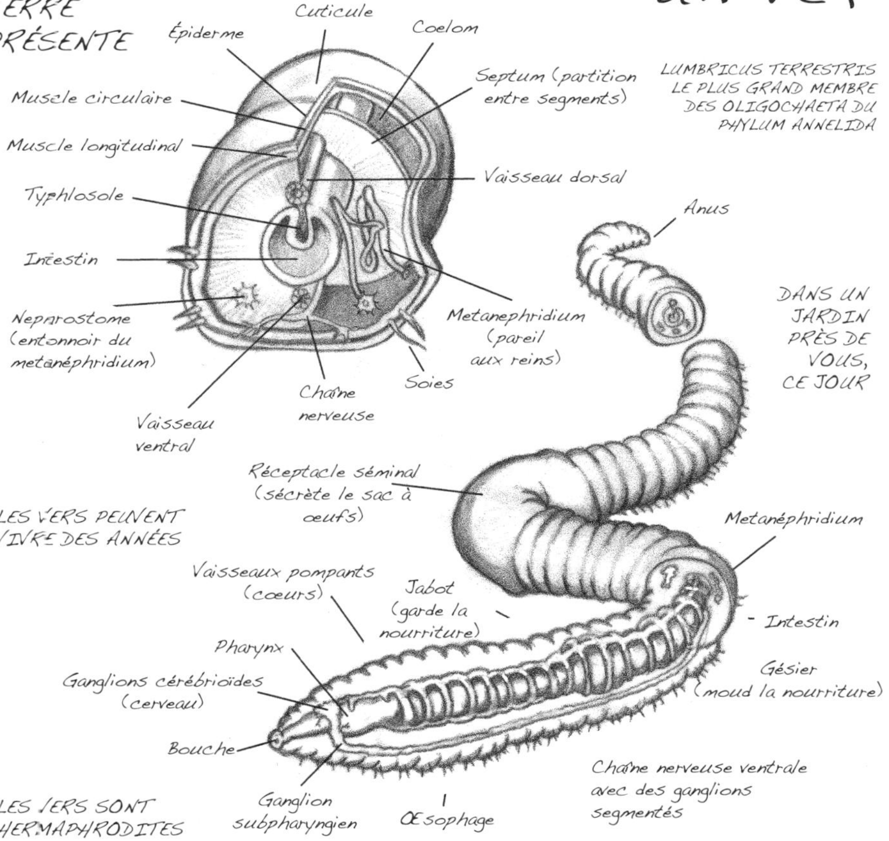

DANS UN JARDIN PRÈS DE VOUS, CE JOUR

LES VERS PEUVENT VIVRE DES ANNÉES

LES VERS SONT HERMAPHRODITES

Organes vitaux

morceaux spécialisés de bestioles

Les organes ont débuté en tant que grappes de cellules spécialisées chez les vers plats des mers chaudes peu profondes de la période édiacarienne, puis ont évolué dans un système périphérique de soutien du tube digestif à mesure du développement de vrais intestins. Les besoins primordiaux étaient circulation, respiration, mouvement, régulation interne, contrôle global et, avec l'évolution du sexe, reproduction devaient être assurés. Les diktats de structure ayant façonné les premiers animaux dans la mer s'appliquent aussi aux organes intérieurs des animaux avancés, qui héritent de leurs mécanismes de formation. L'efficacité du transport et la maximisation de la surface et des points de contact dans un espace fini ont conduit à certaines formes communes, comme le rayonnement arboricole des nerfs et des vaisseaux sanguins. Des organes d'apparence similaire peuvent être le résultat de solutions convergentes (*voir page 218*).

Une conséquence de la symétrie bilatérale est que les organes vont le plus souvent par paires, parfois fusionnés ou atrophiés à une quelconque étape de la croissance. La plupart des femelles scarabées, par exemple, n'ont qu'un ovaire, bien qu'à l'état de pupe elles en développent deux, dont un s'atrophie avant la fin de la métamorphose.

ORGANES SEXUELS DE LA MOUSSE
Le sperme biflagellé nage vers l'ovule comme un protiste

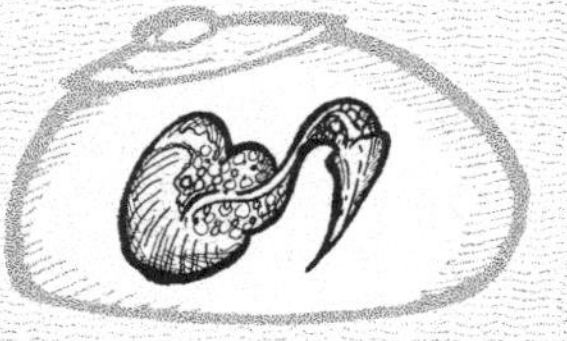

GLANDE À VENIN DU COBRA
sa neurotoxine agit comme le curare et peut tuer un éléphant

PHOTOPHORE DU POISSON-VIPÈRE
fait luire ses bactéries pour attirer des proies et communiquer avec les partenaires

Cœur de papillon
ces pompes tubulaires le long du vaisseau dorsal font circuler la lymphe jaune

Gésier de dinosaure
contient des pierres écrasant les aliments comme chez les crocodiles, les phoques et les oiseaux

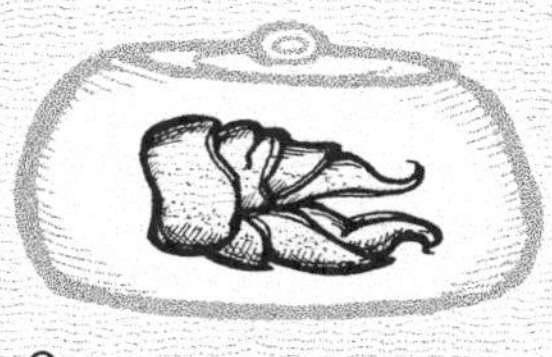

Ovipositeur de sauterelle
épais avec des cerques le renforçant pour creuser un trou où déposer l'œuf

Dents de requin
tranchantes ; certains requins font pousser des milliers durant leur vie

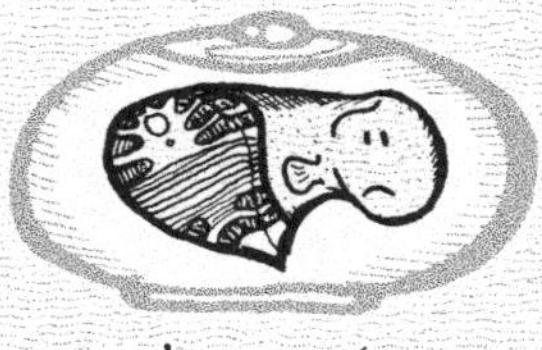

Batterie d'anguille électrique
pareille à des milliers de membranes des cellules nerveuses dans un tas de 500 volts

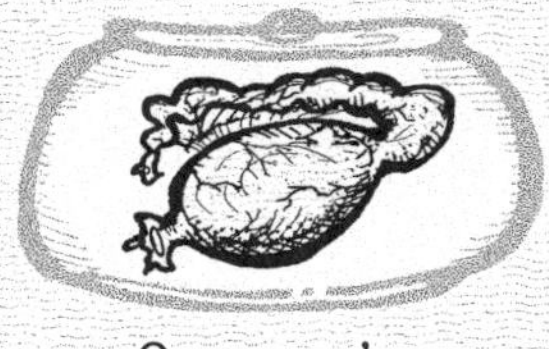

Oviducte d'aigle
achemine les ovules fertilisés (ou non) dans la coquille calcaire remplie de nourriture

Oreille de crocodile
l'oreille interne est un canal intracrânien unique, fonctionnant de façon amphibie

Luminescence de la luciole
éclair imité par d'autres scarabées, conduisant les mâles à la mort

Amibes collectives
les protistes dispersés s'unissent parfois et agissent de concert

Aiguillon de scorpion
immune à son propre venin ; tue des milliers d'hommes chaque année

Œil à facettes de mante
transmet des images accolées, dirigées en avant pour la chasse

Cerveau de puce
davantage une grappe de ganglions, décidant surtout quand piquer ou sauter

PRODUCTION

qui mange qui

Sauf quelques très rares organismes qui tirent l'énergie des cheminées océaniques chaudes, toute la vie de la planète dépend directement ou indirectement de l'énergie du Soleil. En bas de la chaîne alimentaire il y a les producteurs, *autotrophes*, plantes transformant par photosynthèse le dioxyde de carbone et l'eau en glucose (*page 135*) dans leurs chloroplastes dirigés par les quanta de lumière rouge et bleue. Au-dessus, les consommateurs, *hétérotrophes*, obtiennent leur énergie en mangeant les autotrophes ou d'autres hétérotrophes. Les chaînes alimentaires sont souvent organisées par niveaux trophiques (*ci-dessous et ci-contre, en haut à gauche*). Certains consommateurs, comme les bactéries et les champignons, sont des *décomposeurs*, obtenant leur énergie des organismes morts qui ont pu être mangés précédemment par un *détritivore* tels qu'une limace ou un vautour.

Tous les organismes vivants *respirent*, les animaux éliminant de l'eau et du dioxyde de carbone, au contraire de la photosynthèse, entretenant un processus essentiel. La *productivité nette* d'un système est sa productivité brute moins sa perte respiratoire (*ci-contre en bas à gauche, d'après Rutherford*).

En dehors du cycle de carbone de la photosynthèse et de la respiration, d'autres cycles biochimiques essentiels concernent l'eau (*page 357*), l'azote (*page 145*), le soufre (des protéines et des enzymes), le phosphore (de l'ADN) et d'autres oligo-éléments. De par le climat, la sédimentation et l'absorption par les plantes ou les animaux léchant les roches, ceux-ci passent aussi par les niveaux trophiques à mesure que les organismes se dévorent l'un l'autre et se décomposent.

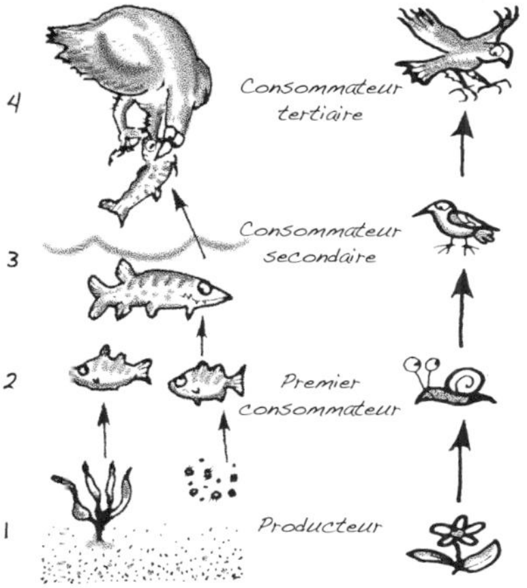

Au-dessus : Quatre niveaux trophiques. Les producteurs captent l'énergie du Soleil. Les consommateurs primaires végétariens sont mangés par les consommateurs secondaires. Seuls 10 % de l'énergie captée sont transmis au niveau suivant, autrement dit les consommateurs tertiaires carnivores sont relativement rares.

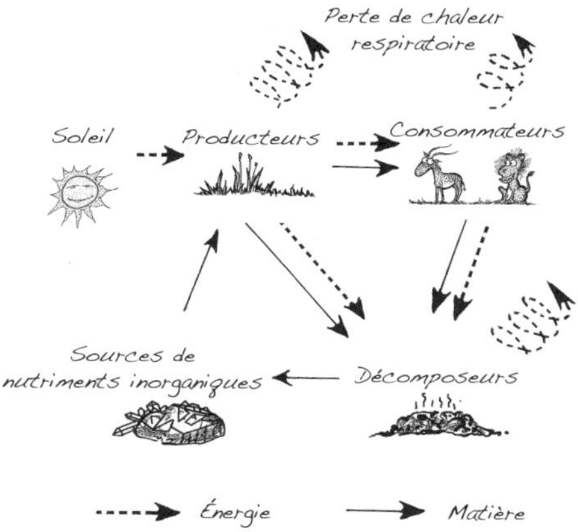

Au-dessus : L'énergie et le flux de matière dans un écosystème. Notez à quel point les décomposeurs sont importants, car ils aident à recycler les nutriments au bénéfice des producteurs primaires. La respiration du sol (causée par les bactéries qui s'y trouvent) est un facteur important du cycle global du carbone.

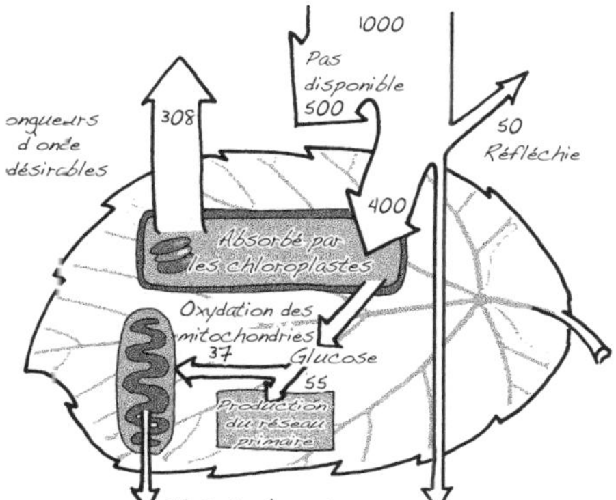

Au-dessus : La productivité d'une plante. Les chloroplastes produisent du glucose à partir des rayons lumineux rouges et bleus (reflétant le vert), alors que les mitochondries le brûlent pour fournir de l'énergie aux cellules, causant la respiration. Pour un influx de 1 000 unités d'énergie, la productivité primaire brute est 92 (37 + 55).

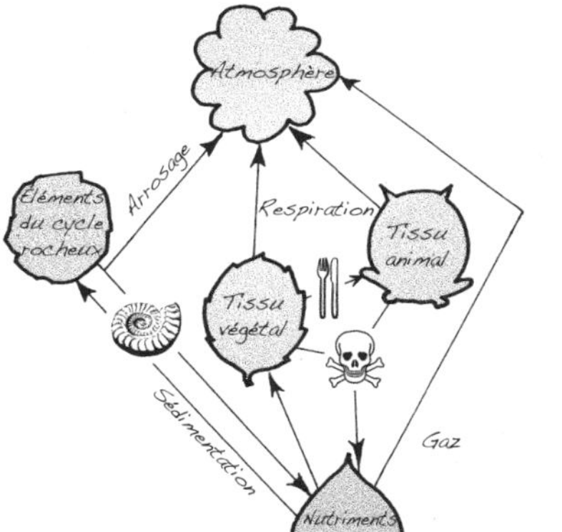

Au-dessus : Cycles biogéochimiques dans l'écosystème global. Quelque 40 éléments passent par les écosystèmes et sont vitaux pour les processus de la vie. Le principal réservoir pour ces matériels inorganiques se déplaçant lentement se trouve d'habitude hors de la chaîne alimentaire, dans les roches et le sol.

ÉCOSYSTÈMES ET BIOMES

la toile de la vie

La toile de la vie sur Terre est un écosystème extrêmement complexe fait d'unités localisées plus petites. Un écosystème est l'association d'une communauté d'espèces vivantes et d'un environnement physique en constante interaction. Dans un écosystème donné il y a une chaîne alimentaire (*ci-contre, en haut à droite*) dirigée par le soleil et la photosynthèse.

Les écosystèmes aquatiques couvrent 72 % de la surface de la Terre. Le phytoplancton génère 45 % de la production nette primaire du monde et presque la moitié de l'oxygène atmosphérique. Ces écosystèmes comportent à 99 % des variétés d'eau salée – océans, marais salants, mangroves et récifs coralliens – et à 1 % des variétés d'eau douce – tourbières, marais, lacs, rivières, mares (*voir développement de l'écosystème d'une mare ci-dessous*).

Les écosystèmes sont regroupés en *biomes*, grands milieux au climat similaire qui tendent à développer des biotopes et des biocénoses similaires. On peut tracer un graphique des principaux biomes terrestres, qu'il s'agisse de forêts tropicales ou tempérées, de déserts, de taïga ou de toundra (*ci-contre en bas à droite*) en fonction de la pluviométrie et de la température annuelles. Le développement du sol suit les biomes et joue un rôle majeur dans le rendement d'un écosystème. Mélange d'argile, de sable et de vase, parfois avec de la matière organique et des micro-organismes (champignons et bactéries), les sols sont fixés par les racines des plantes. Le mélange parfait pour le rendement optimal est un limon (*ci-contre en bas à gauche*).

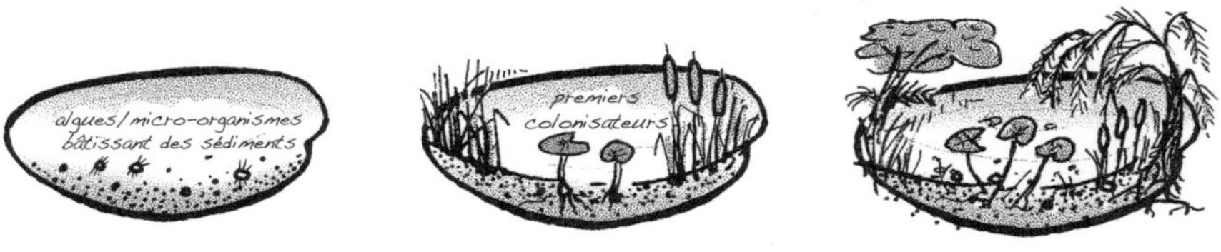

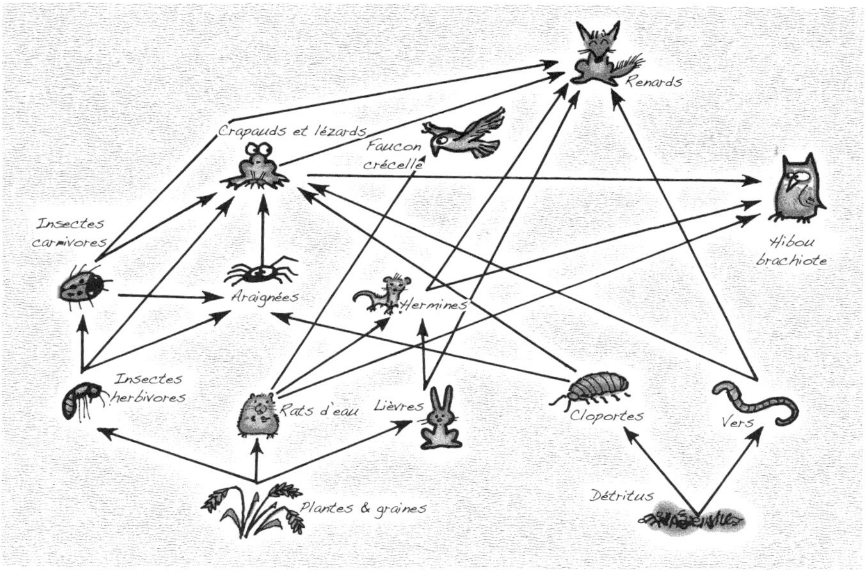

Au-dessus : Une chaîne alimentaire très simplifiée d'une lande acide du Dorset (sud de l'Angleterre, d'après Rutherford). Les espèces individuelles d'insectes ne sont pas montrées, pas plus que les plantes ou les décomposeurs individuels, mais on peut se faire une idée globale de la chaîne.

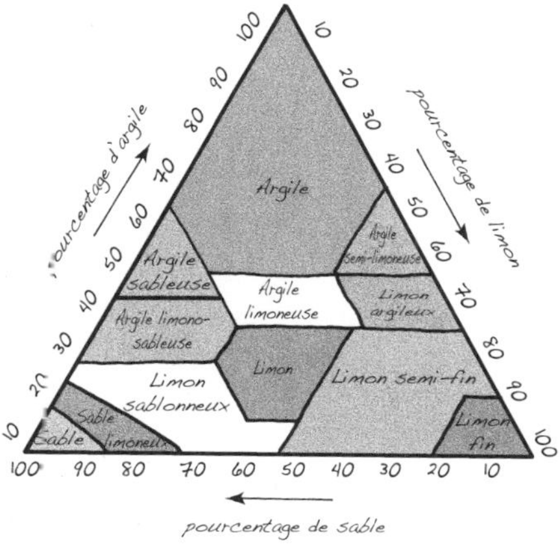

Au-dessus : Les sols sont composés d'un mélange d'argile, de limon et de sable, les pourcentages relatifs de chacun des trois donnant naissance à divers types de sol. Le limon a le meilleur rendement.

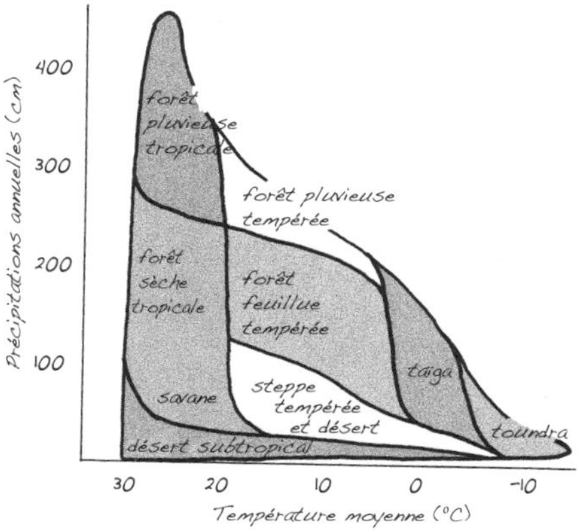

Au-dessus : Les biomes majeurs par rapport aux précipitations et aux températures annuelles. Des types analogues d'écosystèmes sont présents dans des biomes similaires du monde.

L'HYPOTHÈSE GAÏA

un système vivant, se régulant lui-même

La biosphère de la Terre est tenue actuellement pour un réseau de systèmes se régulant eux-mêmes et entretenant les conditions de vie sur la planète. La salinité des océans s'est maintenue à 3,4 % pendant très longtemps, malgré l'apport des fleuves. La composition de l'atmosphère est aussi restée relativement constante au cours de ces 3 derniers milliards d'années, tout comme la température globale de la surface, même si l'énergie du Soleil s'est accrue de 25 %. La vie à base de carbone interagit avec l'atmosphère de la Terre et l'affecte de par les boucles de rétroaction maintenant l'homéostasie ; par exemple, les océans plus chauds font naître davantage de nuages, conduisant ainsi au refroidissement global (*ci-contre, en haut*).

Malheureusement, l'utilisation des combustibles fossiles et la destruction des forêts menacent sérieusement l'ensemble du système, pour la première fois depuis l'extinction des dinosaures (*ci-contre, en bas*).

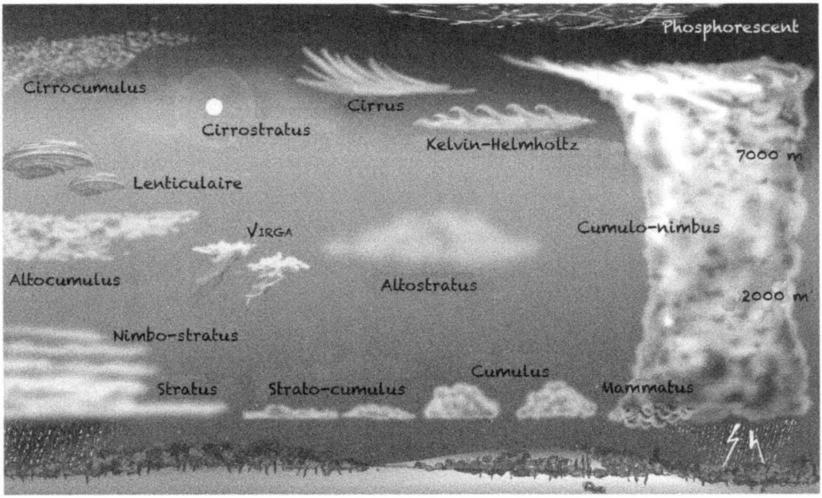

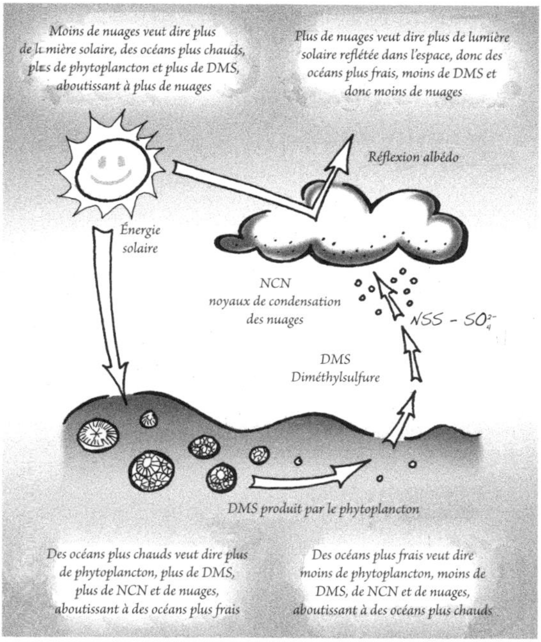

À gauche : Exemple de système autorégulateur de la biosphère terrestre. La production de diméthyl sulfure par le phytoplancton régule le nombre de noyaux de condensation des nuages et donc l'ampleur de la couverture nuageuse. Plus de soleil atteignant les océans aboutit à plus de phytoplancton, plus de nuages, et donc moins de soleil touchant la surface de la Terre, et vice-versa.

Au-dessous : Le cycle carbone (les chiffres montrent le carbone total emmagasiné et les mouvements annuels de carbone en tonnes). Notez le rôle très important joué par la respiration du sol, ainsi que la lente absorption du carbone sur le plancher marin, puis la manière dont les émissions des combustibles fossiles et les changements de l'usage de la terre augmentant tous les ans le CO_2 dans l'atmosphère. Si la température globale s'élève de beaucoup, les vastes quantités de méthane présentes dans le permafrost et sous les océans se dégageront aussi, conduisant probablement au réchauffement global.

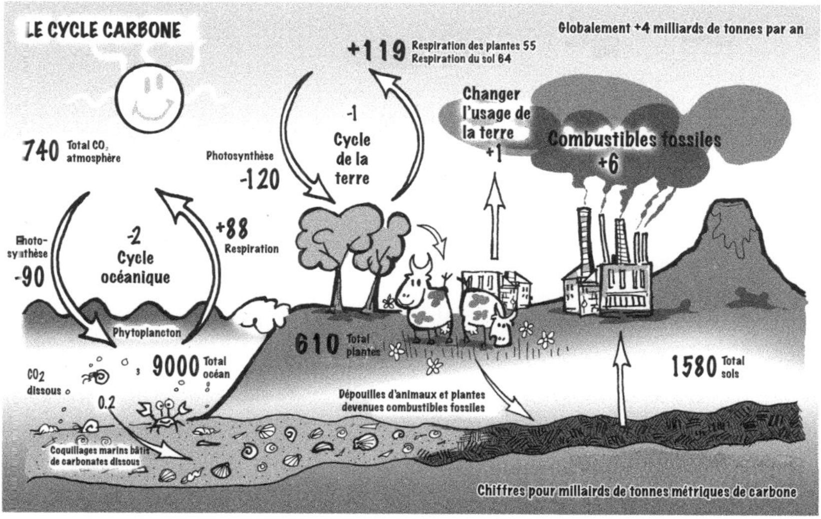

ÉVOLUTION ACCÉLÉRÉE

ingénierie génétique et code auto-évolué

Jusque-là, l'homme semble le meilleur pari de Gaïa pour la colonisation de la galaxie, mais cela risque de ne pas fonctionner. Les agents mémétiques pourraient préférer les muscles au cerveau ou l'homme pourrait détruire les écosystèmes le soutenant. Un astéroïde ou une supernova pourraient nous renvoyer à l'âge de la vase. L'éventuel colonisateur de la galaxie pourrait évoluer à partir d'une autre souche que les primates (*comme les dauphins, ci-contre, en haut*). Mais là encore, l'ingénierie génétique (*ci-contre, en bas*) pourrait accélérer l'évolution dans un proche avenir, accroissant la longévité, créant de nouvelles caractéristiques et de nouvelles espèces susceptibles d'être plus performantes que tout ce qu'on imagine maintenant.

À ce jour, la théorie évolutionniste est appliquée très efficacement dans l'informatique. Des programmes dynamiques engendrent de façon aléatoire divers descendants choisis ensuite pour des comportements cible. De cette manière, les robots apprennent sans mal à marcher avec style, à voler avec grâce ou à se tortiller vite (*ci-dessous*), se servant d'*algorithmes évolués* qu'aucun homme n'a programmés.

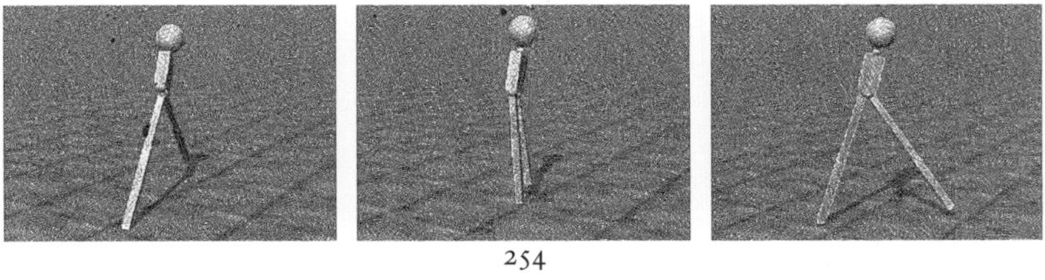

L'homme est encore en train d'évoluer et l'avenir peut prendre bien des directions. Depuis le primate ancestral à l'homme n'est qu'un chapitre de l'histoire. Des traits génétiques nouvellement évolués ou génétiquement créés pourraient, à l'avenir, engendrer de nouvelles espèces. Mais là encore, l'humanité est peut-être une impasse évolutionniste ; une autre espèce pourrait émerger du pool global de gènes pour coloniser la galaxie.

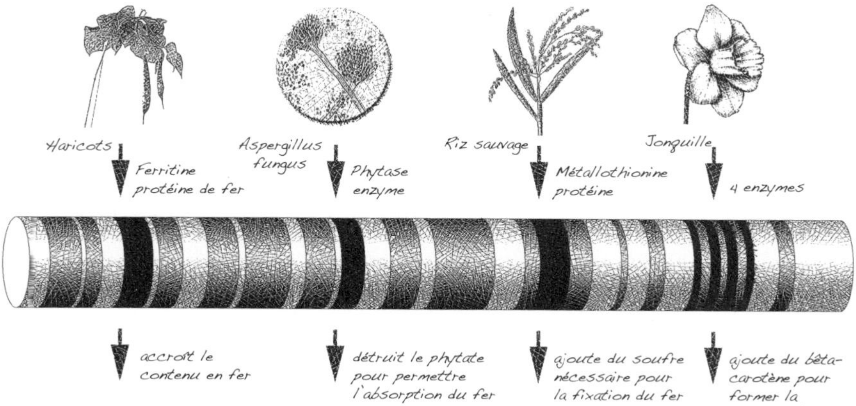

Au-dessus : Riz transgénique, créé pour parer aux graves carences en fer et en vitamine A des pays en cours de développement.

Mèmes

pensées et virus culturels s'autoreproduisant

En se servant de l'évolution biologique pour mieux comprendre l'évolution culturelle, Richard Dawkins a inventé en 1976 le concept de *mème,* équivalent culturel du gène, le définissant comme une unité d'information culturelle existant dans un *pool mémétique.*

Les mèmes se manifestent à partir des pensées ou des découvertes et soit survivent dans le pool mémétique, soit meurent, en fonction de leur valeur telle que perçue par les individus. Les mèmes peuvent aussi être représentés dans des modèles culturels. Une sélection, peut-être en fonction d'une préférence pour une manière particulière de s'habiller, de dîner ou de danser, envoie des batteries d'informations culturelles, qui offrent des bénéfices distincts à chaque individu entrant en contact avec elle. À mesure que cette information circule entre individus et leurs groupes, les effets se répandent et de nouvelles sous-cultures naissent.

La *mémétique*, l'étude des mèmes, montre comment les modes apparaissent et disparaissent par ce qui est souvent comparé à des effets de contagion. D'autres exemples de modèles mémétiques incluent mots, chansons, phrases, convictions, modes, habitudes, etc. La coévolution du gène-mème, la *théorie du double héritage*, explique certaines de nos manières de faire les choses et leurs influences génétiques. La tolérance du lactose, adaptation impliquant une tolérance accrue du lait de vache n'en est qu'un exemple.

D'autres théories suggèrent que des forces étranges interviennent. Dans des études effectuées entre 1999 et 2005, Rupert Sheldrake montrait que beaucoup de gens peuvent sentir quand on les fixe du regard. Sa théorie de la résonance morphique prône que des idées de forme analogue passent parfois instantanément entre cerveaux à la structure similaire. Les mèmes passent entre les esprits comme des synchronicités quantiques dans un univers holographique intriqué.

Les mèmes sont partout, affectant beaucoup de vos actions.

Comme les gènes, ils subsistent intacts des siècles.

Certains mèmes s'expriment dans des vêtements ou des discours à la mode.

D'autres sont injectés dans la société par les publicitaires et les politiciens.

Les mèmes peuvent prendre la relève de ce qu'on voit et de ce qui se passe.

La sagesse populaire est un type subtil de mème.

VIE EXTRATERRESTRE
dans un univers en évolution

L'univers est un endroit très favorable à la vie (*voir page 376*). Il y a plus de 100 quintillions d'étoiles juste dans la partie qu'on peut voir, si bien que d'autres planètes abritant une vie biologique doivent exister. L'univers fourmille assurément d'êtres intelligents – alors où sont-ils ? C'est le *paradoxe de Fermi*.

Il y a bien des réponses. Peut-être il n'y a pas d'extraterrestres. Peut-être sommes-nous seuls dans l'univers. Peut-être y a-t-il des extraterrestres mais nous ne les avons pas encore rencontrés ? Peut-être sont-ils trop loin, pas assez évolués ou trop évolués. Et si le voyage spatial à longue distance était plus difficile qu'on le pense, même impossible ? Utilisons-nous la technologie inadaptée, les mauvaises fréquences, le regard inapproprié ?

Regardez ce que nous avons accompli en tant qu'espèce au fil de ces 10 000 dernières années, même de ces 100 dernières – que devient une espèce comme la nôtre après 1 000 autres années ? Serions-nous encore biologiques ou physiques ? Peut-être deviendrons-nous des êtres quantiques de lumière pure capables de téléportation et codant l'information consciemment ! Ou peut-être que des formes de vie égoïstes et insouciantes comme nous, adoptant des modèles économiques institutionnels égoïstes finissent toujours par s'autodétruire. Peut-être que les extraterrestres ne s'intéressent pas à nous parce que nous sommes encore de la vase.

Là encore, peut-être que les extraterrestres *sont* déjà là. La vie est apparue si tôt sur Terre qu'il se peut qu'elle n'a pas évolué là, semée par des bactéries piégées dans la glace des comètes ou la poussière spatiale (théorie de la *panspermie*). Aurions-nous des voisins, sommes-nous les enfants de… ? Sommes-nous une sorte de propriété ? Sommes-nous un produit d'élevage ? Nous surveille-t-on ? Sommes-nous en quarantaine ? Dangereux, défense d'entrer !

Peut-être que l'ensemble de l'univers évolue vers un quelconque état futur supraconscient riche en informations, que nous ne pouvons pas encore imaginer.

Une planète extraterrestre. La vie peut exister dans des variantes parallèles de soufre ou de silicium à notre variante. D'autres types de structures d'acide nucléique ont pu devenir des cellules. La vie peut exister sur des satellites tels qu'Europe de Jupiter ou Triton de Saturne.

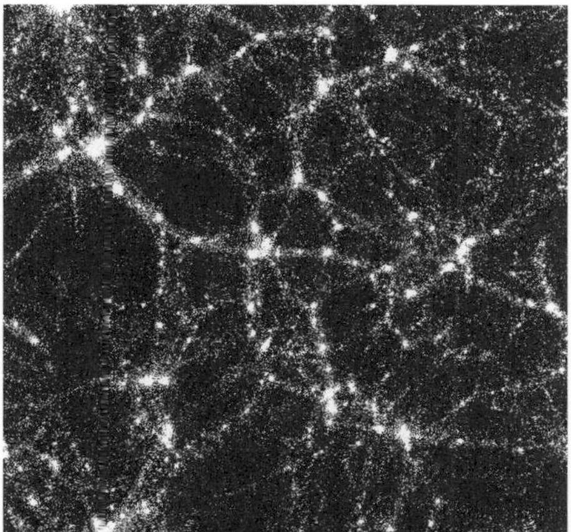

Les superamas, chacun renfermant plus de 50 000 galaxies, s'étendent comme des perles le long des filaments des amas galactiques qui forment la macrostructure de l'univers. À cette échelle, les supernovæ apparaissent comme d'occasionnels scintillements brillants.

L'évolution convergente suggère que les arbres extraterrestres pourraient ressembler beaucoup aux terrestres, les herbivores ressembler aux chevaux et aux écureuils et leurs yeux être très similaires aux nôtres. Des choses ressemblant aux requins nageraient dans les mers.

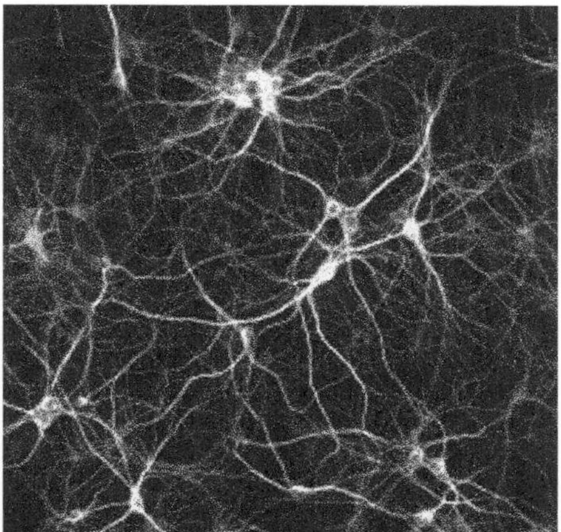

Les neurones du cerveau humain. Les neurones lancent des signaux électriques qui descendent par les filaments des dendrites. L'ensemble de l'univers pourrait-il être un cerveau quantique ayant d'une manière quelconque imaginé son meilleur moi alors qu'il naissait ?

LIVRE V

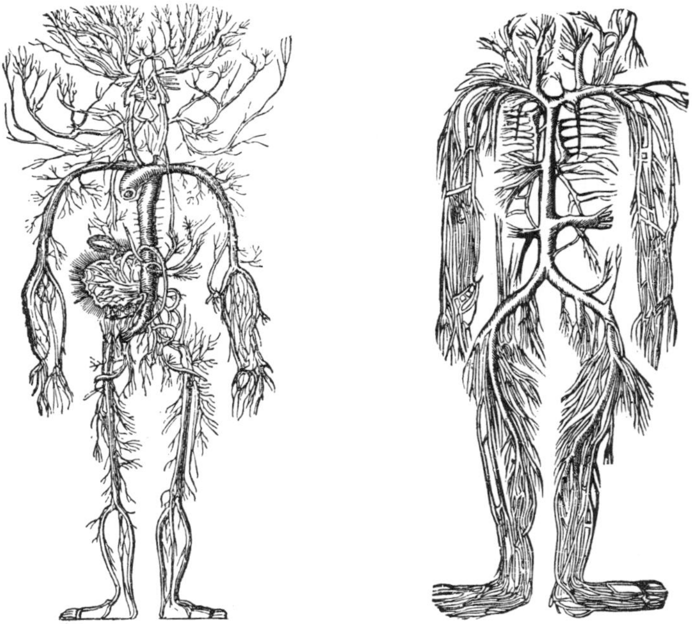

Deux gravures anciennes d'arbres des veines et d'artères humaines. Les structures pareilles à des arbres sont un moyen idéal de maximiser et de connecter les points de contact dans un espace limité. Nous partageons quelques gènes avec les arbres. Les premiers généticiens pensaient que le nombre de chromosomes d'un organisme déterminait sa vaillance, avant de découvrir que l'homme a le même nombre de chromosomes que les haies de troènes, alors que la souris en a quelques-uns de plus et les lys, 33 fois plus.

LE CORPS
HUMAIN

Moff Betts

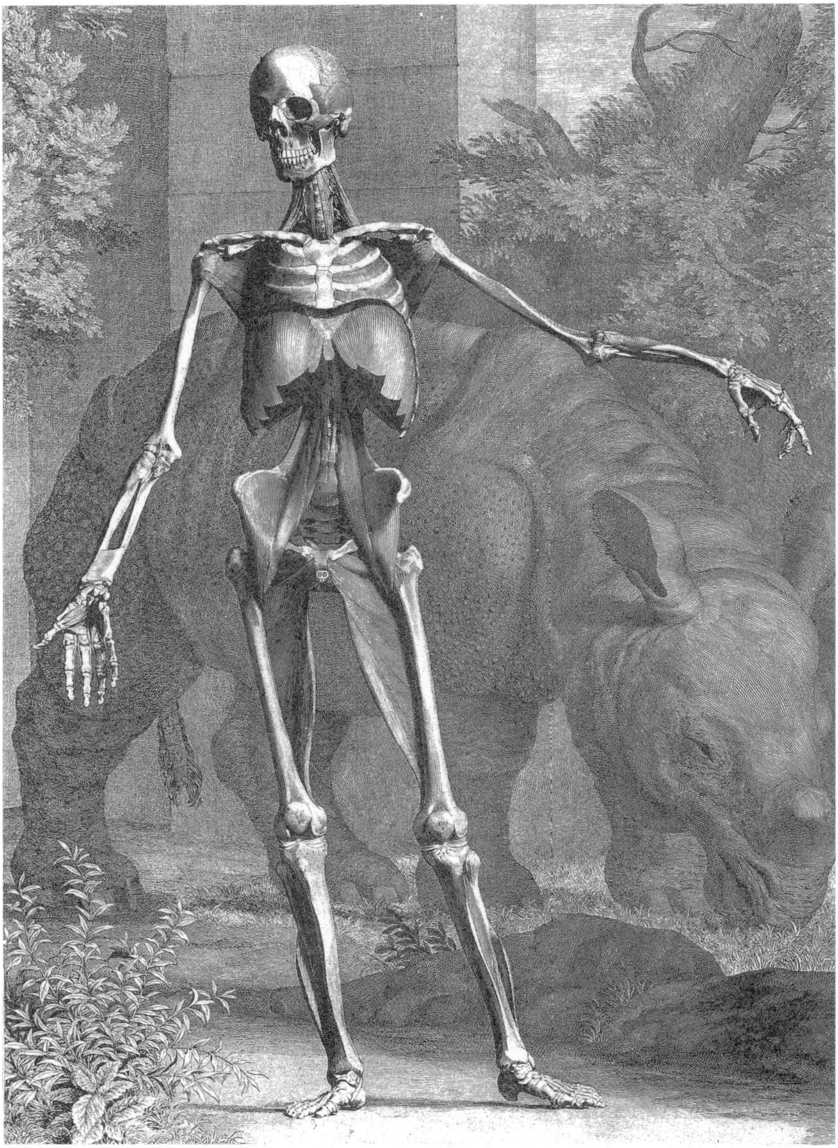

Introduction

L'esprit humain est si inquisiteur et le corps si complexe que les hommes et les femmes curieux ont fait de leur propre chair le domaine d'étude le plus approfondi entre tous. Quand on m'a demandé d'écrire un petit livre sur le corps humain, j'ai protesté que le sujet était trop vaste pour être résumé dans un tel espace. Il s'est cependant avéré que le livre avait ses propres idées, mais il est forcément dense et parfois très simplifié. La combinaison de bachotage et de dispersion au fil de ces pages est plus compréhensible à la seconde lecture.

Ce qui suit commence par un peu d'histoire des recherches concernant le corps, puis continue en examinant les mécanismes microscopiques devenus la pierre angulaire de la biologie moderne. La partie la plus notable jette un coup d'œil sur les principaux systèmes corporels, avant de s'achever par quelques exemples d'intégration. Si la vie scientifique est un domaine peu familier, le glossaire-index final s'avérera utile.

La qualité humaine ne concerne pas seulement la conscience permanente du corps. En fait, certaines des meilleures expériences prennent place lorsqu'on arrive à l'oublier complètement. Unique, destiné à mourir et seule véritable possession de l'individu, l'attachement effréné du corps à garder celui-ci en vie est ignoré sans ambages la plupart du temps au profit du quotidien. J'espère que ces quelques aperçus des découvertes concernant le corps humain, en majeure partie tout à fait étonnantes, vous laisseront le sentiment de gratitude et de respect que mérite cette structure énigmatique et sans pareil.

Fenêtres rondes

voir par soi-même

Jusqu'à une époque étonnamment récente, on en savait peu de la disposition intérieure, et encore moins du fonctionnement du corps. Alors que l'Europe pataugeait à l'âge médiéval des ténèbres, où des remèdes comme la consommation d'excréments de porc pour la pleurésie étaient en vogue, le Bagdad cosmopolite et l'Esfahan intellectuel étaient de brillants centres de médecine, l'Inde et la Chine disposaient depuis l'Antiquité, et disposent encore, de systèmes sophistiqués.

Tout à fait révélateur, la dissection a été interdite jusqu'à la Renaissance italienne. Les anatomistes qui ont pratiqué les dissections ont donné leur nom à leurs découvertes, comme les trompes de Faloppe et d'Eustache. Les erreurs reposant sur l'anatomie animale et les conjectures, dues depuis le IIe siècle à Galien, ont régi les idées occidentales dans ce domaine jusqu'à la publication par Vésale de la première carte précise du corps en 1543, basée sur la dissection de nombreux condamnés à mort.

L'autopsie (grec pour « voir de ses propres yeux ») a éclaté le corps en une bio-machine d'innombrables parts, étudiées surtout sur des cadavres ou par vivisection des mammifères, bien loin d'une unité vivante.

L'iris est le tissu humain vivant le plus clairement sans intrusion aucune. Regarder quelqu'un évite l'erreur gauche-droite du miroir. Il n'y a pas deux iris pareils. Les iridologistes distinguent la carte de l'ensemble du corps sur l'iris, muscle coloré par de beaux pigments opaques protégeant la rétine sensible de la lumière trop forte. Les muscles radiaux externes dilatent la pupille dans l'obscurité, ceux internes se contractent à la lumière, accroissant la profondeur du champ. L'humeur aqueuse transparente, sécrétée par les procès ciliaires situés derrière l'iris, circule dans les chambres du globe oculaire même durant son mouvement rapide.

Fusion asiatique

systèmes anciens indien et chinois

La prémisse basique de tous les systèmes anciens est que l'homme est une partie d'un corps vivant plus grand, le cosmos, et est façonné par ses forces.

Dans la cosmologie chinoise, l'unité se divise en *yin* et *yang* opposés, ramenés à un tourbillon de *chi*, énergie parcourant dans toutes les choses. À l'origine, la circulation du chi à travers l'homme a été cartographiée par des observateurs ayant une idée de la constitution interne due apparemment à la boucherie et à l'imagination. Selon eux, les méridiens par lesquels passait le chi impliquaient douze organes internes, avec des connexions centrales invisibles. Les méridiens guident le chi d'un organe spécifique vers les extrémités du corps. Être vivant, c'est accepter, transformer et renvoyer le chi, sous toutes ses innombrables formes, à l'univers.

Chacun des 361 vortex situés le long des méridiens, souvent point d'accès, a sa propre qualité de chi, reflétant un aspect de son organe associé, lui-même régi par l'interaction des cinq éléments (*voir page 397*).

Les deux méridiens centraux de l'Inde forment une double spirale qui monte sur la colonne vertébrale, canalisant la *kundalini*, le *prana* (chi) montant dont le yin et le yang sont *shakti* et *shiva*. Là où ils se croisent, sept vortex forment les *chakras*, roues tournantes colorées à double sens qui varient en fonction de l'état actuel de l'individu.

En plus de cartographier l'état interne sur la peau, ces systèmes perpétuels englobent les interférences humaines avec la nature, comme l'alimentation et les habitudes, si bien que le degré total d'intégration dans le cosmos détermine la vitalité du corps.

Les experts déroutés interprètent le prana ou le chi comme électricité, les effets *de vanne* du système nerveux central expliquant la capacité anesthésiante de l'acupuncture.

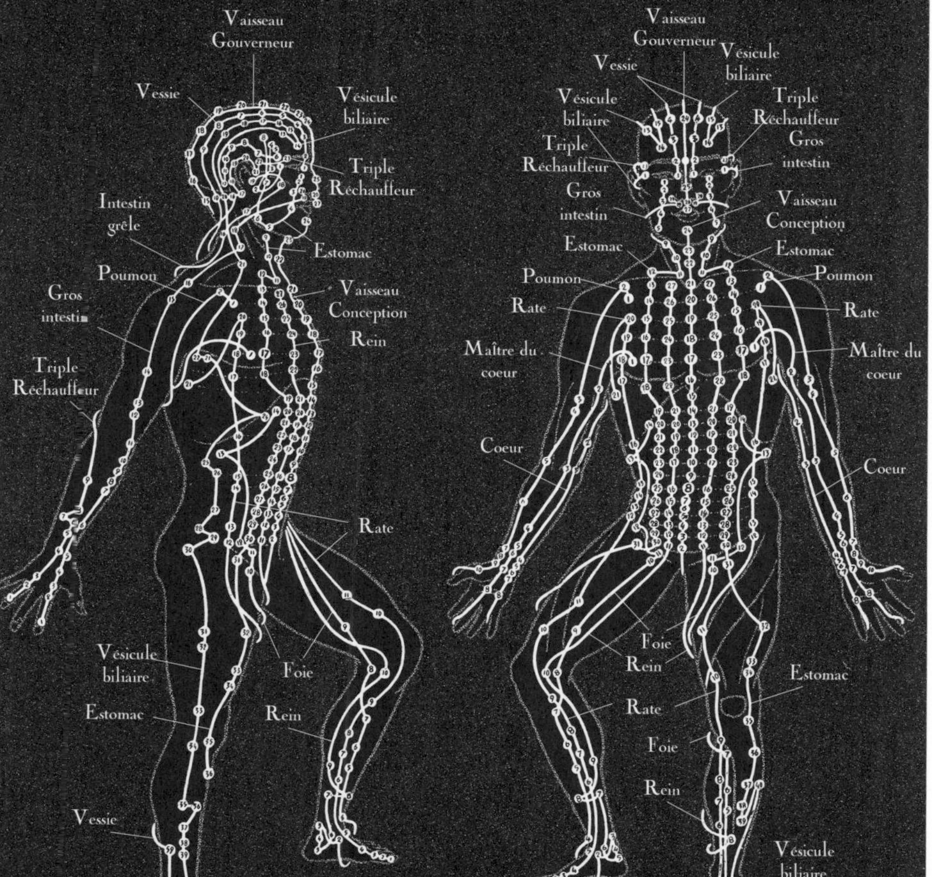

Chaque méridien est un sentier de points d'acupuncture formant un circuit avec un organe via des voies internes. Les douze méridiens bilatéraux forment aussi un circuit continu dans l'ordre Poumon, Gros intestin, Estomac, Rate, Cœur, Intestin grêle, Vessie, Rein, Maître du cœur, Triple Réchauffeur, Vésicule biliaire et Foie, connecté par des méridiens secondaires. Les deux méridiens centraux portent le total à quatorze.

ÉLÉMENTS ET HUMEURS

l'homme imite la nature

Les hommes du Moyen Âge supposaient qu'ils étaient composés du même nombre d'éléments que la nature, d'habitude trois, quatre ou cinq (*voir pages 396 et 397*). Les variantes internes du feu, de l'air, de la terre et de l'eau tournoyaient en tant qu'humeurs, se mélangeant dans le corps et colorant son visage, ses âges et ses qualités. Comme le temps, les humeurs connaissaient des jours doux, orageux, difficiles et beaux chez chaque personne. Tout comme le climat sculpte le paysage, les humeurs révélaient les nuances plus subtiles du « tempérament ».

Les fluides véhiculant les humeurs ne devenaient visibles que durant une maladie – tentative du corps de restaurer l'harmonie humorale. L'excès (au mauvais endroit) était soigné par un écoulement de sang, flegme, pus ou bile, qui libérait l'humeur impalpable.

Le Suisse mystique et iconoclaste Paracelse avait réalisé que les humeurs éthérées devaient avoir des contreparties physiques. Son système reposait sur une trinité alchimique de sel, soufre et mercure. Comme dans la nature, ceux-ci se combinaient à l'intérieur du corps, produisant des composés fixes, mutables et cardinaux conférant structure, énergie et communication, comme les molécules découvertes par la microbiologie.

De subtils effets d'amalgame sont visibles dans l'*endocrinologie* moderne, où les caractéristiques des *hormones* se montrent dans les divers syndromes d'excès ou de carence, donnant des indices quant à la santé.

Seuls quatre éléments chimiques (H, C, N et O) se combinent dans les quatre *bases* de l'*ADN* véhiculant la constitution héréditaire. Un cinquième élément, le phosphore, joint les sucres pentagonaux de l'armature de l'ADN pour former une longue chaîne et son image inversée, les deux brins constituant la double hélice ondulée (*voir pages 193 et 230*).

chaud

COLÉRIQUE
nerveux – plasma – feu
hydrogène

SANGUINE
artériel – sang– air
azote

sec

les
HUMEURS,
tempéraments,
éléments
&
autres ésotérismes
phosphore

humide

froid

MÉLANCOLIQUE
digestif – bile – terre
carbone

FLÉGMATIQUE
lymphatique – mucus – eau
oxygène

Préconception

deux conflits des générations

L'ovule danse à l'ancre en compagnie d'un millier d'autres, préparés dans l'ovaire de la femme avant sa propre naissance. Une génération plus tard, il lève la voile et rencontre le spermatozoïde de l'homme, produit juste deux lunaisons plus tôt, l'un des 300 millions engendrés ce jour-là.

En dehors de la fusion des *gamètes* (spermatozoïde et ovule) au moment de la conception, toutes les cellules sont formées par la division cellulaire, la *mitose* (*voir page 196*) ou, dans le cas rare des gamètes, la *méiose*. Un gamète a 23 *chromosomes*, longs brins d'ADN véhiculant les *gènes*. Lorsque deux gamètes s'unissent, le produit en a 46, copiés dans chaque cellule de son corps. Les chromosomes des gamètes qui fusionnent pour vous faire exister étaient des remix de vos chromosomes grand-parentaux, produits lors de la prophase I de la méiose, lorsque chacune des paires des parents de vos parents avait échangé des parties de ses membres. Vous êtes donc plus qu'une rencontre de vos parents, vous êtes aussi un mélange vrai de vos grands-parents.

Les $23^{\text{èmes}}$ chromosomes d'une fille sont des X des deux parents, les garçons héritant le Y de leur père et l'un des X de leur mère. Les filles désactivent un de leurs X dans chaque cellule pour former un *corpuscule de Barr.*

Les spermatozoïdes d'avant-garde attaquent la membrane de l'*ovule* géant jusqu'à ce qu'un chanceux la transperce, ses 23 chromosomes se joignant aux 23 que l'ovule n'abandonne pas à ce point (il a longtemps attendu dans l'anaphase II). Cette union crée un jeu unique de 46 chromosomes.

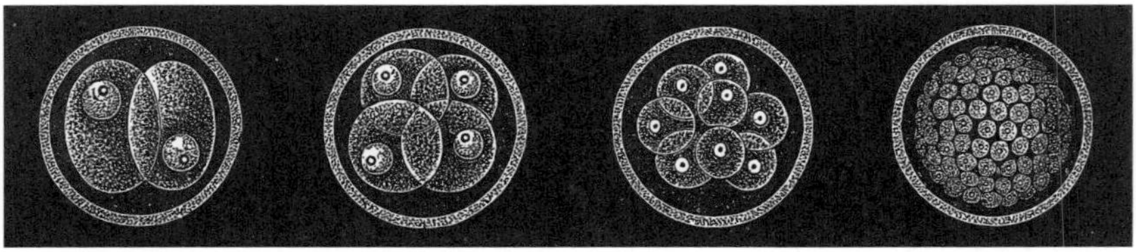

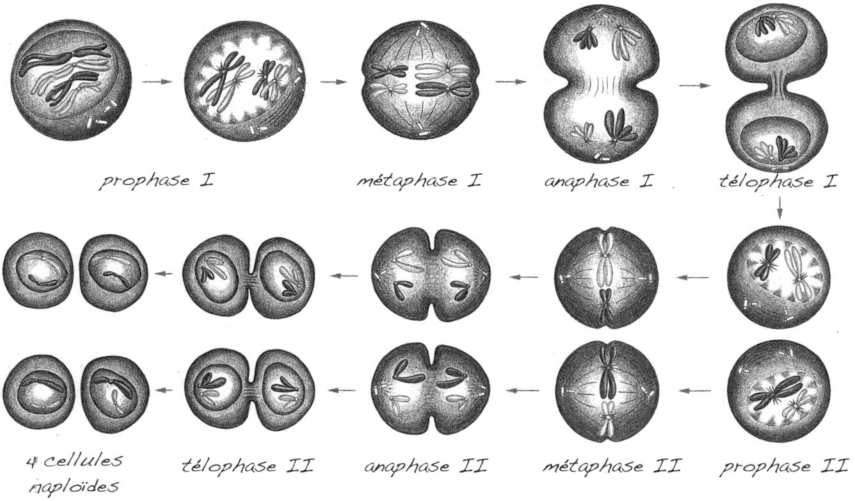

MÉIOSE: Nouveaux ovules et sperme uniques sont créés à partir de l'ADN parental.

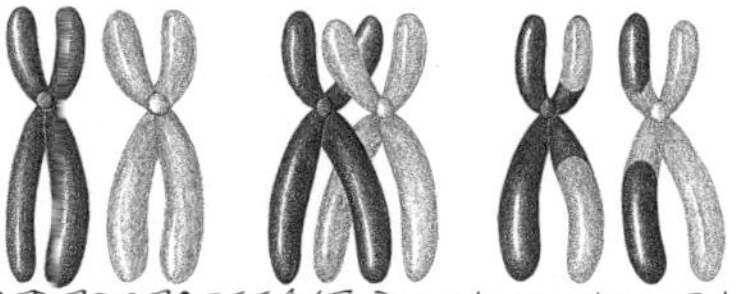

ORIRE CROISSANT: Dans la prophase I les paires répliquées des chromosomes maternel et paternel échangent des parties de leurs membres afin d'aboutir à un nouveau mélange.

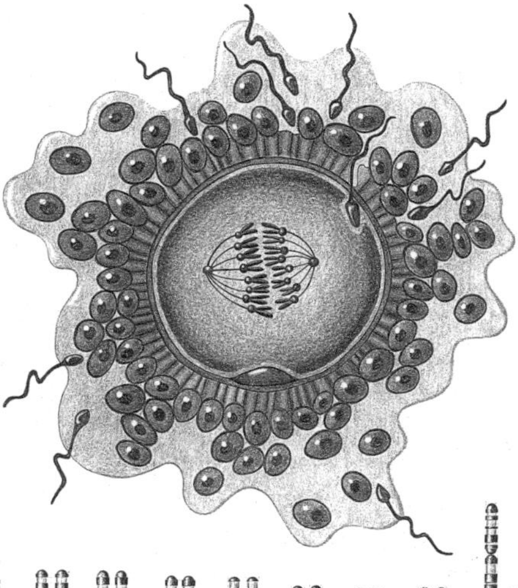

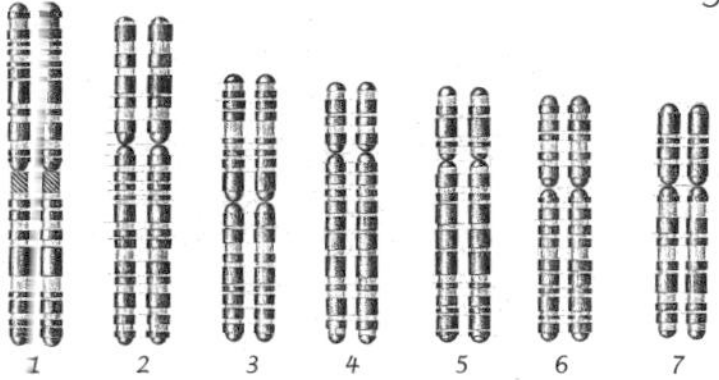

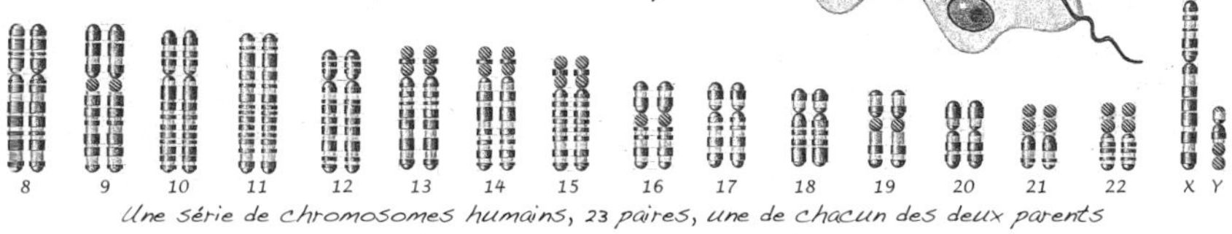

Une série de chromosomes humains, 23 paires, une de chacun des deux parents (un garçon, la dernière paire XY).

Et ADN

cuire des formes dans la cuisine protéinique

Dans la mer des molécules, l'ADN fonctionne comme un livre de cuisine. Écrit dans un « alphabet » de quatre bases, *a c g t*, le *génome* de six milliards de bases est à 97 % rythmique, comportant surtout de longs passages *tata*. De là émerge la recette cohérente pour une « forme » en tant que séquence lisible de *codons* de trois lettres, comme *tac-gtc-gag-cct-cac-gtt-chat-ctc-taa-ttg-ccc-atc*.

Les recettes concernent les chaînes d'*acides amin*és formant des *protéines*, le niveau suivant de forme et fonction moléculaire. L'ADN renferme aussi des recettes pour l'*ARN*, son frère affairé à un seul brin et un seul usage, qui gère la cuisine et prépare tous les ustensiles. Il copie les recettes, hache, épluche et réalise des plats de multi-protéines, tandis que l'ADN rêveur se laisse juste lire, reproduire et rarement modifier.

Les deux hélices de l'ADN sont des images-miroir, car les bases se mettent par paires, *a-t* et *c-g*, unies par les *liaisons hydrogène* traversant la spirale. L'ARN lit un brin, code de sauvegarde pour toute réparation nécessaire, permettant à la double fermeture éclair de se *super-enrouler* en une superhélice. Un gène est un jeu de recettes renfermant le code pour une protéine achevée (ou ARN). Il est « activé » lorsque tous les segments se déroulent, s'ouvrent et sont lus.

La plupart du temps, l'ADN est partiellement enroulé dans le *noyau*, ne prenant la forme familière de « X » qu'au cours de la division cellulaire, quand les deux copies d'un chromosome reproduit sont encore jointes.

Sachant combien une vie est brève, l'ADN saute à travers les chromosomes, les espèces et les générations. Les *virus* détournent votre cuisine, les *bactéries* transmettent leurs nouvelles recettes extravagantes, contribuant à l'évolution. Beaucoup de nos idées de recettes viennent des pionniers évolutionnistes – ascidies, dipneustes, mille-pattes – auxquels on doit une bonne partie de notre structure.

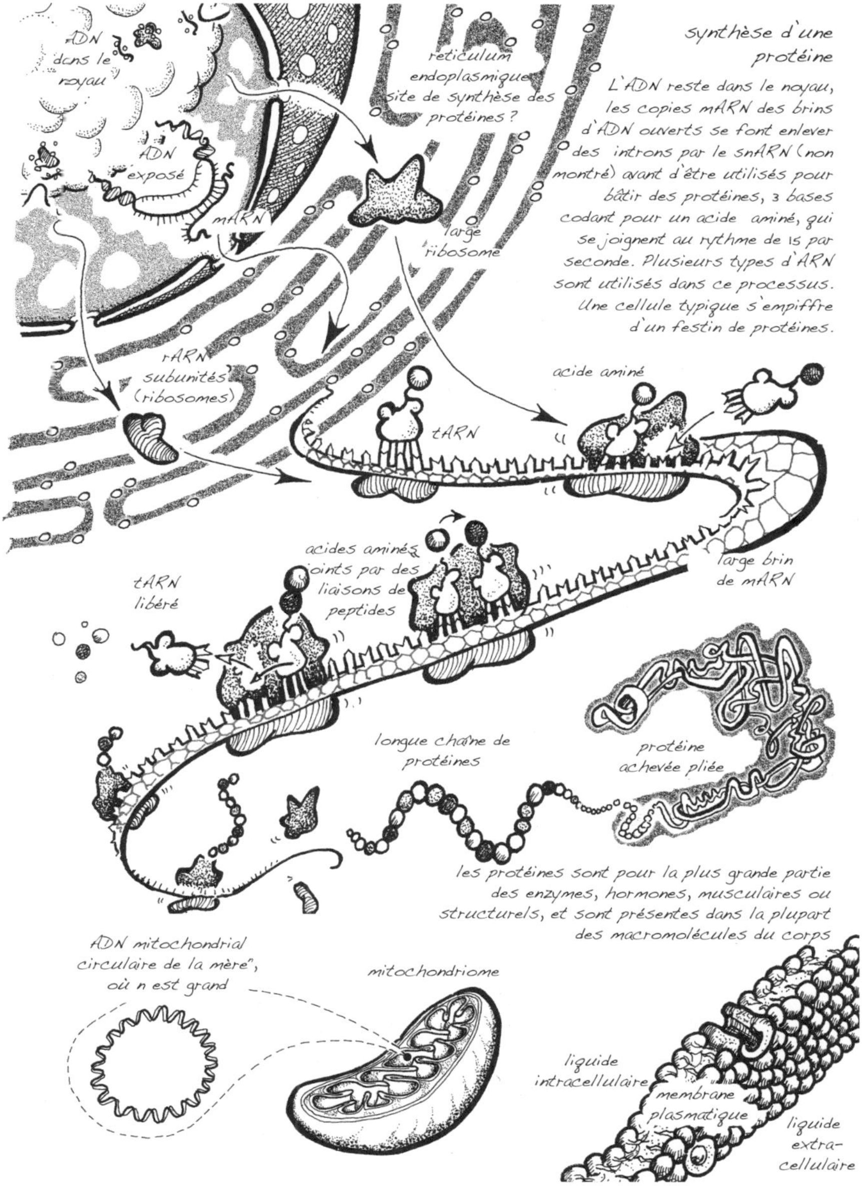
synthèse d'une protéine
L'ADN reste dans le noyau, les copies mARN des brins d'ADN ouverts se font enlever des introns par le snARN (non montré) avant d'être utilisés pour bâtir des protéines, 3 bases codant pour un acide aminé, qui se joignent au rythme de 15 par seconde. Plusieurs types d'ARN sont utilisés dans ce processus. Une cellule typique s'empiffre d'un festin de protéines.
ADN dans le noyau
ADN exposé
reticulum endoplasmique site de synthèse des protéines ?
mARN
large ribosome
rARN subunités (ribosomes)
tARN
acide aminé
acides aminés joints par des liaisons de peptides
tARN libéré
large brin de mARN
longue chaîne de protéines
protéine achevée pliée
les protéines sont pour la plus grande partie des enzymes, hormones, musculaires ou structurels, et sont présentes dans la plupart des macromolécules du corps
ADN mitochondrial circulaire de la mère", où n est grand
mitochondriome
liquide intracellulaire
membrane plasmatique
liquide extra-cellulaire

Le plus ancien survivant

une nuit orageuse il y a quatre milliards d'années

La vie organique a émergé d'une première cellule formée parmi une nuée de mosaïques moléculaires dans une mare depuis longtemps disparue. Nul ne sait comment les ingrédients se sont unis, mais heureusement la matriarche de la vie a survécu, s'est reproduite, s'est diversifiée et a évolué.

Après l'obscurité des ères premières, les cellules ont commencé à utiliser la lumière, le dioxyde de carbone (CO_2) et l'eau pour produire des hydrates de carbone et de l'oxygène, comme les plantes le font encore. Avec la montée du taux d'oxygène atmosphérique, une cellule a maîtrisé une réaction en chaîne utilisant ce gaz ardent pour transformer les hydrates de carbone et l'eau en CO_2 et énergie, comme nous le faisons toujours. Ce trait de génie l'a rendue la bienvenue dans d'autres cellules, favorisant ainsi l'*endosymbiose*. Des centaines de descendants de ces *archéobactéries* vivent dans chacune de nos cellules en tant que *mitochondries* ; l'air respiré leur est destiné.

Les pro-mitochondries n'étaient pas les seules colocataires des cellules primitives, mais elles ont gardé en grande partie leurs gènes et reproduction pour elles-mêmes. Les cellules *eucaryotes*, qui forment des organismes complexes comme les plantes et les hommes, étaient constituées de plusieurs organismes, dont les gènes associés ont évolué en un noyau. Donc, la « plus petite sous-unité vivante », la cellule, a commencé comme une communauté d'organismes primitifs encore plus infimes coopérant.

Les procaryotes (bactéries) gardent la capacité d'échanger des gènes (*ci-dessous*) comme on échange des idées, le superorganisme bactérien global accédant à un pool de gènes commun afin de s'adapter aux niches locales.

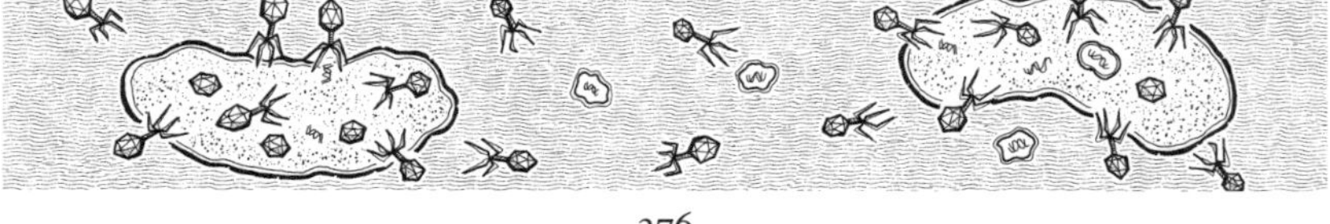

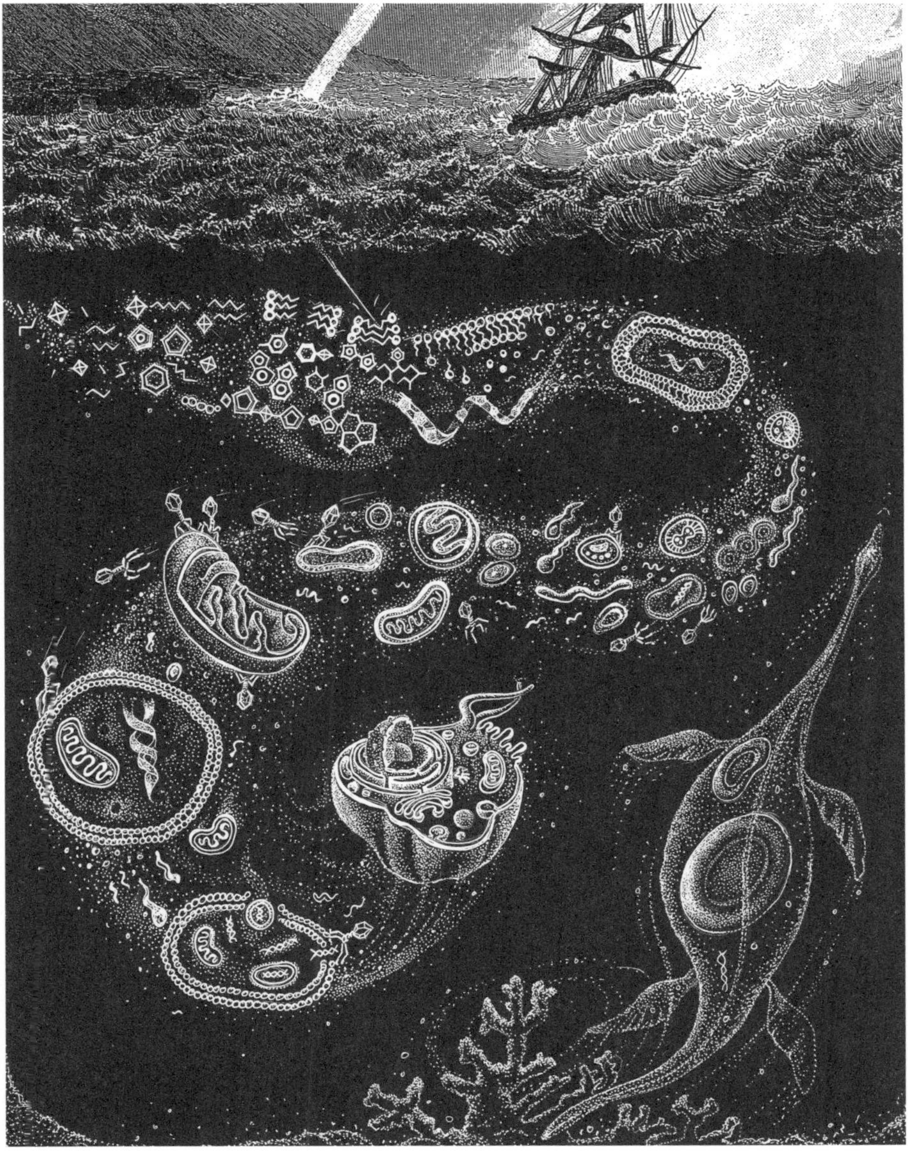

La cellule

le microcosme électrique de la vie

On est fait de cellules, des trillions de cellules, de toutes les formes, depuis les longs nerfs délicats aux usines de mucus cuboïde, chacun remplissant une fonction donnée, sa contribution à l'ensemble.

Chaque cellule se différencie dans l'un des quelque 300 types spécialisés en n'activant que quelques-uns de ses gènes. Ainsi, elle fabrique seulement certaines protéines, qui produisent d'autres protéines, graisses et sucres afin de bâtir les structures définissant sa fonction. La diversité tridimensionnelle des protéines favorise le bricolage moléculaire complexe et les interactions des formes spécifiques cruciales pour les systèmes de messagerie.

Le bouillon interne des cellules diffère du liquide extracellulaire, les opérations prenant place à l'intérieur de la mince *membrane plasmatique* fluide. Celle-ci est émaillée de structures à base de protéines, surtout des *canaux*, régissant ce qui entre et ce qui sort, de *récepteurs*, convertissant les signaux des autres cellules, de *pompes*, comme les omniprésentes *Na-K-ATP* qui remplacent le sodium (sortant) par le potassium (entrant). Ce flux électrifie cellules, les rendant négatives à l'intérieur et positives à l'extérieur.

Ces pompes utilisent environ une moitié de toute l'énergie du corps, qui est en essence l'*ATP* disponible produite par les mitochondries, pour une chaîne de transfert proton-électron utilisant la nourriture et l'oxygène pour approvisionner en combustible la synthèse de l'ATP.

La division cellulaire, la *mitose* (*ci-dessous*), se produit à des intervalles de quelques heures dans les tissus à renouvellement rapide comme les globules blancs limitrophes (*voir page 298*). Elle ne prend jamais place pour les cellules cérébrales.

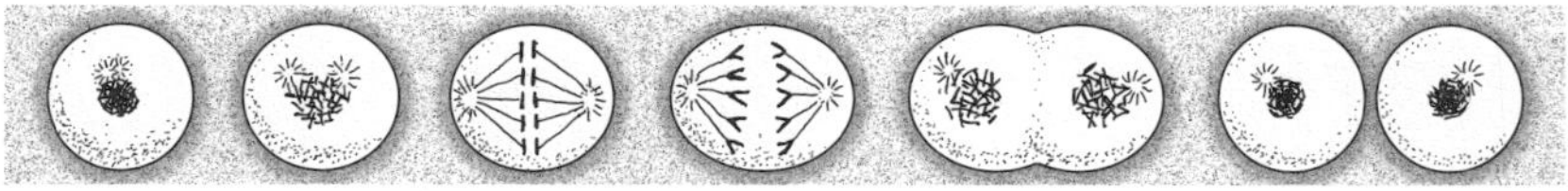

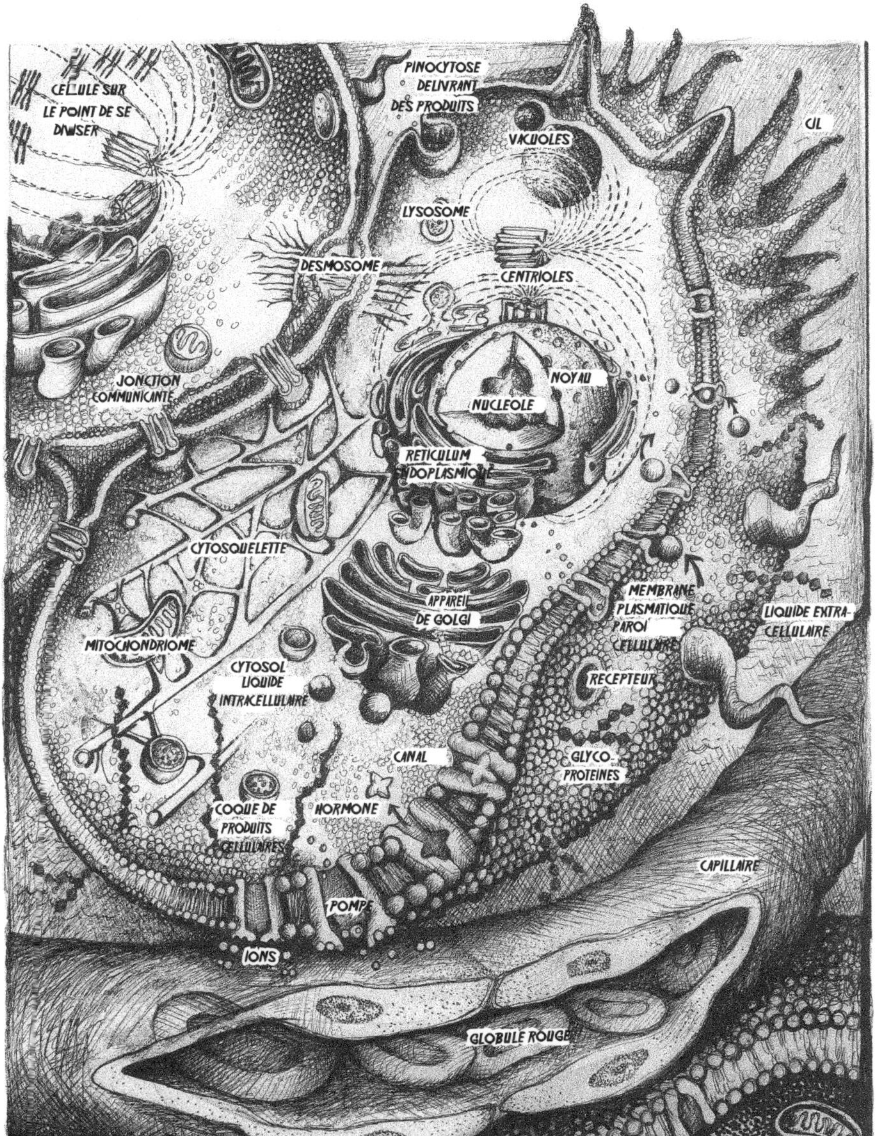
CELLULE SUR LE POINT DE SE DIVISER
PINOCYTOSE DELIVRANT DES PRODUITS
VACUOLES
CIL
LYSOSOME
DESMOSOME
CENTRIOLES
NOYAU
NUCLEOLE
JONCTION COMMUNICANTE
RETICULUM ENDOPLASMIQUE
CYTOSQUELETTE
APPAREIL DE GOLGI
MEMBRANE PLASMATIQUE PAROI CELLULAIRE
LIQUIDE EXTRA-CELLULAIRE
MITOCHONDRIOME
CYTOSOL LIQUIDE INTRACELLULAIRE
RECEPTEUR
CANAL
GLYCO-PROTEINES
COQUE DE PRODUITS CELLULAIRES
HORMONE
CAPILLAIRE
POMPE
IONS
GLOBULE ROUGE
LIQUIDE EXTRACELLULAIRE
MITOCHONDRIOME

TISSUS

archipels d'eau salée

Les tissus sont des assemblées de cellules similaires effectuant les mêmes tâches ; plusieurs tissus constituent un organe. Les tissus se partagent en quatre grandes classes : épithéliaux, conjonctifs, musculaires et nerveux.

Les tissus épithéliaux formant les revêtements des organes creux et tubulaires sont très sélectifs à propos de ce qu'ils laissent entrer et sortir ; plusieurs constituent une matrice de mucus leur permettant de protéger et d'élargir la frontière qu'ils contrôlent.

Les tissus conjonctifs comportent les cellules mobiles et statiques ; ils déposent des éléments à l'extérieur de leurs parois pour bâtir des ultrastructures et un maillage général, ainsi que pour définir les frontières immunitaires.

Les tissus musculaires sont de trois types. Les squelettiques se contractent de façon linéaire sous contrôle conscient. Les lisses se contractent de façon circulaire, rétrécissant les tubes des parois dans lesquels ils frémissent, guidés subconsciemment par les nerfs *autonomes*. Les cellules infatigables du tissu cardiaque transmettent aussi à leurs voisines de l'électricité à différentes vitesses, afin de synchroniser le type de contraction. En dehors de quelques cellules nerveuses des intestins (indépendantes) tous les nerfs sont liés dans un système électrique géant.

Comme Gaïa, et la vie en général, l'homme est pour deux tiers de l'eau salée, qui baigne et réunit tous ses tissus. Le liquide intracellulaire qui varie selon la cellule, le liquide extracellulaire entourant les cellules et le sang (*ci-dessous*), moitié cellulaire (surtout des *globules* rouges transportant des gaz) moitié fluide (*plasma*) transportant matériels et molécules entre les différents tissus, sont les trois fluides principaux.

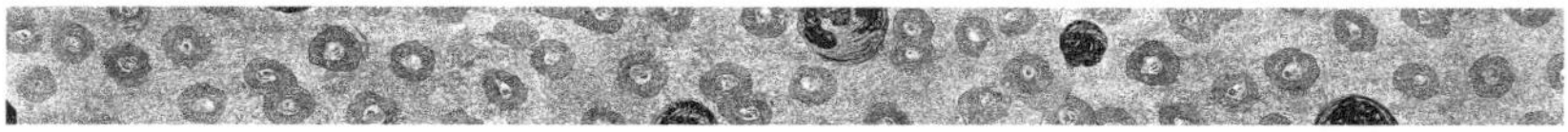

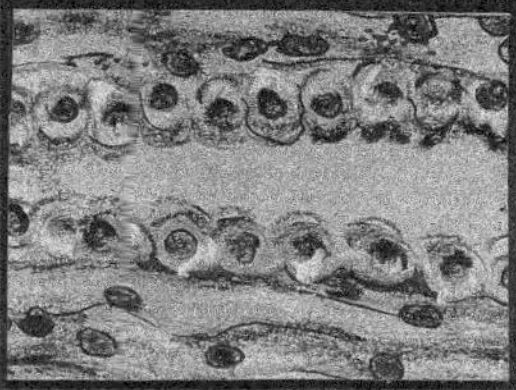

tubule rénal

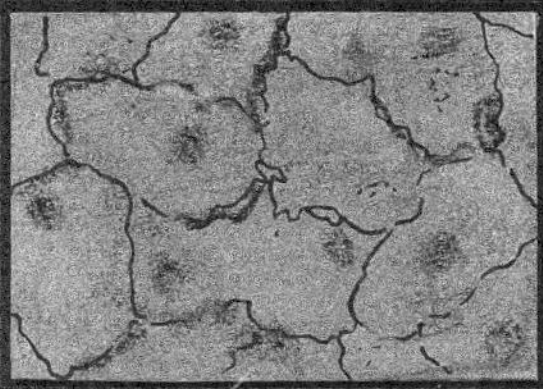

péricarde

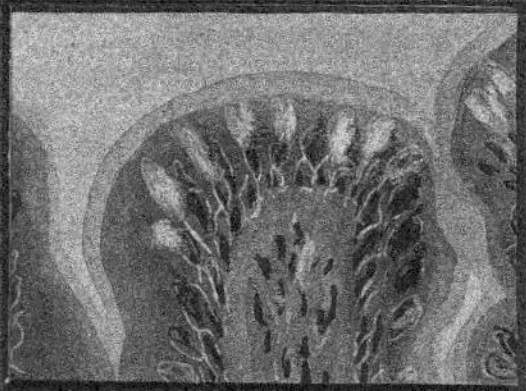

épithélium des voies aériennes

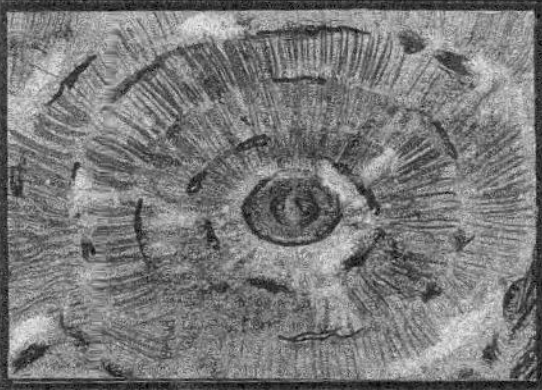

os compact

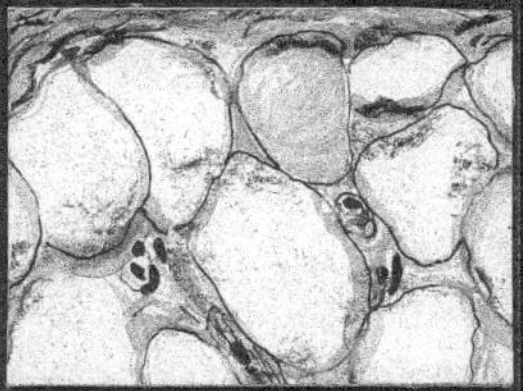

graisse

tissu conjonctif élastique

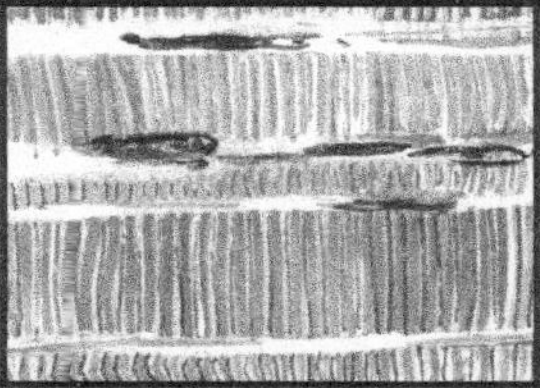

muscle squelettique

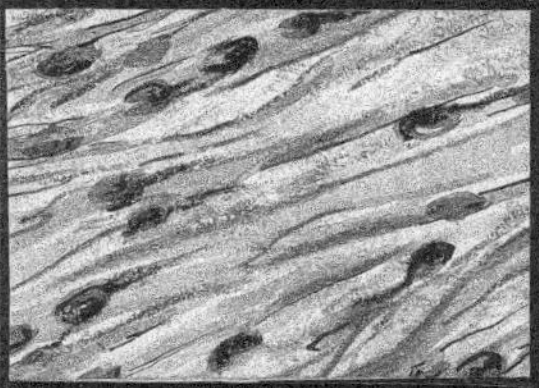

muscle lisse

muscle cardinal

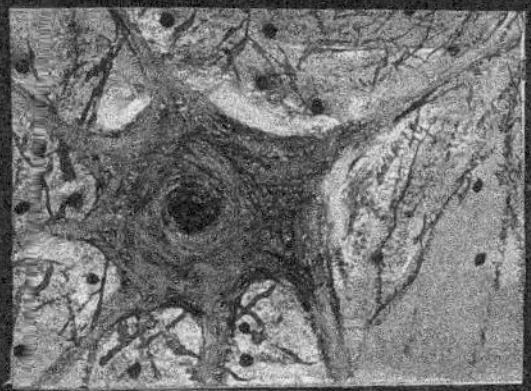

neurone moteur

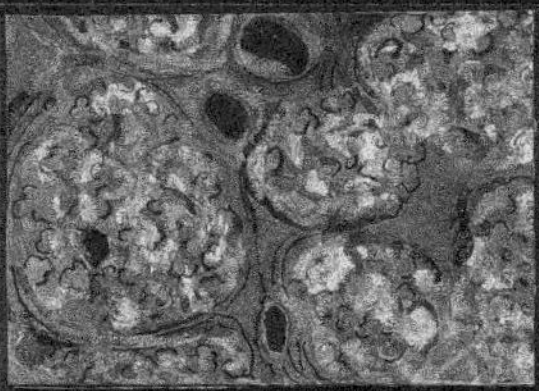

faisceaux de nerfs

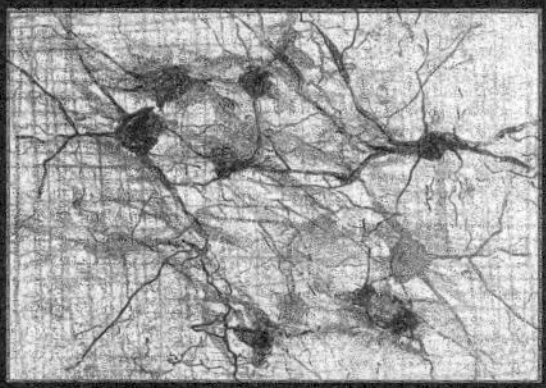

neurones cérébraux

Trois exemples de chacun des quatre types principaux de tissus : épithélial, conjonctif, musculaire et nerveux.

tous les grossissements sont d'environ 400x, sauf les faisceaux nerveux (1000x)

Embryologie

une cellule devient être humain

Le lait utérin nourrit l'embryon durant la rapide division cellulaire des quelques premiers jours. Le cinquième jour, le faisceau de 32 cellules perce son revêtement et s'implante dans la paroi de l'utérus, qui le nourrit grâce au sac vitellin, jusqu'à ce que le placenta, produit conjointement par la mère et l'embryon, devienne totalement fonctionnel à la fin du premier mois.

Tous les tissus se développent à partir de trois feuillets embryonnaires (*ci-dessous*) : l'ectoderme forme le cerveau, les nerfs et la couche externe de la peau, le mésoderme, les organes solides, la chair et les os, l'endoderme, la plupart du tissu épithélial.

Les influences induisant la spécialisation des cellules embryonnaires et leur évolution en divers modèles sont encore inconnues, mais semblent provenir des gènes maîtres prénataux.

Le repliage en dedans, la migration et la réunion des diverses cavités, arches et tubes de cellules, se déroule à une allure telle que vers deux mois l'embryon a presque tous ses organes et est visiblement humain.

Il ne lui reste plus qu'à produire des gonades. Chez le garçon, le gène Sry-1 du minuscule chromosome Y induit un signal en cascade à la semaine sept, qui agit sur certaines cellules passées du sac vitellin au pôle inférieur des reins, produisant des organes génitaux mâles, avec toutes leurs conséquences hormonales. Chez la fille, la maturation induite par X se poursuit pour former les organes féminins.

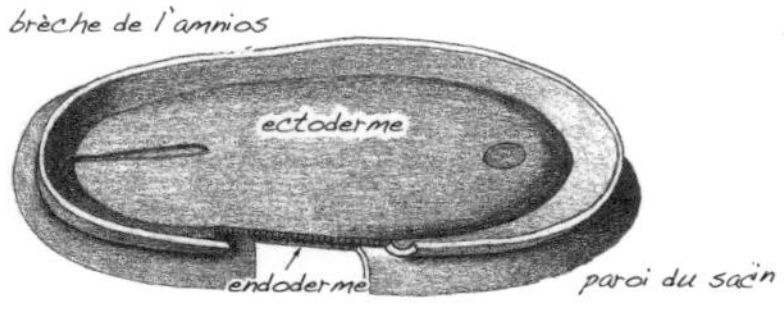

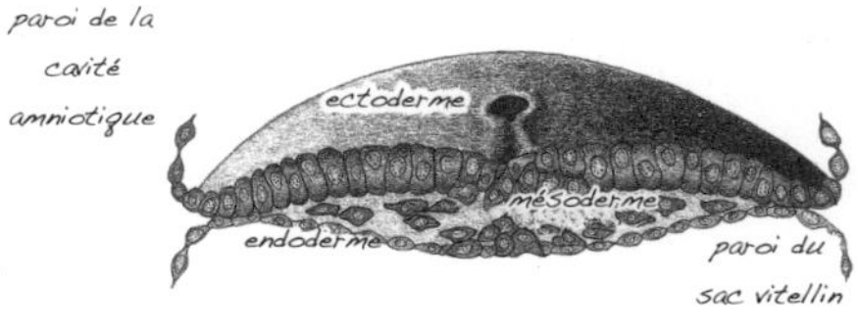

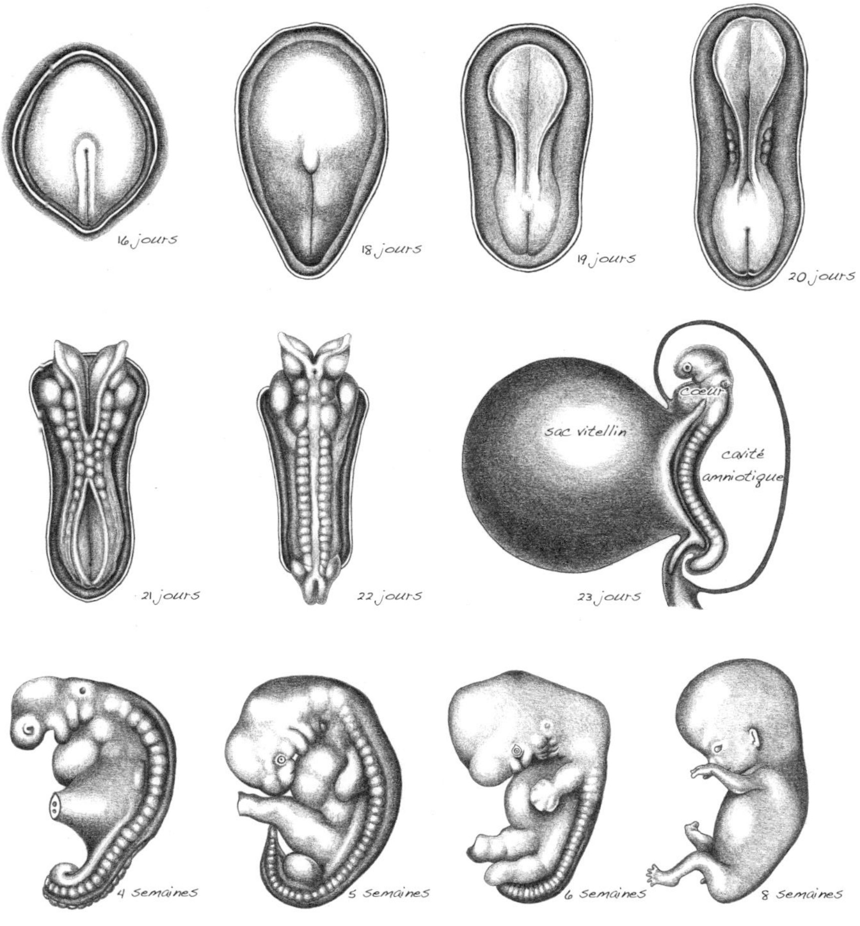

Les premières cellules sont totipotentes, autrement dit elles peuvent devenir tout type de cellule, capacité qu'elles perdent progressivement en se différenciant en feuillets embryonnaires, puis en tissus et organes. Une structure médiane, le système nerveux primitif, assure d'abord à l'embryon une tête et une queue. Les organes se développant le plus rapidement sont le cerveau et le cœur. Cinq arcs migrent depuis le sommet du cœur pour former les structures de la tête et du cou : oreilles, nerfs crâniens et thyroïde, la première glande endocrine. Les bourgeons du système digestif primitif forment les poumons et le foie, qui produit les premiers globules sanguins. La partie inférieure du corps se développe à partir de 44 paires de segments donnant naissance aux os, muscles, nerfs et organes internes. Les bourgeons des membres sont formés vers sept semaines, tout comme le visage. Après huit semaines, la croissance prend la place de la différenciation.

Le rêve du dissecteur

systèmes et organes

Trois faits à propos du corps : il était jadis une cellule, il est vivant et il est un ensemble organisé intégré. Toute analyse le divise en sous-unités, qu'il s'agisse de cellules, tissus, organes, régions ou chakras, tous définis par la spécialisation de forme et de fonction.

La physiologie occidentale identifie des séries de systèmes coopératifs, chacun effectuant une tâche majeure, comme la circulation du sang. Plusieurs organes contribuent au fonctionnement d'un système, eux-mêmes susceptibles d'être des assemblages de tissus localisés (cœur, reins ou intestins) ou diffuses (vaisseaux sanguins ou arbre des nerfs).

Tout tissu renferme un faisceau spécifique de cellules, dont la spécialisation très étroite a permis à des êtres immenses comme nous d'exister. Baignant dans la mer chaude modifiée ceinte par la peau, les cellules sont des esclaves reconnaissantes, auxquelles on dit pendant la vie embryonnaire quoi devenir, avant de les contrôler par des signaux extérieurs à elles.

Tous les systèmes du corps sont complètement interdépendants. Ils communiquent entre eux à divers degrés, le cerveau dirigeant et contrôlant l'ensemble de l'activité, recevant et envoyant des signaux sous forme d'influx nerveux à court terme ou d'hormones à plus long terme. Le cerveau est capable d'outrepasser tout processus physiologique, spécialement chez les adultes ; par exemple, les moines tibétains savent transpirer en restant nus dans une tempête de neige.

Les systèmes ci-contre sont détaillés au fil des pages suivantes, mais comme un seul chapitre d'une histoire, aucun n'aura de sens tout seul, ce que les dissecteurs oublient parfois. Beaucoup reste encore inconnu, par exemple de quelle manière on imagine le goût de l'aliment idéal du moment.

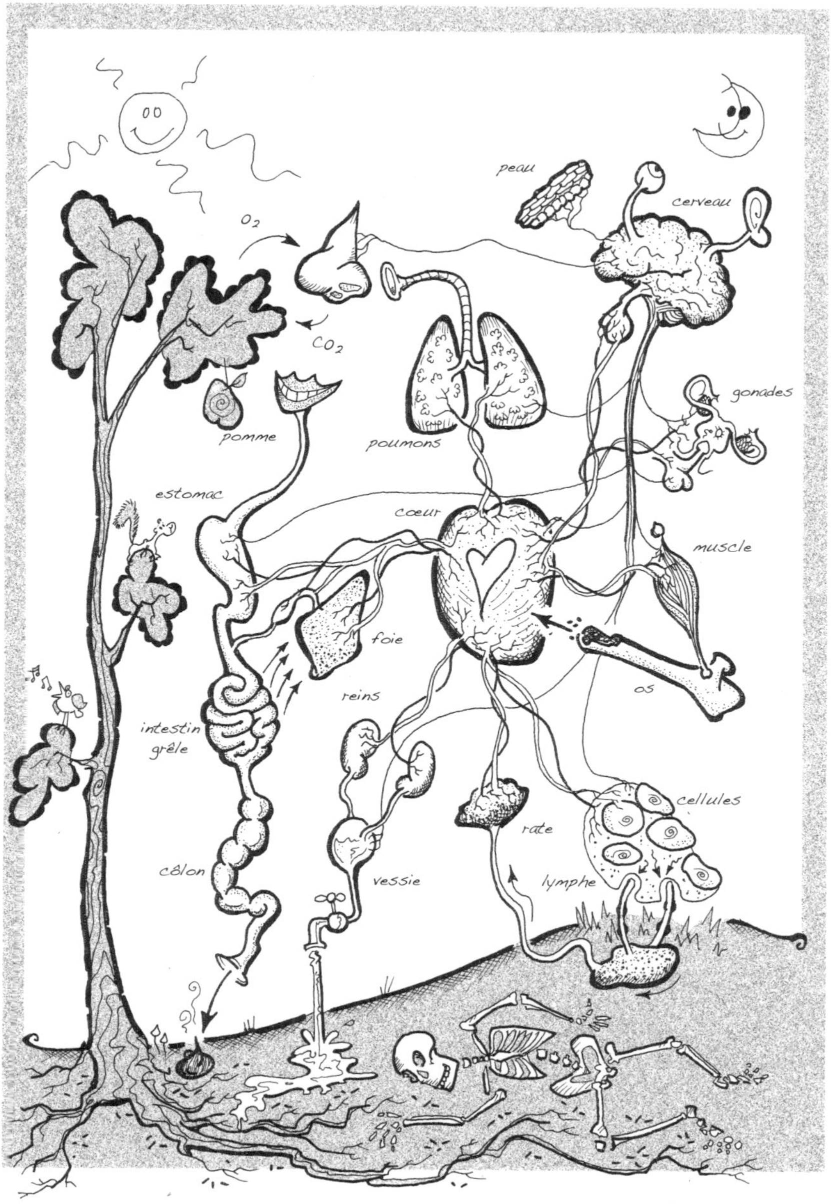
peau
cerveau
O_2
CO_2
pomme
poumons
gonades
estomac
cœur
muscle
foie
reins
os
intestin
grêle
cellules
rate
côlon
vessie
lymphe

Quatre plus un
font cinq

Les variations de la forme humaine commencent *in utero.* Les trois formes basiques peuvent être tracées jusqu'à la domination relative de l'un des trois feuillets embryonnaires et leur destinée tissulaire : éctomorphe (filiforme), endomorphe (arrondi) et mésomorphe (musculaire) (*voir page 396*).

La première chose qu'un bébé reconnaît visuellement est le visage humain, suivi par son étonnante variabilité. Dans la similitude évidente de la forme humaine il y a quelques constantes moins manifestes. Phi (ϕ), le nombre d'or qui gouverne la croissance organique et le pentagramme, définit le changement du centre corporel au fil de la croissance. Le point central d'un bébé est situé sur son nombril (le passé), avec les organes génitaux distants d'un nombre d'or du sommet de la tête. À l'âge adulte, les organes génitaux (l'avenir) sont au centre, le nombril distant de ϕ par rapport aux pieds. Les longueurs relatives des os du bras et de la main montrent une série d'or ; ϕ est aussi présent dans la géométrie de l'ADN (*ci-contre*).

L'homme, comme l'ADN, exhibe des modèles quatre-plus-un, les quatre membres et la tête saillant du torse. Comme les doigts et les orteils, l'enfant a cinq dents dans chaque quadrant de sa bouche ; huit autres par quadrant se développent et émergent par la suite. Le nombre total de dents est ainsi 20 + 32, un jeu complet de 52.

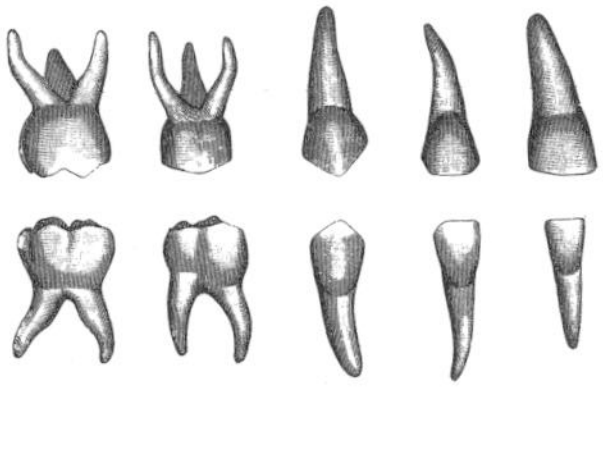

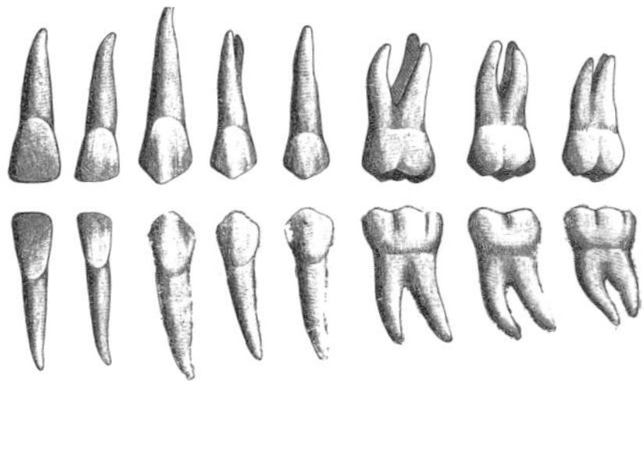

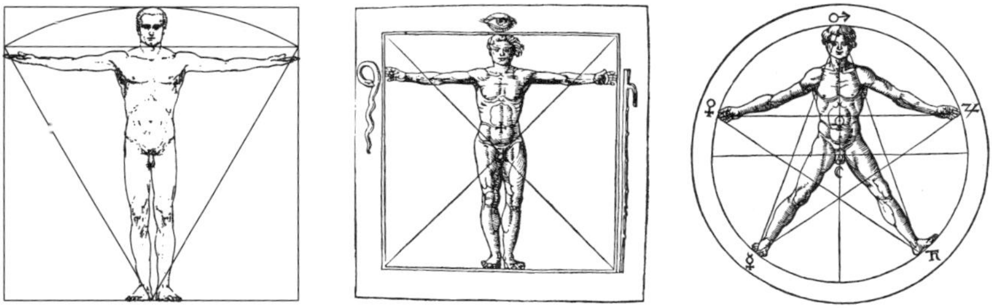

Chez l'adulte moyen, l'envergure est égale à la hauteur, les gonades à mi-hauteur en montant ou en descendant. Chez le jeune enfant, c'est le nombril qui se trouve au milieu. Le nombre d'or, Φ, marque la position du nombril chez l'adulte et des gonades chez l'enfant.

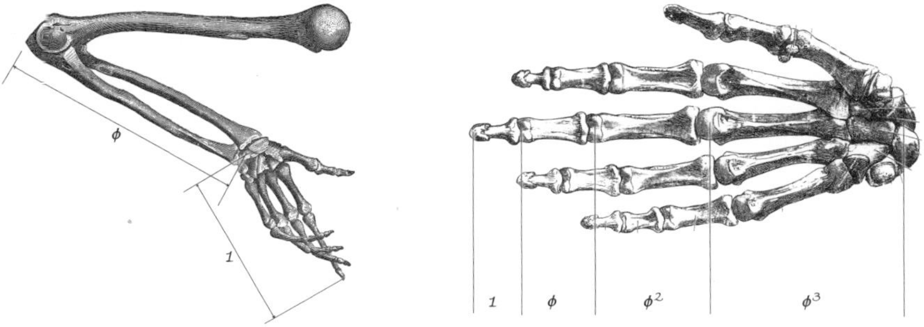

Les principaux points de flexion depuis le bout des doigts au coude, se rapportent à leurs voisins selon le nombre d'or, 1,618, présent dans les pentagrammes et la molécule d'eau.

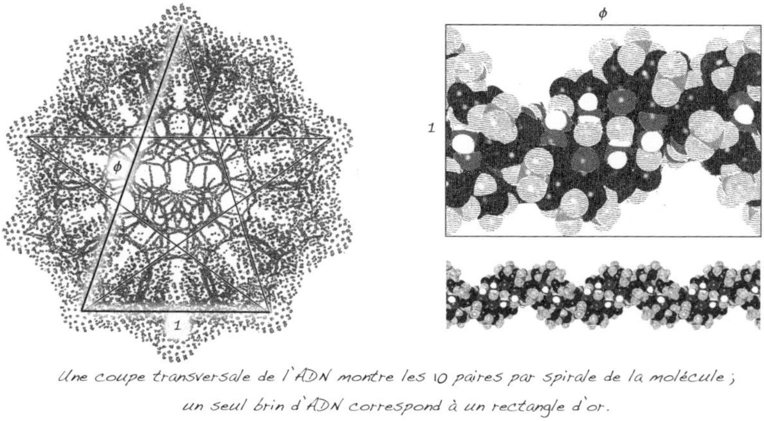

Une coupe transversale de l'ADN montre les 10 paires par spirale de la molécule ; un seul brin d'ADN correspond à un rectangle d'or.

Terre et feu

transformation dans le tube digestif et dans le foie

L'idée agréable de la nourriture, qui vous fait aller en chercher un peu, stimule aussi la sécrétion d'enzymes digestives par pancréas et de la bile par la vésicule biliaire. Celles-ci désagrègent la nourriture en particules microscopiques dans l'intestin grêle, qui les absorbe grâce à des *villosités* (*ci-dessous à gauche*) couvrant une superficie de la taille d'un terrain de tennis.

Les nutriments intelligemment transportés dans les cellules des villosités entrent dans le sang par des *capillaires* qui conduisent ce riche bouillon au foie via la veine porte. Ici, il se mélange au sang artériel frais dans les cellules poreuses des lobules du foie (*ci-dessous à droite*), où la magie moléculaire transforme tout ce qui arrive en ce dont vous avez besoin, produisant par exemple des sucres à partir de protéines et neutralisant toutes sortes de toxines. La plupart de la distribution des nutriments part du foie. Prométhée, enchaîné au rocher de la vie terrestre, se faisait déchirer le foie par un aigle le jour, avant de le voir repousser la nuit. Le foie sacrifie ses ressources et son intégrité pour satisfaire les demandes quotidiennes du corps ; la nuit, il rétablit l'ordre, s'autorépare, synthétise de nouvelles fournitures et se prépare à l'arrivée de l'aigle à la pointe du jour.

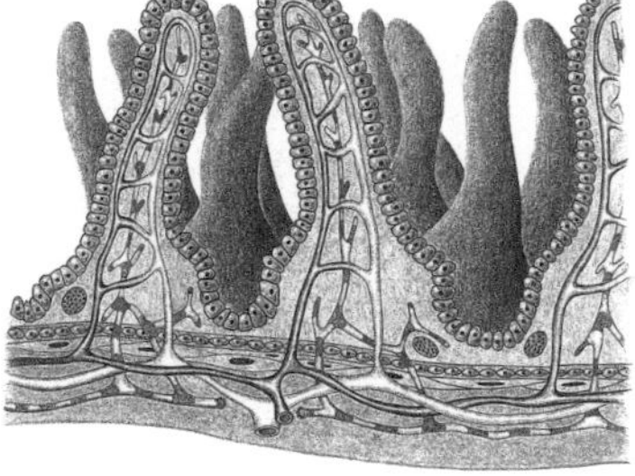

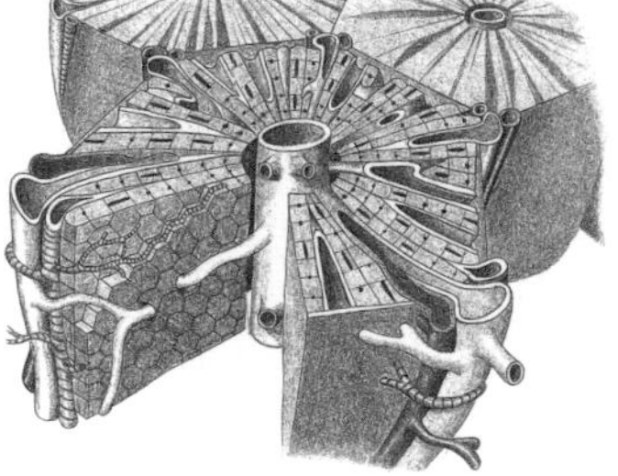

LE FOIE *traite, convertit et emmagasine les nutriments arrivés via le sang depuis l'intestin grêle. Il synthétise de nouvelles molécules, décompose celles déjà en circulation et excrète dans la bile nombre de substances difficiles à éliminer ailleurs (par ex. produits de décomposition des globules rouges). Il reçoit le sang tant des artères que des veines, ce qui est unique.*

LA VÉSICULE BILIAIRE *concentre et emmagasine la BILE produite par le foie. La bile émulsifie les graisses et véhicule des substances aux bactéries intestinales pour recyclage.*

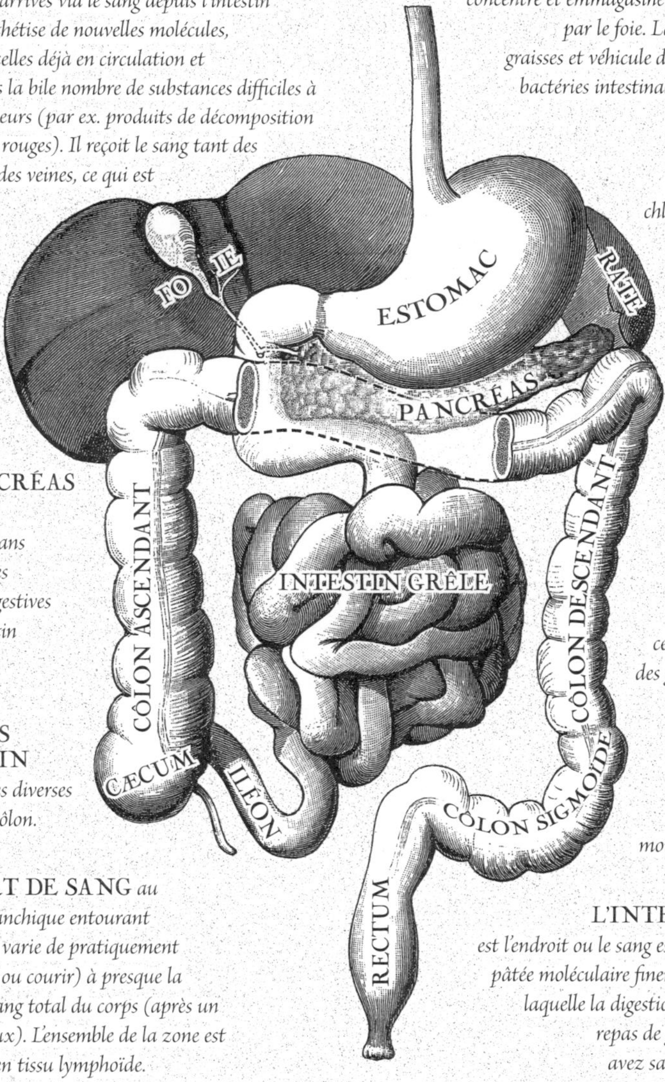

L'ESTOMAC *produit de l'acide chlorhydrique tuant les microbes, barattant les aliments et entamant la digestion enzymatique.*

LE PANCRÉAS *sécrète des hormones dans le sang et des enzymes digestives dans l'intestin grêle.*

LA RATE *est la mère des ganglions lymphatiques, principal centre d'entretien et de recyclage des cellules immunes et des globules sanguins.*

LE GROS INTESTIN *est formé des diverses parties du côlon.*

LE CÔLON *emmagasine et assèche les fèces (qui sont pour moitié des bactéries).*

L'APPORT DE SANG *au large lit splanchique entourant les intestins varie de pratiquement nul (jeûner ou courir) à presque la moitié du sang total du corps (après un repas copieux). L'ensemble de la zone est aussi riche en tissu lymphoïde.*

L'INTESTIN GRÊLE *est l'endroit ou le sang est absorbé dans la pâtée moléculaire finement hachée dans laquelle la digestion a transformé le repas de gourmet que vous avez savouré récemment.*

AIR ET EAU

équilibre dans les poumons et les reins

Entrant et sortant sans fin, comme des vagues, l'air qu'on respire charge le sang en oxygène destiné aux mitochondries, tout en éliminant le CO_2 que celles-ci synthétisent. Le niveau des gaz dans le sang est surveillé par le *tronc cérébral*, qui ajuste le rythme et la profondeur de l'inspiration.

Les bronches se ramifient quelque 25 fois, s'achevant par des faisceaux de sacs élastiques, les alvéoles (*ci-dessous à gauche*), d'une superficie, comme les villosités, d'environ 80 m^2. Ici, l'air échange des gaz avec l'*hémoglobine* des globules rouges, circulant à une vitesse double de la normale dans les capillaires des poumons.

Les *glomérules* rénaux (*ci-dessous à droite*) ont les mêmes structures basales que les alvéoles. Tandis que les poumons se dilatent pour gérer l'équilibre des gaz, les reins se tournent vers l'intérieur pour réguler les fluides. Les reins reçoivent autant de sang que le cerveau et envoient des signaux qui régularisent la pression du sang et provoquent la soif. Ils filtrent le sang, puis réabsorbent 99 % du filtrat afin de régler délicatement la composition globale du fluide.

Un *Qanun* syrien (*v.* 1250) décrit la circulation du sang vers les poumons : *« Quand le sang s'est délayé, il passe dans l'artère vers le poumon pour se mélanger à l'air. Les parties fines du poumon le tamisent ensuite dans sa veine, qui arrive à la gauche des deux cavités du cœur. »*

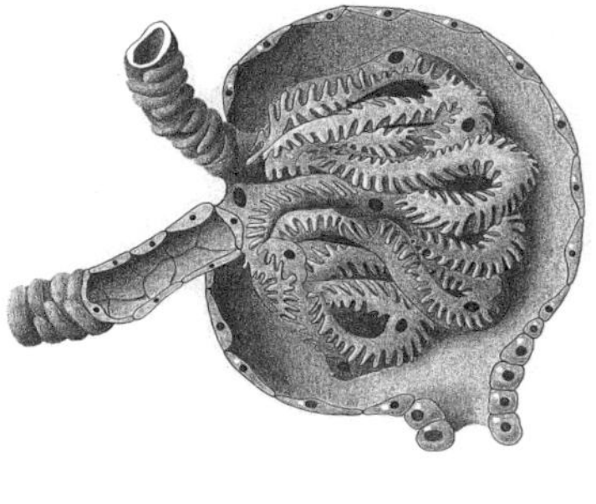

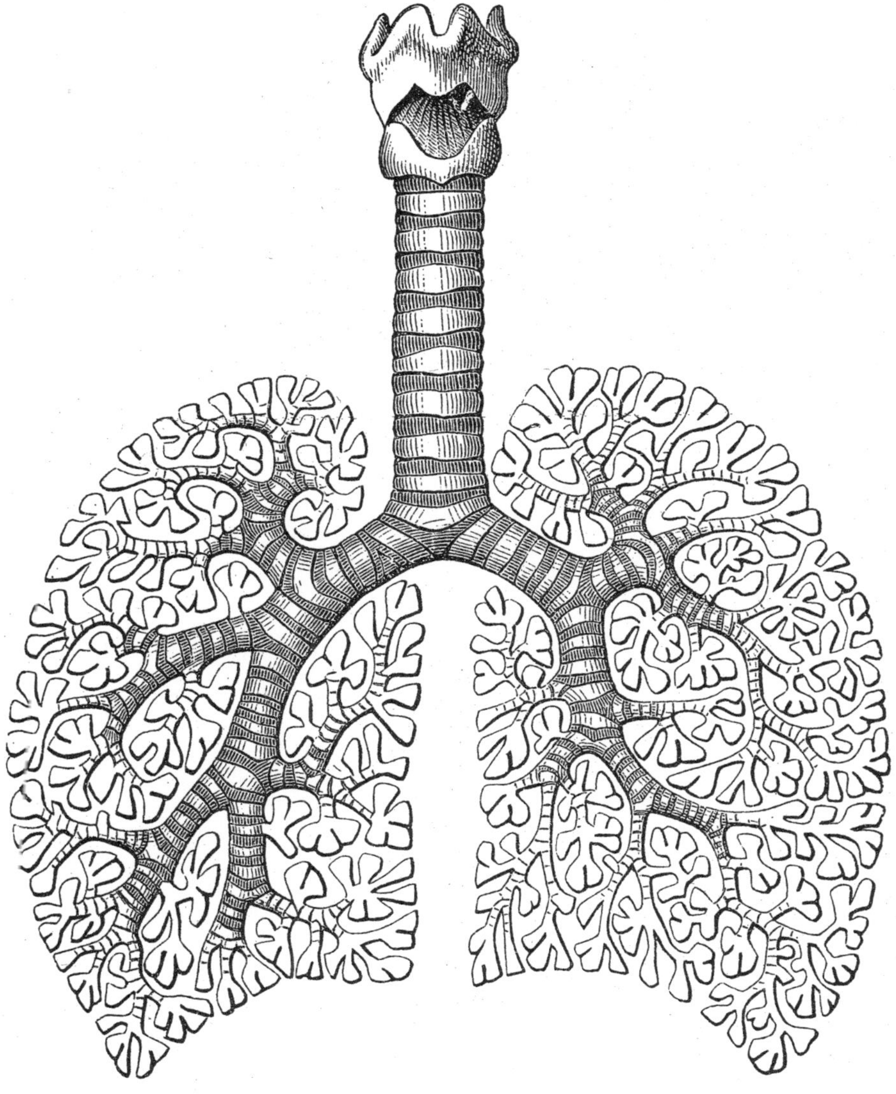

Le cœur

deux battements à l'unisson

Pour commencer, deux tubes primitifs s'unissant pour former un cylindre, qui se met à pulser à la fin de la troisième semaine de vie de l'embryon. Il grandit, se tord et se segmente en une pompe à quatre chambres qui pulse en permanence environ cent mille fois par jour, le cœur.

Chaque pulsation du cœur est une contraction synchronisée déclenchée électriquement, initiée par un nœud de *cellules rythmogènes* dans l'*atrium* droit. Par son action différentielle, le pouls devient une onde spirale montante. Son champ électromagnétique facilement détecté est souvent montré en deux dimensions sous la forme 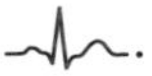. À chaque pulsation, les deux atriums se contractent et envoient le sang accumulé à travers les valves *atrio-ventriculaires* dans les *ventricules*, qui le font passer dans un tourbillon à travers les deux valves *semi-lunaires (sigmoïdes)*. Les sons toc-tac qu'on entend sont les quatre valves se fermant par paires.

Cette double pompe se contractant comme une unité dirige deux circuits. La partie droite du cœur collecte le sang du corps et l'envoie aux poumons, d'où il revient chargé d'oxygène dans la partie gauche, qui le pompe de nouveau autour du corps via les artères coronaires. À tout moment, la moitié de la *circulation sanguine* traverse les poumons. Le centre de cette boucle infinie air-corps est occupé par le cœur, qui unit ainsi l'intérieur et l'extérieur.

Les cellules cardiaques se transmettent l'une à l'autre l'électricité, comme les nerfs, mais à la différence du cerveau le cœur n'a qu'un seul modèle électrique de base. Le champ électromagnétique de chaque battement pulsant à travers les nerfs sensoriels cérébraux fait dire à certains que le cœur est le noyau le plus profond de l'esprit.

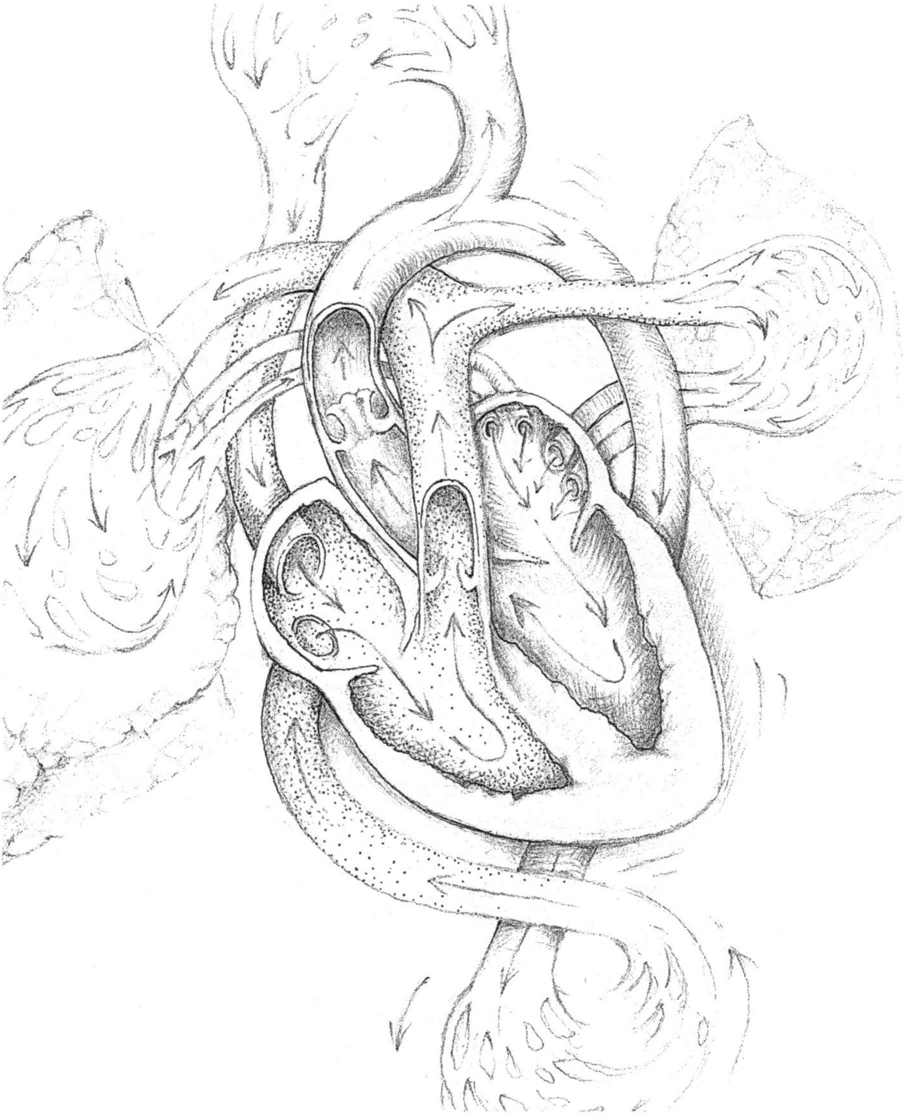

Veines et artères

deux arbres s'unissent

Le système circulatoire n'a été découvert qu'en 1628 par William Harvey. L'arbre artériel de la partie gauche du cœur se ramifie pour approvisionner le corps en sang, transportant oxygène, nutriments et signaux. Entre le sang et les tissus il y a les capillaires superfins, tubes étroits à travers lesquels un globule rouge peine à passer, alors que les gaz, les molécules et les ions traversent ses minces parois. Ici, le sang se charge de produits cellulaires et de déchets, y compris du CO_2, avant qu'un arbre jumeau le fasse passer dans les veines qui le conduisent dans la partie droite du cœur.

Les globules sanguins sont produits dans la *moelle* osseuse. La grande surface des globules rouges dépourvus de noyau favorise l'échange gazeux. L'hémoglobine, dont chacune des quatre sous-unités protéine-pigment renferme un atome de fer, transporte les gaz dans le globule rouge et colore le sang. Chaque sous-unité véhicule un oxygène ardent dans sa cage de fer et échange astucieusement l'O_2 pour le CO_2 selon l'état local des tissus et des poumons.

Les globules rouges sont chargés de système générant de l'*ATP,* qui n'utilisent pas d'oxygène, si bien qu'ils ne consomment pas leur chargement. À la différence de presque toutes les autres cellules, leur surface externe est électronégative, ce qui les attire vers les cellules qu'ils approvisionnent à travers le liquide extracellulaire. Donc, un courant électrique circule dans les vaisseaux sanguins, avec le cœur pour batterie. Les paires artère-veine suivent souvent un nerf, les trois partageant le même nom.

Un globule rouge vit environ quatre mois avant d'être dévoré par un *macrophage* dans la rate ou le foie, à la même allure que la moelle osseuse en produit de nouveaux, trois millions par seconde.

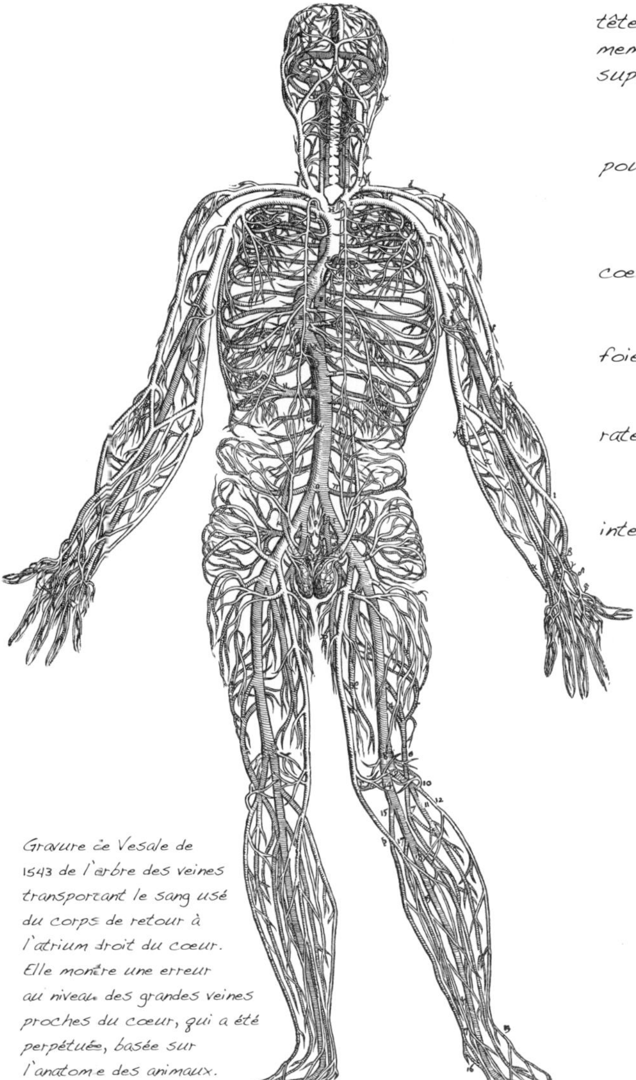

Gravure de Vesale de 1543 de l'arbre des veines transportant le sang usé du corps de retour à l'atrium droit du cœur. Elle montre une erreur au niveau des grandes veines proches du cœur, qui a été perpétuée, basée sur l'anatomie des animaux.

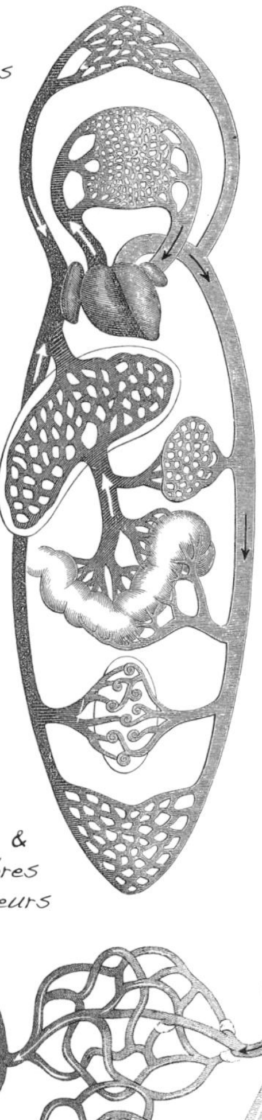

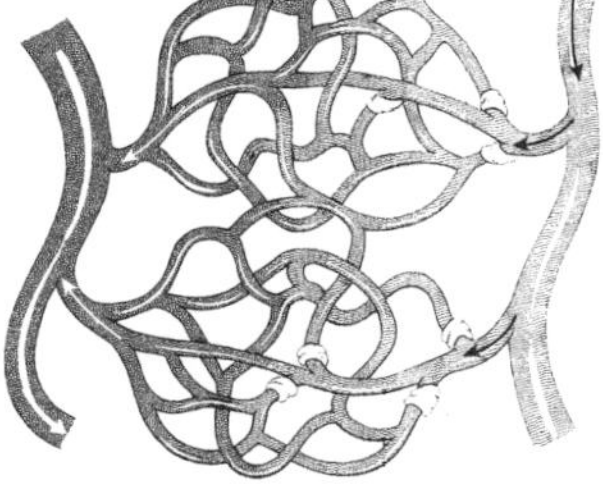

lits capillaires

La patrouille de la lymphe

appréhension des mécréants

Comme la mer, le liquide extracellulaire contient des épaves flottantes et rejetées, si bien qu'un arbre lymphatique absorbe l'excédent et les détritus entourant les cellules et les filtre. La lymphe pure, filtrée, est ensuite déversée dans les grandes veines proches du cœur.

Les globules blancs sont produits à partir des mêmes cellules souche que les globules rouges, tout comme les *plaquettes sanguines*, qui bouchent tout interstice des parois des vaisseaux. Les globules blancs dirigent le système immunitaire et ne restent pas dans le sang, mais s'aventurent dans le réseau lymphoïde en quête des éventuels problèmes.

Aux points de contact du monde extérieur, des bactéries et des microbes pénètrent dans l'organisme, si bien que les intestins, les poumons et la peau fourmillent de colonies de tissus lymphoïdes. Ici, diverses sortes de globules blancs séjournent plus ou moins longtemps ; où qu'ils se rencontrent, des messages passent entre eux en vue de coordonner leur activité et s'alerter mutuellement quant à la présence d'envahisseurs.

Les *lymphocytes* sont les plus mobiles des cellules, qui se faufilent à travers les interstices capillaires, se groupent dans les tissus, essayent des formes, puis pénètrent dans les canalicules lymphatiques pour communiquer leurs découvertes aux autres globules blancs.

Les lymphocytes s'assemblent et collaborent dans des ganglions de cet arbre. Les ganglions lymphatiques enflés, remplis de lymphocytes, de macrophages et d'autres types de globules blancs font leur travail. Les macrophages ingèrent et digèrent les déchets, d'autres avalent tout ce qui semble suspect et en soumettent des fragments aux lymphocytes. Le verdict des lymphocytes quant à l'hostilité potentielle dicte aux autres globules blancs de détruire et de recycler ce qui doit être éliminé.

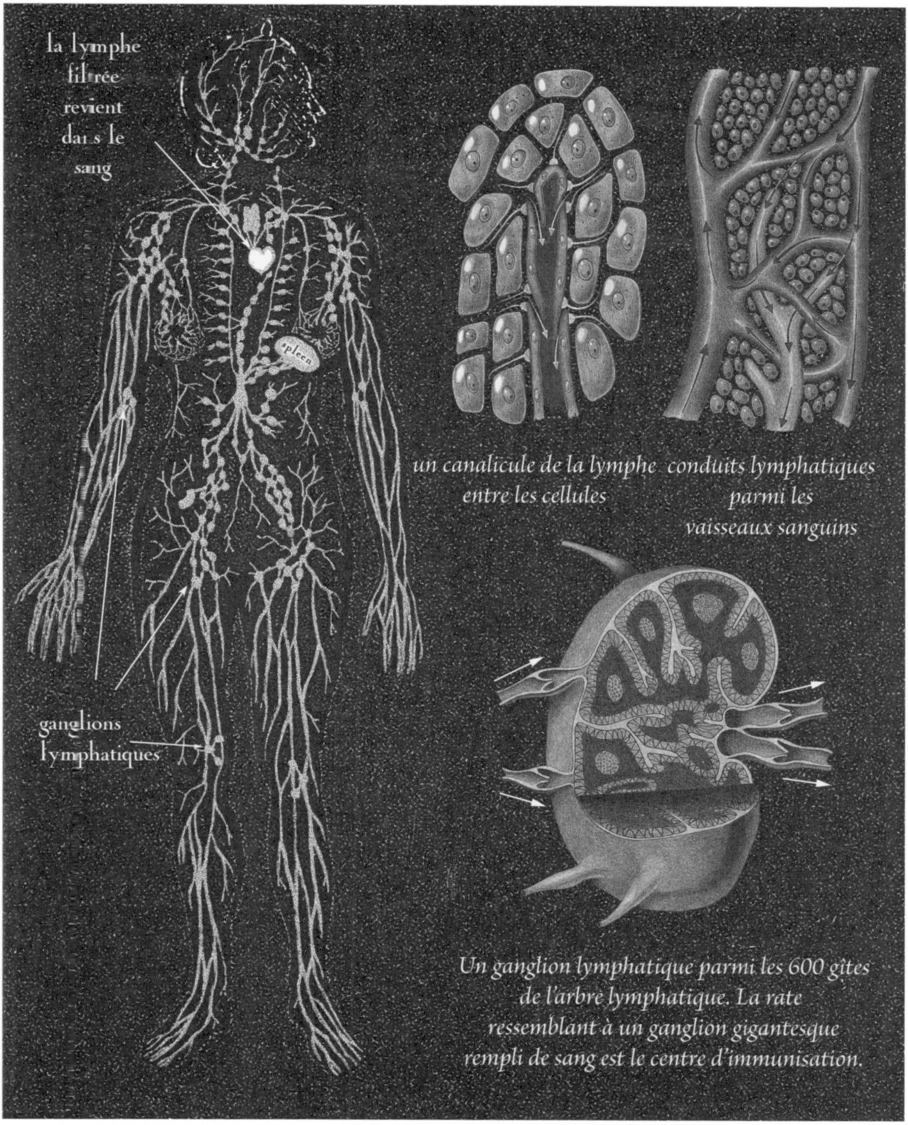

un canalicule de la lymphe entre les cellules

conduits lymphatiques parmi les vaisseaux sanguins

Un ganglion lymphatique parmi les 600 gîtes de l'arbre lymphatique. La rate ressemblant à un ganglion gigantesque rempli de sang est le centre d'immunisation.

IMMUNOLOGIE

distinction du moi

L'enfance est la période où on apprend le plus, surtout dans le *thymus*, glande située près du cœur. Durant les mois prénataux, celui-ci tue tout lymphocyte qui s'alarme en touchant les parois cellulaires de l'embryon. Ainsi, à l'époque de la naissance, les quelques lymphocytes survivants ne réagissent plus qu'aux formes inconnues, donc censées être étrangères à l'organisme.

Les formes identifiant les cellules comme vous appartenant sont surtout des protéines *CMH*. Les lymphocytes brandissent d'autres protéines qui s'arriment à celles-ci. Si l'arrimage échoue, le lymphocyte pense qu'il y a anguille sous roche et envoie des messages se répandant globalement, appelant la cavalerie blanche. Pour éviter les guerres inutiles, plusieurs globules blancs acceptent de s'affronter avant le début des hostilités.

Les suivants sont soit des granulocytes spécialisés qui identifient et tuent certains microbes, soit des anticorps, protéines produites sur mesure par les lymphocytes en réaction à un antigène. Les anticorps coopèrent, formant des complexes d'attaque ou se liant aux microbes et envoyant aux macrophages le signal de les détruire. Peu d'envahisseurs sont hostiles ; beaucoup sont utiles ou se font sournoisement passer pour tels.

Les vétérans blancs se souviennent de leurs batailles et peuvent façonner des armes sur le champ lorsque les descendants de vieux ennemis reviennent. Ils se sont entraînés durant les infections infantiles, lorsque l'armée immunitaire apprend des tactiques militaires. Le thymus rapetisse après le premier anniversaire et, gâtisme aidant, est pratiquement remplacé par des adipocytes. À mesure du passage des années, la distinction entre moi et non-moi s'estompe progressivement, idée thymique de ce qu'est une vie.

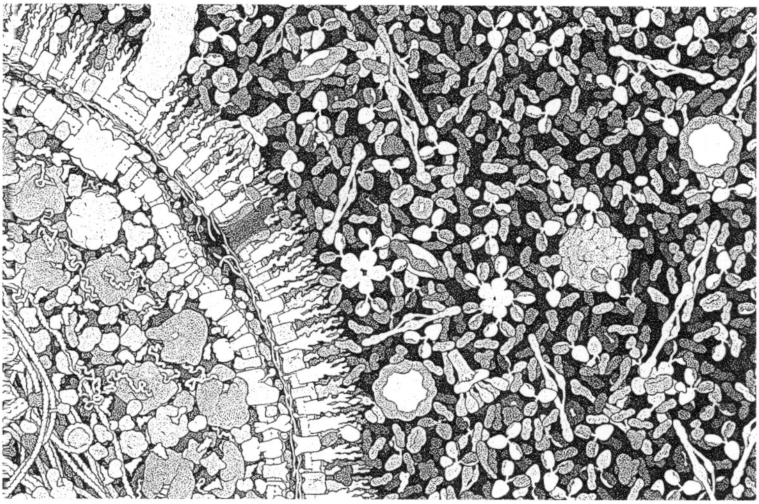

Au-dessus : Un complexe anticorps de classe IgG se liant à une bactérie flagellée E. coli (à gauche) déclenche une cascade permettant à un complexe d'attaque de percer les parois de l'envahisseur.
Au-dessous : Un lymphocyte teste, tandis que quelques cellules coopèrent pour combattre.

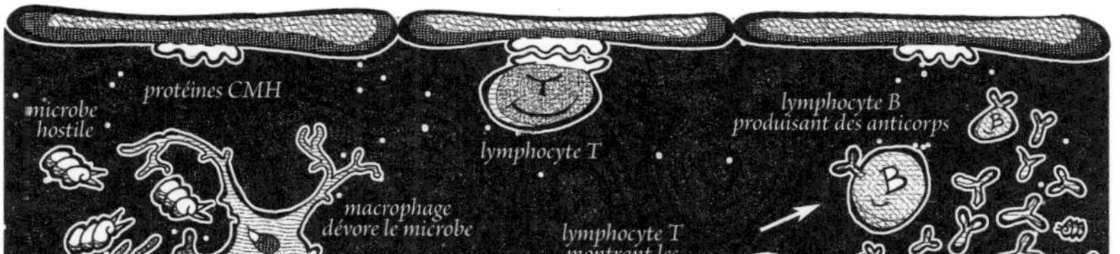

Nerfs

votre intranet électrique

Le système nerveux se divise principalement en *sensoriel, moteur* et *central* (le cerveau et la moelle épinière). Les *dendrites* sensorielles apportent les données des cinq sens au système nerveux central, où prend place tout traitement, intégration et réflexion.

En dehors de quelques *ganglions nerveux*, tous les *neurosomes (*corps de *la* cellule nerveuse), vivent dans le cerveau et la moelle épinière, chacun soutenu par quelques cellules *gliales*. Les *axones* moteurs activent les muscles, *volontaires* pour les muscles squelettiques, *autonomes* pour les muscles lisses des vaisseaux, des glandes et des organes.

Le *gradient du potentiel* des membranes des neurones est similaire à celui au centre d'un orage (*voir page 279*). Il varie tant rythmiquement qu'en réaction aux influx nerveux entrants. Lorsque la somme des potentiels locaux atteint un seuil au *cône d'implantation de l'axone sur le corps neuronal*, la cellule s'active, et une onde temporaire d'inversion de gradient du potentiel passe le long de l'axone, à mesure que des canaux successifs *potentiel-dépendants* s'ouvrent pendant une milliseconde pour laisser entrer des ions de sodium. L'influx se déplace à une allure de marche dans les nerfs sensoriels lents et jusqu'à 400 km/h le long des gaines de *myéline* entourant les axones moteurs les plus rapides.

Les axones s'achèvent aux *synapses*, où un *neurotransmetteur* est libéré pour se rendre à la cellule suivante, d'habitude la dendrite d'un autre nerf, ou à un muscle, rarement à un autre axone. Ici, soit il fait se contracter le muscle (*voir page 294*), soit il excite ou *inhibe* la fréquence d'activation du neurone suivant. Tous les neurones s'activent régulièrement, à un taux et un rythme définissant leur signal dans le circuit. Les modèles d'inhibition confèrent signification au bruit blanc du système nerveux.

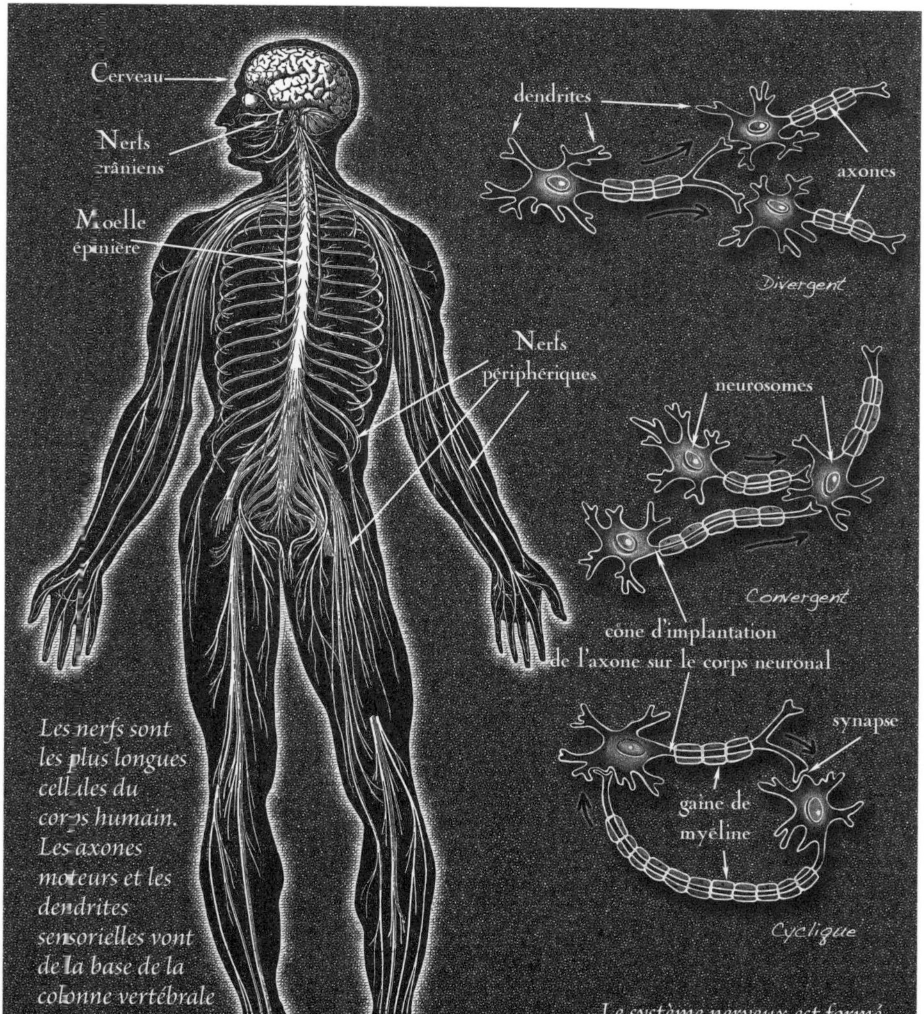

Les nerfs sont les plus longues cellules du corps humain. Les axones moteurs et les dendrites sensorielles vont de la base de la colonne vertébrale jusqu'aux orteils.

Le système nerveux est formé des combinaisons de trois types basiques de circuit neural.

Le cerveau

nul n'a craqué la noix

L'intelligence devait trouver une structure dans laquelle se percevoir elle-même, et elle a choisi le cerveau. La noix costaude de l'*Homo* (seuls les dauphins s'en rapprochent) localise tellement ses sous-programmes qu'on a même une aire spéciale où sont préservées les images des proches, alors que leur nom et leur position sont gardés dans d'autres zones.

Vu les innombrables processus électriques prenant place lors de la réflexion, il est étonnant qu'on soit capable de conscience unifiée. La conscience semble osciller sur la strate externe grise épaisse de 3 mm du *cortex*, composée entièrement de neurosomes, alors que la volumineuse *matière blanche* n'est que connexions. L'hémisphère droit musical et le gauche logique convergent sur le mésencéphale, où la pensée consciente fusionne avec le contrôle subconscient et le processus d'intégration, tandis que les sensations, les instincts et les souvenirs les plus profonds tourbillonnent dans le *système limbique*. La plupart des nerfs changent de côté dans le tronc cérébral, si bien que la partie gauche du cerveau correspond à la partie droite du corps et vice-versa.

En tant que centre de contrôle, le cerveau garde des cartes holographiques de tous les modèles du corps sous des formes diffuses et locales (*voir ci-contre*), de la même manière que le mental garde des cartes internes du monde extérieur. La relation entre le cerveau et le corps est comparable à celle entre le mental humain et le monde extérieur, car les deux renferment une idée claire de la globalité dans l'unité.

Les *ondes cérébrales* varient selon les phases mentales. Les ondes alpha et bêta vrombissent durant la vie diurne ; les ondes delta espacées visitent les jeunes et les dormeurs. Les ondes thêta des contes de fées imprègnent les expériences d'enfance, ne refaisant surface que dans les rêvasseries et chez les adultes très émotifs.

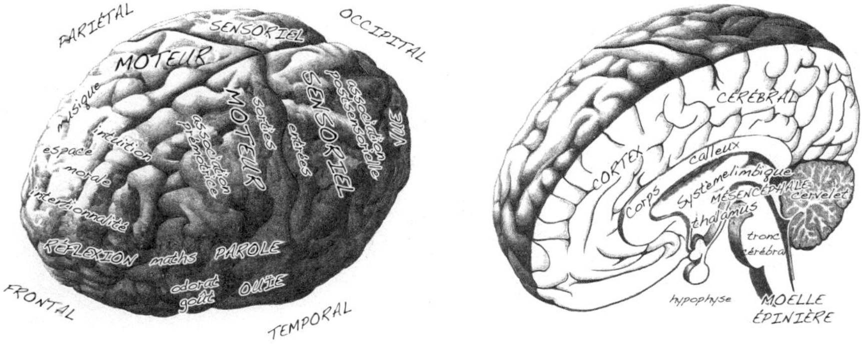

Au-dessus à gauche : quelques fonctions corticales locales. Au-dessus à droite : le corps calleux est un faisceau de connexions entre les côtés. Le système limbique comporte des structures du péri-mésencéphale, comme l'hippocampe, et décide à quel point les choses sont importantes.

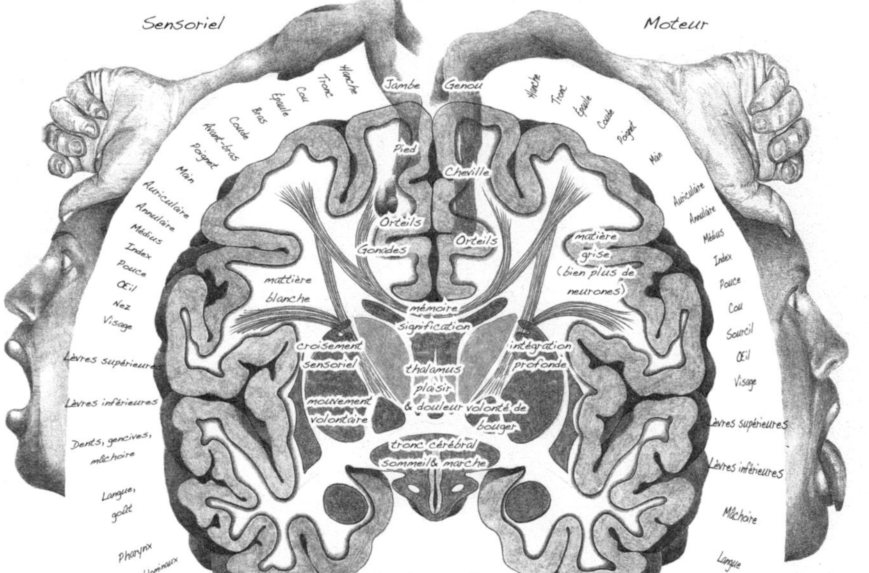

Cinq sens
et les douze nerfs crâniens

Douze *nerfs crâniens* (*voir glossaire*) passent entre le cerveau et la moelle épinière. L'olfactif (I) se relie directement au cortex, les circuits limbiques associés évoquant la signification aromatique.

Frappés par la lumière, les *baguettes et les cônes rétiniens* se déconnectent, inhibant les cellules bipolaires qui envoient le modèle de lumière et de couleur au nerf crânien II, l'optique. Deux images inversées se rencontrent au chiasma optique, se divisent et se croisent à moitié, puis s'inversent deux fois de plus avant de rayonner dans le cortex visuel occipital où elles s'intègrent pour devenir une seule. Le cerveau décide alors ce que l'image signifie et comment réagir.

Les nerfs III, IV et VI tournent et focalisent les yeux. Le III contracte aussi la pupille.

Le V, seul nerf crânien à percevoir le toucher via les dendrites de la peau du visage, dirige la plupart de la mastication. Les espaces intérieurs de la tête sont sous l'emprise associée des nerfs V, VII et IX, dont le croisement embryonnaire explique la confusion dent-oreille et une partie de l'étrangeté de l'éternuement. Le nerf VII fait baver, sourire, pleurer et goûter le sucré, le salé et l'acide sur le bout de la langue ; le goût amer sur l'arrière de la langue est le territoire du nerf IX. Le cortex du goût avertit le nerf *vague* X de ce qui descendra dans l'appareil digestif.

Les ondes sonores frappant le tympan passent via trois osselets à la fenêtre ovale de la *cochlée*, dont les cellules résonnent en accord. Le chant spiralé de la harpe descend par le nerf VIII avec la gravité et les données de mouvement perçues par l'aile tridimensionnelle du labyrinthe osseux de l'oreille, ce qui rend ce nerf crucial pour la danse.

Le contrôle moteur fin de la langue et du larynx du nerf XII permet de parler. Le XI (*non montré*) garde la tête haute et hausse les épaules.

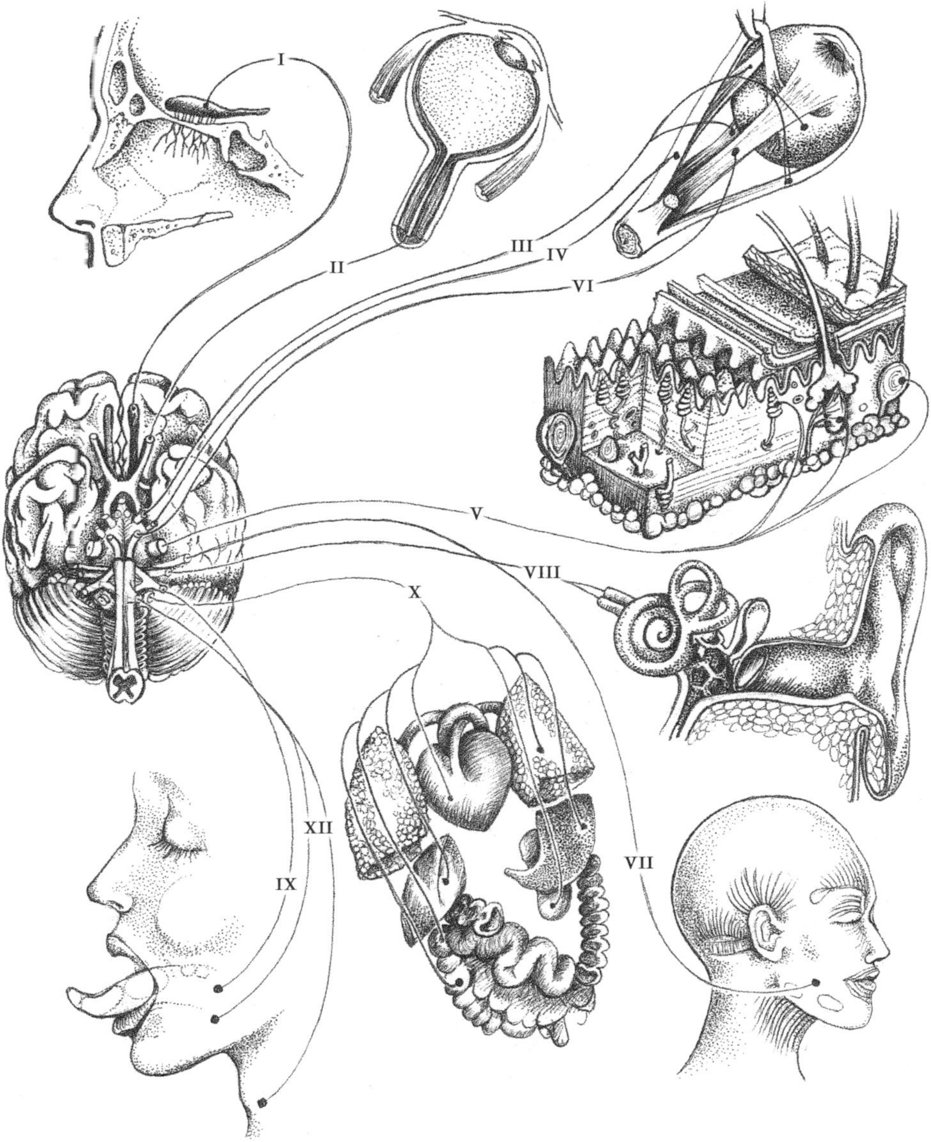

I
II
III
IV
VI
V
VIII
X
XII
IX
VII

Muscle et os

un dépôt de calcium sur ressorts

Quoi faire du calcium saccageant les cellules ? Se débarrasser de la plupart sous forme de coquilles, des récifs de corail ou, dans notre cas, d'endosquelette, et utiliser les quelques ions restants pour lui dire d'aller gambader ailleurs.

Par nature, le calcium modifie la forme de la molécule, si bien qu'il est idéal pour la transmission des signaux, alors que le processus dépendant de l'énergie implique le transfert du phosphate. Dans les cellules musculaires au repos, les phosphates sont préchargés sur un ATP entre deux protéines superposées. Lorsque la décision de bouger un muscle est prise, chaque étape de la cascade du cerveau à l'ATP utilise des déclencheurs de calcium, qui finissent par priver le phosphate de ressorts. Le muscle déplace alors un peu de tissu, de sang ou d'os, lui-même étant surtout du phosphate de calcium cristallin.

Le squelette humain comporte 200 os, plus trois dans chaque oreille, où le muscle le plus infime, le muscle de l'étrier, bouge l'osselet du même nom.

Les terminaisons sensitives des muscles, les *propriocepteurs,* s'activent à un rythme dépendant de l'étirement, communiquant au cerveau la longueur de chaque muscle si bien qu'on peut bouger même les yeux fermés. La boucle de retard de ce circuit sensoriel-cérébral-moteur cause le tremblement de 10 Hz visible quand on tente de tenir la main immobile.

Les muscles se contractent par groupes et séquences, contrôlés par le cortex moteur et le cervelet, où les neurones s'activent selon des routines complexes, comme écrire ou culbuter. Les neurones agissent mieux quand ils ne sont pas entravés par l'inquiétude. Chaque cellule de Purkinje comporte jusqu'à 100 000 dendrites recevant les influx d'autres cellules. Ce réseau neural peut établir de nouvelles connexions durant toute la vie afin d'apprendre des savoir-faire inédits, disons surfer.

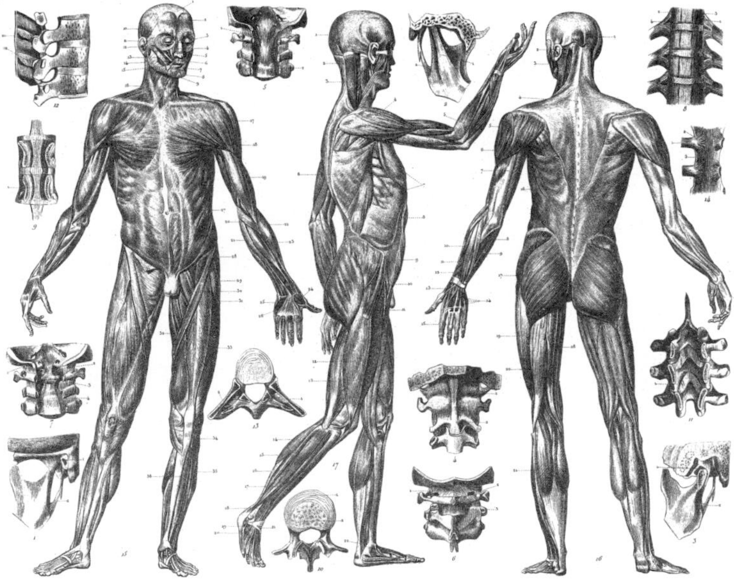

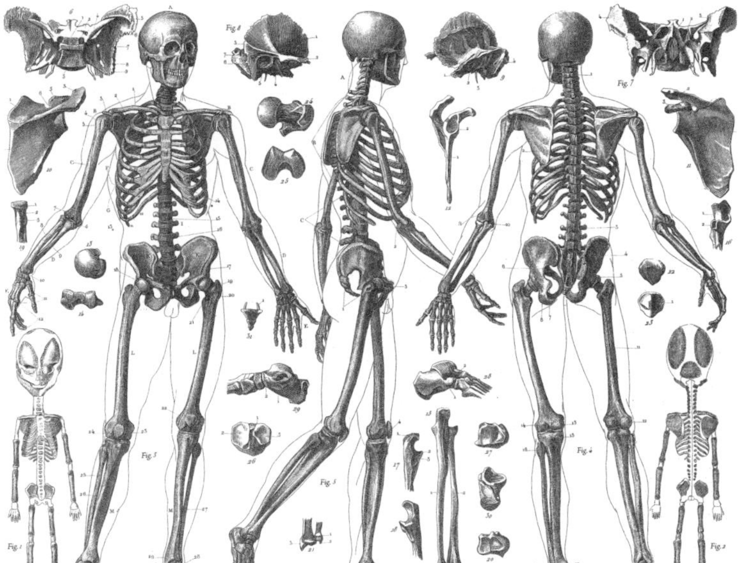

ENDOCRINOLOGIE

biorythmes hormonaux

Les hormones dictent la phase des systèmes corporels, depuis la croissance et le *métabolisme* à l'immunité et la reproduction, en activant et en désactivant les processus dans les cellules distantes. Sept glandes endocrines principales envoient des hormones, via le sang, aux autres cellules.

Chaque hormone « cible » des cellules spécifiques. Certaines, comme la *thyroxine* et l'*insuline*, ciblent la plupart des types selon des modèles variables. Quelques-unes, comme l'hormone de croissance et son opposé, le *cortisol*, les ciblent toutes. La plupart du fonctionnement endocrinien s'autorégule via les hormones de contrôle qui ne ciblent que les cellules dans d'autres glandes.

L'hypothalamus gouverne l'organisme, son interaction avec l'hypophyse envoyant des hormones de contrôle vers les glandes situées plus bas qui produisent de véritables hormones. Des boucles de contrôle gouvernent des phases comme la montée matinale du cortisol, le flux et reflux mensuels des *hormones sexuelles* féminines. Les hormones activent les gènes maîtres, qui activent à leur tour des groupes d'autres gènes, souvent pour des enzymes effectuant une série apparentée de processus.

Au sommet, aux profondeurs du mésencéphale, il y a la mystérieuse épiphyse qui contrôle les principaux changements de phase, comme la nuit et le jour, les saisons, la puberté, la ménopause et peut-être la mort.

Pour les Hindous, l'état de santé est décrit par l'activité et l'interaction des sept chakras principaux montant sur la colonne vertébrale (*ci-contre*).

Le chevauchement *neuro-endocrinien* est répandu, et il est difficile de dire ce qu'est une hormone (*voir paracrine*). La *médullo-surrénale* est ectodermique (*voir page 282*), donc tissu nerveux spécialisé, qui s'accorde à cette sensation d'*adrénaline*.

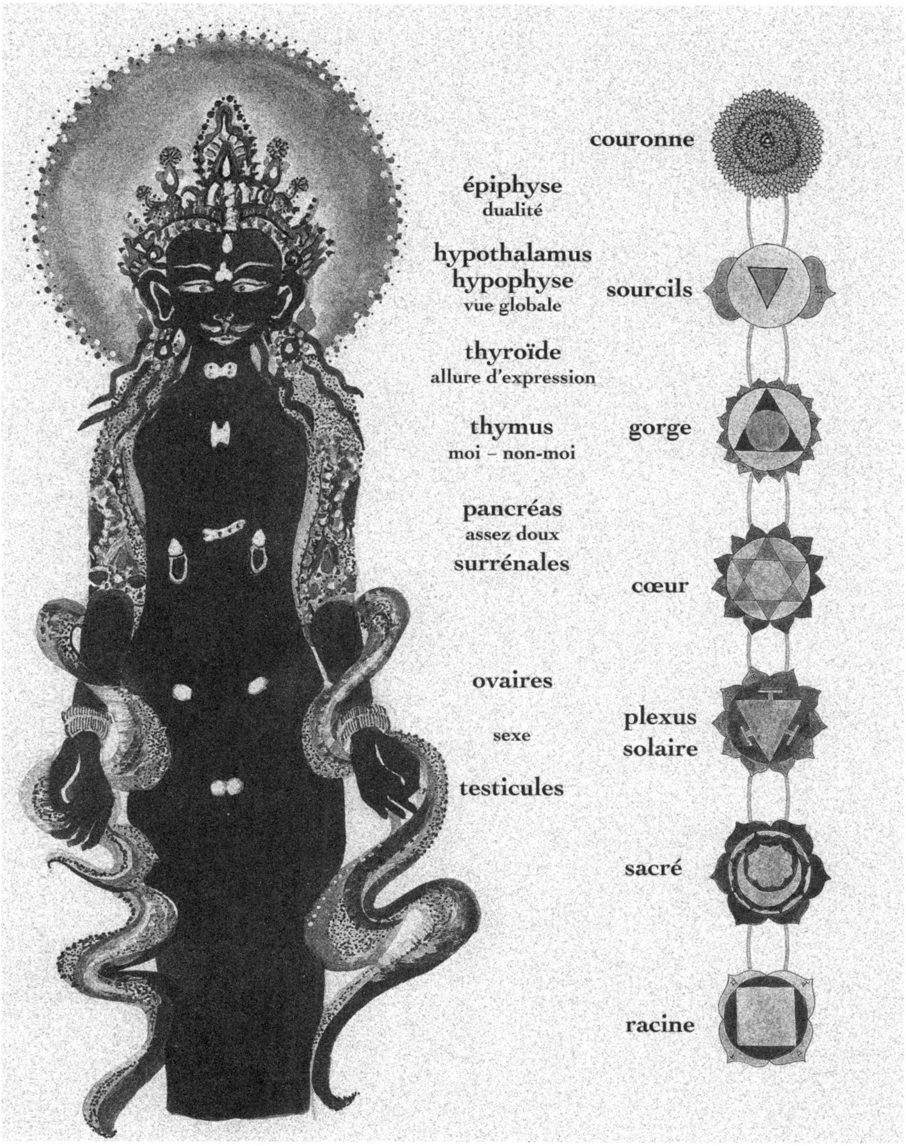
couronne
épiphyse
dualité
hypothalamus
hypophyse
vue globale
sourcils
thyroïde
allure d'expression
thymus
moi - non-moi
gorge
pancréas
assez doux
surrénales
cœur
ovaires
sexe
plexus
solaire
testicules
sacré
racine

Homéostasie

modèles en statu quo

Imaginez toutes les communications passant en ce moment même entre toutes les personnes de la planète, puis fourrez cela dans quelque chose de votre taille : voilà le degré d'activité là-dedans.

Cette frénésie subconsciente a un but – maintenir l'équilibre. Considérons de taux de calcium en circulation, affiné par la *parathormone* (*hormone parathyroïde*) et la *calcitonine*. Un taux élevé stimule la sécrétion de la calcitonine, signal auquel les cellules osseuses réagissent en cristallisant du calcium, que les cellules rénales excrètent pour abaisser le taux actuel. La parathormone a l'effet opposé et élève le taux de calcium. Ensemble, ces deux boucles de rétroaction négative gardent le calcium au taux désiré.

Des séries de boucles similaires équilibrent tout, depuis les taux de ions à la pression du sang, à la température, à la posture, à la vision, etc., en utilisant des chaînes de signaux électriques et chimiques. Les signaux passant entre les cellules créent des modèles intégrés d'activité en déclenchant et en inhibant le processus à l'intérieur des cellules grâce aux signaux intracellulaires secondaires. La commutation des gènes, d'habitude sous contrôle hormonal, tend à gouverner les variations à plus long terme des activités cellulaires, alors que les changements à court terme sont surtout sous le contrôle électrique des influx nerveux. L'intégration neuro-endocrinienne de ces boucles de rétroaction régulatrice garde les modèles du corps en *statu quo*, en « homéostasie ».

Les boucles de rétroaction positive sont rares : déclenchement de l'*ovulation*, communication entre personnes contribuant à l'équilibre social. Elles impliquent souvent l'hormone *ocytocine*, intervenant lors de l'accouchement, de l'allaitement et des orgasmes, ainsi qu'intermédiaire du réflexe musical faisant vibrer. Son effet sur le système limbique dit « je t'aime ».

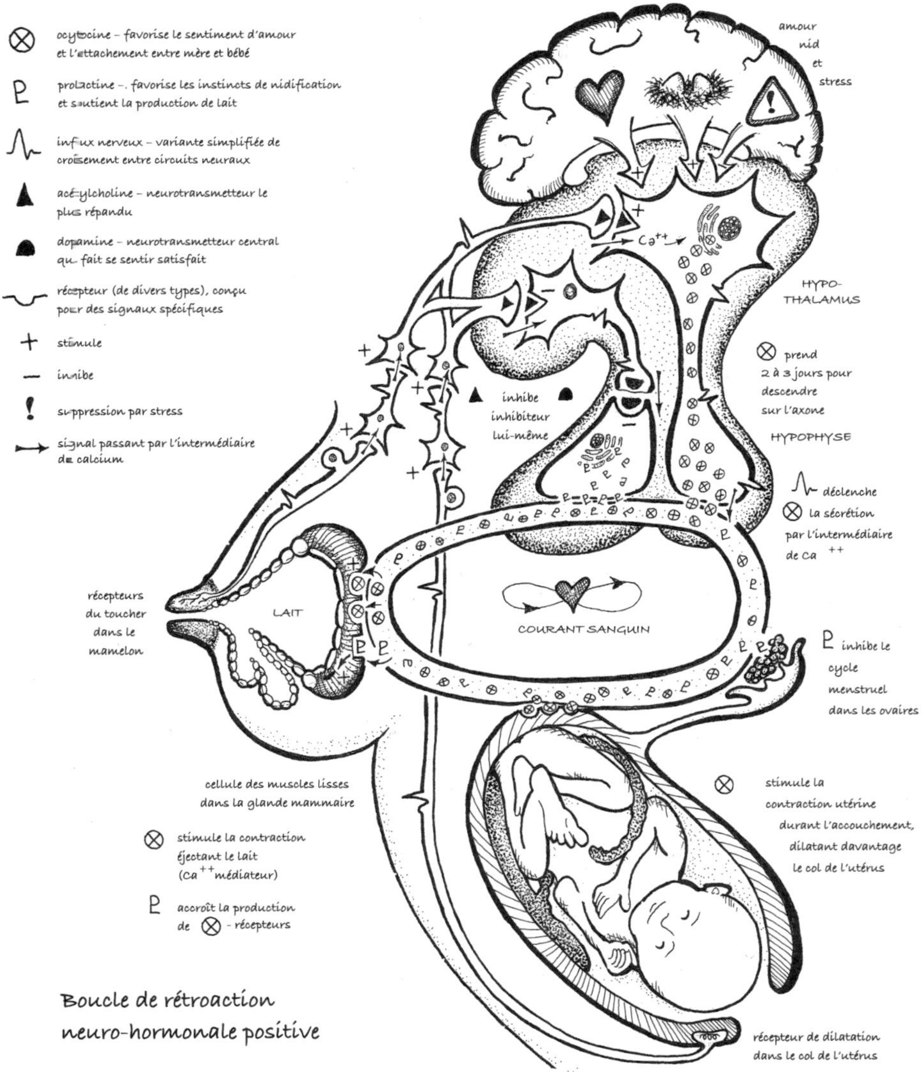

Boucle de rétroaction
neuro-hormonale positive

Nuit et jour
qui ont besoin l'un de l'autre

Si vous vous sentez tomber en miettes après être resté debout toute la nuit, c'est parce que c'est bien le cas. Les hormones qui vous font démarrer le matin, comme le roi *catabolique*, le cortisol, incitent le corps à se servir de ses ressources, aller chasser et se poser. Le travail de maintenance et de réparation, ainsi que l'*immunication* (langage du système immunitaire) sont supprimés toute la journée, si bien qu'à l'heure du coucher le corps s'effondre littéralement.

L'hormone de croissance, la reine *anabolique*, gouverne la nuit, quand le corps s'occupe du chaos laissé par la journée. Pour cela, les voies de communication fermées le jour s'ouvrent et, comme la réparation de l'*inflammation*, la guérison nocturne du corps est douloureuse. En s'écroulant, on peut sentir où elle sera la plus intense et, sauf le sommeil, la nuit fera mal.

S'ils ne sont pas maîtrisés, les processus du corps sont impatients de se déclencher et doivent être fermement régulés pour que l'ordre règne. Les modèles de sensation émergent surtout de par la modulation de la plupart des nerfs. Les hormones diurnes inhibent les nerfs sensitifs, car toutes ces sensations feront trop mal tant qu'on est éveillé.

À court terme, le tronc cérébral a le dernier mot quant au sommeil, mais à plus long terme les modèles de sommeil et de veille sont contrôlés par l'épiphyse, l'organe original sensible à la lumière. Elle a évolué vers l'intérieur du corps, mais reçoit encore la lumière depuis les yeux via plusieurs voies neurales. L'horloge neuro-endocrinienne cérébrale a un rythme inné de 25 heures, mais est remise à l'heure de la Terre tous les jours par le Soleil levant, via l'épiphyse. Cette glande, qui surveille les grands changements de la vie, est donc elle-même régie par le mouvement du système solaire.

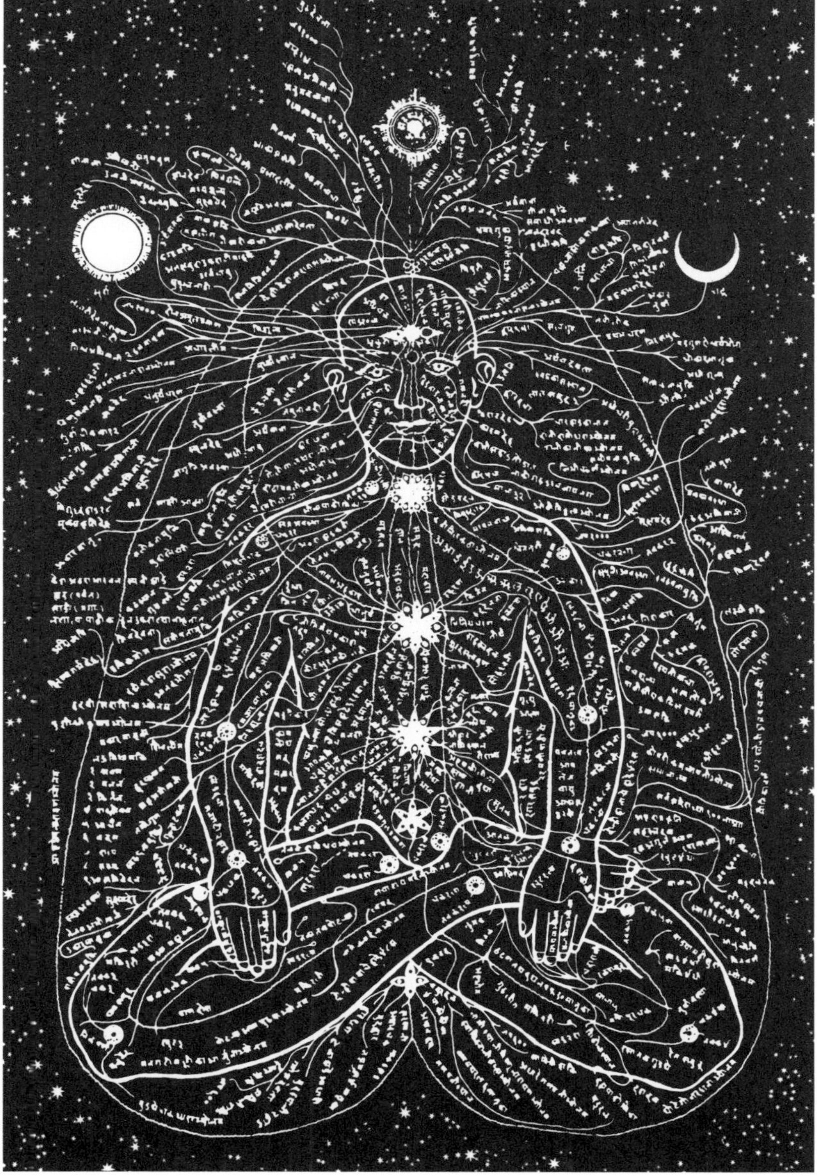

Où allons-nous ?

pourquoi ?

La Terre tourne autour du Soleil depuis quelque cinq milliards d'années. Pendant la plupart de ce temps, la vie a évolué et s'est affinée pour produire des formes de vie belles et complexes comme le corps humain, né lors du plus récent clin d'œil cosmique. L'entéléchie avec laquelle l'évolution réalise de nouvelles possibilités ressemble moins à une série d'occasions heureuses qu'à un système qui a eu d'abord l'idée, puis s'est efforcé de la réaliser.

Les changements notables les plus récents de la forme humaine concernent la forme de la mâchoire et l'alignement des dents, modifiés durant ces derniers millénaires pour s'adapter à la nourriture cuite. D'autres avancées subtiles prennent peut-être place maintenant. La structure du corps est très stable depuis que l'image ci-contre a été peinte sur la paroi d'une grotte d'Espagne il y a 8 000 ans, et cela depuis plus de 100 000 ans.

À la différence de tous les autres organismes, pour autant qu'on le sache, l'homme est dans la position bizarre de connaître dans les moindres détails son fonctionnement interne et de pouvoir s'influencer soi-même de façons inédites. La biotechnologie dépasse maintenant tout affinement naturel de longue durée. Beaucoup admettent que l'évolution à la vieille mode est probablement finie pour l'homme et que tout grand changement sera auto-induit. Mais si la mortalité n'est pas un défaut – même les étoiles meurent avec le temps – alors peut-être que le corps humain est déjà une forme perfectionnée.

En attendant, le corps envoie frénétiquement des signaux à ses organes, générant des modèles électrochimiques et mécaniques afin de lui permettre d'effectuer des activités comme lire ce livre. Peut-être que ces messages internes permanents font-ils allusion à son véritable objectif, à ce à quoi que les hommes sont particulièrement bons : la communication.

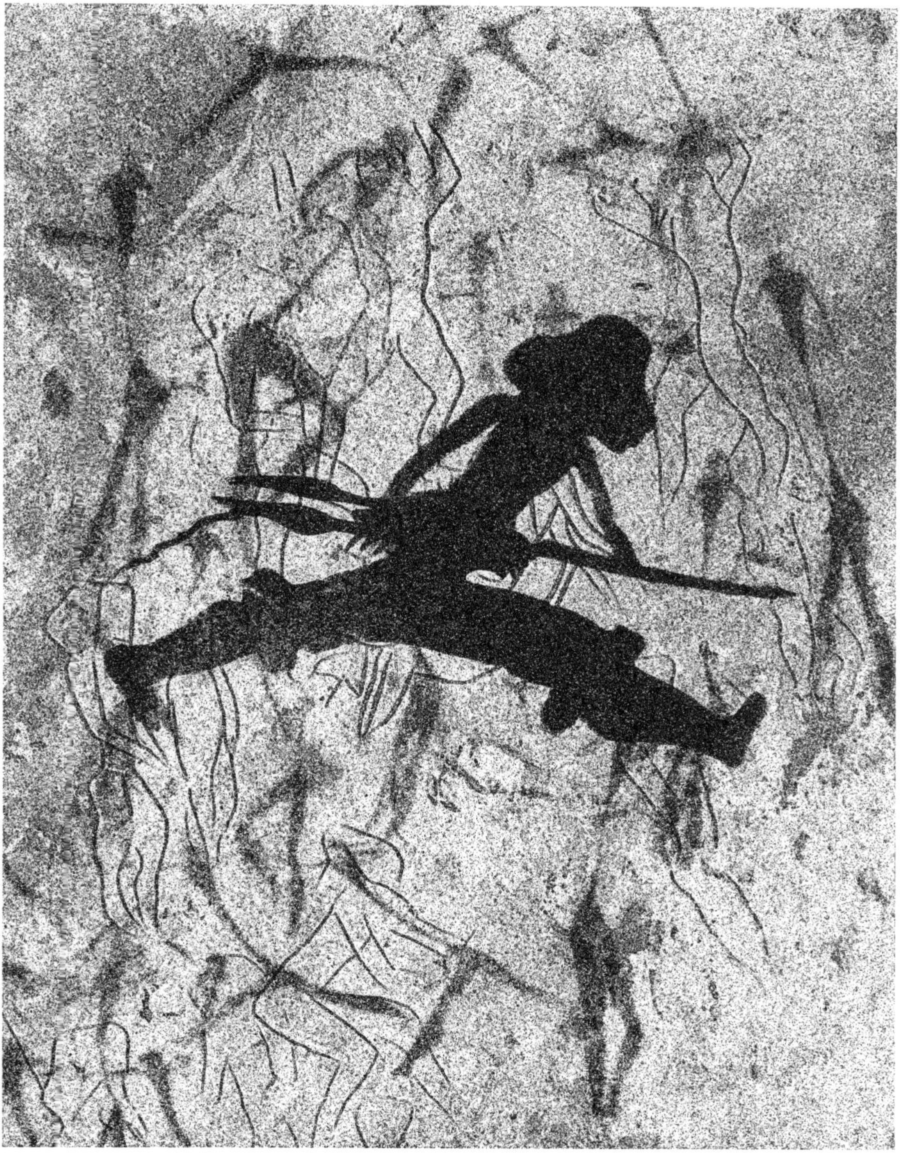

LIVRE VI

L'univers visible, depuis le noyau de la Terre à l'horizon distant de 14 milliards d'années-lumière.

LE COSMOS
COMPACT

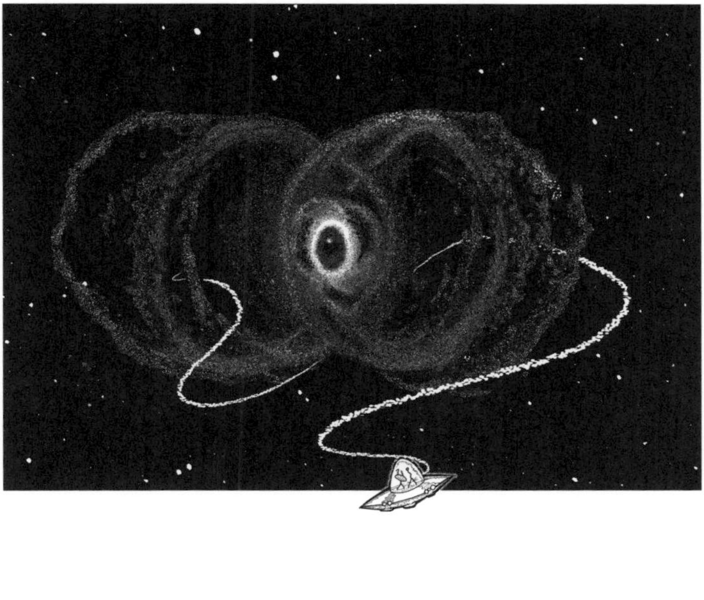

Matt Tweed

INTRODUCTION

En regardant l'espace sans fin, la science moderne révèle une tapisserie complexe et très élaborée. Le paradoxe essentiel de l'existence a inspiré des générations émerveillées à lever les yeux vers les cieux. À ce jour, l'homme a trempé à peine ses orteils dans l'immensité de l'espace.

Ce petit livre explore certaines des idées soigneusement réunies par beaucoup de grands esprits tentant de comprendre et d'apprécier cette magnificence. Au fil des pages suivantes, les distances sont données en kilomètres et années-lumière. La lumière est la chose la plus rapide existante, voyageant à presque 300 000 km par seconde. À cette vitesse, on peut voler autour de la Terre en un septième de seconde, atteindre la Lune en 1,30 seconde, le Soleil en 8 minutes et la planète la plus lointaine du système solaire en un peu plus de quatre heures. En une année, la lumière couvre un peu moins de 9,5 billions de km, une année-lumière, un quart de la voie jusqu'à Proxima Centauri, l'étoile la plus proche ; en termes galactiques, c'est la porte à côté.

À un point dans le temps où l'humanité devient consciente des énormes changements prenant place sur notre minuscule planète, les cieux révèlent des scènes spectaculaires de naissance d'étoiles et de calamités, splendeur à une échelle presque inimaginable. Il y a longtemps, les chamans pensaient que chaque pierre et chaque arbre avaient un esprit gardien. Un mystique moderne pourrait dire la même chose des spirales de plasma façonnant les nébuleuses et les galaxies. Notre place dans l'espace peut être celle d'une infinitude ou aussi unique que le plus rare des gemmes.

La vie, et la conscience permettant d'en faire l'expérience, est assurément une chance au-delà de tout.

Le Big Bang

à partir d'infimes commencements

Selon une histoire récente, venant apparemment de nulle part, une pointe d'épingle d'énergie immensément chaude et dense est apparue il y a longtemps. Cette infime *singularité* a ensemencé l'ensemble de l'univers. Les conditions étaient si extrêmes qu'on n'a qu'une idée des plus vagues de la physique exotique du commencement des temps.

Dans ce jeune univers se refroidissant rapidement et s'élargissant presque à la vitesse de la lumière, les premiers photons, suivis par les quarks et les leptons, se sont condensés à partir du vide quantique gazeux comme la buée sur une fenêtre froide, formant une mer de plasma quark-gluon. Après un millionième de seconde, les quarks se sont combinés en hadrons, surtout protons et neutrons, alors que d'immenses volumes de matière et d'antimatière se sont détruits mutuellement en ne laissant qu'un milliardième du matériel original, outre de vastes quantités de rayons gamma. À peu près une seconde après la naissance de l'univers, sa température avait diminué assez pour que des neutrinos filant à toute allure se cristallisent à partir des protons. La nucléosynthèse a débuté vers cette époque, protons et neutrons se joignant pour former les noyaux d'hélium, de deutérium et de lithium. Dix minutes plus tard, la matière consistait en trois parts d'hydrogène pour une part d'hélium. L'univers s'étendait incroyablement vite et, après deux heures, la densité des neutrons ne permettait plus la formation d'aucun autre noyau lourd.

À l'âge de 377 000 ans, l'univers est finalement devenu assez froid pour que les électrons se placent sur des orbitales autour des noyaux atomiques. Pendant les 100 millions d'années suivantes, tout est resté sombre pendant que le vaste nuage ionisé d'hydrogène et d'hélium s'élargissait. Finalement, les photons ont été libérés du plasma, les cieux sont devenus transparents et le jeune univers a été révélé dans toute sa splendeur.

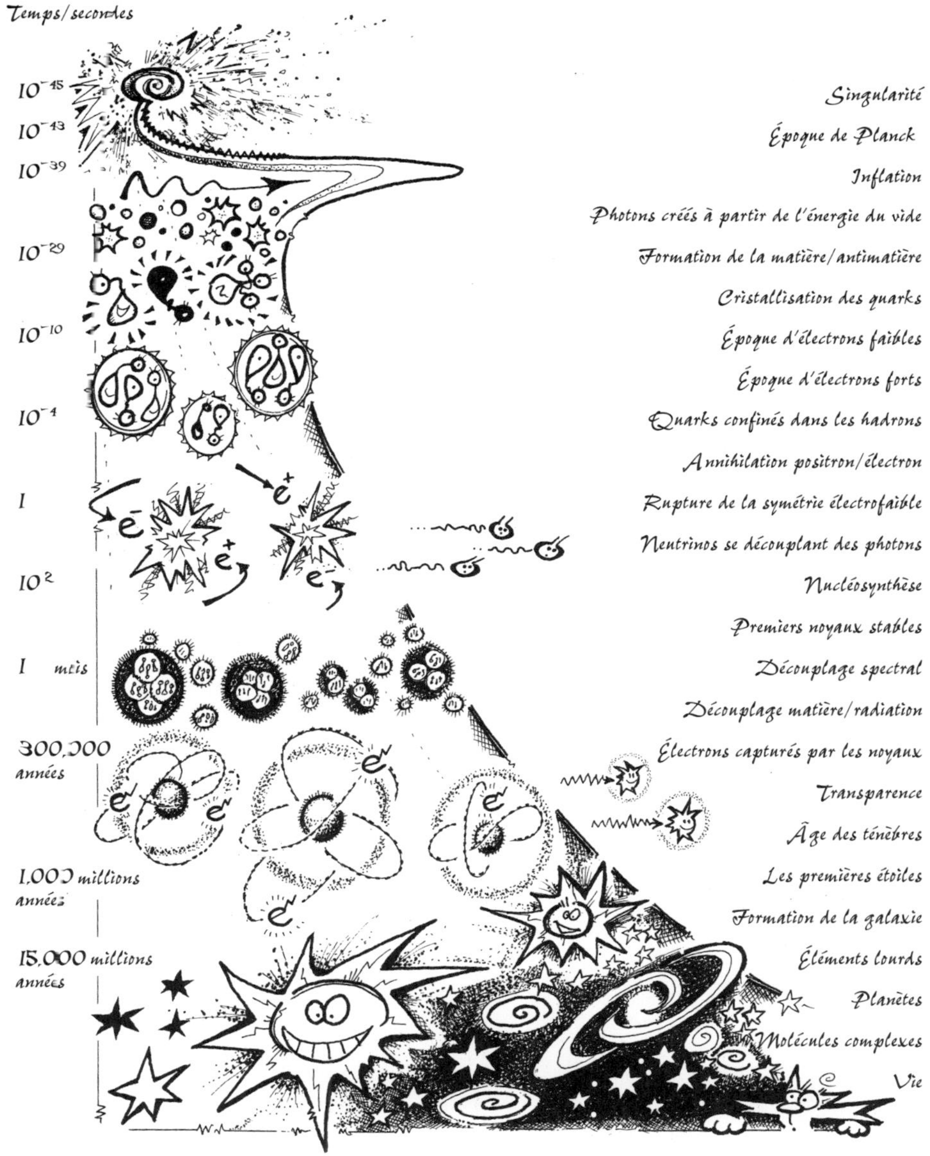

Temps/secondes
10^{-45}
10^{-43}
10^{-39}
10^{-29}
10^{-10}
10^{-4}
1
10^{2}
1 mois
300.000 années
1.000 millions années
15,000 millions années
Singularité
Époque de Planck
Inflation
Photons créés à partir de l'énergie du vide
Formation de la matière/antimatière
Cristallisation des quarks
Époque d'électrons faibles
Époque d'électrons forts
Quarks confinés dans les hadrons
Annihilation positron/électron
Rupture de la symétrie électrofaible
Neutrinos se découplant des photons
Nucléosynthèse
Premiers noyaux stables
Découplage spectral
Découplage matière/radiation
Électrons capturés par les noyaux
Transparence
Âge des ténèbres
Les premières étoiles
Formation de la galaxie
Éléments lourds
Planètes
Molécules complexes
Vie

L'UNIVERS PRIMITIF

étoiles aux confins des temps

Les premiers corps à émerger du chaos ont été les quasars, les objets les plus lumineux de l'univers, galaxies primitives actives bâties autour de jeunes trous noir supermassifs, se formant sur les légères inconsistances de l'expansion, par ailleurs uniforme, de l'univers. Peu de temps après, à l'intérieur et à l'extérieur de ces premières *protogalaxies*, une floraison d'immenses étoiles a vu le jour, se gorgeant de l'hydrogène et de l'hélium primordiaux avant d'exploser, forgeant dans le mélange des éléments nouveaux. Pendant les 500 000 années suivantes, jusqu'au milliardième anniversaire de l'univers, des étoiles primitives et des quasars sont nés, ont vécu et sont morts, recyclant les générations précédentes et émettant une radiation intense qui a réionisé leur voisinage. Depuis cette époque, 99 % de toute la matière de l'univers existe sous forme de plasma gazeux ionisé.

En faisant un zoom arrière, l'univers actuel a l'air d'un fouillis (*ci-contre, en haut à gauche*). En faisant toutefois un zoom avant, des structures apparaissent, et l'image finale ci-contre montre un superamas de plus de 20 000 galaxies. On rejoint maintenant nos guides (*ci-dessous*) aux confins de l'univers visible, dans leur voyage épique vers une planète, la nôtre. Sur la tapisserie stellaire, on rencontrera des paysages d'une beauté et d'une puissance extraordinaire. Attachez votre ceinture, s'il vous plaît.

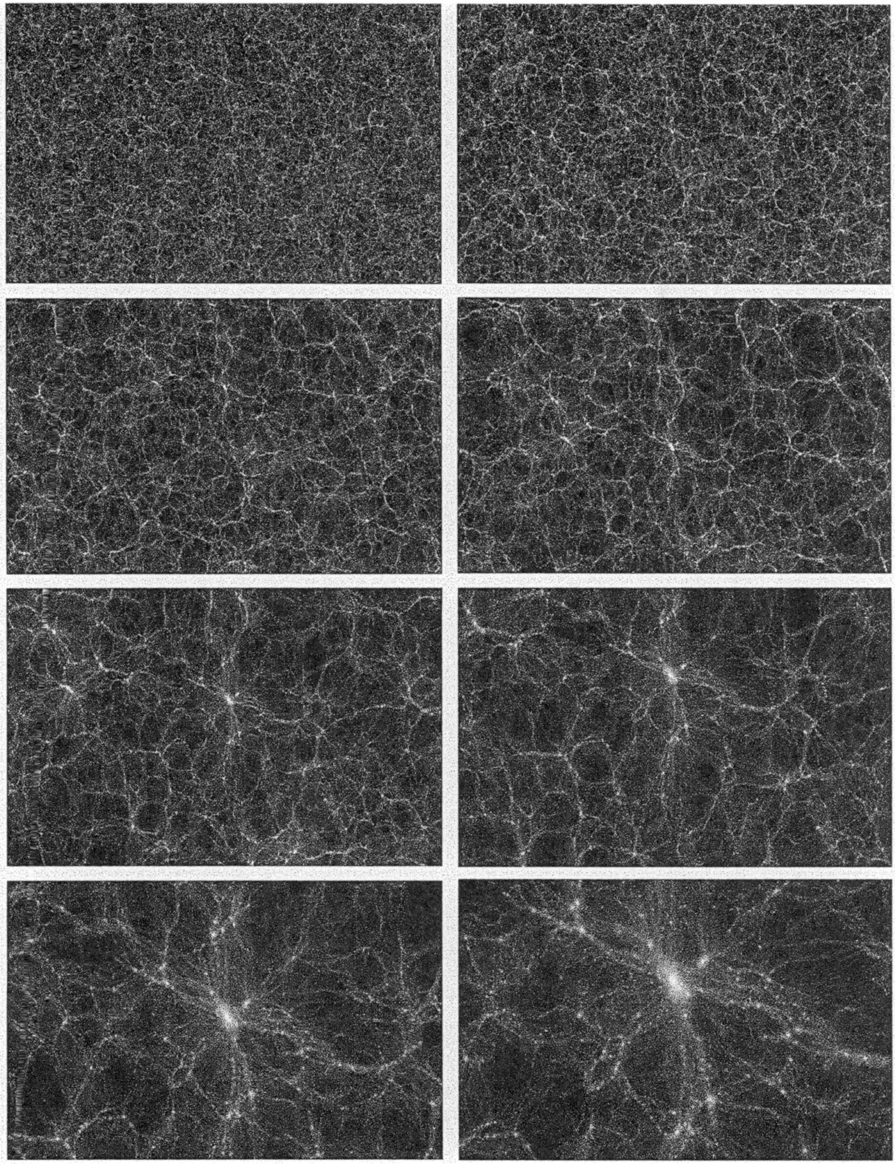

Grands murs et vides

structures extrêmement grandes

De bien des manières, l'univers ressemble à de la mousse de bulles de savon. Chaque cellule est une vaste étendue de néant couvrant des centaines de millions d'années-lumière. Étonnant toutefois, le vacuum de l'espace le plus profond a une population éclectique. Des atomes ionisés solitaires flottent dans le *milieu intergalactique*, quelques-uns pour chaque mètre cube d'espace, à peu près un million d'atomes d'hydrogène pour chacun des éléments plus lourds très clairsemés.

Les plus grands vides n'arrivent même pas à cela. Un possible super-vide d'Eridanus, recouvrant quelque 500 millions d'années-lumière, semble responsable d'un point froid dans l'éclat presque uniforme du *fond diffus cosmologique*, ultimes échos des crises de colère énergétique du jeune univers. À mesure que les modèles plus intenses s'estompent, de nouveaux apparaissent (*voir page 360*).

Autour des vides, où deux ou trois bulles se rencontrent, les filaments longs de centaines de millions d'années-lumière des galaxies s'entrelacent comme des dendrites de neurones. Comme en cherchant une consolation dans la force du nombre, ils s'attachent ensemble dans des murailles scintillantes rassemblant plusieurs millions de galaxies. D'une longueur estimée à 3,5 milliards d'années-lumière, une largeur de 2,5 milliards et une épaisseur de 50 millions, le Grand mur de l'amas du Centaure (*ci-contre*) est l'un de ceux formant les plus grandes le structures découvertes à ce jour. La matière si distante n'est pas encore totalement redevable à la gravité, continuant à se déployer surtout avec la grande expansion cosmique.

À cette échelle (*ci-contre*), nos voyageurs ne peuvent voir que le simple éclat des myriades d'étoiles des galaxies. Toutefois, à mesure qu'ils se dirigent vers leur destination, des structures discrètes finissent par apparaître.

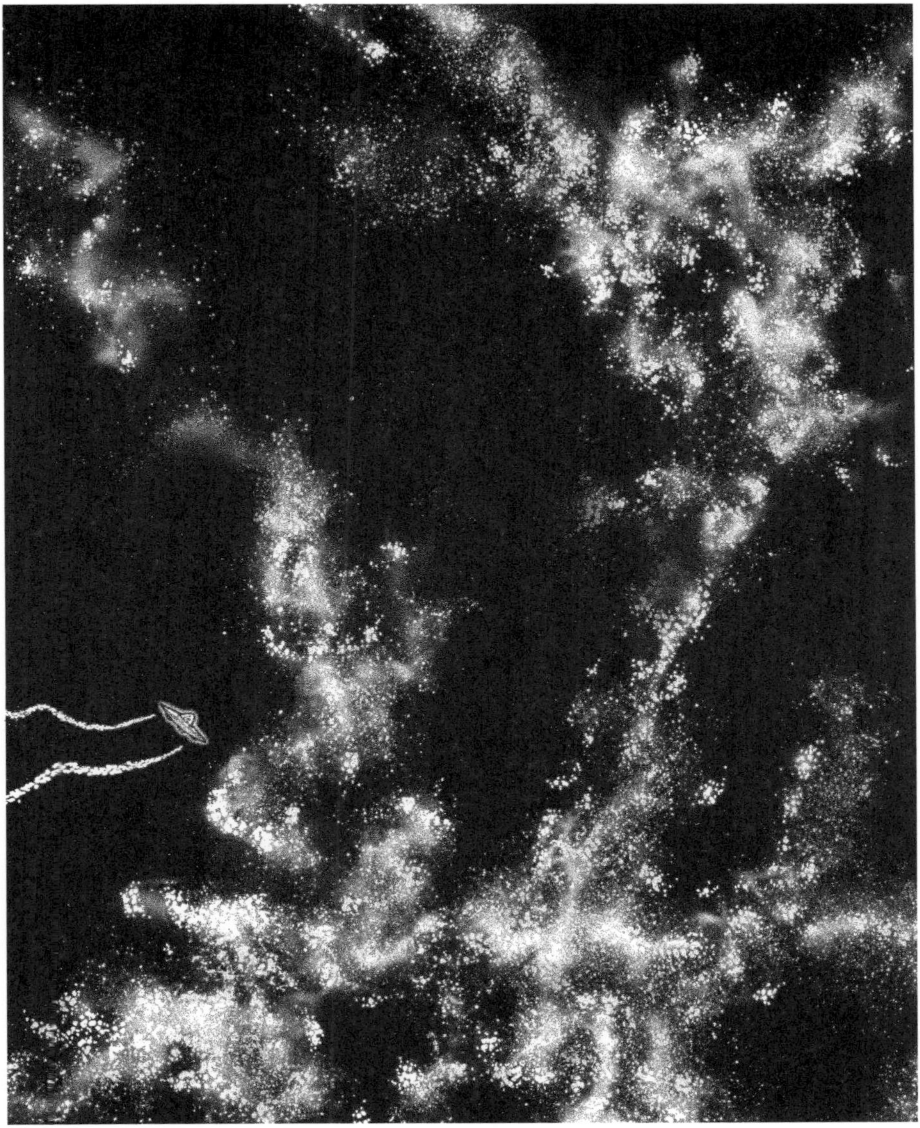

SUPERAMAS

rassemblements galactiques

En gros plan, les grands murs embrasés se réduisent à des chaînes et des plaques de superamas de galaxies, maintenant assez proches pour ressentir l'attraction de la gravité. Les plus grands superamas s'étendent sur des centaines de millions d'années-lumière et renferment des milliers de galaxies. Notre galaxie appartient au Superamas Local, d'un modeste diamètre de 150 millions d'années-lumière, groupe de plus d'une centaine d'amas galactiques, tous tirés vers un Grand Attracteur, apparemment énorme masse cachée quelque part aux profondeurs du Grand mur de l'amas du Centaure (*page précédente*).

Le Superamas Local est centré autour du riche amas de la Vierge, distant de 54 millions d'années-lumière. Présidés par une à trois galaxies elliptiques géantes, les *amas riches* sont larges de 10 à 30 millions d'années-lumière et peuvent contenir 10000 galaxies. L'amas de la Vierge abrita la géante elliptique M87 et une population éclectique de 2000 galaxies plus petites. L'immense nombre de galaxies de l'amas de la Vierge exerce un considérable effet sur le voisinage, ralentissant les amas plus pauvres environnants et les absorbant pour devenir plus grand et plus attirant. Les *amas pauvres* sont plus communs que les riches, avec des dizaines de membres, surtout des spirales d'un diamètre de quelque 3 millions d'années-lumière. Le Groupe local situé à mi-chemin le long d'un filament tendu entre les amas de la Vierge et du Fourneau (*voir cartes pages 400 et 401*) est un amas pauvre renfermant deux grandes galaxies spirales et une trentaine d'autres de diverses tailles, tiré inexorablement vers le centre de l'amas de la Vierge.

Nos voyageurs ont atteint maintenant le Fourneau. S'ils regardent la Terre à l'aide d'un télescope puissant, ils verront des dinosaures morts et quelques mammifères couverts de suie, puisque la lumière met 65 millions d'années pour arriver à eux.

GALAXIES

volutes et brins

Pour la commodité, la séquence de Hubble classe les galaxies par forme et caractéristiques. Trois quarts de celles visibles sont des *galaxies spirales*, disques aplatis avec un bulbe central, certaines avec des barres distinctes comme la nôtre (*voir SBb ci-dessous*). Les étoiles plus jeunes sont situées sur le disque, celles plus âgées, sur le bulbe ou le halo l'entourant. Les galaxies périphériques vaguement *elliptiques* renferment surtout des étoiles âgées, censées provenir de la fusion des galaxies spirales, les galaxies *lenticulaires* étant l'étape intermédiaire. Les galaxies *irrégulières* ont des formes sculptées par des interactions plus complexes. Les observations suggèrent que les galaxies naines et à l'éclat faible, difficiles à détecter, dépassent en nombre toutes les autres.

Trois de nos voisins galactiques sont visibles à l'œil nu comme des brins scintillants dans le ciel nocturne. Deux, le Grand et le Petit nuages de Magellan, sont nains, satellites de la Voie lactée, éloignés respectivement de 170 000 et 190 000 années-lumière. Le troisième est Andromède, deux fois la masse de notre galaxie. Actuellement à plus de 2 millions d'années-lumière, elle fusionnera avec la nôtre dans environ 5 milliards d'années, se confondant dans un maelström tourbillonnant de bras. Bien que les étoiles entrent rarement en collision, la route sera un peu difficile .

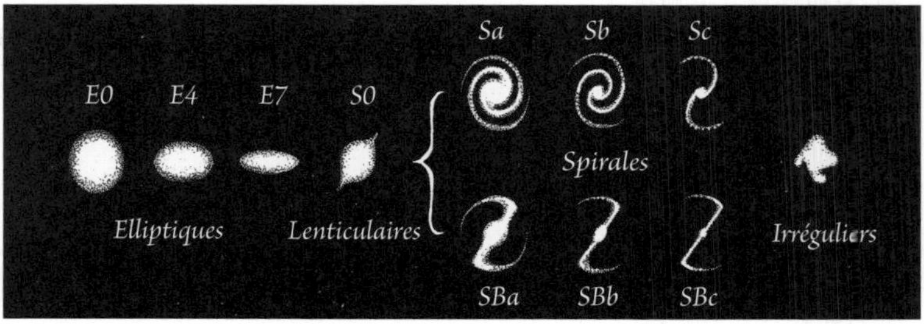

Galaxies actives

et les questions des quasars

Grâce aux appareils ingénieux scannant les cieux pour lire les spectres au-delà du visible, beaucoup de merveilles ont été révélées récemment, certaines des plus extraordinaires étant les bien nommées *galaxies actives.*

Les *radiogalaxies* lancent des jets de matière longs de bien des années-lumière depuis un noyau relativement petit et sont brillamment éclairées dans les fréquences des rayons X et des ondes radio, même si elles sont ternes sur le plan optique. Les *galaxies de Seyfert* sont des disques tournants au noyau très ionisé intensément actif. Les *galaxies N* elliptiques ont un noyau variant en intensité ; une sous-espèce, les *objets BL Lacertæ* (*BL Lac*), a un noyau actif encore plus largement variable, probablement en raison du jet relativiste dirigé dans l'axe de l'observateur. Les *quasars* sont d'une centaine à un millier de fois plus brillants que les galaxies normales et émettent de vastes volumes de radiation (*ci-contre, en haut*). On pense que ce sont les cœurs brillants des galaxies actives, chargés en pouvoir par des trous noirs supermassifs. Vu le décalage vers le rouge très élevé suggérant une très grande distance, les quasars sont tenus pour de jeunes galaxies apparues aux premiers âges de l'univers.

Toutefois, il y a des énigmes. Des quasars jumeaux ont été observés de part et d'autre de galaxies actives décalées vers le rouge. Ils peuvent être connectés, donc à la même distance (*ci-contre, en bas*). Il serait possible que le décalage vers le rouge ne soit pas toujours causé par la vitesse de recul, donc mesure moins fiable de la distance, bien qu'il puisse être causé par l'effet de lentille gravitationnelle (*voir page 363*). De plus, certains jets présentent un décalage extrême vers le rouge, semblant bouger plus vite que la lumière. Ces émissions apparemment supra-luminiques pourraient provenir des considérables distorsions spatio-temporelles dans les zones à énergie très élevée dominées par les immenses trous noirs dont elles ont jailli.

Cartes du contour aux rayons X de l'amas de la Vierge (à gauche) et de l'amas Markarian 205 (à droite) de la galaxie Seyfert, montrant des ponts apparents entre des quasars distants, très décalés vers le rouge (QSO) et objets d'« avant-plan » moins décalés vers le rouge.

TROUS NOIRS

à travers l'horizon des événements

Les trous noirs sont les objets les plus énigmatiques de l'univers. Mettez trop de matière dans un endroit et l'immense attraction finira par obliger les atomes à se désintégrer entièrement, écrasant les noyaux voisins et faisant s'effondrer complètement les coques des électrons. Le résultat est un minuscule objet d'une masse cependant prodigieuse, avec des champs gravitationnels si forts que tout ce qui se trouve dans le voisinage, y compris la lumière de passage, est aspiré à jamais. Une cuillère à café de matériel de trou noir tomberait au centre de la Terre, puis absorberait la planète.

Des *trous noirs supermassifs,* de 10 à 100 milliards de masses solaires, se tapissent au centre des galaxies actives et chargent en pouvoir les épanchements des quasars. On pense que des *trous noirs massifs* ancrent la plupart des galaxies. Des millions de fois la masse du Soleil, ils évoluent avec leur galaxie, l'un façonnant l'autre. Les *trous noirs stellaires* sont des poids légers, de 3 à 14 fois la masse du Soleil, vestiges effondrés d'étoiles plus grandes.

Les téméraires s'approchant d'un trou noir (*fig 1.*) noteront les anneaux d'Einstein, car la lumière des étoiles de fond est incurvée par la courbure progressive de l'espace-temps (*2*). Le point de non retour est l'*horizon des événements*, où la lumière est tirée dans une photosphère orbitant sans fin et cachant à jamais tout ce qui est à l'intérieur (*3*).Pour l'observateur extérieur, le voyageur semble ralentir jusqu'à s'arrêter au bord de l'horizon, figé dans le temps, se décalant vers le rouge et s'estompant (*4*). Le gradient de gravité devient si abrupt que l'imprudent est transformé en « spaghetti », sa tête étirée à des kilomètres de ses orteils (*5*).À l'intérieur d'un trou noir le temps se gauchit dans l'espace, l'espace-temps se compressant dans une singularité infiniment dense (*6*). Des trous de ver débouchent peut-être sur d'autres univers. Après un éclat massif de radiations à l'entrée du trou de ver, un trou blanc peut surgir comme une décharge de lumière (*7*).

fig 1.
fig 2.
fig 4.
fig 3.
fig 5.
fig 6.
Trou noir tourbillonnant
Trou noir non tourbillonnant
fig 7.

La galaxie locale

rencontrer la Voie lactée

Des parties de la Voie lactée, formées il y a quelque 13,6 milliards d'années, quand l'univers n'avait que 100 millions d'années, en font l'une des premières galaxies. Les voyageurs en train de s'approcher distinguent d'abord ce qui semble être un tourbillon d'étoiles, avant de rencontrer un *halo*, la coque sphérique de poussière, gaz et amas d'étoiles des profondeurs de l'espace intergalactique. Ses bras élégants décrivent une spirale logarithmique, d'un diamètre d'environ 100 000 années-lumière et d'une épaisseur de 1000, censée avoir été façonnée par l'expansion des ondes de densité. Entre les bras, il y a des voies poussiéreuses. Notre système solaire est caché à quelque deux tiers du bras d'Orion (*fléché*).

Une barre longue de 27 000 années-lumière joint les bras galactiques, en passant par le bulbe central. Au centre même, l'ancrant, est tapi *Sagittarius A*★, trou noir tournoyant monstrueux de plus de 4 millions de masses solaires. Il est entouré de structures filamentaires de plasma et de restes de supernovæ (*SNR ci-dessous*), tous tournant rapidement à un léger angle par rapport à la partie gauche du disque galactique, de concert avec une foule d'étoiles de neutrons et de trous noirs plus petits.

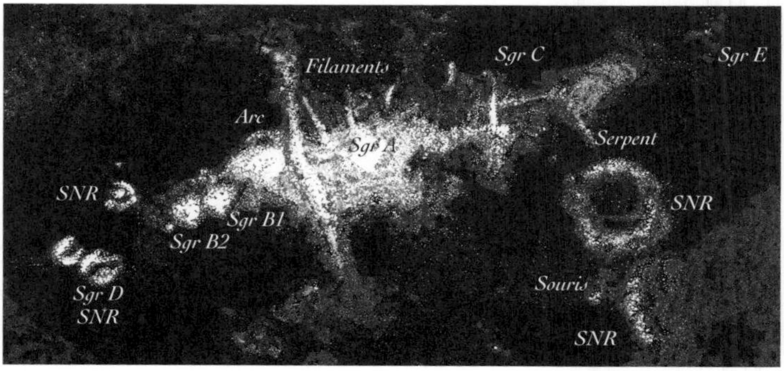

Bras Écu du Centaure
Bras du Sagittaire
Bras Far 3 kpc
Bras de Norma
Bras d'Orion
Bras de Persée

Amas globulaires

étoiles âgées et jeunes étoiles

Les habitantes stellaires de galaxies comme la nôtre sont de deux types, étoiles âgées (*population II*) et étoiles jeunes (*population I*).

Nées aux premiers temps de la galaxie, certaines il y a 13,3 milliards d'années, les étoiles âgées sont surtout des géantes rouges froides, soit tournant autour du bulbe central, soit groupées dans de beaux *amas globulaires* errants (*ci-contre, en haut à droite*). Comme des guirlandes électriques dans le vide, que des orbites excentriques conduisent loin du plan galactique, les amas globulaires comportent de quelques milliers à plusieurs millions d'étoiles. Bercées par la gravité mutuelle et possiblement centrées sur des trous noirs de masse intermédiaire, ces congrégations matures ont un diamètre de 60 à 300 années-lumière. Leurs circuits décontractés durent des millions d'années, montant 130000 années-lumière dans le halo avant de replonger vers le disque (*ci-contre, en haut à gauche*). Les galaxies plus grandes semblent disposer de leur propre troupeau d'amas globulaires à orbite étendue.

En attendant, des étoiles jeunes de population I comme notre Soleil se trouvent soit seules, soit mêlées aux amas ouverts des régions de gaz et de poussière des bras spirales (*ci-contre, en bas*). Ces étoiles ont un contenu plus élevé en éléments lourds que leurs cousines de population II, ayant été ensemencées à partir des restes d'étoiles plus âgées. Avec des orbites presque circulaires vers le moyeu galactique, les étoiles jeunes se trouvent dans l'épaisseur de 300 années-lumière du disque galactique.

Une première génération d'étoiles de *population III* à vie brève est censée avoir existé dans l'univers primordial. Des monstres colossaux d'hydrogène et l'hélium cent fois plus grands que le Soleil, leur vie brève a forgé des éléments lourds pour les générations suivantes.

Halo
Amas globulaires
Bulbe
Disque galactique

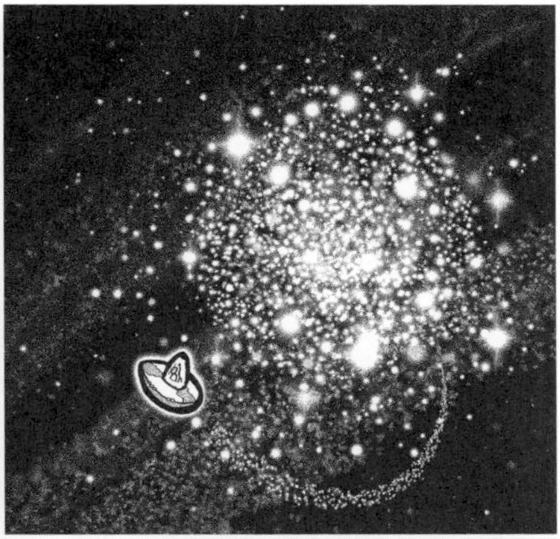

LA SÉQUENCE PRINCIPALE

grandir et vieillir

Nous sommes nés des étoiles. Tous nos atomes, sauf l'hydrogène et l'hélium primordiaux, sont créés dans ces fours brûlants de l'espace. S'étant d'abord lentement unies à partir des nuages de gaz interstellaire, les étoiles ont évolué en fonction de leur masse, dans un considérable effort d'équilibre entre la gravité tirant vers l'intérieur et les puissantes réactions thermonucléaires poussant vers l'extérieur (*ci-contre, en haut*).

Les protoétoiles de moins d'un dixième de masse solaire rôdent en tant que *naines brunes*, qui ne s'embrasent jamais. Chez les protoétoiles nouvellement nées avec un tiers de la masse du Soleil, la gravité comprime le noyau à une température assez élevée pour que la fusion nucléaire démarre. Quatre noyaux d'hydrogène sont comprimés, formant un noyau d'hélium un peu plus léger, relâchant l'excès de masse-énergie sous forme de positrons, neutrinos et éclat d'énergie – lumière des étoiles. Ces *naines rouges* utilisent leur combustible avec parcimonie, brillant pendant des centaines de milliards d'années avant de terminer en tant que *naines noires*.

Les étoiles de masse moyenne de la *séquence principale,* comme notre Soleil, prennent un chemin différent. La fusion de l'hydrogène continue pendant environ 10 milliards d'années jusqu'à épuisement de ce combustible, puis la gravité prend la relève. Les énormes pressions générées lorsque l'étoile s'effondre sur elle-même font monter en flèche les températures, transformant l'hélium en nouveaux éléments (carbone, oxygène et azote), la faisant sortir de la séquence principale et devenir une *géante rouge*. Après quelques milliards d'années, quand ce combustible s'épuise à son tour, le noyau s'effondre de nouveau. La masse étant insuffisante pour générer la chaleur nécessaire au redémarrage de la fusion, l'étoile épuisée fait éclater son enveloppe gazeuse externe en une nébuleuse et aborde la vieillesse en tant que *naine blanche* chaude et compacte.

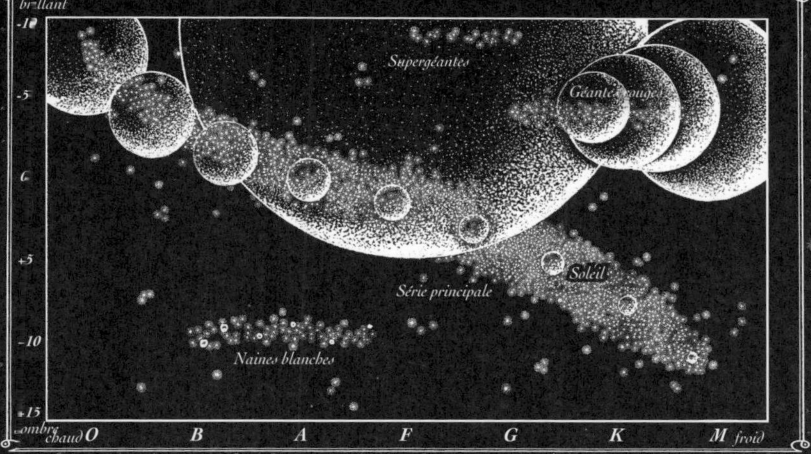

Le diagramme Hertzprung-Russell figure les étoiles en fonction de leur luminosité, exprimée en tant que magnitude absolue (abscisse) et classe spectrale (ordonnée). En diagonale sur le diagramme, la séquence principale où la plupart des étoiles passent la majeure partie de leur vie.

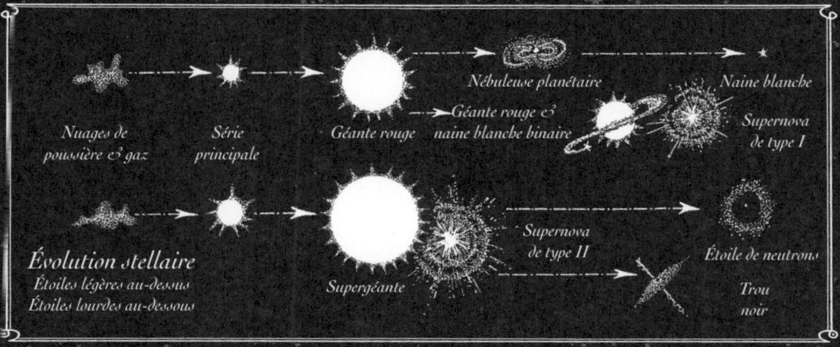

Le sort final d'une étoile dépend de sa masse : plus l'étoile est grande, plus sa mort est spectaculaire. Les petites étoiles s'estompent dans une vieillesse tranquille, les plus grandes explosent dans des supernovæ avant de subir un immense effondrement gravitationnel dans des étoiles de neutrons ultra-denses ou des trous noirs inévitables.

USINES À ÉLÉMENTS

forges célestes

Les étoiles de plus de huit masses solaires mènent une vie frénétique par rapport à leurs cousines plus petites, passant par plusieurs processus successifs de fusion qui convertissent leur combustible en éléments de plus en plus lourds. Elles deviennent ainsi des *supergéantes*, d'un diamètre de centaines de fois celui du Soleil.

S'emballant lors des phases hydrogène et hélium, la masse bien plus grande de ces étoiles déclenche la fusion du carbone, écrasant les noyaux pour former du néon, de l'oxygène et du magnésium. À mesure que le carbone s'épuise, le noyau se contracte de nouveau, cette fois-ci aboutissant au silicium et au soufre. En attendant, les éléments intermédiaires sont minutieusement assemblés dans le noyau grâce à la *capture de neutrons lents*, tel un puzzle complexe prenant des milliers d'années.

Suite à un autre effondrement, le noyau est converti en cobalt, nickel, et finalement fer, la charnière de l'univers, où la fusion cale (tous les éléments de la table périodique jusqu'au fer émettent de l'énergie lorsqu'ils fondent dans les étoiles, alors que les éléments suivant le fer ont besoin d'énergie pour se former). À ce point, la gravité gagne une fois de plus et, dans un dernier effondrement du noyau, l'étoile subit une implosion finale radicale finissant en une supernova. Dans cet immense chaudron sont concoctés beaucoup d'éléments nouveaux. Certains sont créés par la *capture de neutrons rapides,* les noyaux martelés ensemble aboutissant à des atomes lourds comme l'uranium, d'autres sont formés par *spallation*, où les atomes plus grands perdent des éclats, devenant plus petits, de par l'impact des débris à vitesse extrêmement élevée qui traversent l'espace (*ci-contre*).

Le sort final d'une grande étoile dépend de sa masse : soit elle se plie pour devenir une étoile de neutrons dégénérée dense, soit elle subit un effondrement gravitationnel total et devient un trou noir.

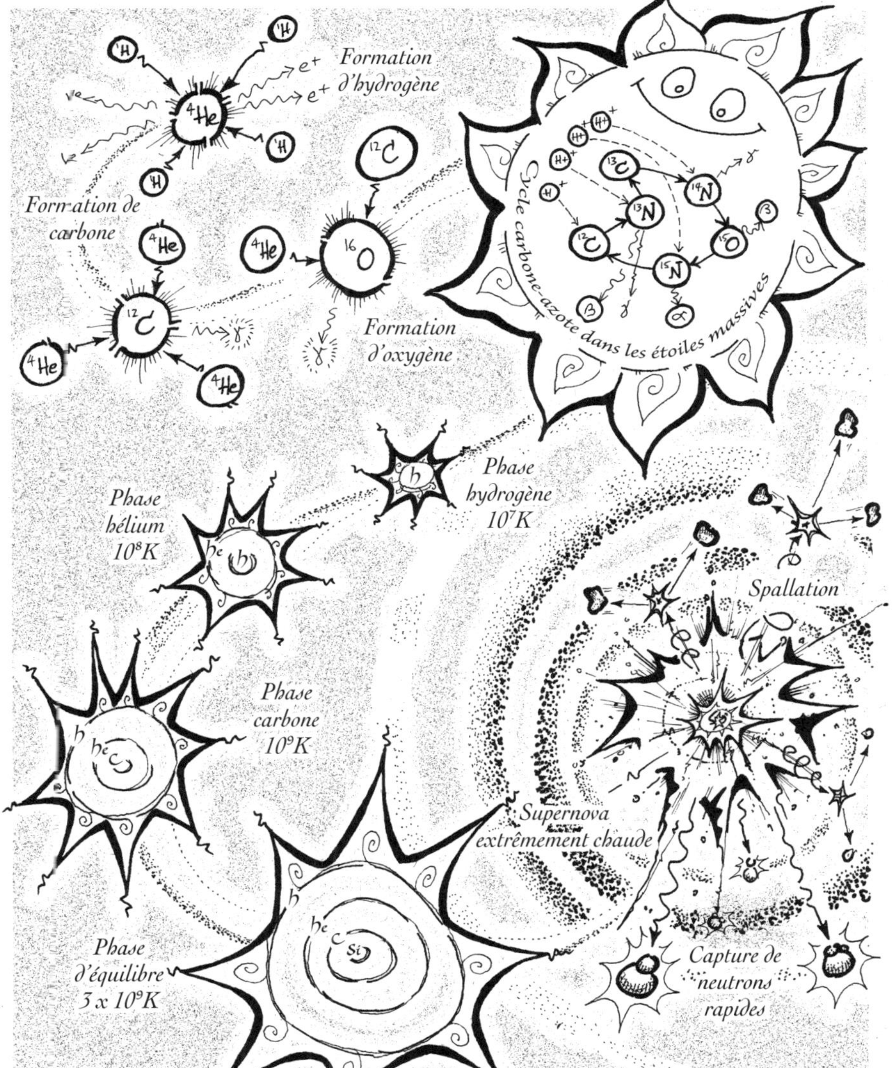
Formation d'hydrogène
Formation de carbone
Formation d'oxygène
Cycle carbone-azote dans les étoiles massives
Phase hydrogène 10⁷K
Phase hélium 10⁸K
Phase carbone 10⁹K
Phase d'équilibre 3 x 10⁹K
Spallation
Supernova extrêmement chaude
Capture de neutrons rapides

ÉTOILES DE NEUTRONS ET NOVÆ

phares et chandelles

La mort éblouissante en supernova des étoiles de quatre à huit masses solaires (*ci-dessous*) laisse derrière elle des *étoiles de neutrons* exotiques à coque de fer. La gravité, qui n'est plus équilibrée par la fusion, écrase les restes du noyau. À l'intérieur, les atomes sont tellement compressés que les électrons se combinent avec les protons, ne laissant que les neutrons. Les étoiles de neutrons sont incroyablement compactes, quelque 16 km de diamètre, et super denses, sur la Terre une goutte pesant autant qu'une montagne. De telles densités suscitent des champs gravitationnel et magnétique extraordinaires. En tournant, les étoiles de neutrons créent des jets de matière énergisée qui émettent d'intenses ondes lumineuses et ratio. Lorsqu'un tel rayon balaye la Terre, l'étoile pulse comme un phare céleste. Les *pulsars* les plus rapides pulsent presque mille fois par seconde (*ci-contre, en haut*).

Utiles pour les astronomes, les *céphéides* sont des étoiles dont la taille et la luminosité varient avec une régularité d'horloge. Les céphéides avec la même période ont la même brillance, donc les plus faibles sont les plus lointaines. On peut les employer comme chandelles standard pour estimer la distance jusqu'à d'autres étoiles voisines (*ci-contre centre*).

Un tiers des étoiles d'une galaxie sont dans des systèmes binaires, triples ou multiples. Les binaires co-orbitant à distance mènent des vies distinctes. Toutefois, dans les systèmes binaires fermés, les étoiles plus massives se mettant à emprunter des choses comme un mauvais voisin (*ci-contre, en bas*).

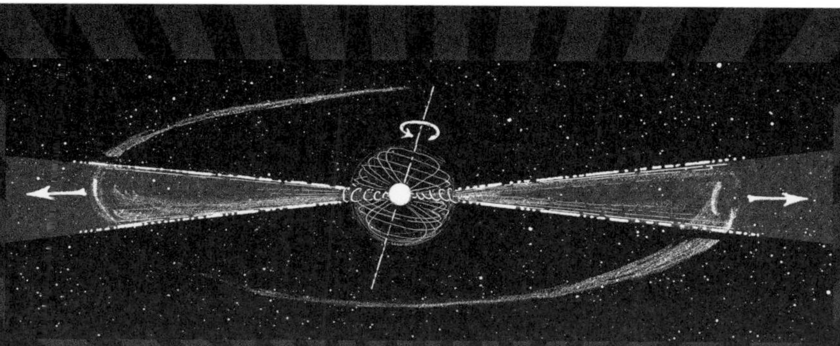

Les axes magnétique et rotationnel d'un pulsar se trouvent à des angles différents, faisant balayer l'univers de rayons de matière très chargée en énergie à mesure que l'étoile tourne.

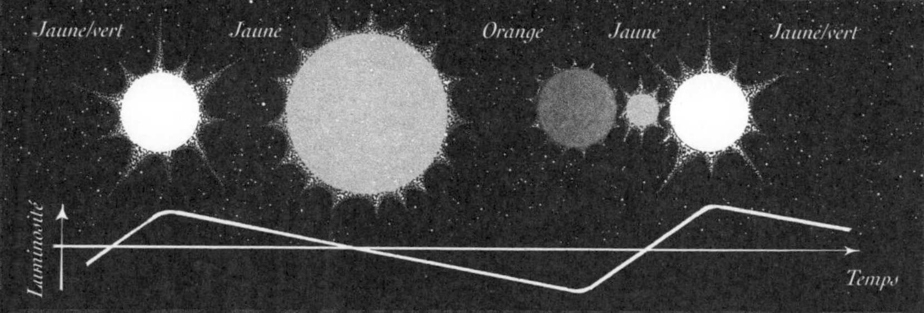

Les étoiles variables (céphéides) se dilatent et se compriment périodiquement. Puisqu'il y a une relation entre durée de pulsation et brillance, cela permet d'estimer les distances cosmiques.

Système binaire d'étoiles, où une petite naine blanche dense tourne à proximité d'une étoile plus grande, tirant des flux de matière de sa partenaire. Le gaz agglutiné s'accumule et comprime la surface de la naine blanche, faisant détoner l'hydrogène en fusion comme une nova éclatante.

Pouponnières et nébuleuses

naissance et mort stellaire

Annonçant la naissance et la mort d'une étoile, les *nébuleuses* offrent un spectacle fabuleux. Des nuages géants de molécules d'hydrogène, d'hélium et de quelques éléments lourds, ainsi que d'ammoniac, d'eau et de dioxyde de carbone, forment les salles d'accouchement des *nébuleuses diffuses* des pouponnières stellaires (*ci-dessous*), embrasées de la lumière des nouvelles étoiles, nées de la traction incessante de la gravitation.

Les jeunes étoiles chaudes excitent le plasma rougeoyant des *nébuleuses brillantes*, leur lumière ultraviolette ionisant les électrons de l'hydrogène. Ajoutez au mélange de l'hélium, de l'oxygène et de l'azote et les choses deviennent plus colorées, scintillant en bleu et en vert.

Les vastes nuages de poussière éparpillant la lumière des étoiles voisines produisent des *nébuleuses obscures* ; les Pléiades abritent un exemple parfait d'une telle nébuleuse bleue. Les *nébuleuses planétaires* (*ci-contre*) apparaissent à la fin de la vie d'une étoile géante, lorsque son enveloppe externe éclate dans de nouvelles coques de plasma et de poussière autour du noyau exposé. Les strates de gaz ionisés ruissellent à des vitesses différentes en suivant les champs magnétiques déformés, alors que les ondes de choc bousculent le milieu interstellaire pour donner naissance à la génération suivante.

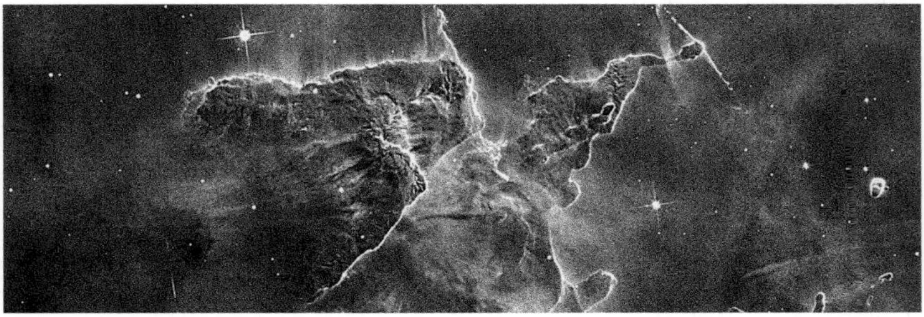

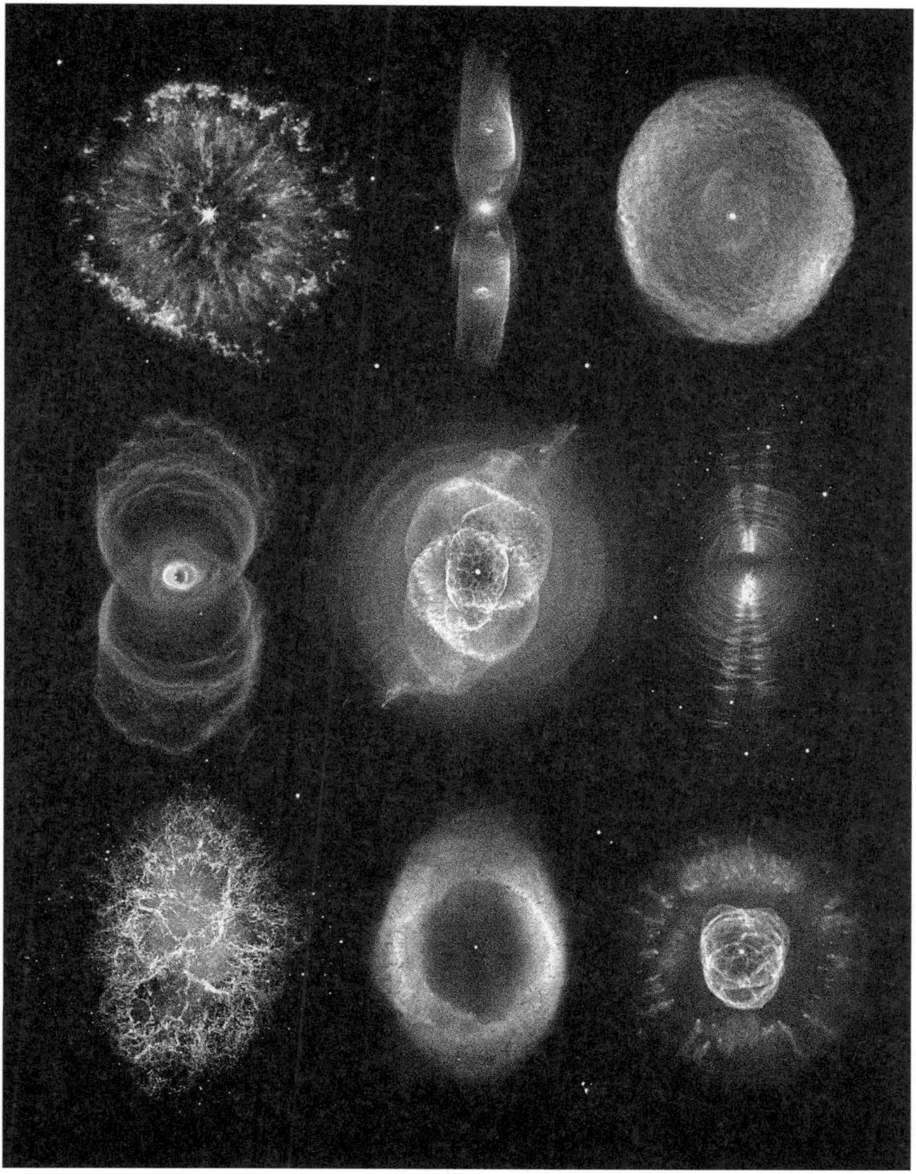

Objets auriques

jusqu'à l'héliopause et au-delà

À trois quarts du chemin de notre plus proche voisine, *Proxima Centauri*, nos voyageurs rencontrent le vaste *nuage de Oort*, débris de glace, restes de la naissance du système solaire. Lancées sur une orbite très excentrique à une année-lumière du Soleil, certaines de ces boules de neige sale nous visitent rarement sous forme de comètes à longue période. Plus régulièrement, les comètes à courte période, comme la comète d'Halley, arrivent depuis le lointain *disque épars* et de la *ceinture de Kuiper*, qui s'étendent à 8 milliards de km du Soleil, abritant par ailleurs des planètes naines comme Pluton, Eris et Makemake.

Viennent ensuite quatre planètes géantes et leurs divers anneaux. Des passants déambulent là aussi, des milliards de petites roches, glace et planétoïdes de carbone. Les Centaures sont éparpillés dans l'espace séparant les géantes gazeuses, à l'intérieur duquel tournent géométriquement les camps des Grecs et des Troyens, avant-garde et arrière-garde. À mi-chemin entre cet endroit et les quatre planètes rocheuses inférieures errent une multitude d'astéroïdes.

Le Soleil au centre fait se lever le vent solaire, particules à charge électrique balayant l'espace et formant l'*héliosphère*, immense boule magnétisée de plasma. Ralentis à la vitesse du son à environ 16 milliards de km du *choc terminal*, les ions finissent par succomber aux influences galactiques à l'*héliopause*, 22 milliards de km plus loin. Les dernières rides de l'emprise magnétique du Soleil s'estompent à environ 34 milliards de km, à mesure que l'onde de choc de notre système solaire fraye son chemin à travers le milieu interstellaire ténu.

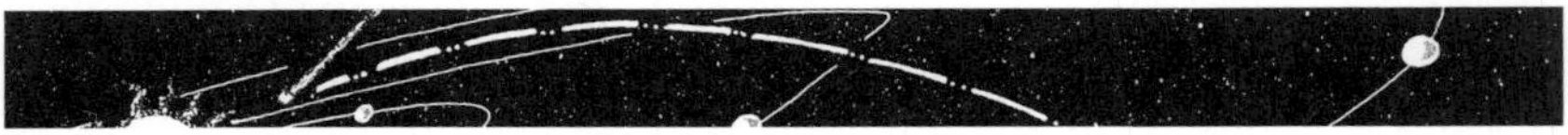

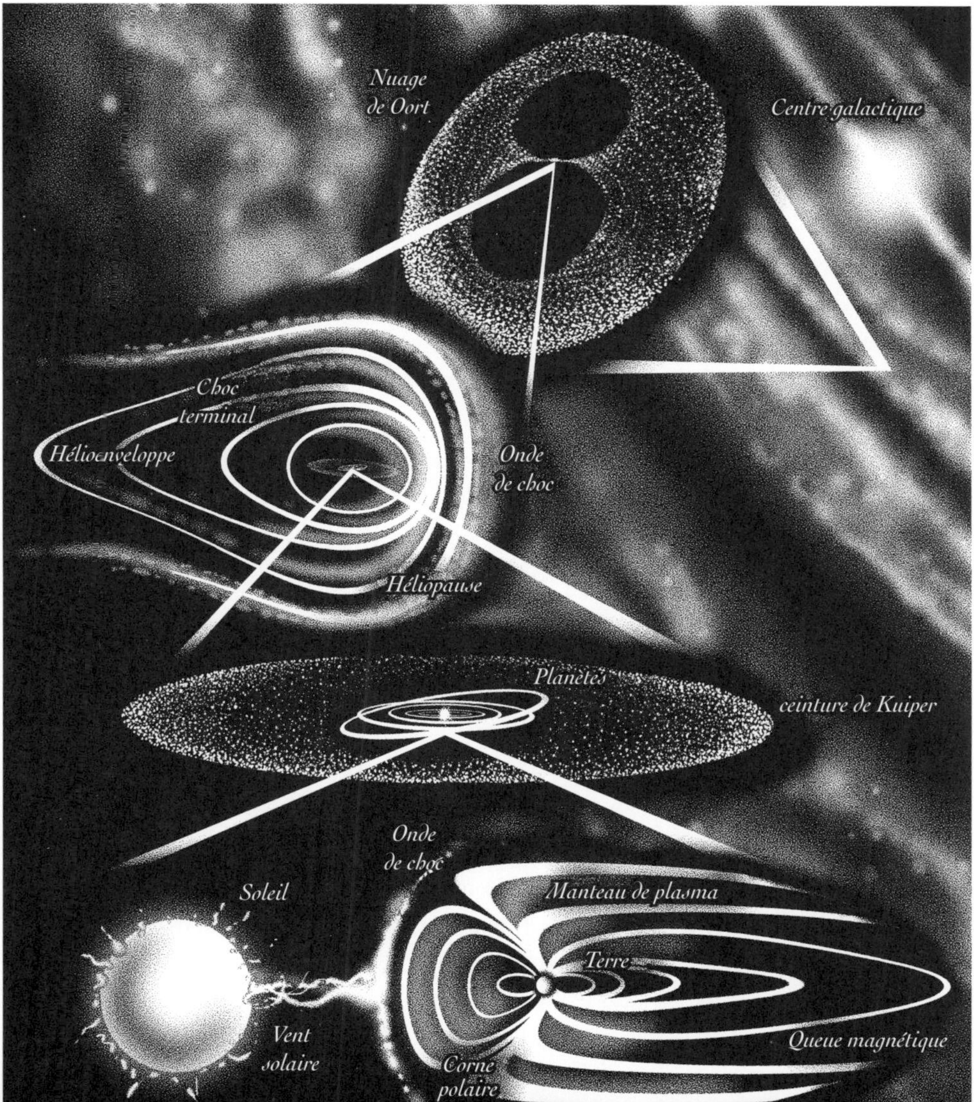
Nuage
de Oort
Centre galactique
Choc
terminal
Hélioenveloppe
Onde
de choc
Héliopause
Planètes
ceinture de Kuiper
Onde
de choc
Soleil
Manteau de plasma
Terre
Vent
solaire
Queue magnétique
Corne
polaire

Notre étoile voisine

un aperçu du Soleil

Au cœur du système solaire, ancrant les planètes, notre Soleil est une prodigieuse usine nucléaire émettant chaleur, lumière et diverses autres radiations. Il faut des centaines de milliers d'années à un photon de lumière pour se frayer un chemin depuis l'intérieur bouillonnant de l'astre, puis à peine huit minutes pour traverser les 150 millions de km jusqu'à la destination finale de nos voyageurs, la Terre.

Âgé d'environ 4,6 milliards d'années, le Soleil est presque à la moitié de sa vie. Son diamètre actuel de 1 391 000 km gonflera en une géante rouge, nous brûlant tous et avalant la Terre avant de se débarrasser de son enveloppe externe pour devenir une nébuleuse planétaire et finir en tant que naine blanche.

Le Soleil est surtout du plasma surchauffé (*voir page 364*), 5 800 K à sa surface et 15 millions K en son centre. Des boules de convection larges de milliers de km surgissent à sa surface pendant que des champs magnétiques intenses se tordent créant boucles et protubérances majestueuses. Comme l'équateur du Soleil tourne plus vite que ses pôles, son principal champ s'enroule et s'inverse tous les 11 ans, produisant des taches solaires, des fenêtres de la taille d'un monde dans les strates périphériques à la température légèrement plus basse (*ci-dessous*).

Périodiquement, des milliards de tonnes de plasma jaillissent dans des titanesques *éjections de masse coronale*, faisant bouillonner des nuages jusqu'à 16 millions de km de large courant dans l'espace à 8 millions de km par heure. Les mouvements du climat solaire gâchent la vie des habitants du système solaire, perturbant les appareils électroniques, causant des surtensions électriques et endommageant les satellites. Ils génèrent aussi des aurores spectaculaires aux pôles planétaires.

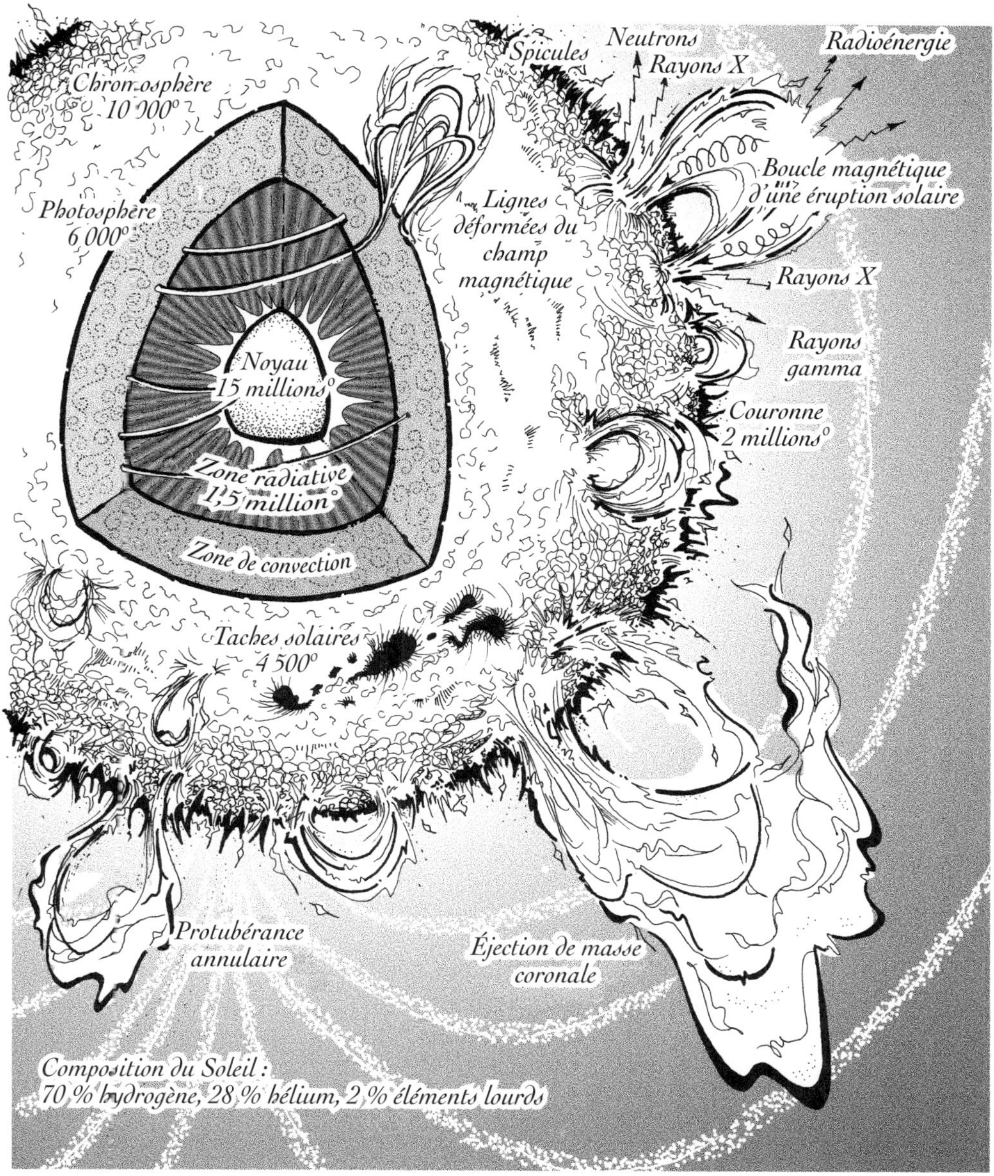
Chromosphère
10 000°
Spicules
Neutrons
Rayons X
Radioénergie
Photosphère
6 000°
Lignes
déformées du
champ
magnétique
Boucle magnétique
d'une éruption solaire
Rayons X
Rayons
gamma
Noyau
15 millions°
Couronne
2 millions°
Zone radiative
1,5 million°
Zone de convection
Taches solaires
4 500°
Protubérance
annulaire
Éjection de masse
coronale
Composition du Soleil :
70 % hydrogène, 28 % hélium, 2 % éléments lourds

Le système solaire

formation des planètes et des satellites

Le système solaire a commencé à se former il y a 4,6 milliards d'années, perturbé par une supernova proche, immense nuage de poussière et de gaz en train de s'effondrer. Au fil des 100 000 ans suivants, il a tourné et s'est aplati en un disque. Au centre, un bulbe a été tellement comprimé qu'il a donné naissance au Soleil.

Au fil des 10 millions d'années suivantes, les gaz du disque ont été soufflés vers les régions externes où les géantes gazeuses ont débuté leur formation. Il a fallu 100 autres millions d'années pour que les infimes planétoïdes orbitant dans la région rocheuse la plus proche du disque d'accrétion se coagulent en planètes telluriques embryonnaires (*ci-dessous*). Au cours des derniers 100 000 ans, certaines sont entrées en collision, d'autres ont été lancées dans l'espace. Les jeunes géantes gazeuses ont avalé une bonne partie de la matière restante, nettoyant leurs orbites. Des satellites ont été capturés ou se sont formés suite à des collisions violentes. Une puissante résonance instable 2:1 entre Jupiter et Saturne, à l'époque tournant plus près du Soleil, a poussé Uranus et Neptune au-delà, dans la ceinture de Kuiper, précipitant le bombardement ultérieur qui a propulsé partout des comètes et des météorites, creusant des cratères sur beaucoup de jeunes mondes.

Heureusement pour nous, après un milliard d'années d'évolution turbulente, le système solaire s'est quelque peu calmé.

MERCURE
petit monde rocheux sans satellites, où chaque jour dure deux ans
VÉNUS
monde chaud d'acide sulfurique à haute pression, sans satellites
TERRE
monde atmosphérique humide, avec un grand satellite de la taille de Mercure
MARS
monde rocheux rouge assez petit, avec des calottes polaires et deux petits satellites
JUPITER
énorme géante gazeuse avec 4 satellites principaux et 59 autres plus petits
SATURNE
immense géante gazeuse dotée d'anneaux ; un satellite massif et 61 plus petits
URANUS
grande géante de glace avec des anneaux très minces et 27 satellites assez petits
NEPTUNE
géante de glace la plus éloignée du Soleil ; 13 petits satellites
Soleil
Grecs & Troyens
Mercure
Vénus
Terre
Mars
Ceinture d'astéroïdes
Jupiter
Saturne
Centaures
Uranus
Neptune
Pluton
Ceinture de Kuiper
Nuage de Oort
0 UA 1 2 4 8 16 32 64 128 256
0 million milles 100 250 500 1,000 2,500 5,000 10,000 25,000

Gaz, liquide, glace et roche

champs, mers et surfaces

Le climat et la géologie varient énormément à travers le système solaire. Les *géantes de glace* Neptune et Uranus plus lointaines sont surtout formées d'hydrogène et d'hélium, mais aussi de méthane et d'eau. Les deux montrent des champs magnétiques asymétriques curieusement inclinés, peut-être en raison des rotations de leur intérieur liquide superchauffé très conductif. Les deux plus grandes planètes, les *géantes gazeuses* Saturne (*ci-contre, en bas*) et Jupiter, sont aussi surtout de l'hydrogène et un quart d'hélium, le même mélange que l'univers primitif. Les deux ont une atmosphère épaisse de bandes tournoyantes d'ammoniac et de vapeurs d'eau se transformant en leur intérieur en fluides supracritiques à mesure que les pressions et les températures montent. Encore plus à l'intérieur, l'hydrogène est compressé en sa forme métallique liquide, armure entourant le noyau rocheux.

Avec un noyau dense principalement de fer et un manteau rocheux de silicates, les quatre planètes telluriques, Mars, Terre, Vénus et Mercure, ont une croûte solide. Leur atmosphère varie, depuis les minces volutes bouillonnantes de Mercure en passant par la serre de dioxyde de carbone et de sulfure d'hydrogène de Vénus. Cette dernière est la planète la plus volcanique du système solaire. Des volcans étaient jadis très actifs sur Mars et de l'eau coulait dans ses canyons, dont ne subsistent maintenant que ses calottes glaciaires aux pôles.

Les satellites du système solaire présentent aussi une étonnante variété. Triton, le grand satellite de Neptune, a des geysers d'azote hauts de 10 km. Io, le grand satellite le plus proche de Jupiter, est le plus actif du système solaire sur le plan géologique, son intérieur mis en ébullition par ses voisins. Europe pourrait cacher des océans chauds sous sa surface glacée. Titan, le massif satellite de Saturne, pourrait aussi abriter sous sa surface des océans grouillant de vie.

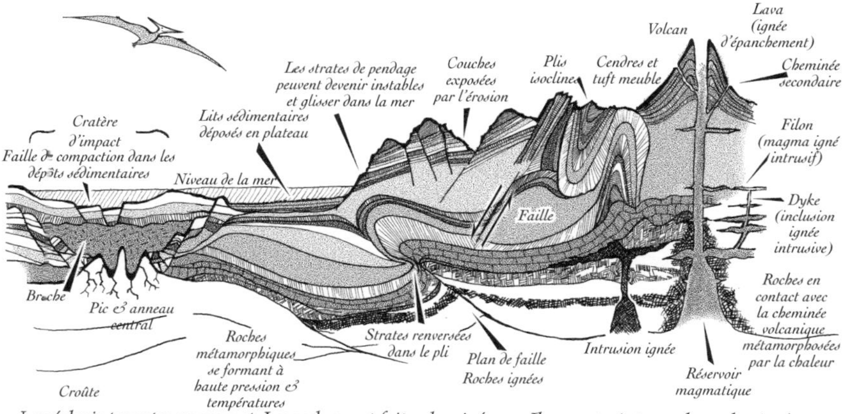

La géologie terrestre en un mot. Les roches sont faites de minéraux. Il y en a trois types : les roches ignées se forment à mesure que les roches fondues se solidifient, les roches métamorphiques se forment via la chaleur, la pression et les processus chimiques aux profondeurs de la Terre, les roches sédimentaires sont formées par l'accumulation de sédiments (y compris matière organique, comme les coquillages). Les plis, les fractures, les écrasements, etc., de la croûte terrestre les mélangent ensuite davantage. Voir page 402.

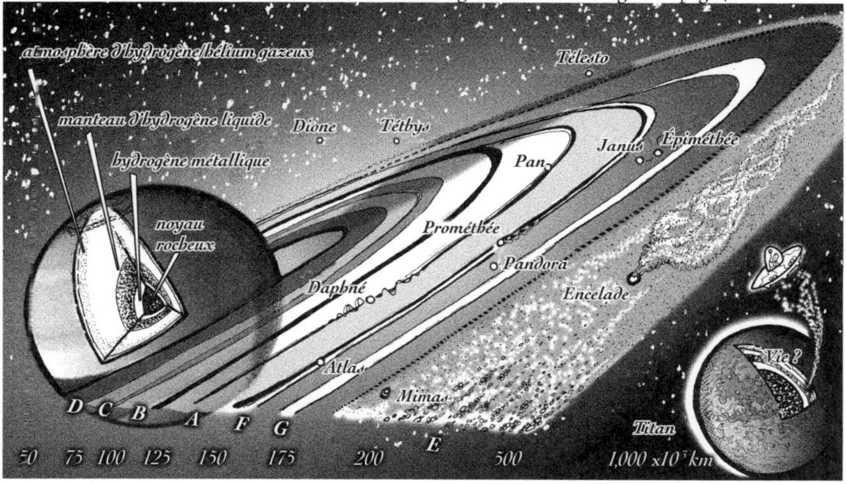

Les étonnants anneaux de Saturne, sculptés par les vagues de la gravité. Les anneaux sont formés de millions d'amas de glace avec des vides dirigés par résonance par plus de 60 satellites. Ils s'étendent sur 480 000 km et ne sont pour la plupart épais que de 9 m. Le plus grand satellite, Titan, a des saisons, des mers d'hydrocarbures et possiblement des océans d'eau sous sa surface. Encèlade lance des geysers hauts de 160 km de son pôle sud pour former l'anneau E, Daphné fait se lever des ondes annulaires hautes de 1,5 km, alors que Épithémée et Janus partagent des orbites similaires et échangent leurs places lorsqu'ils se rencontrent.

CETTE ÎLE, LA TERRE

la planète sur laquelle nous vivons

Troisième planète à partir du Soleil, la Terre a commencé sa vie il y a 4,5 milliards d'années en tant que boule embrasée de lave en fusion et bombardée de météorites. Le fer et le nickel sont descendus dans le noyau à travers le manteau siliceux de roche fluide. La surface était juste assez froide pour former une croûte lorsqu'un planétoïde entrant en collision avec elle l'a fait fondre de nouveau et en a retiré un éclat, devenu la Lune.

On pense que l'eau est arrivée sur la Terre au début de sa formation, apportée des régions externes plus froides du système solaire via, entre autres, les comètes. Les océans primitifs se sont condensés à partir de l'atmosphère riche en CO_2, H_2S et NH_3 en train de refroidir, finissant par couvrir 71 % de la surface de la Terre. Un modèle complexe de plaques tectoniques, de vents, de courants et de marées s'est développé, éparpillant l'eau, les minéraux, l'énergie et les continents autour du globe (*ci-contre, en haut*). Le champ magnétique de la Terre s'est à moitié établi un milliard d'années après sa formation, bouclier utile à la jeune atmosphère contre les vents solaires cent fois plus forts qu'à ce jour. L'évolution de la vie a porté l'atmosphère jusqu'au mélange actuel de 78 % N_2, 21 % O_2, 0,9 % Ar, 0,04 % CO_2, infimes quantités d'autres gaz et environ 1 % vapeurs d'eau.

Les continents sont en essence d'immenses îles rocheuses flottant sur la surface planétaire, séparées par une mince strate de roche nouvelle, continuellement créée à partir des arêtes mi-océaniques et détruite par la subduction – le plancher océanique (*ci-contre en bas à droite*). À diverses époques, ces îles formaient de vastes supercontinents (*ci-dessous*)

-225 MA — -200 MA — -135 MA — -65 MA — MAINTENANT — +250 MA

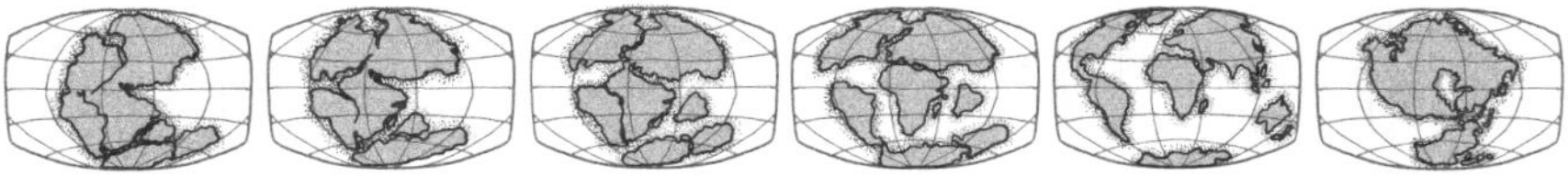

PERMIEN — TRIAS — JURASSIQUE — CRÉTACÉ — ACTUELLEMENT — PANGEA ULTIMA

Courants globaux : L'atmosphère de la Terre est un système réciproque de courants, depuis les radeaux rocheux des plaques continentales flottant sur des mers de magma épais jusqu'aux courants-jets et aux modèles de convection des cellules atmosphériques.

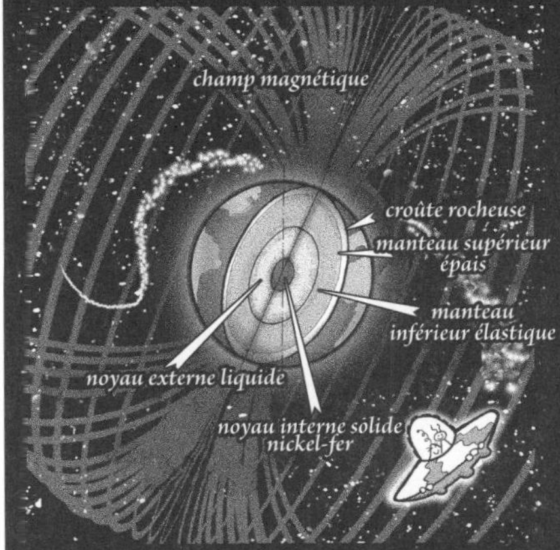

Intérieur & extérieur : le champ magnétique de la Terre part du noyau liquide tournoyant externe, riche en fer.

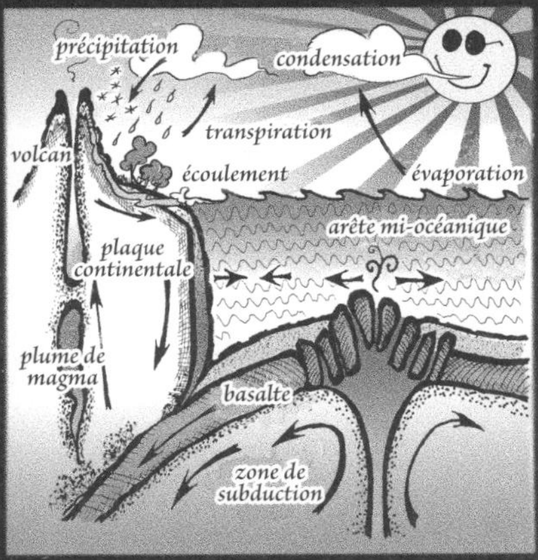

Terre, air, feu & eau : les forces qui façonnent notre planète, le cycle de l'eau & le volcanisme.

SPECTRES VARIABLES

expansion de l'espace

Lorsque les scientifiques ont observé les nébuleuses, les galaxies et les étoiles distantes, ils ont découvert qu'ils pouvaient déterminer leur composition en étudiant leur lumière. La *spectroscopie* se sert des fréquences particulières auxquelles les atomes et les molécules émettent et absorbent la lumière. Le spectre de la lumière reçue d'un objet révèle les fréquences en tant que lignes spectrales, analysées pour déterminer les ingrédients chimiques.

La lumière peut aussi être utilisée pour estimer la vitesse. L'*effet Döppler* décale vers le bleu les objets en train de s'approcher et vers le rouge les objets s'éloignant. Une variante relativiste complexe permet de déterminer les vélocités galactiques en mesurant le décalage des modèles distinctifs des lignes spectrales. Les observations montrent que les galaxies lointaines de luminosité faible se décalent de plus en plus vers le rouge, ce qui suggère que plus un objet est loin, plus il s'éloigne rapidement de nous. Cela suggère que l'ensemble de l'univers est en expansion encore plus rapide.

La *loi de Hubble* décrit la relation entre la brillance d'un objet et son décalage vers le rouge, permettant de calculer les immenses distances concernées. Les décalages les plus forts vers le rouge découverts à ce jour appartiennent à des galaxies dont la lumière a mis plus de 13 milliards d'années pour arriver jusqu'à nous : nous les voyons telles qu'elles étaient dans le très jeune univers, 600 millions d'années après le Big Bang.

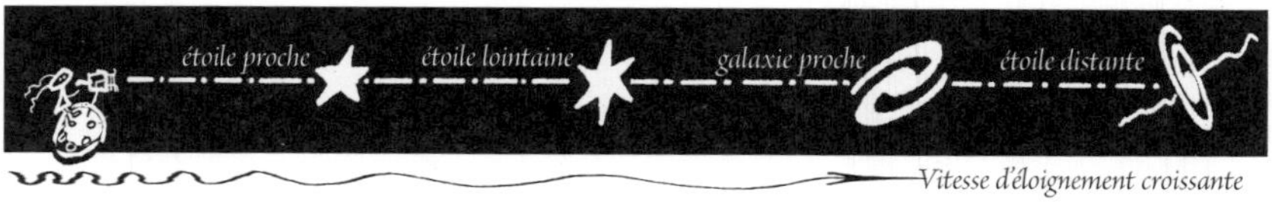

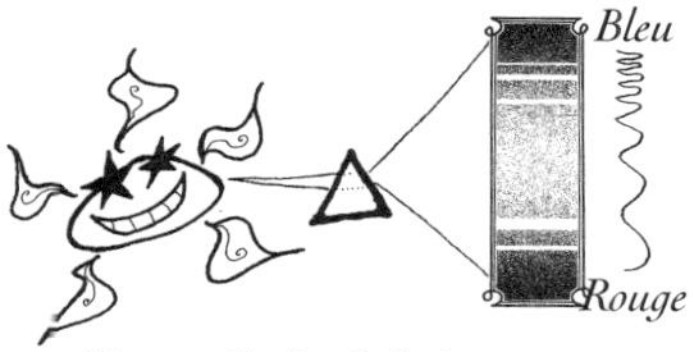

Le spectre d'une étoile chaude de la série principale présente surtout des lignes d'absorption d'hydrogène & d'hélium.

Les géantes rouges plus froides ont un spectre plus complexe montrant la présence d'éléments plus lourds.

L'effet Döppler : un objet s'approchant montre un décalage vers le bleu, un objet s'éloignant, un décalage vers le rouge.

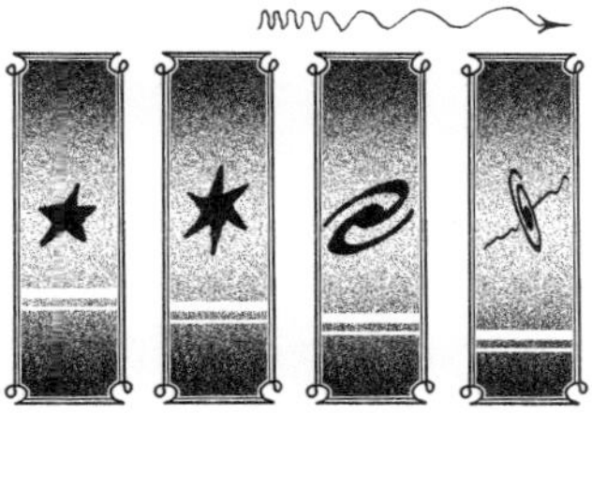

Le décalage cosmologique vers le rouge signale que l'univers est en expansion. Comme des points dessinés sur un ballon (ou un extraterrestre) gonflé ensuite, les points distants semblent s'éloigner plus vite que ceux plus proches. Selon les observations, le spectre des objets distants présente un décalage de plus en plus accru vers le rouge.

LA RADIATION DU COSMOS

cieux cachés aux yeux électroniques

Notre vision fonctionne dans une bande assez étroite de fréquences électromagnétiques, la lumière visible. Les instruments modernes capables de voir bien au-delà de ces fréquences révèlent des images extraordinaires.

Les *ondes radio* ont la longueur d'onde la plus longue. Les jets spectaculaires s'étirant sur des milliers d'années-lumière à partir des noyaux ardents des galaxies actives brillent dans cette bande. De vastes nuages moléculaires embrasés de gaz ionisés baignent le ciel, tandis que les restes rayonnants des supernovæ permettent de jeter un coup d'œil dans le maelström qui est le cœur de notre galaxie. En élevant d'un cran la vibration, tout est baigné par le *fond diffus cosmologique* presque uniforme, tenu pour une relique des premières époques de grande énergie de l'univers. Les petites rides de cette mer subtile pourraient cacher des indices quant à la manière dont ont évolué les structures actuelles. À des fréquences plus élevées, les étoiles commencent à briller dans l'*infrarouge* ; depuis les plus jeunes, choyées dans les nébuleuses poussiéreuses, aux naines et aux géantes blanches vieillissantes, en passant par les galaxies brillantes donnant naissance à de nouvelles étoiles.

Vient ensuite la lumière visible, à laquelle nos yeux se sont adaptés.

De l'autre côté de la bande visible se trouve l'*ultraviolet*. Vu que les étoiles brûlent le plus ardemment au début et à la fin de leur vie, on voit de jeunes galaxies UV embrasées d'étoiles chaudes bleues venant de naître et des supergéantes brillantes. Le plasma galactique ténu scintille dans les bandes des *rayons X* à la longueur d'onde courte, des éclats aveuglants marquant des événements extrêmes, signalant peut-être les mâchoires gravitationnelles des trous noirs. À des énergies encore plus grandes, des éclats occasionnels de *rayons gamma* interviennent, peut-être les derniers rugissements cataclysmiques d'étoiles supermassives des galaxies très lointaines.

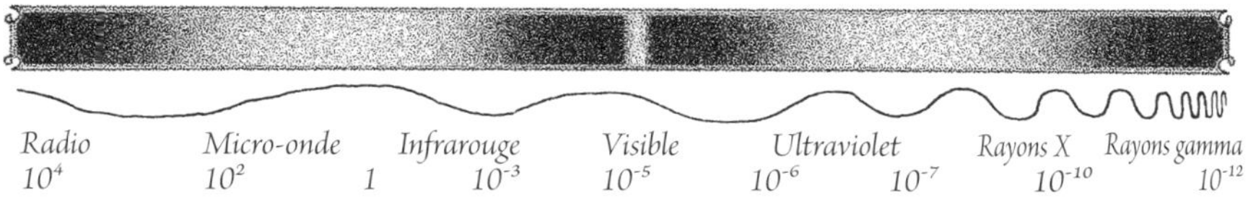

Le spectre électromagnétique, longueurs d'onde en mètres.

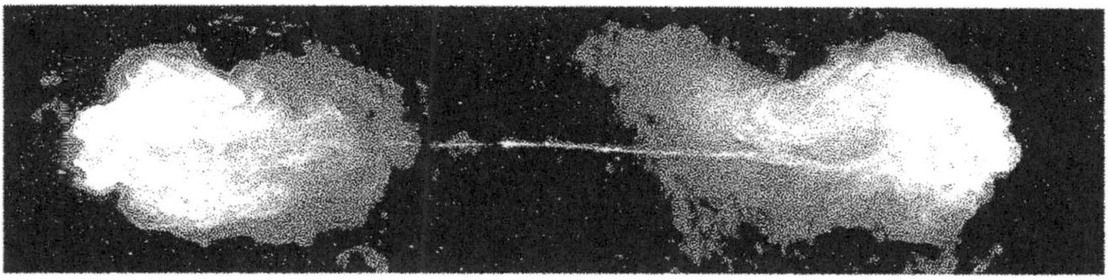

Les jets de la radiogalaxie Cygnus A s'étirent sur 18 000 années-lumière dans chaque direction.

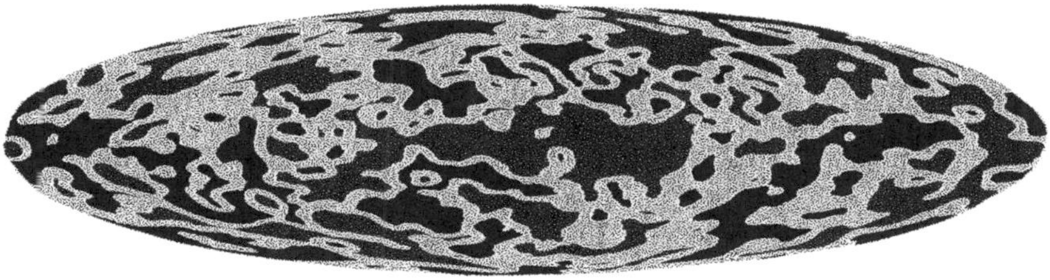

Carte céleste des variations du fond diffus cosmologique. Ces petites fluctuations sont censées avoir formé les grains de la structure ultérieure à grande échelle de l'univers.

Des masers incroyablement puissants (amplification de micro-ondes par émission stimulée de rayonnement électromagnétique) se forment autour des jeunes étoiles enveloppées par des nuages moléculaires. Les molécules d'eau et d'hydroxyle entrent dans des états énergétiques excités. En retardant, elles émettent un bourdonnement qui active l'ensemble du système.

Forces et physiques

le curieux cas du neutrino

Quatre forces maintiennent la cohésion de l'univers (*ci-contre*). Deux, les forces nucléaires *forte* et *faible*, gouvernent les interactions subatomiques, tandis que les étincelles, les aimants, les aurores et les rayons de lumière sont dus à la force *électromagnétique*. La force faible et l'électromagnétisme se sont séparés d'une force *électrofaible* unifiée lorsque la température est descendue au-dessous de 10^{15} K, environ une seconde après le Big Bang.

Les *neutrinos,* importants éléments des plasmas à énergie ultra-élevée dominés par les forces électrofaibles du jeune univers, se sont découplés après une seconde. Depuis lors, ils ont eu de rares interactions faibles avec la matière ordinaire, traversant sans peine les étoiles et les planètes. Ces infimes leptons neutres, cousins de l'électron, sont environ deux millions de fois moins massifs, bien qu'ils comptent pour un dixième de la matière connue de l'univers. Ils existent en trois « saveurs » de masse différente et, à la différence d'autres familles de fermions (*voir page 170*), ont une capacité caméléonique d'osciller entre saveurs à mesure qu'ils passent à une vitesse proche de celle de la lumière. Comme si cela ne suffisait pas, ils pourraient être leurs propres anti-particules, car on n'a découvert que des neutrinos orientés à gauche et des anti-neutrinos orientés à droite.

La dernière, et de loin la moindre, de ces forces, la *gravité,* étend sa prise à travers le cosmos en distordant l'espace-temps – plus la masse est grande, plus la distorsion est notable (*voir page 367*). Tant l'espace que le temps sont affectés, les horloges fonctionnant légèrement plus lentement sur la Terre qu'en orbite. Des événements colossaux, comme les supernovæ ou la collision des trous noirs sont censés créer des *ondes de gravité*, distorsions spatio-temporelles. Les *lentilles gravitationnelles* se forment quand la lumière d'une source distante est fléchie en passant à travers un objet intermédiaire massif générant des multiples images de celle-ci.

La force nucléaire forte lie les quarks formant les noyaux atomiques.

La force nucléaire faible gouverne la désintégration radioactive & les interactions des neutrinos.

L'électromagnétisme n'est pas seulement ondes lumineuses & radio, elle permet aussi à la chimie de prendre place.

Les neutrinos sont produits en abondance durant la fusion stellaire, bien que leurs faibles interactions avec la matière et leurs oscillations à « saveur » étrange signifient que nous sommes rarement conscients de leur présence.

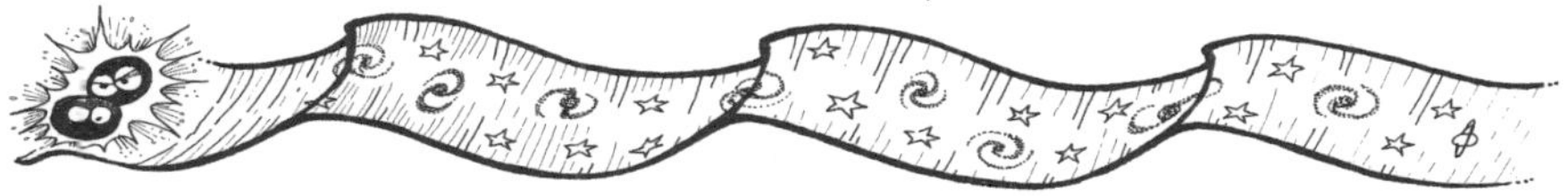

La collision des trous noirs engendre des ondes gravitationnelles qui se propagent à travers l'espace-temps.

La lumière d'un quasar distant est déformée lorsqu'elle traverse une galaxie massive, créant de multiples images de la source.

Une fine lentille gravitationnelle centrée sur Abell 2218 révèle les galaxies à l'arrière-plan.

Un univers de plasma

dans le vortex

99 % de toute la matière connue de l'univers se présente sous forme de plasma gazeux à énergie élevée, état où les électrons se détachent des atomes. Le plasma conduit extrêmement bien l'électricité, des électrons traversant en spirales serrées les champs magnétiques pour produire des courants de Birkeland dynamiques s'enroulant en paires de filaments. Des courants serpentins lient Jupiter et ses satellites (*ci-contre, en haut*). Des filaments longs de plus de 100 années-lumière et larges de 3 ont été détectés dans notre centre galactique. D'énormes lobes de plasma existent au-dessus et au-dessous de la Voie lactée, restes peut-être d'une phase plus active de son évolution (*ci-contre, en bas à gauche*).

Des rubans de plasma s'étendent à travers l'espace profond et des jets à presque la vitesse de la lumière giclent depuis les noyaux des galaxies actives. La taille maximale théorique que peuvent atteindre ces filaments avant de devenir instables est similaire à la plus grande structure observée à ce jour, le Grand mur. L'évolution galactique a été modelée en laboratoire par des courants de torsion (*ci-dessous*). Le comportement du plasma étant identique à toute échelle, ils détiennent peut-être la clé de nombreuses énigmes cosmiques ; selon des théoriciens, le plasma formant un réseau à échelle cosmique abolit le besoin de matière noire.

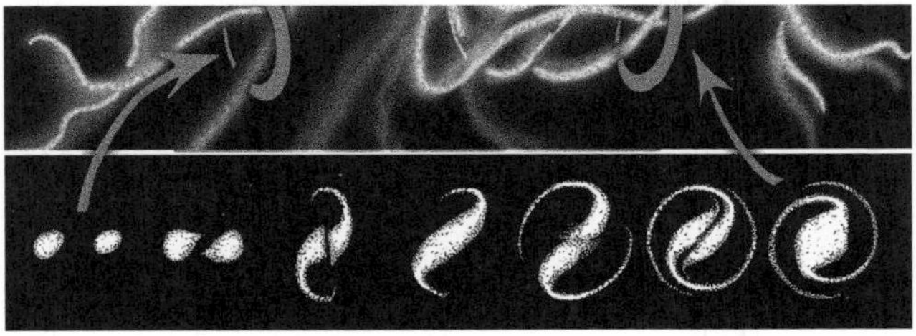

Les particules crachées par les volcans du satellite Io de Jupiter, se ionisent en formant un tore de plasma, affectant énormément la magnétosphère. Un tube fluorescent de deux trillions de watts allume des aurores aux pôles.

Des bulles de Fermi, vastes gouttes de plasma d'un diamètre de 50 000 années-lumière, embellissent notre galaxie.

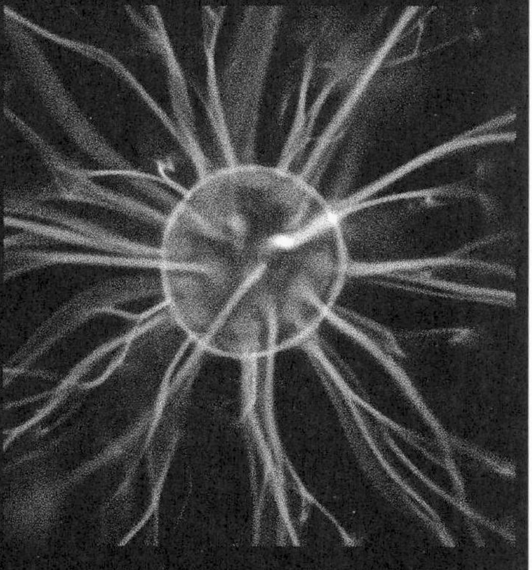

Des filaments de plasma se tordant montrent un comportement collectif. Pourrait-il y avoir une vie plasmoïde ?

Boules de temps et de lumière

aussi loin qu'on peut voir

Notre horizon, la limite de ce qui nous est visible, est une boule s'élargissant à la vitesse de la lumière. La lumière a besoin de temps pour voyager, si bien que chaque coup d'œil regarde le passé. Plus l'objet observé est distant, plus le regard remonte dans le temps – la lumière des quasars lointains est partie de ceux-ci il y a des milliards d'années, quand l'univers était dans son enfance. Une année-lumière, la distance parcourue par la lumière en une année, un peu moins de 10 billions de km, est une mesure appropriée pour l'immensité de l'espace. Comme on ne peut remonter que de 13,7 milliards d'années dans le passé (l'âge de l'univers), ou (de par l'expansion de l'espace-temps) d'environ 75 milliards d'années-lumière, nous n'avons pas idée des dimensions actuelles de l'univers ou de ce qui existe au-delà de l'horizon de la boule qu'on peut voir (*ci-contre, en haut*).

La théorie de la relativité d'Einstein lie les trois dimensions spatiales et la dimension temporelle dans une entité quadridimensionnelle, l'*espace-temps*. Un de ses points est une sphère s'élargissant à la vitesse de la lumière, comme la fonction d'onde d'un photon. Deux temps et lieux connectés par la vitesse de la lumière occupent le même point de l'espace-temps. On peut l'imaginer comme une feuille étirée (*ci-contre centre*) sur laquelle les objets affectent l'espace et le temps, générant gravitation et accélération apparentes. Les objets tournants massifs *étirent la feuille*, emportant avec eux sa totalité.

Tout se déplace à la vitesse de la lumière. Même en restant assis à lire, nous nous précipitons à travers le temps à cette vitesse. Si nous commençons à bouger dans l'espace, notre vitesse à travers le temps ralentit pour égaliser les vitesses combinées dans l'espace et le temps à la vitesse de la lumière (*voir page 114*). À notre allure habituelle lente, les effets sont minimes. Toutefois, plus on va vite, plus l'effet devient notable (*ci-contre, en bas*).

Toutes les choses possibles que Stargirl peut voir sont contenues dans le cône du passé. Tout événement prenant place à l'extérieur est à jamais invisible, car sa lumière ne pourra jamais atteindre ses yeux dans le moment présent.

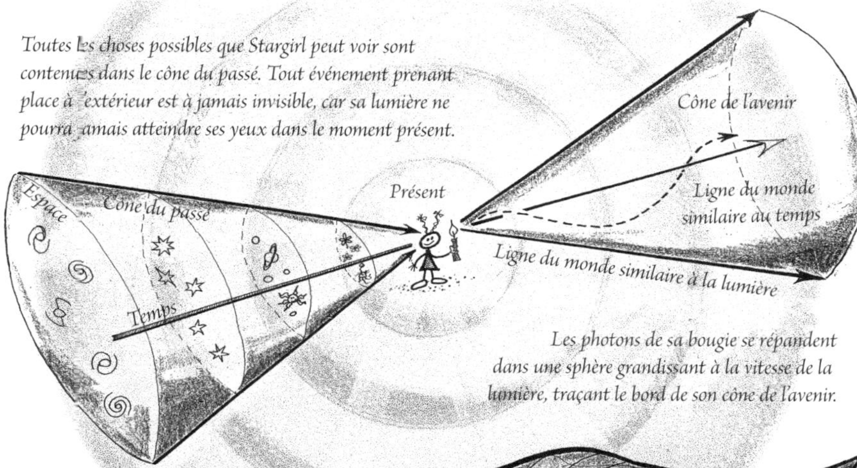

Les photons de sa bougie se répandent dans une sphère grandissant à la vitesse de la lumière, traçant le bord de son cône de l'avenir.

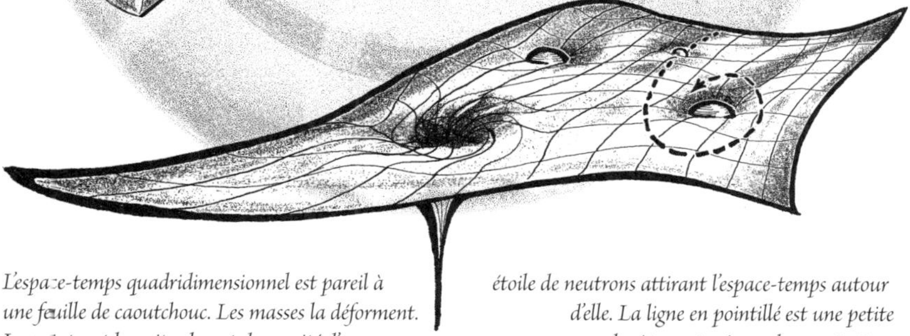

L'espace-temps quadridimensionnel est pareil à une feuille de caoutchouc. Les masses la déforment. La pointe est le puits abrupt de gravité d'un objet supermassif tournant, comme une étoile de neutrons attirant l'espace-temps autour d'elle. La ligne en pointillé est une petite planète capturée par la gravitation d'une autre, plus grande.

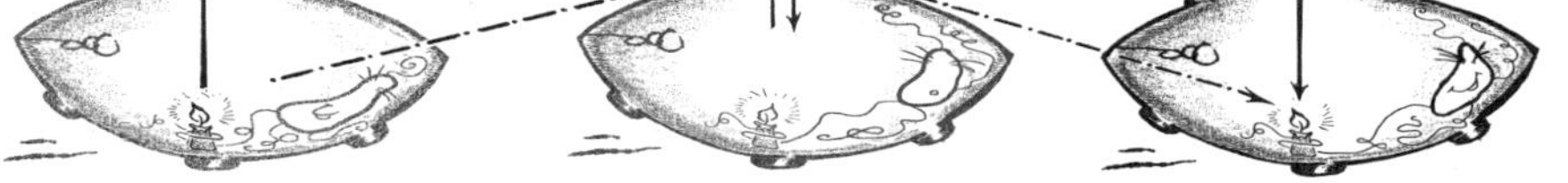

L'extraterrestre observe un photon rebondissant sur le haut de son Ovni. Stargirl le suit quand il la survole, le voyant apparemment aller plus loin.

La lumière ne peut pas accélérer, si bien que c'est le temps qui change, passant plus lentement dans le vaisseau spatial que pour Stargirl, stationnaire.

JEUX SPATIO-TEMPORELS

ici et de retour de nouveau

Si on voyage vraiment vite, l'effet relativiste s'accentue à mesure que l'espace et le temps essayent de conserver la vitesse de la lumière. Par exemple, envoyons un extraterrestre vers une étoile distante, son ovni volant naturellement à une vitesse proche de celle de la lumière (*fig.1 ci-contre*).

L'une des premières choses qu'une observatrice, Stargirl, note, est que l'ovni semble plus court (*2*). C'est là un effet secondaire du rythme différent des horloges lors du mouvement relatif, puisque du point de vue de Stargirl la longueur de l'ovni est mesurée par sa vitesse multipliée par le temps mis à dépasser un point. Pour l'extraterrestre à son bord, la longueur de son vaisseau ne varie pas.

À mesure que l'ovni approche de la vitesse de la lumière, il a besoin de plus en plus d'énergie pour accélérer, car au lieu d'accroître la vélocité une partie de l'énergie est convertie en masse (*3*). C'est là un résultat de la formule d'Einstein $E = mc^2$, qui dit que la masse peut être changée en une incroyable quantité d'énergie et vice-versa. Dans ce cas, plus l'ovni se déplace vite, plus son énergie totale est élevée, le rendant donc plus massif et encore plus difficile à accélérer. S'il atteignait la vitesse de la lumière, sa masse monterait à l'infini, faisant subir au malheureux extraterrestre un effondrement gravitationnel et s'achevant en tant que trou noir.

Heureusement, notre extraterrestre est sage et maintient sa vitesse légèrement plus réduite. Il atteint l'étoile voisine et revient en apparemment quelques mois. Hélas, le temps a passé plus lentement pour lui que pour ceux qui sont restés sur la planète (*4*). À son retour, tout ce qui reste de Stargirl ce sont ses arrière-arrière-arrière-arrière-petits-enfants (*5*), qui ont grandi avec une vieille histoire de famille à propos d'un ami parti pour une étoile lointaine.

fig. 1
fig. 2
E=mc²
où E est énergie
m est masse
c est la vitesse
de la lumière
fig. 3
fig. 4
RIP
RIP
RIP
RIP
fig. 5

Big Bang ou état stable ?

fabriquer un univers

Bien que la théorie du *Big Bang* soit la plus populaire histoire scientifique de la création, il y en a d'autres. L'une est l'*état cosmologique stable* prônant la création continue dans un univers qui a toujours existé. Ici, l'hydrogène se forme spontanément dans l'espace interstellaire ou dans les noyaux galactiques, se transformant lentement en objets d'ordre plus élevé. Une variante d'*état quasi-stable* imagine l'univers comme s'étendant et se contractant sur d'immenses périodes, reposant à chaque fois sur des structures subsistant des univers précédents.

Le modèle des *mondes branes cycliques,* où notre univers est vu comme une immense boule quadridimensionnelle, un *brane,* coexistant avec d'autres flottant dans un espace multidimensionnel, se fait l'écho de la respiration cosmique. Les univers branes entrent périodiquement en collision, puis rebondissent en se séparant pour initier de nouvelles phases de création.

En dernière analyse, le sort de l'univers repose sur sa *densité critique*, jeu d'équilibre entre gravité et inflation. Un *univers ouvert* a une masse trop petite pour que la gravité arrête l'expansion. Comme une selle tridimensionnelle infinie, la matière se dilue au fil du temps et l'entropie s'installe, ne laissant que d'immenses trous noirs et des photons s'estompant. Alternativement, un *univers fermé* avec une masse suffisante pour arrêter l'expansion s'enroule sur lui-même, atteignant une taille maximale avant de diminuer et de finir ses jours dans un Big Crunch. Entre ces extrêmes, un *univers plat* équilibre exactement la gravité et l'inflation, finissant par atteindre un état stable. Curieusement, certains univers plats finis théoriques n'ont pas de bords et s'enroulent sur eux-mêmes. Là, voler en ligne droite dans n'importe quelle direction finit par conduire le voyageur à son point de départ.

Comme tout le reste, les théories naissent, se perpétuent et évoluent.

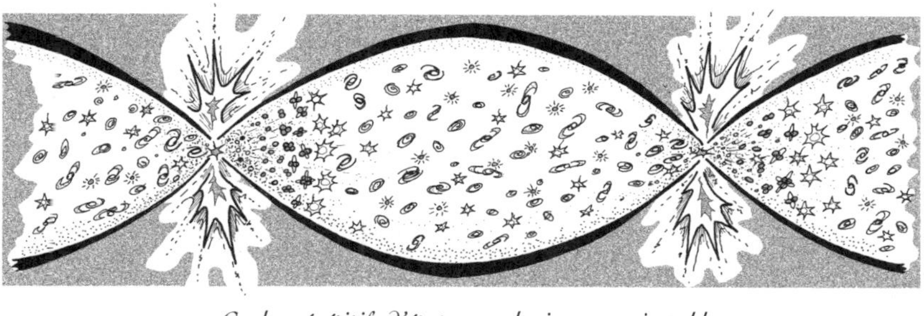

Cycles répétitifs d'état cosmologique quasi-stable

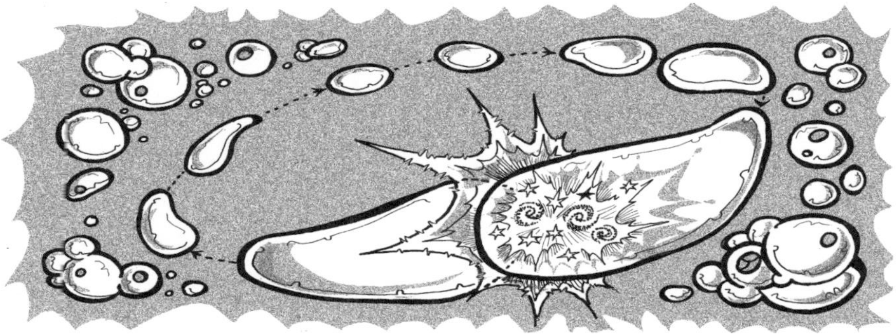

Branes hyperdimensionnelles entrant en collision

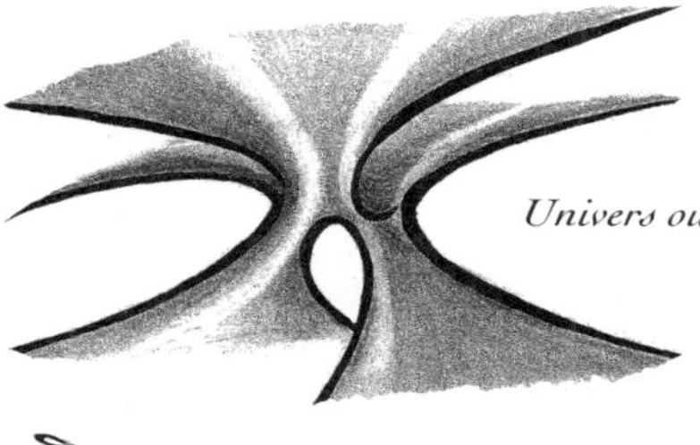

Univers ouvert

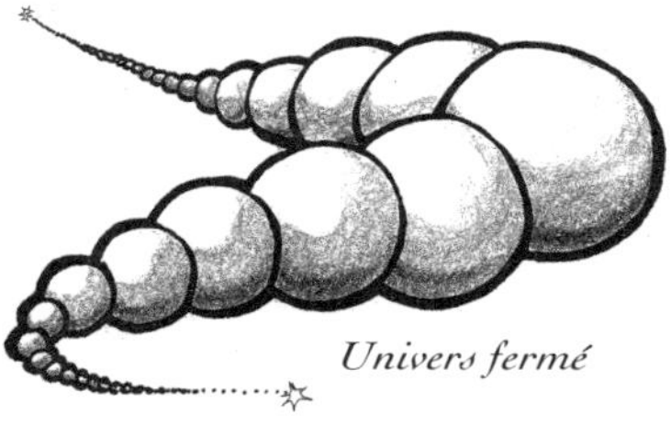

Univers fermé

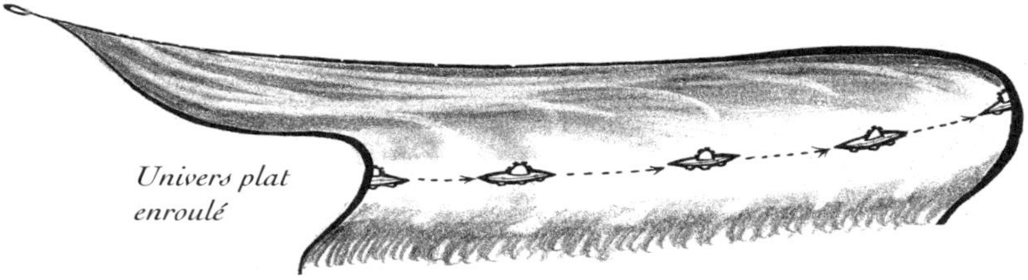

Univers plat enroulé

MYSTÈRES COSMIQUES

matière manquante et autres énigmes

On peut s'attendre à ce qu'un univers aussi divers que le nôtre cache quelques surprises dans ses manches longues de bien d'années-lumière. Pourquoi y a-t-il légèrement plus de matière que d'antimatière, car en théorie elles sont créées également ? La nature présente une distorsion difficile à expliquer (*en haut à gauche*). Nous ne savons pas non plus pourquoi la matière a une masse : Est-elle due à un boson de Higgs fugace ou est-elle l'indication d'une physique nouvelle restant à découvrir ?

Les observations des mouvements galactiques suggèrent que quelque chose de mystérieux réunit toutes les choses. Pour maintenir les modèles gravitationnels, les théoriciens ont inventé la *matière noire*, terme désignant des particules exotiques non découvertes, des neutrinos massifs et d'autres diablotins. On avance qu'une trame de matière noire ensemence le tissu cosmique à large échelle. Tout aussi mystérieux est le décalage vers le rouge des supernovæ distantes signalant que l'expansion de l'univers semble s'accélérer. L'espace est séparé par une énigmatique *énergie noire*, possible indication d'une *constante cosmologique* sombre ou de la présence sinistre d'antimatière générant de l'antigravité dans les grands vides (*en haut à droite*).

Un autre problème concerne l'éventualité que les constantes physiques ne soient pas si constantes que cela. La constante de la structure fine, *alpha* (α), qui se rapporte aux interactions électromagnétiques et finalement à l'existence des êtres vivants, a pu être différente à d'autres époques. Curieusement, elle peut aussi changer à travers l'univers (*en bas à gauche*).

Même cela est du menu fretin en comparaison du *courant noir*, qui semble tirer un vaste nombre d'amas de galaxies dans une direction, suggérant l'existence de quelque chose d'incroyablement massif au-delà du bord de notre boule de lumière (*en bas à droite*). Peut-être que l'univers se comporte très différemment dans ses parties distantes que nous ne pouvons pas voir.

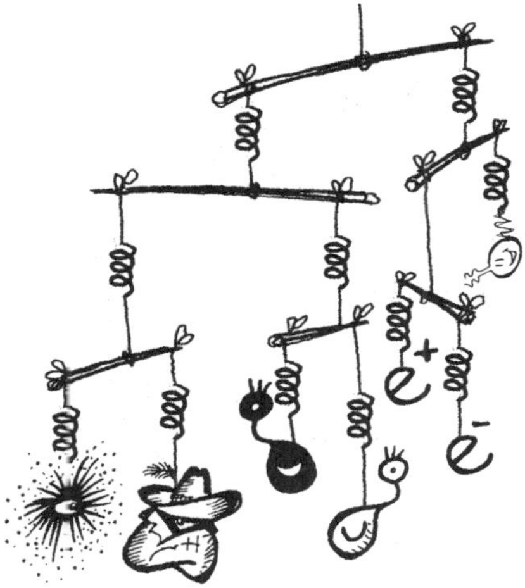

L'équilibre universel penche vers la matière de préférence à l'antimatière ; il se peut que des galaxies d'antimatière existent, bien qu'aucune n'ait été encore découverte.

Dans le noir ? La masse-énergie de l'univers semble consister en 72 % d'énergie noire, 23 % de matière noire, 4,6 % d'atomes ordinaires et moins de 1 % de neutrinos.

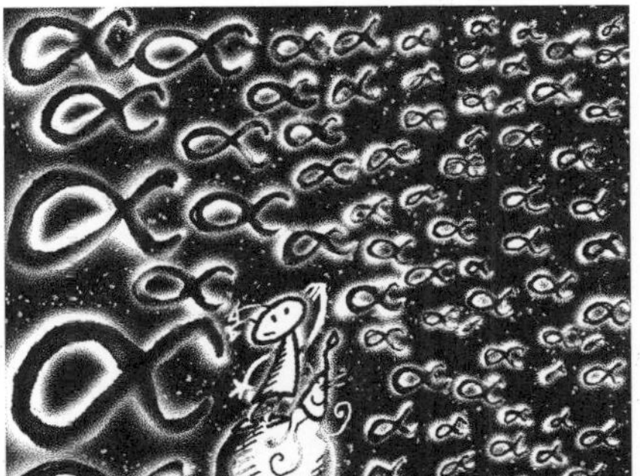

Constantes capricieuses : la constante de la structure fine α semble varier en fonction de la direction, peut-être comme résultat d'un dipôle universel.

Des myriades de galaxies se dirigent à plus de 3 millions de km par heure vers le Centaure et les Voiles suggèrent l'existence d'un univers frère au-delà de notre horizon des événements.

Zones habitables

la vie, l'univers et le tout

La vie pourrait être une denrée rare et précieuse dans l'univers. Pour que l'évolution prenne place sur la Terre, il fallait une planète assez grande pour maintenir une atmosphère, assez proche du Soleil pour que l'eau soit liquide et en même temps assez éloignée pour éviter de brûler. La largeur de la zone circumstellaire habitable confortable a diminué au fil du temps (*ci-contre, en haut à gauche*) à mesure que le Soleil est devenu plus brillant. Dans environ un milliard d'années, à mesure que le Soleil continuera son expansion en une géante rouge, la Terre deviendra trop chaude pour la vie.

Notre position à mi-chemin du disque galactique est un autre fait crucial (*ci-contre, en haut à droite*). En plus des éléments lourds synthétisés dans les supernovæ, la vie a besoin de temps pour évoluer. Les explosions riches en éléments se produisant régulièrement autour du centre galactique stérilisent d'immenses étendues d'espace. Le bord externe paisible du disque est dépourvu d'éléments lourds, rendant la vie tout aussi peu probable là.

Pour qu'une espèce survive assez longtemps pour former une société intelligente, elle doit passer par quelques étapes. Une société de *type 0* est divisée par ses conflits et l'utilisation inefficace des ressources. Avec un consensus international, une communication globale et de l'énergie renouvelable, elle peut atteindre un statut de *type I*. Les civilisations planétaires de *type II* s'installent dans les mondes voisins, le voyage interstellaire assurant le bond vers les civilisations galactiques de *type III*. Disposant de ressources à échelle cosmique, le *type IV* peut manipuler la matière et l'espace-temps.

Notre système solaire n'est pas seul. Les observations suggèrent qu'il peut y en avoir des centaines de milliards dans la galaxie, certains avec des planètes à la masse plus grande que Jupiter, d'autres tournant autour des deux étoiles d'une binaire. Des planètes orphelines errent dans l'espace profond. La vie pourrait exister n'importe où.

Zone circumstellaire habitable

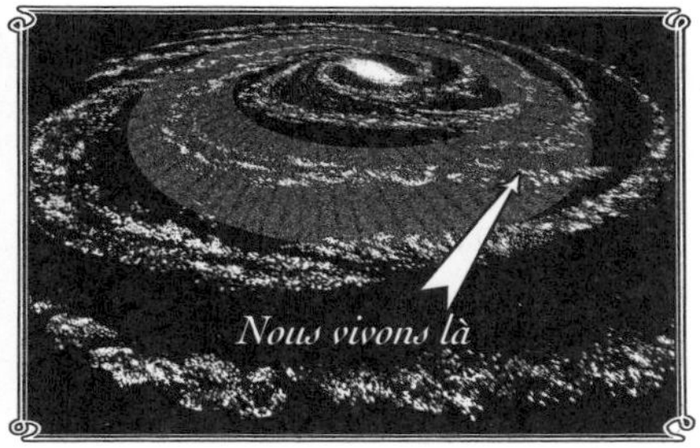

Zone galactique habitable

Un univers réglé avec précision

étrangement parfait pour la vie

L'une des énigmes les plus intrigantes de la cosmologie moderne est le *principe anthropique*, selon lequel l'univers semble être *réglé avec précision* pour permettre l'apparition de la vie biologique. En voici quelques exemples.

Si la force de gravité était plus forte de 0,1 % qu'elle l'est maintenant, l'univers serait plein de trous noirs ; si elle était plus faible de 0,1 %, aucune galaxie ne se serait formée. Si le Big Bang avait explosé avec une énergie un tout petit peu moindre, l'univers primitif se serait effondré sur lui-même ; avec un petit peu plus d'énergie, il se serait élargi trop vite pour que même les étoiles se forment. Si la force électromagnétique était plus faible par rapport à la force gravitationnelle, les étoiles se seraient effondrées bien avant que la vie ait une chance d'évoluer. Si le proton était légèrement plus massif que le neutron, l'hydrogène se désintégrerait et la plupart de la matière de l'univers se décomposerait. Si la force nucléaire forte avait été un chouïa plus forte, aucun atome ne se serait formé. Sans son niveau particulier d'énergie, les étoiles n'auraient pas produit assez de carbone pour que la vie existe. Si les propriétés de l'eau avaient été différentes… la liste continue.

Le modèle physique standard comporte actuellement 25 constantes fondamentales dépourvues de dimensions, les ratios entre elles gouvernant les interactions physiques fondamentales, ainsi que la taille, l'âge et l'expansion de l'univers. La grande question est : Comment l'univers est-il venu à l'existence si parfaitement réglé pour la vie ?

Nombre de scientifiques pensent qu'il s'agit d'une nova dans un verre d'eau. « Bien entendu, c'est bon pour la vie, sinon nous ne serions pas là ». D'autres n'en sont pas aussi sûrs…

La vie à base de carbone a besoin d'une réaction spécifique de fusion pour que les étoiles produisent du carbone.
Une force électromagnétique plus faible aurait conduit à des étoiles à la vie brève, ne laissant aucune chance d'exister à la vie.
Si la gravité était plus forte, l'univers serait plein de trous noirs supermassifs.
S'il y avait des quantités égales de matière et d'antimatière, rien n'existerait.
La solution de l'énigme anthropique, le multivers : il y a des myriades d'univers, chacun avec son propre mélange de constantes. Nous vivons dans celui qui nous convient !

Explications possibles
pour un univers réglé avec précision

Les chances que l'univers soit « approprié pour la vie » comme il l'a été dès le départ sont si infinitésimales que certains se sont mis à chercher une explication de *la manière* dont cela est arrivé. En voici quelques idées :

Comme la mécanique quantique et la populaire théorie des mondes multiples (*voir page 174*), divers experts ont prôné l'existence de milliards d'univers aléatoires différents. Nous vivons dans l'un où tout marche bien pour les singes astucieux que nous sommes. Les détracteurs de cette idée affirment qu'elle va à l'encontre du rasoir d'Occam (c'est-à-dire, invente plein de choses impossibles à prouver) et est donc de la mauvaise science.

Pour d'autres, il doit y avoir une *raison* à ce réglage précis. Peut-être que la physique prend juste cette voie. Des professeurs plus paranoïaques ont suggéré que l'ensemble de l'univers doit être un genre de simulation informatique d'une réalité virtuelle. Nous sommes dans un jeu, sinon comment serait-il si bien réglé ? Mais alors, qui a écrit ce programme ? C'est en fait la même chose que dire « Dieu l'a fait », ou un quelconque autre Architecte. Ou peut-être que les extraterrestres l'ont fait…

Les néo-darwiniens, impatients d'entrer en lice, prônent l'idée de biocosme. Selon eux, l'univers semble si parfait pour la vie parce qu'il est l'enfant de parents élus. Les univers parentaux très évolués peuvent transmettre ce mélange parfait de constantes, comme l'ADN, à des bébés univers via un Big Bang.

Comme pour la théorie quantique, il y a là des solutions suggérant l'implication d'un quelconque genre de causalité panconsciente temporelle inversée. Peut-être l'univers est-il réellement un immense mental conscient, holographique et intriqué. Comme un ordinateur quantique, il a tout essayé et a trouvé dès le départ la meilleure solution.

RÉALITÉ ULTIME

le parc kaléidoscopique

Avec chaque seconde qui passe, notre vision de l'univers s'élargit un peu plus, pourtant nous ne connaissons pas ses dimensions, s'il a une limite ou si le nôtre est l'un des innombrables univers de dimensions inimaginables.

Sommes-nous seuls ? Sinon, qui et quoi pourraient être nos voisins ? Ou qui sommes-nous ? Une planète familiale est-elle nécessaire, où l'évolution opère-t-elle dans des niches plus extrêmes ? Sur les très petites échelles actuelles, la distinction entre matière et énergie est vague, faisant de la réalité apparemment solide un fantasme. De curieuses intrications subatomiques séparées par l'espace et le temps suggèrent un univers holistique, unifié, possiblement lui-même origine d'une conscience biologique. Peut-être que la vie fait partie d'une plus grande série d'interconnexions, subtilement guidées par une conscience panpsychique transtemporelle sous-jacente. Encore plus bizarre, nous pourrions être juste des illusions scintillantes, extrapolant à partir de réalités plus subtiles (*ci-contre, d'après M. C. Escher*).

Chaque page de ce livre, souvent chaque paragraphe et parfois chaque phrase peut représenter de travail de nombreux scientifiques, philosophes et artistes. Pourquoi l'univers est même compréhensible est l'un des plus grands mystères ; après tout, il n'a pas eu forcément à venir à l'existence en conformité avec les lois et les principes simples qu'ils ont découverts et qui forment l'armature de ce livre. J'espère qu'il vous a étonné, informé et inspiré à regarder de nouveau le monde autour de vous et à vous émerveiller.

L'humanité a seulement jeté un regard furtif par-dessus son aveuglement terrestre et fait les premiers pas chancelants au-delà de la planète. En tant qu'espèce, beaucoup de difficultés nous attendent, dont certaines que nous avons créées ne sont pas les moindres. Pourtant, nos atomes sont nés dans les étoiles que nous reviendrons visiter un jour.

ANNEXES
& INDEX

CONSTANTES

Vitesse de la lumière	c	299 792 458 m/s
Année-lumière	*al*	9 460 730 472 580 km
Parsec	*pc*	3,26156 al, 3,085678 x 10^{13} km
Unité astronomique	*Ua*	1,5813 x 10^{-5} al, 149 597 892 km

Vitesse du son *dans l'air sec à 0°C* 331,4 m/s *dans l'eau à 20°C* 1 482 m/s

Masse de l'électron	m_e	9,1093897 × 10^{-31} kg
		= 0,51099 MeV
Charge de l'électron	e	1,602176 × 10^{-19} C
		= 4,803 × 10^{-10} esu
Masse du proton	m_p	1,672623 × 10^{-27} kg
		= 1836,1 x masse électron
Masse du neutron	m_n	1,6749286 x 10^{-27} kg
Unité de masse atomique	u	1,66054 x 10^{-27} kg
Unité de masse atom.	$m_u c^2$	931,494 MeV
Nombre d'Avogadro	N_A	6,02214 x 10^{23} mol^{-1}
Rayon de Bohr	a_o	5,2917725 x 10^{-11} mol^{-1}
Constante de Boltzmann	k	1,38065 x 10^{-23} J K^{-1}
Vit. libér. de la Terre.	v_{esc}	11,2 km/s
Gravité de la Terre	g_n	9,80665 m/s^2
Pression stand. atm.		101 325 Pa
Constante de Faraday	F	9,648534 x 10^4 C mol^{-1}
Const. struct. fine	α	7,297353 x 10^{-3}

Constante gaz parf.	R	8,314472 J K^{-1} mol^{-1}
Const. gravitat.	G	6,674259 x 10^{-11} m^3 kg^{-1} s^{-2}
Point triple H_2O	T_{tpw}	273,16 K
Impédance du vide	Z_o	376,7303 Ω
Const. de Loschmidt	n_o	2,6867775 x 10^{25} m^{-3}
Flux du ch. mg.	ϕ_o	2,067833758 x 10^{-15} Wb
Const. magnétique	μ_o	4π x 10^{-7} NA $^{-2}$
Vol. molaire gaz	V_m	2,2413968 x 10^{-2} m^3 mol^{-1}
Perm. du vide	μ_o	4π x 10^{-7} H m^{-1}
Const. diélectrique	ε_o	8,8541878 x 10^{-12} F m^{-1}
Constante de Planck	h	6,62606896 x 10^{-34} J s
Const. Planck/2π	$\hbar$	1,054571726 x 10^{-34} J s
Longueur de Planck	l_P	1,616199 x 10^{-35} m
Temps de Planck	t_P	5,31906 x 10^{-44} s
Température de Planck	T_P	1,41683 x 10^{32} K
Masse de Planck	m_P	2,17651 x 10^{-8} kg
Inv. const. struc. fine	$1/\alpha$	137,035999
Const. de Rydberg	R_H	1,097373 x 10^7 m^{-1}

Spectres d'émission de H :

Série de Lyman (ultraviolet)

n = 1	λ = 912 Å
n = 2	λ = 1 216 Å
n = 3	λ = 1 026 Å
n = 4	λ = 973 Å

Série de Balmer (visible)

n = 2	λ = 3 650 Å
n = 3	λ = 6 560 Å
n = 4	λ = 4 860 Å
n = 5	λ = 4 340 Å
n = 6	λ = 4 100 Å

Série de Paschen (infrarouge)

n = 3	λ = 8 210 Å
n = 4	λ = 18,761 Å
n = 5	λ = 12,830 Å

Série de Brackett (infrarouge)

n = 4	λ = 14,592 Å
n = 5	λ = 40,532 Å
n = 6	λ = 26,300 Å

log_{10} *mètres* -20 -15 -10 -5 0 5 10 15 20 25

Quarks Noyau Molécule Sable Souris Baleine Astéroïde Étoile Système solaire Galaxie Mur galactique

Proton Atome Cellule Insecte Homme Forêt Planète Supergéante Amas globulaire Superamas

UNITÉS

Quantité physique	*Symbole de quantité*	*Nom de l'unité SI*	*Symbole de l'unité*	*Définition directe*	*Définition des unités de base*	*Comme masse, longueur, temps & courant*
fréquence	*f*	hertz	Hz	s^{-1}	s^{-1}	T^{-1}
force	*F*	newton	N	$kg\ m\ s^{-2}$	$kg\ m\ s^{-2}$	$M\ L\ T^{-2}$
énergie	*W*	joule	J	N m	$kg\ m^2\ s^{-2}$	$M\ L^2\ T^{-2}$
pouvoir	*P*	watt	W	$J\ s^{-1}$	$kg\ m^2\ s^{-3}$	$M\ L^2\ T^{-3}$
pression	*p*	pascal	Pa	$N\ m^{-2}$	$kg\ m^{-1}\ s^{-2}$	$M\ L^{-1}\ T^{-2}$
charge	*Q*	coulomb	C	A s	A s	T I
potentiel	*V*	volt	V	$J\ C^{-1}$	$kg\ m^2\ s^{-3}\ A^{-1}$	$M\ L^2\ T^{-3}\ I^{-1}$
capacitance	*C*	faraday	F	$C\ V^{-1}$	$A^2\ s^4\ kg^{-1}\ m^{-2}$	$M^{-1}\ L^{-2}\ T^4\ I^2$
résistance	*R*	ohm	Ω	$V\ A^{-1}$	$kg\ m^2\ s^{-3}\ A^{-2}$	$M\ L^2\ T^{-3}\ I^{-2}$
conductance	*G*	siemens	S	Ω^{-1}	$kg^{-1}\ m^{-2}\ s^3\ A^2$	$M^{-1}\ L^{-2}\ T^3\ I^2$
densité du flux	*B*	tesla	T	$N\ A^{-1}\ m^{-1}$	$kg\ s^{-2}\ A^{-1}$	$M\ T^{-2}\ I^{-1}$
f. magnétique	Φ	weber	Wb	$T\ m^2$	$kg\ m^2\ s^{-2}\ A^{-1}$	$M\ L^2\ T^{-2}\ I^{-1}$
inductance	*L*	henry	H	$V\ A^{-1}\ s$	$kg\ m^2\ s^{-2}\ A^{-2}$	$M\ L^2\ T^{-2}\ I^{-2}$

HADRONS

Baryons	*Symbole*	*Masse*	*Quarks*	*Charge*	*Spin*
Proton	N^+	938	*uud*	+1	1/2
Neutron	N^o	940	*ddu*	0	1/2
Sigma$^+$	Σ^+	1198	*uus*	+1	1/2
Sigma^o	Σ^o	1192	*dus*	0	1/2
Sigma−	S−	1197	*dds*	-1	1/2
Lambda^o	Λ^o	1116	*dus*	0	1/2
Xi^o	Ξ^o	1315	*uss*	0	1/2
Xi$^-$	Ξ^-	1321	*dss*	−1	1/2
Sigma$^+$	Σ^+	938	*uus*	+1	1/2
Delta^{++}	Δ^{++}	1231	*uuu*	+2	3/2
Delta$^+$	Δ^+	1232	*duu*	+1	3/2
Delta^o	Δ^o	1234	*ddu*	0	3/2
Delta$^-$	Δ^-	1235	*ddd*	−1	3/2
Sigma$^{\star +}$	$\Sigma^{\star +}$	1189	*uus*	+1	3/2
Sigma$^{\star o}$	$\Sigma^{\star o}$	1193	*dus*	0	3/2
Sigma$^{\star -}$	$\Sigma^{\star -}$	1197	*dds*	−1	3/2
Xi$^{\star o}$	$\Xi^{\star o}$	1315	*uss*	0	3/2
Xi$^{\star -}$	$\Xi^{\star -}$	1321	*dss*	−1	3/2
Oméga$^-$	Ω^-	1672	*sss*	−1	3/2

Mésons	*Symbole*	*Masse*	*Quarks*	*Charge*	*Spin*
Pi$^+$	π^+	140	$u\bar{d}$	+1	0
Pi^o	π^o	135	$u\bar{u}\ d\bar{d}$	0	0
Pi$^-$	π^+	140	$d\bar{u}$	−1	0
Êta	η^+	547	$u\bar{u}\ d\bar{d}\ s\bar{s}$	0	0
Êta prime	η'	958	$u\bar{u}\ d\bar{d}\ s\bar{s}$	0	0
Kaon$^+$	K^+	494	$u\bar{s}$	+1	0
Kaon^o	K^o	498	$d\bar{s}$	0	0
Rho$^+$	ρ^+	770	$u\bar{d}$	+1	1
Rho^o	ρ^o	770	$u\bar{u}\ d\bar{d}$	0	1
Oméga	ω	782	$u\bar{u}\ d\bar{d}$	0	1
Phi	φ	1020	$s\bar{s}$	0	1
$K^{\star +}$	$K^{\star +}$	892	$u\bar{s}$	+1	1
$K^{\star o}$	$K^{\star o}$	892	$d\bar{s}$	0	1
J/ψ	ψ	3097	$c\bar{c}$	0	1
Upsilon	ϒ	9460	$b\bar{b}$	0	1

Notez que plus de 200 baryons et 30 mésons ont été découverts.

Poids & mesures

Équivalences mesures anglaises – métriques

1 inch = 2,54000 cm
1 foot = 0,304800 mètre
1 mile = 1,60934 kilomètre
1 ounce = 28,3495 grammes
1 pound = 0,45359237 kilogramme
1 (long) ton = 1 016,047 kg
1 gallon = 4,549631 litres
1 bushel = 36,397 litres
1 acre = 0,404687 hectare
1 cubic inch = 16,3871 cm^3
°Fahrenheit = (°Celsius) + 32
1 horsepower = 0,7457 kilowatt
1 pound per sq. inch = 0,0688 atm
1 foot pound = 1,355 joule

Équivalences mesures métriques – anglaises

1 cm = 0,393701 inches
1 mètre = 3,280842 feet
1 kilomètre = 0,621371 mile
1 gramme = 0,0352740 ounce
1 kilogramme = 2,204622 pounds
1 tonne = 0,9842064 (long) ton
1 litre = 0,219975 gallon
1 litre = 0,027475 bushel
1 hectare = 2,47105 acres
1 cm^3 = 0,0610237 cubic inches
°Celsius = (°Fahrenheit – 32)
1 kilowatt = 1,3410 horsepower
1 atmosphère = 14,696 lbs/sq. inch
1 joule = 0,738 foot pounds

Poids et mesures anglaises

1 yard = 0,914399 m
1 furlong = 201,68 m
1 pound = 0,45359243 kg
1 hundredweight = 50,80 kg

1 fathom = 1,8288 m
1 mile nautique = 1 851 m
1 pint = 0,567935 l
1 gallon = 4,5459631 l

Métriques générales

°kelvin (K) = °Celsius + 273,15
1 atmosphère = 101 325 Pa
1 calorie (cal) = 4,184 J
1 esu = $3{,}3356 \times 10^{-10}$ C (coulombs)
1 erg = $2{,}390 \times 10^{-11}$ kcal
1 eV / molécule = 96,485 kJ mol^{-1}
1 kcal mol^{-1} = 349,76 cm^{-1}, 0,0433 eV
1 newton par mètre carré (N m^{-2}) = 1 Pascal (Pa)

1 angström (Å) = 10×10^{-10} m
1 bar = 105 Pa
1 curie (Ci) = $3{,}7 \times 10^{10}$ s^{-1}
1 erg = 10^{-7} J
1 eV = $1{,}60218 \times 10^{-19}$ J
1 joule (J) = 0,2389 cal
1 kJ mol^{-1} = 83,54 cm^{-1}
1 no. onde (cm^{-1}) = $2{,}8591 \times 10^{-3}$ kcal mol^{-1}

Préfixes : 10^{3} = *kilo* 10^{6} = *méga* 10^{9} = *giga* 10^{12} = *téra* 10^{15} = *peta* 10^{18} = *exa*
10^{-3} = *milli* 10^{-6} = *micro* 10^{-9} = *nano* 10^{-12} = *pico* 10^{-15} = *femto* 10^{-18} = *atto*

DÉVELOPPEMENTS & PLUS

$\pi = 3{,}14159265358979\ldots$ $e = 2{,}718281828459045\ldots$

$\sqrt{2} = 1{,}414213562373095\ldots$ $\sqrt{\pi} = 1{,}7724538500905516\ldots$

$$e^{x} = 1 + x + \frac{x^2}{2!} + \frac{x^3}{3!} + \frac{x^4}{4!} + \ldots, \quad \text{so} \quad e = 1 + 1 + \frac{1}{2!} + \frac{1}{3!} + \frac{1}{4!} + \ldots$$

$$\log(1+x) = x - \frac{x^2}{2} + \frac{x^3}{3} - \frac{x^4}{4} + \ldots\ (-1 < x < 1)$$

$$e = 2 + \cfrac{1}{1 + \cfrac{1}{2 + \cfrac{1}{1 + \cfrac{1}{1 + \cfrac{1}{4 + \cfrac{1}{1 + \cfrac{1}{1 + \cfrac{1}{6 + \cdots}}}}}}}}$$

$$\sqrt{2} = 1 + \cfrac{1}{2 + \cfrac{1}{2 + \cfrac{1}{2 + \cfrac{1}{2 + \cfrac{1}{2 + \cfrac{1}{2 + \cfrac{1}{2 + \cdots}}}}}}}$$

$$\sqrt{3} = 1 + \cfrac{1}{1 + \cfrac{1}{2 + \cfrac{1}{1 + \cfrac{1}{2 + \cfrac{1}{1 + \cfrac{1}{2 + \cfrac{1}{1 + \cfrac{1}{2 + \cdots}}}}}}}}$$

$$\phi = 1 + \cfrac{1}{1 + \cfrac{1}{1 + \cfrac{1}{1 + \cfrac{1}{1 + \cfrac{1}{1 + \cfrac{1}{1 + \cfrac{1}{1 + \cdots}}}}}}}$$

$$\frac{1}{1 - x} = 1 + x + x^2 + x^3 + x^4 + \ldots\ (-1 < x < 1)$$

$$\pi = 4\left(\frac{1}{1} - \frac{1}{3} + \frac{1}{5} - \frac{1}{7} + \frac{1}{9} - \ldots\right)$$

$$\pi = 3 + \cfrac{1^2}{6 + \cfrac{3^2}{6 + \cfrac{5^2}{6 + \cfrac{7^2}{6 + \cfrac{9^2}{6 + \cfrac{11^2}{6 + \cfrac{13^2}{6 + \cfrac{15^2}{6 + \cdots}}}}}}}}$$

$$\text{arscin}\ x = x + \frac{1}{2}\frac{x^3}{3} + \frac{1}{2}\frac{3}{4}\frac{x^5}{5} + \frac{1}{2}\frac{3}{4}\frac{5}{6}\frac{x^7}{7} + \ldots \quad \textit{radians}$$

$$\sin x = x - \frac{x^3}{3!} + \frac{x^5}{5!} - \frac{x^7}{7!} + \ldots, \qquad \cos x = 1 - \frac{x^2}{2!} + \frac{x^4}{4!} - \frac{x^6}{6!} + \ldots \quad (x \textit{ en radians})$$

développement de Taylor : $f(x) = f(x-a) + af'(x-a) + \frac{a^2}{2!}f''(x-a) + \frac{a^3}{3!}f'''(x-a) + \ldots$

développement de Maclaurin : $f(x) = f(0) + xf'(0) + \frac{x^2}{2!}f''(0) + \frac{x^3}{3!}f'''(0) + \ldots$

Fractions: $\frac{a}{b} + \frac{c}{d} = \frac{ad+bc}{bd}$ $\frac{a}{b} - \frac{c}{d} = \frac{ad-bc}{bd}$ $\frac{a}{b} \times \frac{c}{d} = \frac{ac}{bd}$ $\frac{a}{b} \div \frac{c}{d} = \frac{ad}{bc}$

formules « Tan $\frac{1}{2}$ » : si $t = \tan\frac{1}{2}\vartheta$, $\sin\vartheta = \frac{2t}{1+t^2}$ $\cos\vartheta = \frac{1-t^2}{1+t^2}$ $\tan\vartheta = \frac{2t}{1-t^2}$

Fonction zêta de Riemann : *« Probablement l'objet le plus difficile et le plus mystérieux des mathématiques modernes, malgré sa simplicité absolue. »* M.C. Gutzwiller

$$\zeta(x) = 1 + \frac{1}{2^x} + \frac{1}{3^x} + \frac{1}{4^x} \ldots = \left(\frac{1}{1 - \frac{1}{2^x}}\right)\left(\frac{1}{1 - \frac{1}{3^x}}\right)\left(\frac{1}{1 - \frac{1}{5^x}}\right)\cdot \left(\frac{1}{1 - \frac{1}{p_k^x}}\right) \quad (x > 1)$$

où p_k est le k^e nombre premier.

CHIMIE DU CARBONE

Nom du groupe	Groupe fonctionnel	Nom du suffixe	Premier membre Formule	Premier membre Nom	Formule générale
Alcanes	$R-CH_3$	-ane	$H-\overset{H}{\underset{H}{C}}-H$	méthane	C_nH_{2n+2}
Alcènes	$(H)(R)C=C(H)(R)$	-ène	$(H)(H)C=C(H)(H)$	éthylène	C_nH_{2n}
Alcynes	$R-C\equiv C-R'$	-YNE	$H-C\equiv C-H$	acétylène	C_nH_{2n-2}
Alcools	$R-\overset{OH}{\underset{H}{C}}-R'$	-aol	$H-\overset{OH}{\underset{H}{C}}-H$	méthanol	$C_nH_{2n+1}OH$
Aldéhydes	$R-\overset{O}{\overset{\|}{C}}-H$	-al	$H-\overset{O}{\overset{\|}{C}}-H$	méthanal	$C_nH_{2n-1}OH$
Cétones	$R-\underset{O}{\underset{\|}{C}}-CH_3$	-one	$H-\underset{O}{\underset{\|}{C}}-CH_3$	méthanone	$C_nH_{2n}O$
Acides carboxyliques	$R-\underset{O}{\underset{\|}{C}}-OH$	-oïque	$H-\underset{O}{\underset{\|}{C}}-OH$	acide formique	
Amines	H_2N-R	-amine	$CH_3-N(H)H$	méthylamine	
Esters	$R-\overset{O}{\overset{\|}{C}}-OR'$	-yle	$CH_3-C(=O)-OCH_3$	acide propionique	
Amides	$R-\overset{O}{\overset{\|}{C}}-NHR'$	-amide	$CH_3-\overset{O}{\overset{\|}{C}}-NHR'$	acide carboxylique + amine	
Éthers	$R-O-R'$	-oxyle	CH_3-O-CH_3	méthoxyméthane	
Cyclopropane	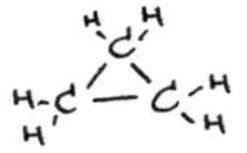	Benzène	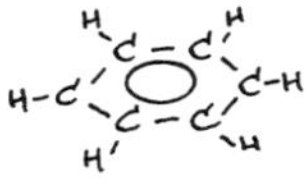	ou  ou 	

Alcanes ramifiés:
le préfixe change de -ane à -yle.

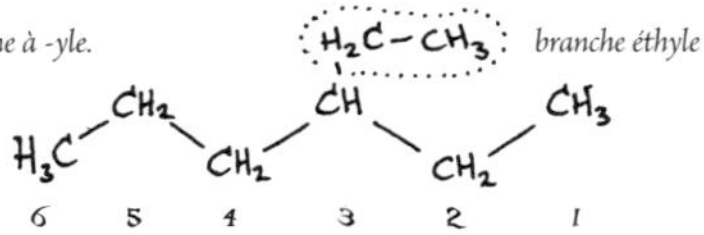

3-éthyl hexane

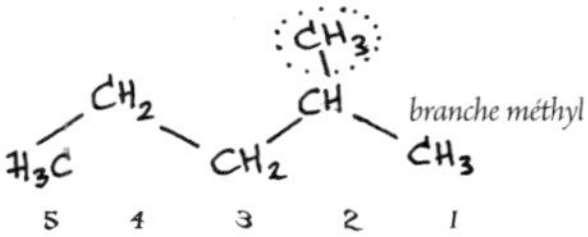

2-méthyl pentane

Préfixe (nombre d'atomes de carbone) : Métha-1, Étha-2, Propa-3, Buta-4, Penta-5, Hexa-6, Hepta-7, Octa-8, Nona-9, Déca-10

Les symboles R et R' dénotent soit un atome d'hydrogène soit une chaîne latérale de carbure d'hydrogène.

Exemples d'orbitales des électrons

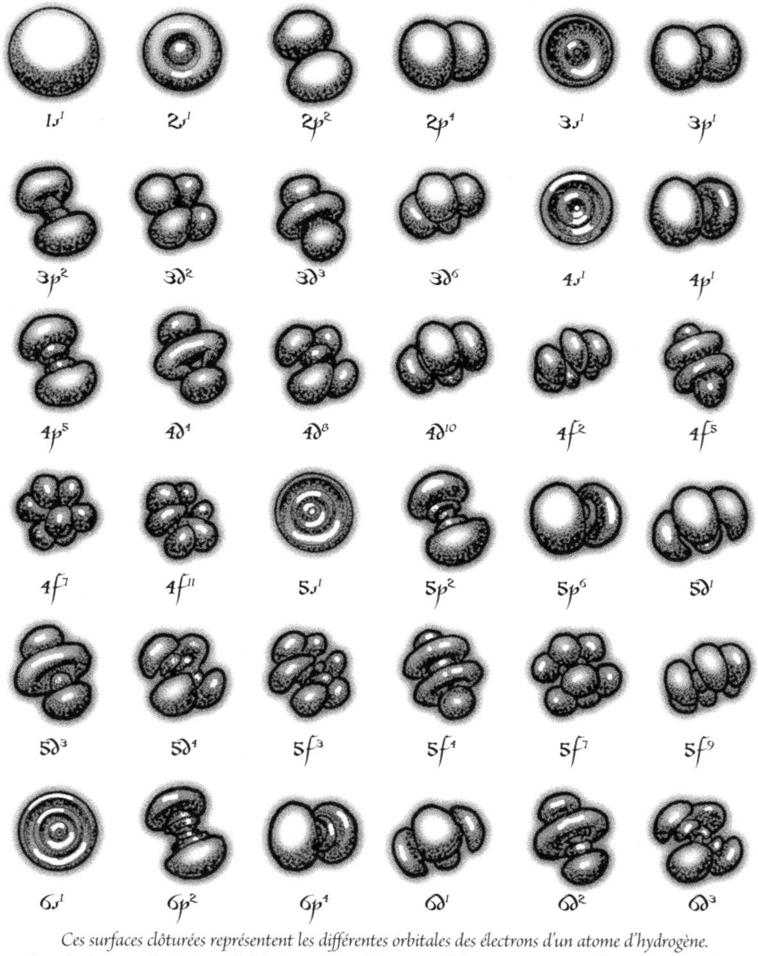

Ces surfaces clôturées représentent les différentes orbitales des électrons d'un atome d'hydrogène. Chacune décrit la fonction d'onde de probabilité quantique d'une paire d'électrons à mesure qu'ils jonglent avec les nombreuses forces d'attraction et de répulsion à l'intérieur de l'atome afin d'obtenir un entrelacement fantastiquement labyrinthique. Les orbitales s sont sphériques, les orbitales p ont des lobes doubles, les orbitales d sont quadruples ou en forme de beignet, alors que les orbitales f ont une forme de double beignet et six lobes.

La table périodique

Groupe Période	IA 1	IIA 2		IIIB 3	IVB 4	VB 5	VIB 6	VIIB 7	VIII 8
1	H 0 1 **H** Hydrogène 1.00079 1310								
2	B 4 3 **Li** Lithium 6.941 519	H 5 4 **Be** Bérylium 9.01218 900							
3	B 12 11 **Na** Sodium 22.9878 494	H 12 12 **Mg** Magnésium 24.3050 736							
4	B 20 19 **K** Potassium 39.0983 418	C 20 20 **Ca** Calcium 40.0785 590		H 24 21 **Sc** Scandium 44.9559 632	H 26 22 **Ti** Titane 47.867 661	B 28 23 **V** Vanadium 50.9415 648	B 28 24 **Cr** Chrome 51.9961 653	C 30 25 **Mn** Manganèse 54.9380 716	B 30 26 **Fe** Fer 55.845 762
5	B 48 37 **Rb** Rubidium 85.4678 402	F 50 38 **Sr** Strontium 87.62 548		H 50 39 **Y** Yttrium 88.9059 636	H 50 40 **Zr** Zirconium 91.224 669	B 52 41 **Nb** Niobium 92.9064 653	B 56 42 **Mo** Molybdène 95.94 694	H 55 43 **Tc** Technétium 97.9072 699	H 58 44 **Ru** Ruthénium 101.07 724
6	B 78 55 **Cs** Césium 132.905 376	B 82 56 **Ba** Baryum 137.327 502	57 - 70 Lanthanides *	H 104 71 **Lu** Lutécium 174.967 481	H 108 72 **Hf** Hafnium 178.49 531	B 108 73 **Ta** Tantale 180.948 760	B 110 74 **W** Tungstène 183.84 770	H 112 75 **Re** Rhénium 186.207 762	H 116 76 **Os** Osmium 190.23 841
7	H 136 87 **Fr** Francium 223.02 381	H 138 88 **Ra** Radium 226.025 510	89 - 102 Actinides **	? 157 103 **Lr** Lawrencium 262.110 444	? 153 104 **Rf** Rutherfordium 263.113 490	? 157 105 **Db** Dubnium 262.114 ?	? 157 106 **Sg** Seaborgium 266.122 ?	? 157 107 **Bh** Bohrium 264.125 740	? 161 108 **Hs** Hassium 269.134 ?

*	H 82 57 **La** Lanthane 138.906 540	C 82 58 **Ce** Cérium 140.116 665	H 82 59 **Pr** Praséodyme 140.908 556	H 82 60 **Nd** Néodyme 144.24 607	H 84 61 **Pm** Prométhéum 144.913 556	R 90 62 **Sm** Samarium 150.36 540	B 90 63 **Eu** Europium 151.964 548	H 94 64 **Gd** Gadolinium 157.25 594	H 94 65 **Tb** Terbium 158.925 648
**	C 138 89 **Ac** Actinium 227.028 669	C 142 90 **Th** Thorium 232.038 674	T 140 91 **Pa** Proctactinium 231.0356 568	O 146 92 **U** Uranium 238.029 385	O 144 93 **Np** Neptunium 237.048 604	M 150 94 **Pu** Plutonium 244.064 585	H 148 95 **Am** Américium 243.061 578	H 151 96 **Cm** Curium 247.070 581	H 150 97 **Bk** Berkélium 247.070 601

DES ÉLÉMENTS

VIII 9	VIII 10	IB 11	IIB 12	IIIA 13	IVA 14	VA 15	VIA 16	VIIA 17	VIIIA or O 18
									H 2 2 **He** Hélium 4.0026 2370
				R 6 5 **B** Bore 10.811 799	H 6 6 **C** Carbone 12.0107 1090	H 7 7 **N** Azote 14.0067 1400	M 8 8 **O** Oxygène 15.9994 1310	M 10 9 **F** Fluor 18.9984 1680	C 10 10 **Ne** Néon 20.1797 2080
				C 14 13 **Al** Aluminium 26.9815 577	C 14 14 **Si** Silicium 28.0855 786	TC 16 15 **P** Phosphore 30.9738 1060	O 16 16 **S** Soufre 32.066 1000	O 18 17 **Cl** Chlore 35.4527 1260	C 22 18 **Ar** Argon 39.948 1520
H 32 27 **Co** Cobalt 58.9332 757	C 30 28 **Ni** Nickel 58.6934 736	C 34 29 **Cu** Cuivre 63.546 745	H 34 30 **Zn** Zinc 65.39 908	O 38 31 **Ga** Gallium 69.723 577	C 42 32 **Ge** Germanium 72.61 762	R 42 33 **As** Arsenic 74.9216 966	M 46 34 **Se** Sélénium 78.96 941	O 44 35 **Br** Brome 79.904 1140	C 48 36 **Kr** Krypton 83.80 1350
C 58 45 **Rh** Rhodium 102.906 745	C 60 46 **Pd** Palladium 106.42 803	C 60 47 **Ag** Argent 107.868 732	H 66 48 **Cd** Cadmium 112.411 866	T 66 49 **In** Indium 114.818 556	T 70 50 **Sn** Étain 117.710 707	R 70 51 **Sb** Antimoine 121.760 833	R 78 52 **Te** Tellure 127.60 870	O 74 53 **I** Iode 126.904 1010	C 78 54 **Xe** Xénon 131.29 1170
C 116 77 **Ir** Iridium 192.217 887	C 117 78 **Pt** Platine 195.078 866	C 118 79 **Au** Or 196.967 891	R 122 80 **Hg** Mercure 200.59 1010	H 124 81 **Tl** Thallium 204.383 590	C 126 82 **Pb** Plomb 207.2 716	M 126 83 **Bi** Bismuth 208.980 703	C 126 84 **Po** Polonium 208.982 812	? 125 85 **At** Astate 209.987 920	C 136 86 **Rn** Radon 222.017 1040
? 159 109 **Mt** Meitnérium 268.139 -	? 162 110 **Ds** Darmstadtium 272.146 ?	? 161 111 **Rg** Roentgenium 272.154 ?	? 165 112 **Cn** Copernicium 277 ?	? 173 113 **Uut** Inconnu 3 286 ?	? 175 114 **Uuq** Inconnu 4 289 ?	? 174 115 **Uup** Inconnu 5 289 ?	? 177 116 **Uuh** Inconnu 6 293 ?	? 177 117 **Uus** Inconnu 7 294 ?	? 176 118 **Uuo** Inconnu 8 294 ?

H 98 66 **Dy** Dysprosium 162.50 657	H 98 67 **Ho** Holmium 164.930 ?	H 98 68 **Er** Erbium 167.26 ?	H 100 69 **Tm** Thulium 168.934 ?	C 104 70 **Yb** Ytterbium 173.04 598
HC 153 98 **Cf** Californium 251.080 608	C 158 99 **Es** Einsteinium 252.083 619	? 157 100 **Fm** Fermium 257.095 627	? 157 101 **Md** Mendélévium 258.098 635	? 157 102 **No** Nobélium 259.101 642

Structure cristalline (voir ci-dessous pour la clé)	Nombre de neutrons (isotope le plus abondant ou stable)
NUMÉRO ATOMIQUE	
Symbole chimique	
Nom de l'élément	
Poids atomique (masse relative moyenne)	Première énergie de ionisation (kj mol^{-1})

B cubique à corps centré C cubique très tassé H hexagonal très tassé M monoclinique O orthorhombique R rhomboédrique (trigonal) T tétragonal TC triclinique

EAU, MINÉRAUX & CATÉGORIES DE FLUIDES

Lorsqu'on demandait aux biologistes quel genre de vie il y a sur la Terre, la réponse était « à base de carbone » ; maintenant, c'est « à base d'eau ». Les propriétés uniques de l'eau, principale composante du corps, permettent toutes les transformations biochimiques et électriques de la vie. Il y a trois types majeurs de fluides corporels : sang, *liquide extracellulaire* (LEC, le bouillon salé entre les cellules) et *intracellulaire* (LIC, cytosol visqueux à l'intérieur des cellules). Presque la moitié du volume du sang est formée de cellules, surtout de globules rouges, et 1 ou 2 % de globules blancs et de plaquettes.

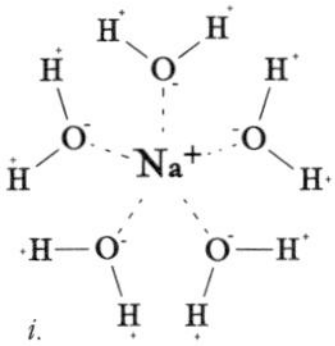

i.

La portion fluide du sang, le *plasma*, est similaire au liquide extracellulaire. De très grandes protéines, comme l'albumine, restent dans le sang, contribuant à sa capacité osmotique de garder l'eau dans les capillaires. Quelque 30 litres de fluide fuient des capillaires chaque jour, dont seuls 3 litres (drainés en tant que lymphe) retournent avec des produits cellulaires.

Les ratios des fluides varient selon le type du corps, le sexe et l'âge. Un adulte a environ 5 l de SANG, 9 l de LEC, 29 l de LIC.

La plupart du sang circule dans les veines, sorte de réservoir flottant lentement. Le cerveau et les reins prennent chacun un cinquième de la circulation (non-pulmonaire), les organes les plus actifs à un moment donné prenant la plupart du reste, spécialement les muscles (si on court), les intestins et le foie (après un repas) ou la peau (si on a chaud).

En termes de molécules dissoutes (plutôt que de ions), la composition du LIC varie énormément, en fonction du type de cellule et de la phase d'activité. Le plasma transporte toutes les substances en circulation. Le LEC est l'intermédiaire entre LIC & le plasma.

Les ions chargés sont maintenus à des niveaux stables dans ces fluides, car le processus de vie opère dans d'étroites fenêtres locales électriques et acido-basique. Un ion est entouré par un « aquaèdre » (*i.*), multistrate de molécules d'eau, définissant sa sphère d'influence.

Les ions de potassium et de sodium ont chacun une seule charge positive. K^+ est plus lourd mais moins électro-dense, si bien que son aquaèdre est plus petit et moins influent. Il est donc le cation de choix pour l'utilisation intracellulaire et pour stabiliser le potentiel de la membrane en passant par les minces canaux des cations. Le sodium accomplit les actions plus rapides, plus électro-denses, comme se précipiter à travers les canaux ioniques potentiel-dépendants. Il est éjecté des cellules par les pompes Na-K-ATP, 3 Na^+ pour 2 K^+ par molécule ATP. La mer salée de LEC a pour principal anion le chlore (Cl^-), tandis que les phosphates et les protéines ont surtout des charges LIC négatives.

PRINCIPALES CONCENTRATIONS DE IONS (mmol/l)

	Plasma	LEC	LIC
Sodium	144	146	11
Potassium	4	4	148
Calcium	4	3	0,1 à 3
Magnésium	2	2	35
Chlore	104	118	4
Bicarbonate	25	27	13
Phosphate	2	2	40 à 100
Anions de protéines	20	1	52
Autres	5	6	60

Parmi les autres minéraux, le fer (surtout pour l'hémoglobine) est plus abondant chez les hommes, le cuivre, chez les femmes. Les éléments plus rares (Cu, Mg, Mn, Zn, Cr, Se, etc.) entrent surtout dans la composition des enzymes, comme le molybdène, le plus rare élément dont on a besoin, présent dans la xanthine-oxydase. Un cobalt se trouve au centre de la vitamine B12 (*ii.*), qui est une coenzyme, comme la plupart des vitamines.

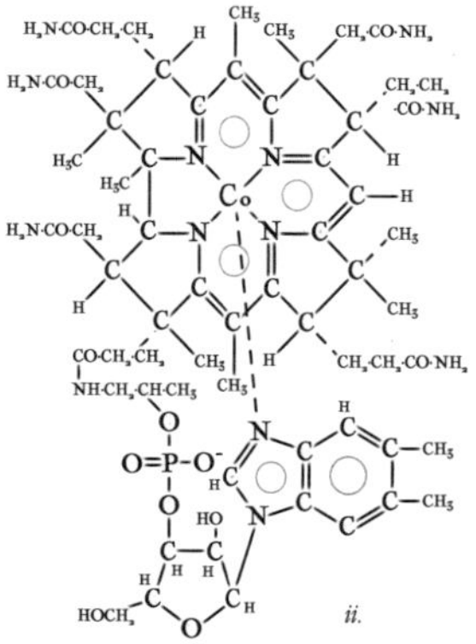

ii.

Le soufre apparaît surtout dans les protéines, jouant un rôle très spécial dans leur forme tridimensionnelle. L'iode sert à la synthèse de la thyroxine, surajouté aux peptides contenant de l'iode.

Les sécrétions extracellulaires sont une quatrième catégorie de fluides, dont le liquide céphalo-rachidien dans lequel flotte le cerveau, les humeurs oculaires aqueuse et vitrée, l'endolymphe et la périlymphe des oreilles, ainsi que tout fluide ou mucus que les matrices cellulaires déposent autour d'elles pour lubrification, isolation, protection et revendication de territoire moléculaire étendu pour les activités cellulaires.

Environ neuf dixièmes de l'eau du corps vient des aliments ingérés, le dernier dixième étant fabriqué en partie durant la synthèse des protéines, en majeure partie durant la synthèse de l'adénosine-triphosphate (ATP) mitochondrial.

NUTRITION MOLÉCULAIRE

ON MANGE ET ON BOIT eau, minéraux, lipides (graisses), hydrates de carbone (sucres), protéines et vitamines. Les molécules complexes des aliments ont déjà été synthétisées par les efforts combinés des bactéries, champignons, plantes et animaux, utilisant pour source d'énergie le Soleil.

Le corps peut convertir la plupart des substances, sauf certaines molécules qui sont des nutriments « essentiels », surtout certains acides aminés, lipides et vitamines. Tout le reste peut être façonné à partir d'autres molécules.

Le *catabolisme* est la décomposition des molécules complexes en molécules simples, utilisées pour apporter de l'énergie ou bâtir d'autres composantes. L'*anabolisme* est la synthèse des composés complexes. Ces processus exigent un apport d'énergie, qui dans le cas de la plupart des voies non-mitochondriales prend la forme de l'ATP (a.).

Le *cycle de Krebs* est la voie circulaire à multiples étapes par laquelle la mitochondrie produit de l'ATP. Le cerveau doit utiliser

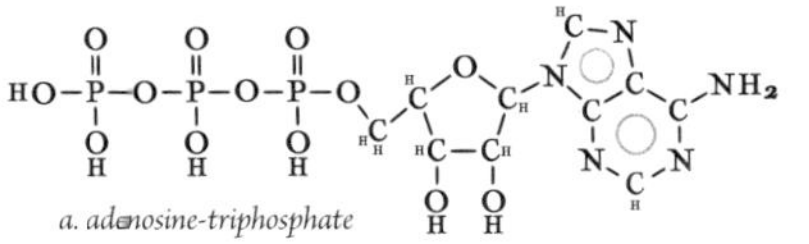

a. adenosine-triphosphate

le glucose (b.) pour entretenir ce processus. D'autres cellules le préfèrent aussi, car il peut être divisé via un processus à onze étapes en deux *pyruvates* (c.) qui entrent dans le cycle de Krebs deux étapes plus tard.

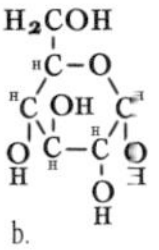

b.

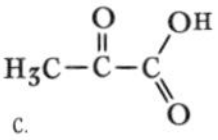

c.

La plupart des voies du catabolisme du sucre, des graisses et des protéines convergent là. Le manque à court terme d'oxygène convertit le pyruvate en *lactate* (d.).

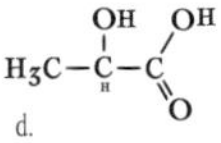

d.

Les sucres peuvent être des monosaccharides, comme le glucose ou le *fructose* (e.), des disaccharides comme le *sucrose* (b.+ e.) ou le *lactose* (f.), principal hydrate de carbone naturel, ou des *polysaccharides complexes* (amidons). Les sucres des haricots sont digérés initialement par les bactéries productrices de gaz, d'où la flatulence. Les sucres sont emmagasinés sous forme de *glycogène*, polysaccharide de glucose synthétisé par le foie et les cellules des muscles squelettiques en tant que réserve d'accès rapide, mais 99 % de l'énergie est

e.

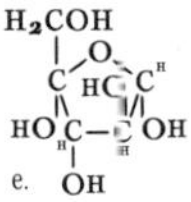

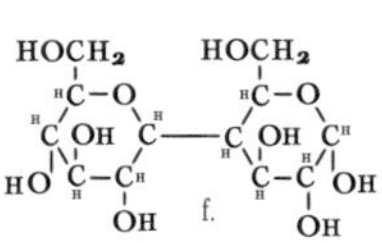

f.

emmagasinée en tant que graisse, surtout des *triglycérides* (g.), la destination de tout excès de sucres, protéines et lipides. Les acides

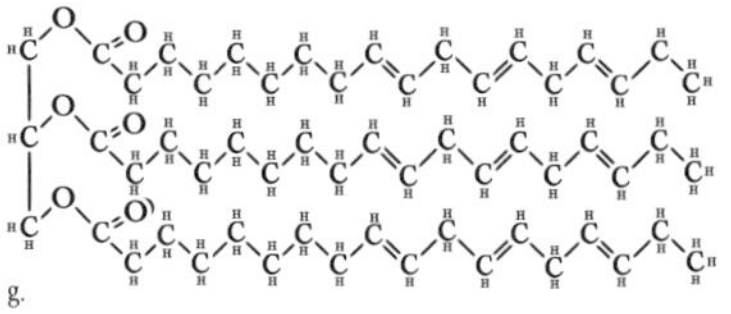

g.

linoléique et *linolénique* (h.) présents dans toutes les cellules végétales sont les deux graisses alimentaires essentielles. D'autres

h.

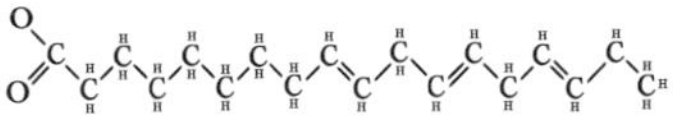

graisses alimentaires sont le *cholestérol* (essentiel pour les parois cellulaires et la production des hormones stéroïdiennes, des sels biliaires & de la vitamine D) et les *phospholipides* (comme la lécithine), principaux composants des parois cellulaires. Les dérivés de l'acide arachidonique à 20 carbones, produit à partir de l'acide linolénique, sont aussi utilisés comme messagers de type *paracrine* entre les cellules, tant dans les tissus que dans les opérations mobiles, comme la réparation des dommages et la *immunication*.

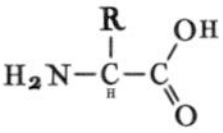

j. R = radical

Les plantes produisent tous les acides aminés (j.). On peut synthétiser 10 des 20 de base, le reste étant des acides aminés essentiels comme le *tryptophane* (k.). Des liaisons *peptides* unissent les acides aminés pour produire des protéines de toutes les tailles, depuis les *dipeptides* (deux acides aminés) aux immenses protéines musculaires comme la *titine*, chaîne de 27 000. Si on doit utiliser des protéines pour l'énergie, on écarte leurs parties contenant de l'azote, créant de l'ammoniac, produit aussi à bien d'autres étapes métaboliques. Les oiseaux excrètent de l'azote en tant qu'urates dans le guano semi-solide, les mammifères l'excrètent dissous en tant qu'*urée* (l.), principale raison de boire autant d'eau. Au moment où les aliments sont ingérés, le travail de synthèse a déjà été effectué. Les processus métaboliques ont évolué avec les organismes qu'on mange et utilisent les mêmes substances de différentes manières. Une alimentation d'eau, fruits, noix, racines, légumes et quelques protéines, spécialement dans l'enfance, satisfera tous les besoins du corps..

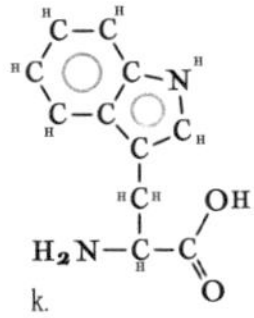

k.

l.

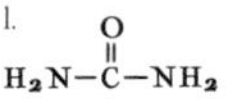

NEUROTRANSMETTEURS

Les nerfs envoient des messages aux autres nerfs ou aux muscles grâce aux neurotransmetteurs (NT), en général des dérivés d'acides aminés, qui traversent les interstices des synapses ou des jonctions neuromusculaires, se liant aux récepteurs des cellules cibles, qui ouvrent des canaux ioniques (Na^+ et/ou Ca^{2+} dans les neurones transmettant l'excitation, et K^+ ou Cl^- dans les neurones provoquant l'inhibition). Les récepteurs présentent plusieurs sous-types, aux effets variables ou polaires dans différentes cellules, nommés d'après les substances naturelles les excitant ou les bloquant, comme les récepteurs nicotinique et muscarinique de l'**ACÉTYLCHOLINE** (ACh). L'ACh est le plus « pur » NT ; tous les autres ont une activité phasique semblable à celle hormonale sur certaines cellules, comme la **NORADRÉNALINE** (NA). L'ACh et la NA sont les principaux NTs du système nerveux périphérique, provoquant l'excitation ou l'inhibition récepteur-dépendante. L'ACh et la NA sont aussi des NTs du système nerveux central. Parmi les autres NT principaux du système nerveux central :

SÉROTONINE (5-hydroxytempatime) : neuro-hormone digestive et NT rare mais cruciale du mésencéphale/tronc cérébral. Humeur, « signification des perceptions » sur tous les plans.

DOPAMINE : à la différence de 5-HT, provoque surtout l'excitation, motricité du mésencéphale, aires limbiques de motivation/récompense/satisfaction.

HISTAMINE : inhibition de la température hypothalamique& circuits d'éveil. Signale l'inflammation périphérique.

GABA : Inhibiteur local principal du cerveau. Relaxation en général, comme après un repas. Beaucoup de drogues l'imitent.

GLYCINE : « GABA » moelle épinière, bloqué par la strychnine.

GLUTAMATE & ASPARTATE : excite l'intégration non-locale.

ENDORPHINES & autres **PEPTIDES OPIOÏDES** ; inhibition, voies de la douleur. Pais transitoire extatique.

SUBSTANCE P ; excite, « anti-endorphine », chili, P pour douleur.

OXYDE D'AZOTE ; sang, contrôlé local non-SNC du cœur/artères/digestion/muscles. Nerfs du pénis et clitoris.

HORMONES PRINCIPALES PAR GLANDE

Actuellement, « hormone » est un terme général. Les « véritables » hormones sont soit des dérivés d'acides aminés (amines, polypeptides ou glycoprotéines) ou de cholestérol (« stéroïdes », produits par le cortex surrénal, testicule/ovaire et placenta).

HYPOPHYSE : sécrète de nombreux peptides, mais son seul produit imparfaitement compris est la mélatonine, fabriquée à partir de sérotonine durant les heures d'obscurité. Rythmes doubles (pages 308 & 312).

HYPOTHALAMUS : facteurs « détente » et « inhibition » contrôlant l'hypophyse, via des boucles capillaires dédiées.

HYPOPHYSE ANTÉRIEURE : contrôle les glandes inférieures à hormones « trophiques », comme ACTH (cortex surrénal), TSH (thyroïde) et FSH/LH (ovaires & testicules). Contrôle la pigmentation (MSH), la croissance (GH, p. 312), l'adiposité (LPH) et la lactation (prolactine, p. 310).

HYPOPHYSE POSTÉRIEURE : sécrète 2 hormones contenant neuf acides aminés différents par juste deux acides aminés ; ocytocine ; « abandon » des sentiments, fœtus, lait et souvenirs, vasopressine : « prise sur » l'eau, souvenirs & émotions.

THYROÏDE : vitesse de développement, métabolisme, croissance et énergie. Les thyroxines sont des peptides iodiques qui soit se lient aux protéines-zinc des cellules (allant au noyau pour régler l'allure de transcription des séries de gènes « maîtres »), soit court-circuitent la production d'ATP mitochondrial, dégageant l'énergie sous forme de chaleur.

PARATHYROÏDE : contraire de la calcitonine (p. 310)

THYMUS : développement immunitaire dans l'enfance (p. 298)

PANCRÉAS : îlots de cellules sécrétant a) glucagon (29 acides aminés liés aux peptides), roi catabolique des hormones digestives, contraire de b) insuline (deux-unit peptide, 21+30 acides aminés) qui stimule l'emmagasinage, la réparation & l'anabolisme en général. D'autres hormones pancréatiques contrôlent les signaux & processus digestifs.

MÉDULLOSURRÉNALE : neurohormones adrénaline & NA.

HORMONES STÉROÏDIENNES : comme les thyroxines, sont petites et lient autres protéines-zinc, avec des effets envahissants : agissent aussi via les récepteurs des parois des cellules, comme la plupart des autres hormones.

CORTEX SURRÉNAL : stéroïdes cataboliques (comme cortisol) inhibant l'expression des gènes, l'équilibre sel-eau. Fabrique des stéroïdes sexuels supplémentaires, « masculin » et « féminin », chez les deux sexes.

OVAIRES : féminité via œstrogènes et progestérones.

TESTICULES : masculinité via androgènes comme testostérones.

PLACENTA : stéroïdes et énormes peptides de la grossesse.

TOUS LES AUTRES ORGANES : produisent des substances pareilles à des hormones.

Chronologie de la vie sur Terre

milliards d'années

13,7	Big Bang.
13,3	Premières étoiles.
13,1	Premières galaxies et amas de galaxies.
10	Premières étoiles riches en métaux.
10 – 6,5	Formation de la Voie lactée.
4,8	Une supernova proche déclenche la formation du Soleil.
4,7	Formation de Jupiter, Saturne, Uranus & Neptune.
4,6	Déclenchement de la fusion d'hydrogène dans le Soleil.
4,5	Formation de la Terre, Lune, Mars, Venus & Mercure.
4,4	L'eau est arrivée sur la Terre.
4,1	Solidification de la croûte de la Terre. Formation de l'atmosphère & des océans.
4	Les plus anciennes roches de la Terre.
3,9	Bombardement considérable de météoroïdes.
3,8	Premières cellules simples (chimiautotrophes).
3,5	Dernier ancêtre commun universel.
3 – 2,5	Première photosynthèse dans les cyanobactéries. L'oxygène atmosphérique trop élevé détruit la vie.
2	Premières cellules eucaryotes dans les océans.
1,2	Simples animaux multicellulaires dans les océans. Sexe.

millions d'années

580 – 540	L'oxygène atmosphérique crée la couche d'ozone permettant la colonisation de la terre.
570 – 500	Cambrien. Trilobites, arthropodes.
560	Premiers champignons, éponges (cténophores), méduses, coraux & anénomes.
530	Lamproies, protostomes & deuterstomes (par ex. vers plats, onychopores, mollusques) & ascidies. Premières traces de pas sur la terre.
500 – 440	Ordovicien. Premiers céphalopodes (nautiloïdes).
485	Premiers vertébrés à vrais os (poisson sans mâchoires).
475 – 430	Premières plantes terrestres (bryophytes) et champignons terrestres.
445	Extinction Ordovicien-Silurien. 60 % des invertébrés marins meurent en raison du refroidissement global.
440	Actinoptérigyens (hareng, saumon, esturgeon).
440 – 410	Silurien. Scorpions de mer & terrestres, dipneustes.
410 – 360	Dévonien. Insectes, dents, graines.
375 – 360	Extinction de la fin du Dévonien. 70 % de toutes les espèces disparaissent en raison du volcanisme océanique et des comètes.
360 – 320	Carbonifère période Mississippienne. Crabes, fougères, brachiopodes et amphibiens (grenouilles & salamandres). Premières gymnospermes (conifères et ginkgos).
320 – 290	Carbonifère période Pennsylvanienne. Insectes géants.
290 – 250	Permien. Premiers scarabées, reptiles, tortues et crocodiliens (245 MA).
251	Extinction du Permien-Trias. Changements environ. et autres événements catastrophiques. 96 % des espèces marines et 70 % des terrestres disparaissent.
250 – 205	Trias. Premiers dinosaures. Serpents (220 MA).
215	Premiers mammifères.
205	Extinction du Trias-Jurassique causée par les volcans ou astéroïde(s). 50 % des espèces disparaissent.
205 – 140	Jurassique. Dinosaures, Platypus à bec de canard (180 MA), ostéichtyens et oiseaux.
130	Premières fleurs et arbres à fleurs (angiospermes).
140 – 65	Crétacé. Marsupiaux (kangourous, opossums) (140 MA).
105 – 80	Tous mammifères à placenta (éléphants, lamantins, oryctérope). Premières abeilles, fourmis et termites.
85	Laurasien. Descendants continentaux (chats, chiens, chameaux, chevaux, phoques, morses, hippopotames, chauves-souris).
75	Rongeurs & lièvres (ancêtre commun vers 40 MA).
70	Arbres, etc.
65,5	Extinction du Crrétacé-Tertiaire causée par les volcans ou astéroïdes. 75 % des espèces disparaissent.
65 – 1,5	Tertiaire. Sans dinosaures. Herbes.
40-14	Papillons et mites, cerfs, girafes, capucins, marmousets, atèles, macaques, colombes, babouins, gibbons, orangs-outans.
7 – 6	Premières espèces humanoïdes (*Sahelanthropus tchadensis*). Gorilles (7 MA). *Orrorin tugenesis* (6 MA).
5,8 – 4,4	Mammouths, paresseux et hippopotames.
4 – 3	*Australopithicus anamensis* (4 MA) ; *Australopithicus afarensis* (3,9 MA) ; *Australopithicus africanus* (3 MA)
2	Chimpanzé & Bonobo divergent d'un ancêtre commun.
2,4 – 0,2	*Homo habilis* (2,5 - 1,9 MA) ; *Homo rudolfensis* (2,4 MA) ; *Homo ergaster* (1,9 - 1,5 MA) ; *Homo erectus* (1,4 - 0,2 MA).

milliers d'années

800 – 300	*Homo heidelbergensis* ; *Homo neanderthalensis* (300 MLA) ; *Homo sapiens* (300 MLA).
30	Extinction des Néandertaliens.
2 – ce jour	Sixième extinction de masse causée par l'homme.
avenir	nul ne le sait...

Systèmes triples

Feuillets de l'embryon	ECTODERME	MÉSODERME	ENDODERME
Type corporel	mince, fin, actif	carré, fort, cyclique	arrondi, solide, lent
Dosha ayurvédique & humeur	VATA - VENT	PITTA - BILE	KAPHA - FLEGME
Éléments tibétains	AIR & ESPACE	FEU	TERRE & EAU
Alchimie arabo-européenne	mercure/communication	soufre/énergie	sel/structure
Compartiment fluide & cation	extracellulaire/calcium	sang/sodium	intracellulaire/potassium
Systèmes corporels	neuro-endocrinnien, intégration	métabolique, immunitaire	assimilation, excrétion
Tissu & couleur de l'organe	cerveau, nerfs, peau, blanc/brun	muscle, foie, cœur, rouge	tubes dig., pulm., transparent
Dents	longues, crochues, brunâtres	dures, moyennes, gris jaunâtres	fortes, larges, blanc bleuâtre
Yeux	en bouton, trous noirs	pénétrants, jaune-rouge	grands, ouverts, clairs
Psyché	pensée, intégration, désir	compassion, vision, colère	acceptation, stabilité, cupidité
Vie	inspirante, myriade, avenir	par phases, puissante, présent	dévouée, consacrée, passé
Mémoire	rapide/récente	omniprésente	lente, longue, profonde
Sommeil & rêves	superficiel, montagnes, vol	rafraîchissant, action, lumière	son, eau, nuages
Trouble	froid, chute, isolation	chaleur, violence, mélancolie	noyade, stase, perte

Système quadruple occidental

Type	ARTISAN	GARDIEN	IDÉALISTE	RATIONNEL	Platon
Élément	FEU	TERRE	AIR	EAU	Nature
Qualités	chaud & sec	froid & sec	chaud & humide	froid & humide	Climat
Solide	tétraèdre	cube	octaèdre	icosaèdre	Géométrie
Humeur	SANGUINE	MÉLANCOLIQUE	CHOLÉRIQUE	FLEGMATIQUE	Galen
Fluide & organe	sang & foie	bile & intestins	plasma & poumons	mucus & reins	Médiéval
Extrémité	bras	jambes	tête	organes génitaux	Corps
Systèmes	électrique-métabolique	structurel-permanent	souffle-intégration	reproduction-homéostasie	XXe s.
Tempérament	variable	industrieux	inspiré	curieux	Paracelse
Personnalité	influente	consciente	dominante	solide	Haine
Types jungiens	ISFP, ISTP,	ISFJ, ISTJ,	INFJ, INFP,	INTJ, INTP,	Jung
(voir ci-dessous)	ESFP, ESTP	ESFJ, ESTJ	ENFJ, ENFP	ENTJ, ENTP	
Nature	exploitante	thésaurisante	réceptive	marketing	Fromm
Attention	probante	planifiante	amicale	réflexive	Myers-Briggs
Image de soi	artistique, audacieuse	fiable, bénéfique	empathique, bienveillante	ingénieuse, autonome	Keirsey
	adaptable, hédoniste	respectable, stoïque	authentique, altruiste	résolue, pragmatique	
Orientation	optimiste, cynique	pessimiste, fataliste	crédule, mystique	sceptique, relativiste	
	ici, maintenant	portes, hier	voies, demain	intersections, intervalles	

Les catégories de Jung reposent sur quatre axes : Introverti ou Extraverti (I ou E), Intuitif ou Perceptif (N ou S), Sensible ou Réfléchi (F ou T) et Raisonnable ou Portant des jugements (P ou J). Voir aussi page 271.

Système chinois quintuple

	木 BOIS	火 FEU	土 TERRE	金 MÉTAL	水 EAU
Organe yin (zang)	foie	cœur & péricarde	rate	poumon	reins
en charge de	stratégie, plans	pouls & protection	traitement	qi du ciel	contrôle de l'eau
Méridiens des muscles	jambe jue yin	bras shao & jue yin	jambe tai yin	bras tai yin	jambe shao yin
Organe yang (fu)	vésicule biliaire	int. grêle & TR	estomac	gros intestin	vessie
en charge de	décisions	digestion & régulation	fermentation	élimination	emmag. des liquides
Méridiens des muscles	jambe shao yang	arm tai & shao yang	jambe yang ming	bras yang ming	jambe tai yang
Tissu	tendons	vaisseaux sanguins	chair, muscles	peau, pores	os, moelle
se reflète dans	ongles	visage, teint	lèvres	poils corporels	cheveux, dents
Orifice, sens	yeux, vue	langue, parole	bouche, goût	nez, odorat	oreilles, ouïe
Fluide corporel	larmes	sueur	bave	mucus	salive
Goût, odeur,	acre, rance	amer, brûlé	sucré, aromatique	piquant, pourri	salé, putride
Voix, émotion	cri, colère	rire, allégresse	chant, inquiétude	pleurs, tristesse	gémissement, peur
Aspects du shen	hun, vie de l'âme	shen, conscience	yi, mémoire, intellect	po, instinct	zhi, volonté
Étape	germination	croissance	transformation	récolte	stockage
Saison	printemps	été	été indien	automne	hiver
Climat nocif	venteux	chaud	moite, humide	sec	froid
Direction	est	sud	centre, milieu	ouest	nord
Couleur, temps	vert, aube	rouge, midi	jaune, après-midi	blanc, soir	noir, minuit
Animaux	dragon, mouton	phénix, oiseau	pangu, serpent, ox	tigre, chien	tortue, cochon
Planète	Jupiter ♃	Mars ♁	Saturne ♄	Vénus ♀	Mercure ☿
Aliment	blé, citron	poivron, alfalfa, salade	millet, patate, fruit	riz, gingem., ail	haricots, marins
Yin-yang	moindre yang	yang le plus fort	centre	yin moindre	yin le plus fort
Mode, note	jiao, mi	zhi, sol	gong, do	shang, ré	yu, la

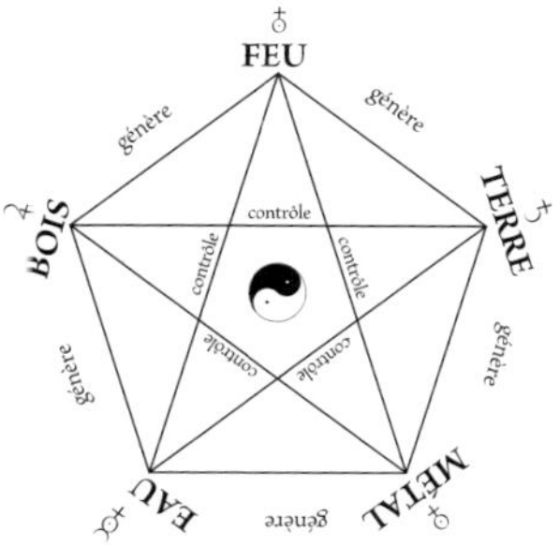

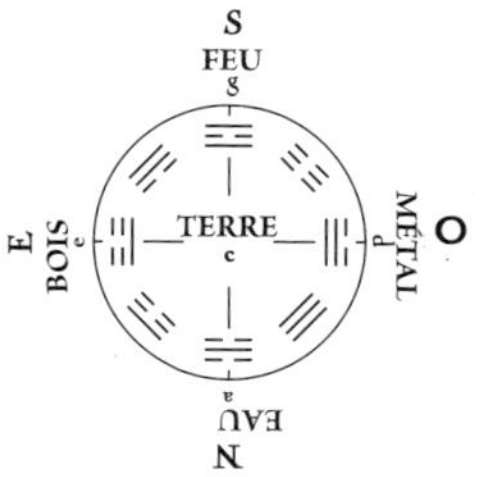

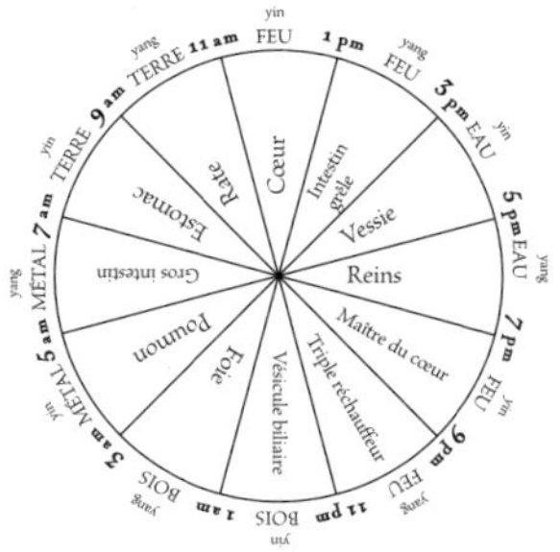

HÉMISPHÈRE NORD

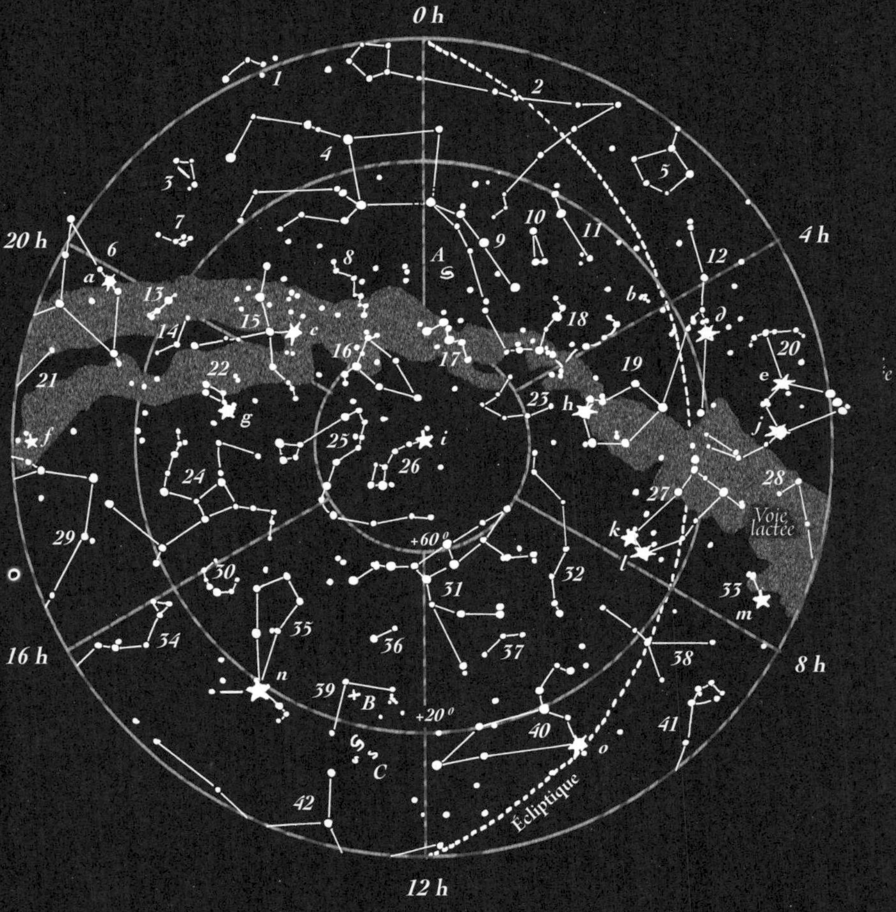

ÉTOILES : a. Altaïr, b. Pléiades, c. Deneb, d. Aldebaran, e. Bellatrix, f. Étoile de Barnard, g. Véga, h. Capella, i. Polaire, j. Bételgeuse, k. Castor, l. Pollux, m. Procyon, n. Arcturus, o. Regulus. Misc : A. Galaxie d'Andromède, B. Pôle nord galactique, C. Amas galactiques de la Chevelure de Bérénice et de la Vierge. CONSTELLATIONS : 1. Verseau, 2. Poissons, 3. Petit Cheval, 4. Pégase, 5. Baleine, 6. Aigle, 7. Dauphin, 8. Lézard, 9. Andromède, 10. Triangle, 11. Bélier, 12. Taureau, 13. Sagittaire, 14. Petit Renard, 15. Cygne, 16. Céphée, 17. Cassiopée, 18. Persée, 19. Cocher, 20. Orion, 21. Queue du Serpent 22. Lyre, 23. Grand Chien, 24. Hercule, 25. Dragon, 26. Petite Ourse, 27. Gémeaux, 28. Licorne, 29. Ophiuchus, 30. Couronne boréale, 31. Grande Ourse, 32. Lynx, 33. Petit Chien, 34. Tête du Serpent, 35. Bouvier, 36. Chiens de chasse, 37. Petit Lion, 38. Cancer, 39. Chevelure de Bérénice, 40. Lion, 41. Hydre femelle, 42. Vierge

Hémisphère sud

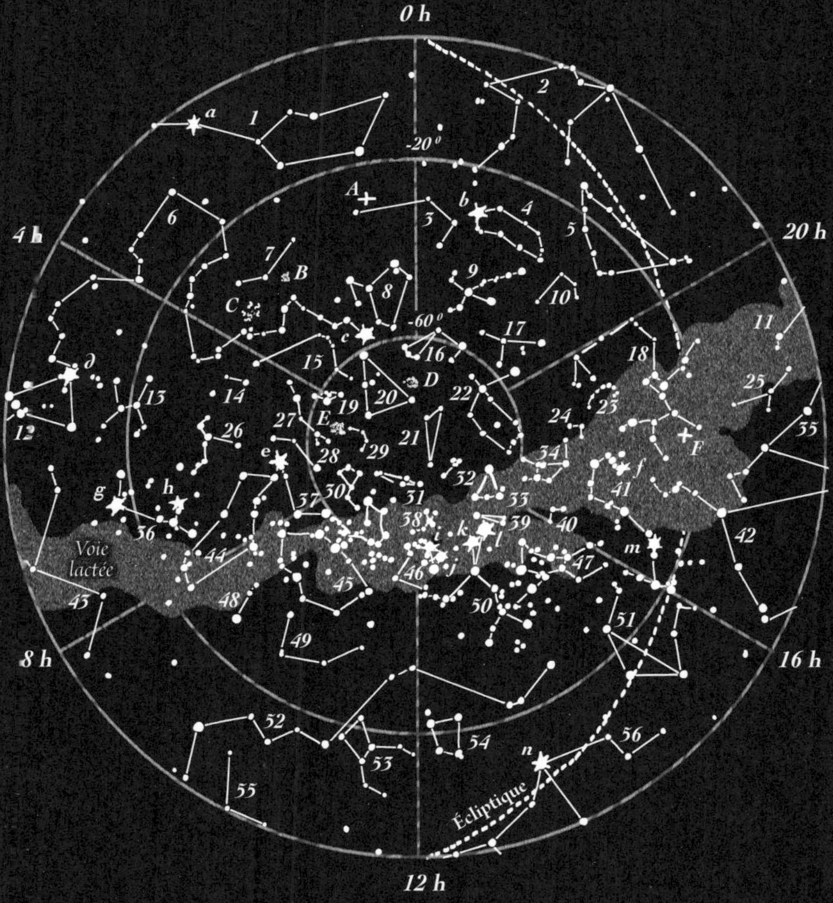

ÉTOILES : a. Mira, b. Formalhaut, c. Achernar, d. Rigel, e. Canopus, f. Shaula, g. Sirius, h. Adhara, i. Acrus, j. Mimosa, k. Hadar, l. Rigel Centaurus, m. Antares, n. Spica. Misc : A. Pôle sud galactique, B. galaxie du Fourneau. C. amas gal. du Fourneau. D. Petit nuage de Magellan. E. Grand nuage de Magellan. F. Centre galactique CONSTELLATIONS : 1. Baleine, 2. Verseau, 3. Atelier du sculpteur, 4. Poisson austral, 5. Capricorne, 6. Éridan, 7. Fourneau, 8. Phénix 9. Grue, 10. Microscope, 11. Aigle, 12. Orion, 13. Lièvre, 14. Burin, 15. Horloge, 16. Toucan, 17. Indien, 18. Sagittaire, 19. Réticule, 20. Hydre mâle, 21. Octant, 22. Paon, 23. Couronne australe, 24. Télescope, 25. Écu, 26. Colombe, 27. Dorade, 28. Chevalet du peintre, 29. Table, 30. Poisson volant, 31. Caméléon, 32. Oiseau de paradis, 33. Triangle austral, 34. Autel, 35. Queue du Serpent, 36. Grand Chien 37. Carène, 38. Mouche, 39. Compas, 40. Règle, 41. Scorpion, 42. Ophiuchus, 43. Licorne, 44. Poupe, 45. Voiles, 46. Croix du Sud, 47. Loup, 48. Boussole, 49. Machine pneumatique, 50. Centaure, 51. Balance, 52. Hydre femelle, 53. Coupe, 54. Corbeau, 55. Sextant, 56. Vierge

superamas, les superamas locaux et le groupe local

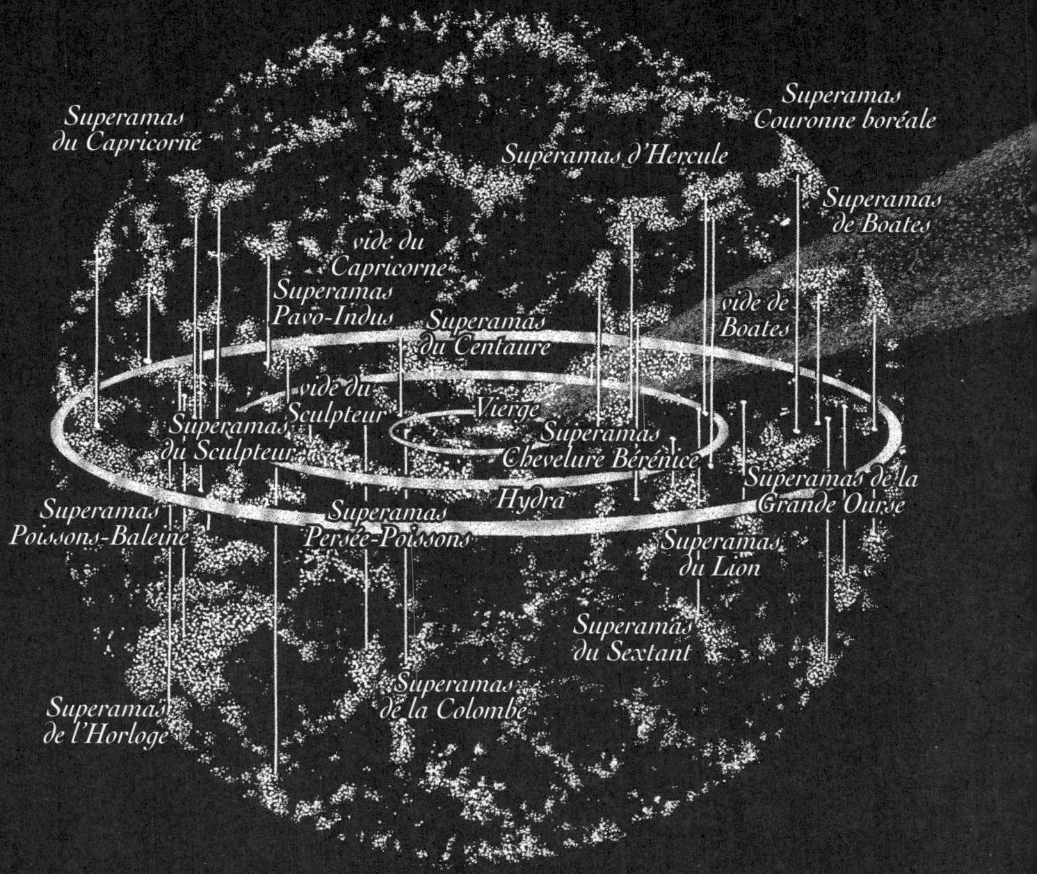

Superamas
les anneaux sont séparés par 400 millions d'années-lumière

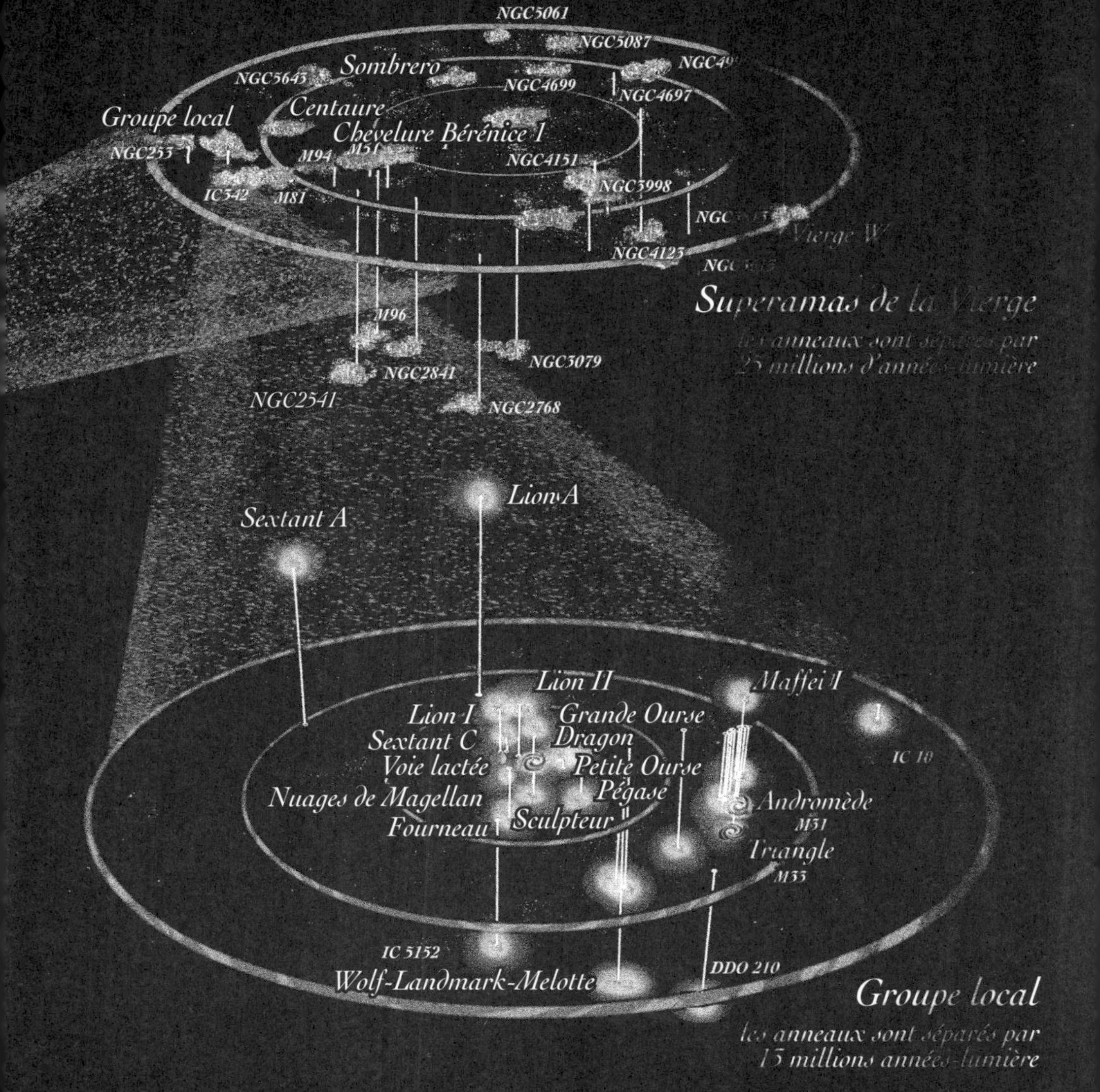
NGC5061
NGC5087
Sombrero
NGC5643
NGC4699
NGC4697
Groupe local
Centaure
Chevelure Bérénice I
NGC253
M94
M51
NGC4151
IC342
M81
NGC3998
NGC4123
Vierge W
Superamas de la Vierge
les anneaux sont séparés par
25 millions d'années-lumière
M96
NGC3079
NGC2841
NGC2541
NGC2768
Lion A
Sextant A
Lion II
Maffei I
Lion I
Grande Ourse
Sextant C
Dragon
IC 10
Voie lactée
Petite Ourse
Pégase
Nuages de Magellan
Andromède
Sculpteur
Fourneau
M31
Triangle
M33
IC 5152
DDO 210
Wolf-Landmark-Melotte
Groupe local
les anneaux sont séparés par
15 millions années-lumière

Roches et minéraux répandus

Les **MINÉRAUX** *sont des substances chimiques solides se formant naturellement au fil des processus géologiques. Ils sont classés généralement en deux catégories : MINÉRAUX MAFIQUES et MINÉRAUX FELSITIQUES. Les neuf minéraux énuméré ci-dessous constituent 95 % de la croûte terrestre.*

Les **MINÉRAUX MAFIQUES** *sont normalement de couleur foncée et riches en éléments lourds Fe et Mg. Les principaux minéraux mafiques suivent (les quatre premiers allant de très foncé à verdâtre, le dernier étant clair à transparent) :*

BIOTITE : mica enrichi de magnésium. Structurellement, silicate stratifié, dont les strates sont faiblement liées par des ions de potassium. Formule générale $K(Mg,Fe)_3AlSi_3O_{10}(F,OH)_2$. **AMPHIBOLE/HORNBLENDE** : silicate foncé à double chaîne SiO_4 tétraèdrique parsemé de Fe et Mg, parfois de Ca ; Formule générale $(Ca,Na)_{2\text{-}3}(Mg,Fe,Al)_5(Al,Si)_8O_{22}(OH,F)_2$. **PYROXÈNES/AUGITE** : groupe de tétraèdres monocliniques et orthorhombiques de chaînes de silicium. $XY(Si,Al)_2O_6$, où X peut être Ca, Na, Fe, Mg, Zn, Mn, & Li et Y peut être Cr, Al Sc etc. **OLIVINE** : silicate de magnésium et fer. Formule générale $(Mg, Fe)_2SiO_4$. L'un des minéraux les plus répandus sur la Terre, présent dans les météorites. **Ca-PLAGIOCLASE** : tectosilicate du groupe des feldspaths formant environ 60 % de la croûte de la Terre ; $CaAl_2Si_2O_8$.

Les **MINÉRAUX FELSITIQUES** *sont généralement de couleur claie, enrichis en éléments plus légers, Si, O_2, Al et K. Les principaux :*

QUARTZ : cristal tétraédrique de SiO_2, le second le plus abondant de la croûte terrestre après le feldspath. **MOSCOVITE** : mica transparent riche en Kl ; formule générale $K_2Al_4(Si_6Al_2)O_{20}(OH,F)_4$. **ORTHOCLASE** : feldspath riche en K ; $KAlSi_3O_8$. **Na-PLAGIOCLASE** : autre feldspath ; $NaAlSi_3O_8$.

Les **ROCHES** *sont des agrégats de minéraux, partagés en trois classes.*

Les **ROCHES IGNÉES** *se forment suite à la solidification des roches en fusion. Les ROCHES IGNÉES INTRUSIVES [RII] se solidifient sous la Terre, les ROCHES IGNÉES EFFUSIVES [RIE] se solidifient sur la surface ou au-dessus de celle-ci. Les plus répandues sont :*

ANDÉSITE : RIE grise à grain fin, surtout du plagioclase avec hornblende, pyroxène et biotite. **BASALTE** : RIE noirâtre à grain fin, surtout plagioclase et pyroxène. **DIORITE** : RII à gros grain, mélange de feldspath, pyroxène, hornblende et parfois quartz. **GABBRO** : RII foncée à gros grain, mélange de feldspath, augite et parfois olivine. **GRANITE** : RII claire à gros grain, surtout quartz et feldspath, se présentant en de nombreuses couleurs. **OBSIDIENNE** : verre volcanique foncé, formé de roches se refroidissant si rapidement que les cristaux ne se forment pas. **PÉRIDOTITE** : RII foncée à gros grain composée presque entièrement d'olivine. **PIERRE PONCE** : roche ignée vésiculaire légère, claire, soufflures de lave solidifiées, normalement silicique ou felsitique. **RHYOLITE** : RIE à grain fin, claire, contenant quartz et feldspath. **SCORIES** : RIE vésiculaire foncé, croûte de soufflures sur le haut d'une coulée de lave, normalement basaltique ou andésitique.

Les **ROCHES MÉTAMORPHIQUES** *sont créées par la chaleur, la pression et la chimie. Deux catégories : ROCHES MÉTAMORPHIQUES LAMELLAIRES [RML] d'aspect bandé/stratifié et ROCHES MÉTAMORPHIQUES NON-LAMELLAIRES [RMN], typiquement dépourvues de structure interne. Parmi les plus répandues :*

AMPHIBOLITE : RMN composée surtout d'amphibole et plagioclase recristallisé à température et pression élevées. **GNEISS** : RML d'apparence granulaire et bandée contenant quartz et feldspaths. **HORNSTEIN** : RMN cuite à grain fin sans composition spécifique. **MARBRE** : RMN claire produite par le métamorphisme du calcaire, surtout du carbonate de calcium. **PHYLLITE** : RML parfois lustrée et ridée faite de mica très fin, à mi-chemin entre schiste ardoisier et schiste. **QUARTZITE** : RML claire, surtout du quartz, formé par métamorphisme du grès. **SCHISTE** : RML à haute foliation et grands volumes de mica. **SCHISTE ARDOISIER** : RML grise formée par le métamorphisme de l'ardoise.

Les **ROCHES SÉDIMENTAIRES** *sont formées par l'accumulation de sédiments. Les ROCHES SÉDIMENTAIRES CLASTIQUES [RSC] sont formées par les débris de l'érosion mécanique. Les ROCHES SÉDIMENTAIRES CHIMIQUES [RSCh] sont formées lorsque les minéraux dissous sont précipités dans la solution. Les ROCHES SÉDIMENTAIRES BIOCHIMIQUES [RSB] se forment à partir de l'accumulation de débris végétaux ou animaux. Une quatrième catégorie est formée par les impacts météoriques et le volcanisme. Les plus répandues sont :*

BRÈCHE : toute RSC composée de grands fragments angulaires cimentés par une matrice à grain fin. **SCHISTE SILICEUX** : roche sédimentaire microcristalline composée surtout de SiO_2, comme la calcédoine et le silex. **CHARBON** : RSB formée surtout de débris de plantes. **CONGLOMÉRAT** : toute RSC de grandes particules arrondies, de petites particules et de ciment. **MINERAI DE FER** : RSCh formée quand Fe et O_2 se combinent en solution et se déposent comme sédiment (hématite). **CALCAIRE** : surtout du carbonate de calcium, peut être une RSCh, se précipitant de l'eau ou une RSB, se formant des coquillages, coraux et débris d'algues. **SEL GEMME** : RSCh formée par l'évaporation. **GRÈS** : RSC formée de sable compressé (surtout SiO_2). **SCHISTE ARGILEUX** : RSC formée de débris (moins de 1/256 mm), surtout limon (sol, vase et argile) et minuscules fragments minéraux.

Glossaire index

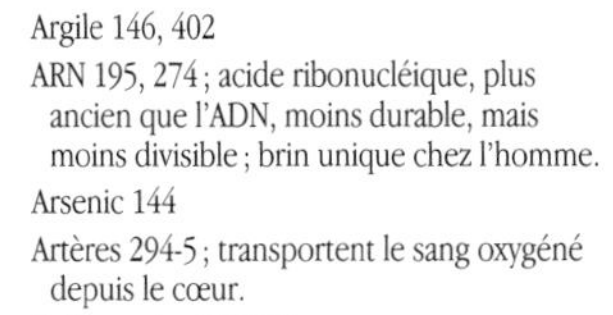

Rhizobium spores infectent la racine
Le nodule commence à se développer

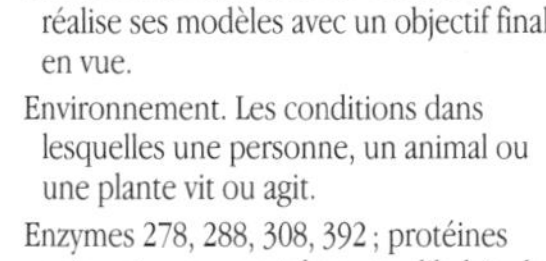
Le nodule fournit de l'azote à la racine du légume
Les spores sont libérées dans le sol

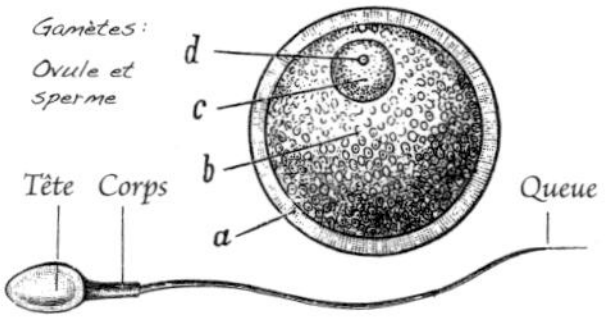
Gamètes :
Ovule et Sperme
d
c
b
a
Tête
Corps
Queue

Mitochondriome respirant
de l'oxygène présent
dans les cellules végétales et animales.

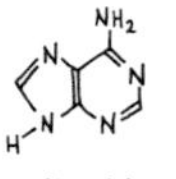

Adénine (A)
adn/arn

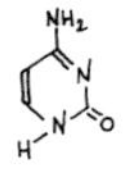

Cytosine (C)
adn/arn

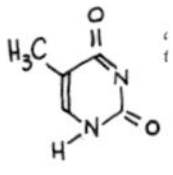

Thymine (T)
adn/arn

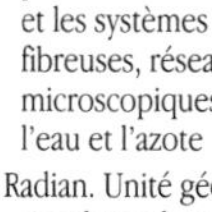

Guanine (G)
adn/arn

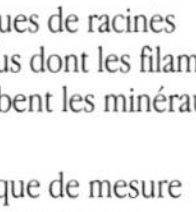

Uracile (U)
arn